水利水电工程现场管理人员一本通系列丛书

材料员一本通

本书编委会　编

中国建材工业出版社

图书在版编目(CIP)数据

材料员一本通/《水利水电工程现场管理人员一本通系列丛书》编委会编. —北京：中国建材工业出版社，2008.7(2016.2 重印)
(水利水电工程现场管理人员一本通系列丛书)
ISBN 978-7-80227-451-8

Ⅰ.材… Ⅱ.水… Ⅲ.①水利工程—建筑材料②水利发电工程—建筑材料 Ⅳ.TV4

中国版本图书馆 CIP 数据核字(2008)第 096359 号

材料员一本通
本书编委会 编

出版发行：中国建材工业出版社
地　　址：北京市海淀区三里河路 1 号
邮　　编：100044
经　　销：全国各地新华书店
印　　刷：北京紫瑞利印刷有限公司
开　　本：850mm×1168mm　1/32
印　　张：15
字　　数：588 千字
版　　次：2008 年 8 月第 1 版
印　　次：2016 年 2 月第 3 次
书　　号：ISBN 978-7-80227-451-8
定　　价：38.00 元

本社网址：www.jccbs.com.cn　**网上书店：**www.kejibook.com
本书如出现印装质量问题，由我社网络直销部负责调换。电话：(010)88386906
对本书内容有任何疑问及建议，请与本书责编联系。邮箱：dayi51@sina.com

内 容 提 要

本书根据水利水电工程最新材料标准规范，结合材料管理人员实际工作需要编写而成。全书主要内容包括材料管理基础知识，材料的基本性质，水泥与石灰，混凝土及砂浆，岩土材料，钢材，木材，防水材料，电气材料，耐火、防腐材料，工程标准计量等共十一章，具有较强的实用性。

本书可供水利水电施工现场材料管理人员使用。

材料员一本通

编委会

主　编：孙高磊

副主编：杨小芳　韩　轩

编　委：崔奉伟　吉春廷　李建军　李　勇
卢月林　孙晓军　田　芳　王翠玲
王庆生　王秋艳　王　胤　辛国静
张　谦　周春芳

前　言

水利水电工程一般是多目标开发的综合性工程，有着巨大的社会效益和经济效益，而且水利水电工程施工在江河上进行，受地形、地质、水文和气候条件影响较大。作为水利水电工程施工现场必备的管理人员（如：施工员、质量员、安全员、测量员、材料员、监理员等），他们的管理能力、技术水平的高低，直接关系到水利水电建设项目能否有序、高效率、高质量地完成。在工程施工新技术、新材料、新工艺得到广泛应用的今天，如何提高这些管理人员的管理能力和技术水平，充分发挥他们的能动性和创造性，把包括能源、原材料和设备在内的各种物资进行科学的组织、筹划和管理，用最少的人力、物力、财力和最短的时间把设计付诸实施，如何使工程施工做到安全、优质、快速和经济，是当前水利水电工程施工企业继续发展的重要课题。

为满足水利水电施工现场管理人员对技术业务知识的需求，我们组织有关方面的专家学者，从水利水电工程施工的需要和特点出发，编写出版了这套《水利水电工程现场管理人员一本通系列丛书》。丛书深入地探讨和发展了水利水电工程安全、优质、快速和经济的施工管理技术。

本套丛书主要包括以下分册：

1.《施工员一本通》

2.《质量员一本通》

3.《安全员一本通》

4.《材料员一本通》

5.《测量员一本通》

6.《监理员一本通》

7.《造价员一本通》

8.《资料员一本通》

本套丛书主要具有以下特点：

1. 丛书紧扣“一本通”的理念进行编写。主要对水利水电工程施工现场管理人员的工作职责、专业技术知识、业务管理和质量管理实施细则以及有关的专业法规、标准和规范等进行了介绍，融新材料、新技术、新工艺为一体，是一套拿来就能学、就能用的实用工具书。

2. 丛书从水利水电工程施工现场管理人员的需求出发，突出实用，在对管理理论知识进行阐述的同时，注重收集整理以往成功的工程施工现场管理经验，重点突出对施工管理人员实际工作能力的培养。

3. 丛书资料翔实、内容丰富、图文并茂、编撰体例新颖，注重对水利水电工程施工现场管理人员管理水平和专业技术知识的培养，力求做到文字通俗易懂、叙述的内容一目了然。

本套丛书的编写人员均是多年从事水利水电工程施工现场管理的专家学者，丛书是他们多年实际工作经验的总结与积累。本套丛书在编写过程中，参考或引用了有关部门、单位和个人的资料，得到了相关部门及部分水利水电工程施工单位的大力支持与帮助，在此一并表示衷心的感谢。由于编者的学识和水平有限，丛书中缺点及不当之处在所难免，敬请广大读者批评和指正。

编　者

目　录

第一章　材料管理基础知识

第一节　材料员的基本职责

材料员主要具有以下职责：

(1)按材料预算或包干指标，结合施工进度计划，并与现场统计员或工长配合，按时提出月度用料计划。

(2)做好材料收、发工作。做到亲自点数、检尺、量方、过磅，发现质量差或其他问题时，要及时与供(送)料方联系处理。在办理验收前，要认真核对验收记录，无误后方可签证。

(3)执行限额领料制度，并认真审核限额用料数量。无限额领料单不予发料，节超数据要准确，原因要清楚，超用材料须有超用报告，经有关领导审批后方可供料。

(4)加强周转材料管理。坚持按生产计划与进度需求办理租赁、调拨、拆除，不用者应及时退租(库)。做到专料专用，现场无积压，不占用。

(5)执行包装品回收制度，对包装品不得擅自销售和处理。应做到及时回收利用。

(6)认真搞好账务处理，按财务要求建账、记账，做到账物相符，现场小库要整洁有序。同时，要求在工程竣工后，做出主要材料消耗、"节超"对比分析表(同预、决算对比)，上报材料主管部门。

(7)材料采购人员，要本着对企业负责、对工程质量负责的精神，认真搞好材料采购，做到比质、比价、比运距、算成本，按时、准确完成采购任务。

(8)严格执行统计工作。认真、及时、准确、全面地做好各种统计报表，各种凭证单据要按月进行装订保存备查。

第二节　供 应 管 理

一、物资与材料

物资有两种含义。从广义来说，物资是物质资料的总称，包括生产资料和生活资料；从狭义来说，物资是指经过劳动加工的生产资料，主要是指所有建筑工程施工生产中所有的原材料、燃料、机械、电工及动力设备和交通运输工具等。原材料属于社会产品，它是原料和材料的简称，是物资的组成部分。

二、材料的分类

(1)按材料在生产中的地位和作用,一般可分为以下几类:

1)主要材料(包括原料)。构成产品主要实体的材料是主要材料,如机械制造生产中的钢铁材料,水利水电工程所消耗的砖、瓦、石料、水泥、木材、钢材等。

2)辅助材料。不构成产品实体但在生产中被使用、被消耗的材料是辅助材料。其中又可分为以下三种:

①和主要材料相结合,使主要材料发生物理或者化学变化的材料,如染料、油漆、化学反应中的催化剂等。混凝土工程中掺用的早强剂、减水剂,管道工程的防腐用沥青等等。

②和机械设备使用有关的材料,如润滑油脂、皮带等。

③和劳动条件有关的材料,如照明设备、取暖设备等。

3)燃料。燃料是一种特殊的辅助材料,产生直接供生产用的能量,不直接加入产品本身之内,如煤炭、汽油、柴油等。

4)周转性材料。周转性材料是指不加入产品本身,而在产品的生产过程中周转使用的材料。它的作用和工具相似,故又称"工具性材料"。如水利水电工程中使用的模板、脚手架和支撑物等。

(2)按材料本身的自然属性分类,一般包括以下几类:

1)金属材料。包括钢材(有的也称大五金)、铸造制品、有色金属及制品、小五金。

2)有机非金属材料。包括木材、竹材、塑料、油漆涂料、防水材料。

3)无机非金属材料。包括水泥、玻璃、陶瓷、砖、瓦、石灰、砂石、珍珠岩制品、耐火材料、硅酸盐砌块、混凝土制品。

在仓库保管中一般采取如下分类方法:金属材料(还分为黑色金属,有色金属等)、木材、化工材料、电工材料、大堆材料(砖、瓦、灰、砂、石等)。

(3)按材料管理权限分类,过去长期分为统配材料、部管材料、地方材料和市场供应材料四类。材料的申请分配等工作,要按这种方法进行。随着经济体制的改革,这种分类方法已有较大变化。

(4)按材料的使用方向分类,可分为工业生产用料、基本建设用料、维修用料等。在按用途进行材料核算和平衡时,要采用材料的这种分类方法。

三、材料供应与管理的方针与原则

(1)"从施工生产出发,为施工生产服务"的方针,是"发展经济,保障供给"的财经工作总方针的具体化,是材料供应与管理工作的基本出发点。

(2)加强计划管理的原则。水利水电工程产品中不论是工程结构繁简,建设规模大小,都是根据使用目的,预先设计,然后施工的。施工任务一般落实较迟,一经落实就急于施工,加上施工过程中情况多变,若没有适当的材料储备,就没有应变能力。搞好材料供应,关键在于摸清施工规模,提出备料计划,在计划指导下组织好各项业务活动的衔接，保证材料满足工程需要，使施工生产顺利进行。

(3)加强核算，坚持按质论价的原则。往往同一品种材料，因各地厂家或企业生产经营条件不同和市场供求关系等原因，价格上有明显差异，在采购订货业务活动中应遵守国家物价政策，按质论价、协商定购。

(4)厉行节约的原则。这是一切经济活动都必须遵守的根本原则。材料供应管理活动中包含两方面意义：一方面是材料部门在经营管理中，精打细算，节省一切可能节约的开支，努力降低费用水平；另一方面是通过业务活动加强定额控制，促进材料耗用的节约，推动材料的合理使用。

四、材料供应与管理的作用及要求

做好材料供应与管理工作，除材料部门积极努力外，尚需各有关方面的协作配合，以达到供好、管好、用好工程材料，降低工程成本。其作用和要求主要有以下几点：

1. 落实资源，保证供应

建设工程任务落实后，材料供应是主要保证条件之一，没有材料，企业就失去了主动权，完成任务就成为一句空话。施工企业必须按施工图预算核实材料需用量，组织材料资源。材料部门要主动与建设单位联系，属于建设单位供应的材料，要全面核实其现货、订货、在途资源及工程需用量的余缺。双方协商、明确分工并落实责任，分别组织配套供应，及时、保质、保量地满足施工生产的需求。

2. 抓好实物采购运输，加速周转，节省费用

搞好材料供应与管理，必须重视采购、运输和加工过程的数量、质量管理。根据施工生产进度要求，掌握轻、重、缓、急，结合市场调节，尽最大努力“减少在途”，“压缩库存”材料，加强调剂缩短材料的“在途、在库”时间，加速周转。与材料供应管理工作有关的各部门，都要明确经济责任，全面实行经济核算制度，降低材料成本。

3. 抓好商情信息管理

商情信息与企业的生存和发展有密切联系。材料商情信息的范围较广，要认真搜集、整理、分析和应用。材料部门要有专职人员，经常了解市场材料流通供求情况，掌握主要材料和新型建材动态(包括资源、质量、价格、运输条件等)。搜集的信息应分类整理、建立档案，为领导提供决策依据。如某水利工程公司运用市场信息的做法采取普遍函调，择优重点调查和实地走访三种方式，即印好调查表向各生产厂函调，根据信息反馈择优进行重点调查或实地走访调查。通过信息整理、分析和研究，摸清材料的产量、质量和价格情况，组织定点挂钩，做到供需衔接，最后取得成效。

4. 降低材料单耗

单耗是指建设工程产品每平方米所耗用工程材料的数量。由于水利工程产品是固定的，施工地点分散，露天作业多，不免要受自然条件的限制，影响均衡施

工,材料需用过程中品种、规格和数量的变动大,使定额供料增加了困难。为降低材料单耗水平,首先要完善设计;改革工艺;使用新材料;认真贯彻节约材料技术措施。施工中要贯彻操作规程,合理使用材料,克服施工现场浪费材料的现象;要在保证工程质量的基础上,严格执行材料定额管理。由于材料品种、规格繁多,应选定主要品种,进行核算,认真按定额控制用料,降低材料单耗水平。

五、材料供应与管理的主要内容

材料供应与管理的主要内容是:两个领域、三个方面和八项业务。

(1)两个领域:材料流通领域和生产领域。

1)流通领域材料管理是指在企业材料计划指导下组织货源,进行订货、采购、运输和技术保管,以及对企业多余材料向社会提供资源等活动的管理。

2)生产领域的材料管理,指在生产消费领域中,实行定额供料,采取节约措施和奖励办法,鼓励降低材料单耗,实行退料回收和修旧利废活动的管理。水利工程企业的施工队伍,是材料供、管、用的基层单位,它的材料工作重点是管和用。工作的好与坏,对管理的成效有明显作用。基层把工作做好了,不仅可以提高企业经济效益,还能为材料供应与管理打下基础。

(2)三个方面:是指材料的供、管、用。它们是紧密结合的。

(3)八项业务:是指材料计划、组织货源、运输供应、验收保管、现场材料管理、工程耗料核销、材料核算和统计分析八项业务。

六、材料供应与管理的任务

材料供应与管理工作的基本任务是:本着管材料必须全面"管供、管用、管节约和管回收、修旧利废"的原则,把好供、管、用三个主要环节,以最低的材料成本,按质、按量、及时、配套供应施工生产所需的材料,并监督和促进材料的合理使用。材料供应与管理的具体任务是:

1. 提高计划管理质量,保证材料供应

提高计划管理质量,首先要提高核算工程用料的正确性。计划是组织指导材料业务活动的重要环节,是组织货源和供应工程用料的依据。无论是需用计划,还是材料平衡分配计划,都要以单位工程(大的工程可用分部工程)进行编制。但是,往往因设计变更,施工条件的变化,打破了原定的材料供应计划。为此,材料计划工作需要与设计、建设单位和施工部门保持密切联系。对重大设计变更,大量材料代用,材料的价差和量差等重要问题,应与有关单位协商解决好。同时材料供应员要有应变的工作水平,才能保证工程需要。

2. 提高供应管理水平,保证工程进度

材料供应与管理包括采购、运输及仓库管理业务,这是配套供应的先决条件。由于水利水电工程产品的规格、式样多,每项工程都是按照工程的特定要求设计和施工的,对材料各有不同的需求,数量和质量受设计的制约,而在材料流通过程中受生产和运输条件的制约,价格上受地区预算价格的制约。因此材料部门要主

动与施工部门保持密切联系，交流情况，互相配合，才能提高供应管理水平，适应施工要求。对特殊材料要采取专料专用控制，以确保工程进度。

3. 加强施工现场材料管理，坚持定额用料

水利水电工程产品体积大、生产周期长，用料数量多，运量大，而且施工现场一般比较狭小，储存材料困难，在施工高峰期间土建、安装交叉作业，材料储存地点与供、需、运、管之间矛盾突出，容易造成材料浪费。因此，施工现场材料管理，首先要建立健全材料管理责任制度，材料员要参加现场施工平面总图关于材料布置的规划工作。在组织管理方面要认真发动群众，坚持专业管理与群众管理相结合的原则，建立健全施工队（组）的管理网，这是材料使用管理的基础。在施工过程中要坚持定额供料，严格领退手续，达到“工完料尽场地清”，克服浪费，节约要有奖。

4. 严格经济核算，降低成本，提高效益

施工企业要提高经济效益，必须立足于全面提高经营管理水平。根据有关资料，一般工程的直接费占工程造价的77.05%，其中材料费为66.83%，机械费为4.7%，人工费为5.52%。说明材料费占主要地位。材料供应管理中各业务活动，要全面实行经济核算责任制度。由于材料供应方面的经济效益较为直观、可比，目前在不同程度上已重视材料价格差异的经济效益，但仍忽视材料的使用管理，甚至以材料价差盈余掩盖企业管理的不足，这不利于提高企业管理水平，应当引起重视。

第三节　材料的计划与采购

一、材料消耗定额

1. 材料消耗定额的概念

材料消耗定额是指在一定的生产技术条件下，完成单位产品或单位工作量必须消耗材料的数量标准。

由于材料消耗定额是企业材料利用程度的考核依据，是企业经营核算的重要计划指标。因此，材料消耗定额是否先进合理，不仅反映了生产技术水平，同时也反映了生产组织管理水平。

材料消耗定额不是固定不变的，它反映了一定时期内的材料消耗水平，所以材料消耗定额在一定时期内要保持相对稳定。随着技术进步、工艺的改革、组织管理水平的提高，需要重新修订材料消耗定额。

材料消耗定额作为一个计划指标，具有严肃性和指令性，企业必须严格执行。

2. 材料消耗定额的分类

（1）按照材料消耗定额的用途分类。可分为材料消耗的概（预）算定额、材料消耗施工定额、材料消耗估算指标。

1)材料消耗概(预)算定额。材料消耗概(预)算定额是由各省市基建主管部门,在一定时期执行的标准设计或典型设计,按照建筑安装工程施工验收规范及安全操作规程,并根据当地社会劳动消耗的平均水平、合理的施工组织设计和施工条件编制的。

材料消耗概(预)算定额,是编制建筑安装施工图预算的法定依据,是进行工程材料结算、计算工程造价的依据,是计取各项费用的基本标准。

2)材料消耗施工定额。材料消耗施工定额是由建筑企业自行编制的材料消耗定额。它是结合本企业在目前条件下可能达到的水平而确定的材料消耗标准。材料消耗施工定额反映了企业管理水平、工艺水平和技术水平。材料消耗施工定额是材料消耗定额中最细的定额,具体反映了每个部位、每个分项工程中每一操作项目所需材料的品种、规格、数量。材料消耗施工定额的水平高于材料消耗概(预)算定额,即同一操作项目中,同一种材料消耗量,在施工定额中的消耗数量低于概(预)算定额中的数量标准。

材料消耗施工定额是建设项目施工中编制材料需用计划、组织定额供料的依据,是企业内部实行经济核算和进行经济活动分析的基础,是材料部门进行两算对比的内容之一,是企业内部考核和开展劳动竞赛的依据。

3)材料消耗估算指标。材料消耗估算指标是在材料消耗概(预)算定额的基础上,以扩大的结构项目形式表示的一种定额。通常它是在施工技术资料不全且有较多不确定因素的条件下,用于估算某项工程或某类工程、某个部门的建筑工程所需主要材料的数量。材料消耗估算指标是非技术性定额,因此,不能用于指导施工生产,而主要用于审核材料计划,考核材料消耗水平,同时又是编制初步概算、控制经济指标的依据,是编制年度材料计划和备料的依据,是匡算主要材料需用量的依据。

(2)按定额适用不同范围划分。可分为生产用材料消耗定额、建筑施工用材料消耗定额和经营维修用材料消耗定额。

(3)按照材料类别划分。可划分为主要材料消耗定额、周转材料消耗定额、辅助材料消耗定额。

1)主要材料消耗定额。主要材料是指直接用于水利水电工程上能构成工程实体的各项材料。例如钢材、木材、水泥、砂、石等材料。这些材料通常属一次性消耗,其费用占材料费用较大的比重。主要材料消耗定额按品种确定,它由构成工程实体的净用量和合理损耗量组成,即:

$$主要材料消耗定额=净用量+合理损耗量 \tag{1-1}$$

2)周转材料消耗定额。周转材料也称周转使用材料。指在施工过程中能反复多次周转使用,而又基本上保持原有形态的工具性材料。周转材料经多次使用,每次使用都会产生一定的损耗,直至失去使用价值。周转材料消耗定额与周转材料需用数量及该周转材料周转次数有关,即:

$$周转材料消耗定额=\frac{周转材料需用数量}{该周转材料周转次数} \quad (1-2)$$

3)辅助材料消耗定额。辅助材料与主要材料相比,其用量少,不直接构成工程实体,多数也可反复多次使用。辅助材料中的不同材料有不同特点,所以辅助材料消耗定额可按分部分项工程程的单位工程量计算出辅助材料消耗定额;也可按完成水利水电工程安装工作量或建筑面积计算辅助材料货币量消耗定额;也可按操作工人每日消耗辅助材料数量计算辅助材料货币量消耗定额。

3. 材料消耗定额的作用

水利水电工程的生产活动,随时都在消耗大量的材料,材料成本占工程成本的70%左右,因此,如何合理、节省、有效地使用材料,降低材料消耗,提高施工技术水平,以及搞好材料的供应与管理工作,都与材料消耗定额有着密切的关系。材料消耗定额的主要作用是:

(1)材料消耗定额是编制各项材料计划的基础。施工企业的生产经营活动都是有计划进行的,正确按照定额编制的各项材料计划,是搞好材料分配和供应的前提。施工生产合理的材料需用量,是以建筑安装实物工程量乘以该项工程量的某种材料消耗定额而得到的。材料需用量的计算公式为:

$$需用量=建筑安装实物工程量\times材料消耗定额 \quad (1-3)$$

(2)材料消耗定额是确定工程造价的主要依据。对同一个工程项目投资多少,是依据概算定额对不同设计方案进行技术经济比较后确定的。而工程造价中的材料费,是根据设计规定的工程量和工程标准,并根据材料消耗定额计算各种材料数量,再按地区材料预算价格计算出材料费用。其计算公式为:

$$工程预算材料费用=\sum(分部分项工程实物量\times材料消耗定额\times材料预算单价) \quad (1-4)$$

(3)材料消耗定额是推行经济责任制的重要手段。全面推行经济责任制,是企业进行经济改革的重要内容之一,是企业管理经济的有效手段。材料消耗定额是科学组织材料供应并对材料消耗进行有效控制的依据。有了先进合理的材料消耗定额,可以制定出科学的责任标准和消耗指标,便于生产部门制定明确的经济责任制。如材料实行按预算包干或签订投资包干协议,以投标工程材料报价及企业内部实行的各种经济责任制。不管采用哪一种形式的经济责任制,都必须以材料消耗定额作为核算材料需用量的主要依据。

(4)材料消耗定额是搞好材料供应及企业实行经济核算和降低成本的基础。有了先进合理的材料消耗定额,便于材料部门掌握施工生产的实际材料需用量,并根据施工生产的进度,及时、均衡地按材料消耗定额确定的需用量组织材料供应,并据此对材料消耗情况进行有效控制。

材料消耗定额是监督和促进施工企业合理使用材料、实现增产节约的工具。材料消耗定额从制度上明确规定了耗用材料的数量标准。有了材料消耗定额,就有了材料消耗的标准和尺度,就能依据它来衡量材料在使用过程中是节约还是浪费,就能有效地组织限额领料,就能促进施工班组加强经济核算,杜绝浪费,降低工程成本,以低消耗获得高效益。

(5)材料消耗定额是推动企业提高生产技术和科学管理水平的重要手段。先进合理的材料消耗定额,必须以先进的实用技术和科学管理为前提,随着生产技术的进步和管理水平的提高,必须定期修订材料消耗定额,使它保持在先进合理的水平上。企业只有通过不断改进工艺技术、改善劳动组织,全面提高施工生产技术和管理水平,才能够达到新的材料消耗定额标准。

4. 材料消耗定额的应用

(1)材料消耗概(预)算定额。材料消耗概(预)算定额是由地方主管基建部门工程造价处统一组织制定的。

材料消耗概(预)算定额包含了水利水电施工企业从事生产经营全部材料消耗内容,即包括净用量、工艺操作损耗定额和非工艺操作损耗定额。

材料消耗概(预)算定额是编制水利水电工程施工图预算的法定依据,是确定工程造价、计算工程拨款及划拨主要材料指标的依据,是计算招标标底和投标报价的主要依据,也是选择设计方案、施工方案及进行企业经济分析比较的基础。材料消耗概(预)算定额还作为经济核算,工程成本的工具书,是编制工程材料分析、控制工料消耗,进行"两算"(施工预算和施工图预算)对比的依据和计算各项费用的基础。

(2)材料消耗施工定额。材料消耗施工定额是水利水电工程中最细的定额,它能详细地反映材料的品种、规格、材质和消耗数量。施工定额基本上采用了概(预)算定额的分部分项方法,但施工定额是在结合本企业现有条件,可能达到的平均先进水平下制定的。材料消耗施工定额是企业管理水平的反映,是施工班组实行限额领料,进行分部分项工程核算和班组核算的依据。

二、材料计划管理

1. 材料计划管理的概念

材料计划管理,就是运用计划手段组织、指导、监督、调节材料的采购、供应、储备、使用等一系列工作的总称。

第一,应确立材料供求平衡的概念。供求平衡是材料计划管理的首要目标。宏观上的供求平衡,使基本建设投资规模,必须建立在社会资源条件允许情况下,才有材料市场的供求平衡,才可寻求企业内部的供求平衡。材料部门应积极组织资源,在供应计划上不留缺口,使企业完成施工生产任务有坚实的物质保证。

第二,应确立指令性计划、指导性计划和市场调节相结合的观念。市场的作用在材料管理中所占份额越来越大,编制计划、执行计划均应在这种观念的指导下,使计划切实可行。

第三，应确立多渠道、多层次筹措和开发资源的观念。多渠道、少环节是我国材料管理体制改革的一贯方针。企业一方面应充分利用市场、占有市场，开发资源；另一方面应狠抓企业管理、依靠技术进步、提高材料使用效能、降低材料消耗。

2. 材料计划管理的任务

（1）为实现企业经济目标做好物质准备。施工企业的经营发展，需要材料部门提供物质保证。材料部门必须适应企业发展的规模、速度和要求，只有这样才能保证企业经营顺利进行。为此材料部门应做到经济采购，合理运输，降低消耗，加速周转，以最少的资金获得最优的经济效果。

（2）做好平衡协调工作。材料计划的平衡是施工生产各部门协调工作的基础。材料部门一方面应掌握施工任务，核实需用情况，另一方面要查清内外资源，了解供需状况，掌握市场信息，确定周转储备，搞好材料品种、规格及项目的平衡配套，保证生产顺利进行。

（3）采取措施，促进材料的合理使用。水利水电工程施工露天作业，操作条件差，浪费材料的问题长期存在。因此必须加强材料的计划管理。通过计划指标、消耗定额，控制材料使用，并采取一定的手段，如检查、考核、承包等，提高材料的使用效益，从而提高供应水平。

（4）建立健全材料计划管理制度。材料计划的有效作用是建立在材料计划的高质量的基础上的。建立科学的、连续的、稳定的和严肃的计划指标体系，是保证计划制度良好运行的基础。健全计划流转程序和制度，可以保证施工正常进行。

3. 材料计划的分类

（1）材料计划按照材料的使用方向，分为生产材料计划和基本建设材料计划。

1）生产材料计划，是指施工企业所属工业企业，为完成生产计划而编制的材料需用计划。如周转材料生产和维修、建材产品生产等。其所需材料数量一般是按其生产的产品数量和该产品消耗定额进行计算确定。

2）基本建设材料计划，包括自身基建项目、承建基建项目的材料计划。其材料计划的编制，通常应根据承包协议和分工范围及供应方式而编制。

（2）按照材料计划的用途分，包括材料需用计划、申请计划、供应计划、加工订货计划和采购计划。

1）材料需用计划：这是材料需用单位根据计划生产建设任务对材料的需求编制的材料计划，是整个国民经济材料计划管理的基础。

2）临时追加材料计划：由于设计修改或任务调整，原计划品种、规格、数量的错漏，施工中采取临时技术措施，机械设备发生故障需及时修复等原因，需要采取临时措施解决的材料计划，叫临时追加用料计划。列入临时计划的一般是急用材料，要作为重点供应。如费用超支和材料超用，应查明原因，分清责任，办理签证，由责任的一方承担经济责任。

4. 材料计划的编制原则

为了使制订的材料计划能够反映客观实际，充分发挥它对物资流通经济活动的指导作用，在计划的编制过程中必须遵循一定的原则。编制材料计划必须遵循以下原则：

(1)政策性原则。所谓政策性原则，就是在材料计划的编制过程中必须坚决贯彻执行党和国家有关经济工作的方针和政策。

(2)实事求是的原则。材料计划是组织和指导材料流通经济活动的行动纲领。这就要求在物资计划的编制中始终坚持实事求是的原则。具体地说，就是要求计划指标具有先进性和可行性，指标过高或过低都不行。在实际工作中，要认真总结经验，深入基层和生产建设的第一线，进行调查研究，通过精确计算，把计划订在既积极又可靠的基础上，使计划尽可能符合客观实际情况。

(3)积极可靠，留有余地的原则。搞好材料供需平衡，是材料计划编制工作中的重要环节。在进行平衡分配时，要做到积极可靠，留有余地。所谓积极，就是说，指标要先进，应是在充分发挥主观能动性的基础上，经过认真的努力能够完成的；所谓可靠，就是说，必须经过认真的核算，有科学依据。留有余地，就是说在分配指标的安排上，要保留一定数量的储备。这样就可以随时应付执行过程中临时增加的需要量。

(4)保证重点，照顾一般的原则。没有重点，就没有政策。一般来说，重点部门，重点企业、重点建设项目是对全局有巨大而深远影响的，必须在物资上给予切实保证。但一般部门、一般企业和一般建设项目也应适当予以安排，在物资分配与供应计划中，区别重点与一般，正确地妥善安排，是一项极为细致、复杂的工作。

5. 编制材料计划的步骤

施工企业常用的材料计划，是按照计划的用途和执行时间编制的年、季、月的材料需用计划、申请计划、供应计划、加工订货计划和采购计划。在编制材料计划时，应遵循以下步骤：

(1)各建设项目及生产部门按照材料使用方向，分单位工程做工程用料分析，根据计划期内完成的生产任务量及下一步生产中需提前加工准备的材料数量，编制材料需用计划。

(2)根据项目或生产部门现有材料库存情况，结合材料需用计划，并适当考虑计划期末周转储备量，按照采购供应的分工，编制项目材料申请计划，分报各供应部门。

(3)负责某项材料供应的部门，汇总各项目及生产部门提报的申请计划，结合供应部门现有资源，全面考虑企业周转储备，进行综合平衡，确定对各项目及生产部门的供应品种、规格、数量及时间，并具体落实供应措施，编制供应计划。

(4)按照供应计划所确定的措施，如：采购、加工订货等，分别编制措施落实计划，即采购计划和加工订货计划，确保供应计划的实现。

6. 材料计划的编制程序

(1)计算需用量。确定材料需要量是编制材料计划的重要环节,是搞好材料平衡、解决供求矛盾的关键。因此在确定材料需要量时,不仅要坚持实事求是的原则,力求全面正确地来确定需要量,要注意运用正确的方法。

由于各项需要的特点不同,其确定需要量的方法也不同。通常用以下几种方法确定:

1)直接计算法:就是用直接资料计算材料需要量的方法,主要有以下两种形式。

①定额计算法,就是依据计划任务量和材料消耗定额,单机配套定额来确定材料需要量的方法。其公式是:

计划需要量=计划任务量×材料消耗定额　(1-5)

在计划任务量一定的情况下,影响材料需要量的主要因素就是定额。如果定额不准,计算出的需要量就难以确定。

②万元比例法,是根据基本建设投资总额和每万元投资额平均消耗材料来计算需要量的方法。这种方法主要是在综合部分使用,它是基本建设需要量的常用方法之一。其公式如下:

计划需要量=某项工程总投资额(万元)×万元消耗材料数量　(1-6)

用这种方法计算出的材料需要量误差较大,但用于概算基建用料,审查基建材料计划指标,是简便有效的。

2)间接计算法:这是运用一定的比例、系数和经验来估算材料需要量的方法。

①动态分析法,是对历史资料进行分析、研究,找出计划任务量与材料消耗量变化的规律计算材料需要量的方法。其公式如下:

计划需要量=计划期任务量/上期预计完成任务量×上期预计所消耗材料总量×(1±材料消耗增减系数)　(1-7)

或

计划需要量=计划任务量×上期预计单位任务材料消耗量×(1±材料消耗增减系数)　(1-8)

公式中的材料消耗系数,一般是根据上期预计消耗量的增减趋势,结合计划期的可能性来决定的。

②类比计算法,是指生产某项产品时,既无消耗定额,也无历史资料参考的情况下,参照同类产品的消耗定额计算需要量的方法。其计算公式如下:

计划需要量=计划任务量×类似产品的材料消耗量×(1±调整系数)(1-9)

上式中的调整系数可根据两种产品材料消耗量不同的因素来确定。

③经验统计法,这是凭借工作经验和调查资料,经过简单计算来确定材料需要量的一种方法。经验统计法常用于确定维修、各项辅助材料及不便制订消耗定额的材料需要量。

间接计算法的计算结果往往不够准确,在执行中要加强检查分析,及时进行调整。

(2)确定实际需用量,编制材料需用计划。根据各工程项目计算的需用量,进一步核算实际需用量。核算的依据有以下几个方面:

1)对于一些通用性材料,在工程进行初期,考虑到可能出现的施工进度超期因素,一般都略加大储备,因此其实际需用量就略大计划需用量。

2)在工程竣工阶段,因考虑到“工完料清场地净”,防止工程竣工材料积压,一般是利用库存控制进料,这样实际需用量要略小于计划需用量。

3)对于一些特殊材料,为保证工程质量,往往是要求一批进料,所以计划需用量虽只是一部分,但在申请采购中往往是一次购进,这样实际需用量就要大大增加。实际需用量的计算公式如下:

$$实际需用量=计划需用量\pm调整因素 \tag{1-10}$$

(3)编制材料申请计划。需要上级供应的材料,应编制申请计划。申请量的计算公式如下:

$$材料申请量=实际需用量+计划储备量-期初库存量 \tag{1-11}$$

(4)编制材料供应计划。供应计划是材料计划的实施计划,材料供应部门根据用料单位提报的申请计划及各种资源渠道的供货情况、储备情况,进行总需用量与总供应量的平衡,并在此基础上编制对各用料单位或项目的供应计划,并明确供应措施,如利用库存、市场采购、加工订货等。

(5)编制供应措施计划。在供应计划中所明确的供应措施,必须有相应的实施计划。如市场采购,须相应编制采购计划;加工订货,须有加工订货合同及进货安排计划,以确保供应工作的完成。

三、材料采购

1. 材料采购分类原则

目前水利水电工程施工企业在材料采购管理体制方面有三种管理形式:一是集中采购管理,二是分散采购管理,还有一种是既集中又分散的管理形式。采取什么形式应由市场、企业管理体制及所承包的工程项目的具体情况等综合考虑决定。

2. 材料采购工作内容

(1)编制材料采购计划。材料采购计划是在各工程项目材料需用量计划的基础上制订的,必须符合生产的需要,一般是按照材料分类,确定各种材料(包括品种、名称、规格、型号、质量及技术要求)采购的数量计划。

(2)确定材料采购批量。采购批量即一次采购的数量,材料采购计划必须按生产需要以及采购资金及仓库储存的实际情况有计划分期分批的进行。采购批量直接影响费用占用和仓库占用,因此必须选择各项费用成本最低的批量为最佳批量。

(3)确定采购方式。掌握市场信息，按材料采购计划，选择、确定采购对象，尽量做到货比三家；对批量大、价格高的材料可采用招标方式，以降低采购成本。

(4)材料采购计划实施。包括材料采购人员与提供材料产品的生产企业或产品供销部门进行具体协商、谈判。直至订货成交等内容。

3. 材料采购计划实施中的几个问题

材料采购是供需双方就材料买卖而协商同意达成的一种协议，这种协议还常常以书面的形式表现——即采购合同，因此在实施材料采购计划时，必须符合有关合同管理的一般规定，并注意以下几点：

(1)谈判是企业取得经济利益的最好机会。因为谈判内容一般为供需双方对权利、义务、价格等事关双方切身利益的探讨，是影响企业利益的重要因素，因此必须抓住。

(2)在谈判的基础上签订书面协议或合同。合同内容必须准确、详细，因为协议、合同一旦签订，就必须履行。材料采购协议或合同一般包括如下内容：材料名称(牌号)标、品种、规格、型号、等级；质量标准及技术标准；数量和计量；包装标准、包装费及包装物品的使用方法；交货单位、交货方式、运输方式、到货地点、收货单位(或收货人)；交货时间；验收地点、验收方法和验收工具要求；单价、总价及其他费用；结算方式以及双方协商同意的其他事项等。

(3)协议、合同的履行。协议、合同的履行过程，是完成整个协议、合同规定任务的过程，因此必须严格履行。在履行过程中如有违反就要承担经济、法律责任，同时违约行为有时往往会影响产品的生产。

(4)及时提出索赔。索赔是合法的正当权利要求，根据法律规定，对并非由于自己过错所造成的损失或者承担了协议、合同规定之外的工作所付的额外支出，就有权向承担责任方索回必要的损失，这也是经济管理的重要内容。

4. 材料采购遵循的原则

(1)遵守国家和地方的有关方针、政策、法令和规定，如材料管理政策、材料分配政策、经济合同法，各项财政制度以及工商行政部门的规定等。

(2)以需定购，按计划采购：必须以实际需要的材料品种、规格、数量和时间要求的材料采购计划为依据进行采购。贯彻“以需采购”的材料采购原则，同时要结合材料的生产、市场、运输和储备等因素，进行综合平衡。

(3)坚持材料质量第一：把好材料采购质量关，不符合质量要求的材料，不得进入生产车间、施工现场，要随时深入生产厂、市场，以督促生产厂提高产品质量和择优采购，采购人员必须熟悉所采购的材料质量标准，并做好验收鉴定工作，不符合质量要求的物资绝不采购。

(4)降低采购成本：材料采购中，应开展“三比一算”(比质、比价、比运距、算成本)。市场供应的材料，由于材料来自各地，因生产手段不同，产品成本不一样，质量也有差别，为此在采购时，一定要注意同样的材料比质量，同样的质量比价格，同样的价格比运距，进行综合计算以降低材料采购成本。

(5)选择材料运输畅通方便的材料生产单位：生产建设企业尤其施工企业所需用材料，数量大、地区分散，必须使用足够的运输工具，才能按时运输到现场。如果运输力量不足，即使有了资源，也无法运出，为了将所需的材料及时安全地运输到使用现场，必须选择运输力量充足，地理和运输条件良好的地区和单位的材料，以保证材料采购和供应任务完成。

5. 材料采购管理模式

材料采购业务的分工，应根据企业机构设置、业务分工及经济核算体制确定。目前，一般都按核算单位分别进行采购。在一些实行项目承包或项目经理负责制的企业，都存在着不分材料品种、不分市场情况而盲目争取采购权的问题。企业内部公司、工区(处)、施工队、施工项目以及零散维修用料、工具用料均自行采购。这种做法既有调动各部门积极性等有利的一面，也存在着影响企业发展的不利一面，其主要利弊有：

(1)分散采购的优点。

1)分散采购可以调动各级各部门积极性，有利于各部门、各项经济指标的完成。

2)可以及时满足施工需要，采购工作效率较高。

3)就某一采购部门内来说，流动资金量小，有利于部门内资金管理。

4)采购价格一般低于多级多层次采购的价格。

(2)分散采购的弊端。

1)分散采购难以形成采购批量，不易形成企业经营规模，而影响企业整体经济效益。

2)局部资金占用少，但资金分散，其总体占用额度往往高于集中采购资金占用，资金总体效益和利用率下降。

3)机构人员重叠，采购队伍素质相对较弱，不利于建筑企业材料采购供应业务水平的提高。

(3)材料采购管理模式的选择。不同的企业类型，不同的生产经营规模，甚至承揽的工程不同，选择的材料采购管理模式均不相同。采购管理模式的确定绝非唯一的，不变的，应根据具体情况分析，以保证企业整体利益为目标而确定。

6. 材料采购批量的管理

材料采购批量是指一次采购材料的数量。其数量的确定是以施工生产需用为前提，按计划分批进行采购。采购批量直接影响着采购次数、采购费用、保管费用和资金占用、仓库占用。在某种材料总需用量中，每次采购的数量应选择各项费用综合成本最低的批量，即经济批量或最优批量。经济批量的确定受多方因素影响，按照所考虑主要因素的不同一般有以下几种方法：

(1)按照商品流通环节最少的原则选择最优批量。从商品流通环节看,向生产厂直接采购,所经过的流通环节最少,价格最低。不过生产厂的销售往往有最低销售量限制,采购批量一般要符合生产厂的最低销售批量。这样既减少了中间流通环节费用,又降低了采购价格,而且还能得到适用的材料,最终降低了采购成本。

(2)按照运输方式选择经济批量。在材料运输中有铁路运输、公路运输、水路运输等不同的运输方式。每种运输中一般又分整车(批)运输和零散(担)运输。在中、长途运输中,铁路运输和水路运输较公路运输价格低、运量大。而在铁路运输和水路运输中,又以整车运输费用较零散运输费用低。因此一般采购应尽量就近采购或达到整车托运的最低限额以降低采购费用。

(3)按照采购费用和保管费用支出最低的原则选择经济批量。材料采购批量越小,材料保管费用支出越低,但采购次数越多,采购费用越高。反之,采购批量越大,保管费用越高,但采购次数越少,采购费用越低。因此采购批量与保管费用成正比例关系,与采购费用成反比例关系(图 1-1)。

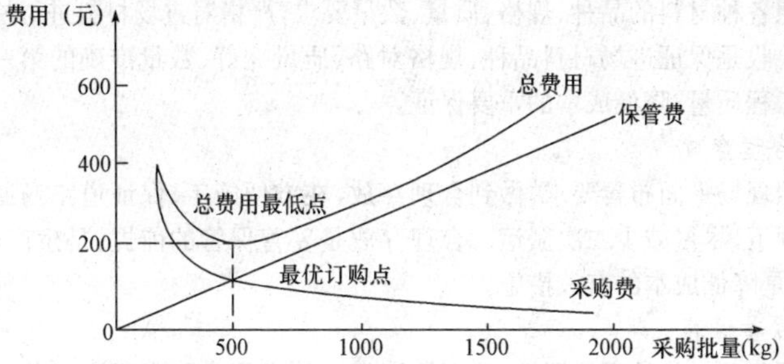

图 1-1 采购批量与费用关系图

第四节 材料的现场管理

一、现场材料管理的概念

施工现场是水利水电工程企业从事施工生产活动,最终形成施工产品的场所,占水利水电工程造价 60%左右的材料费,都要通过施工现场投入消费。施工现场的材料与工具管理,属于生产领域里材料耗用过程的管理,与企业其他技术经济管理有密切的关系,是水利水电工程材料管理的关键环节。

现场材料管理,是在现场施工过程中,根据工程类型、场地环境、材料保管和消耗特点,采取科学的管理办法,从材料投入到成品产出全过程进行计划、组织、协调和控制,力求保证生产需要和材料的合理使用,最大限度地降低材料消耗。

现场材料管理的好坏，是衡量施工企业经营管理水平和实现文明施工的重要标志，也是保证工程进度和工程质量，提高劳动效率，降低工程成本的重要环节。对企业的社会声誉和投标承揽任务都有极大影响。加强现场材料管理，是提高材料管理水平、克服施工现场混乱和浪费现象、提高经济效益的重要途径之一。

二、现场材料管理的原则和任务

1. 全面规划

在开工前作出现场材料管理规划，参与施工组织设计的编制，规划材料存放场地、道路，做好材料预算，制定现场材料管理目标。全面规划是使现场材料管理全过程有序进行的前提和保证。

2. 计划进场

按施工进度计划，组织材料分期分批有秩序地入场。一方面保证施工生产需要；另一方面要防止形成大批剩余材料。计划进场是现场材料管理的重要环节和基础。

3. 严格验收

按照各种材料的品种、规格、质量、数量要求，严格对进场材料进行检查，办理收料。验收是保证进场材料品种、规格对路、质量完好、数量准确的第一道关口，是保证工程质量，降低成本的重要保证。

4. 合理存放

按照现场平面布置要求，做到合理存放，在方便施工、保证道路畅通、安全可靠的原则下，尽量减少二次搬运。合理存放是妥善保管的前提，是生产顺利进行的保证，是降低成本的有效措施。

5. 妥善保管

按照各项材料的自然属性，依据物资保管技术要求和现场客观条件，采取各种有效措施进行维护、保养，保证各项材料不降低使用价值。妥善保管是物尽其用，实现成本降低的保证条件。

6. 控制领发

按照操作者所承担的任务，依据定额及有关资料进行严格的数量控制。控制领发是控制工程消耗的重要关口，是实现节约的重要手段。

7. 监督使用

按照施工规范要求和用料要求，对已转移到操作者手中的材料，在使用过程中进行检查，督促班组合理使用，节约材料。监督使用是实现节约，防止超耗的主要手段。

8. 准确核算

用实物量形式，通过对消耗活动进行记录、计算、控制、分析、考核和比较，反映消耗水平。准确核算既是对本期管理结果的反映，又为下期提供改进的依据。

三、现场材料管理的内容

(1)收料前的准备。现场材料人员接到材料进场的预报后,要做好以下五项准备工作:

1)检查现场施工便道有无障碍及是否平整通畅,车辆进出、转弯、调头是否方便,还应适当考虑回车道,以保证材料能顺利进场。

2)按照施工组织设计的场地平面布置图的要求,选择好堆料场地,要求平整、没有积水。

3)必须进现场临时仓库的材料,按照“轻物上架,重物近门,取用方便”的原则,准备好库位,防潮、防霉材料要事先铺好垫板,易燃易爆材料,一定要准备好危险品仓库。

4)夜间进料,要准备好照明设备,在道路两侧及堆料场地,都有足够的亮度,以保证安全生产。

5)准备好装卸设备、计量设备、遮盖设备等。

(2)材料验收的步骤。现场材料的验收主要是检验材料品种、规格、数量和质量。验收步骤如下:

1)查看送料单,是否有误送。

2)核对实物的品种、规格、数量和质量,是否和凭证一致。

3)检查原始凭证是否齐全正确。

4)做好原始记录,逐项详细填写收料日记,其中验收情况登记栏,必须将验收过程中发生的问题填写清楚。

(3)几项主要材料的验收保管方法。

1)水泥。

①质量验收。以出厂质量保证书为凭,进场时验查单据上水泥品种、强度等级与水泥袋上印的标志是否一致,不一致的应分开码放,待进一步查清;检查水泥出厂日期是否超过规定时间,超过的要另行处理;遇有两个单位同时到货的,应详细验收,分别码放,防止品种不同而混杂使用。

②数量验收。包装水泥在车上或卸入仓库后点袋计数,同时对包装水泥实行抽检,以防每袋重量不足。破袋的要灌袋计数并过秤,防止重量不足而影响混凝土和砂浆强度,产生质量事故。

罐车运送的散装水泥,可按出厂秤码单计量净重,但要注意卸车时要卸净,检查的方法是看罐车上的压力表是否为零及拆下的泵管是否有水泥。压力表为零、管口无水泥即表明卸净,对怀疑重量不足的车辆,可采取单独存放,进行检查。

③合理码放。水泥应入库保管。仓库地坪要高出室外地面 20～30cm,四周墙面要有防潮措施,码垛时一般码放 10 袋,最高不得超过 15 袋。不同品种、强度等级和日期的,要分开码放,挂牌标明。

特殊情况下,水泥需在露天临时存放时,必须有足够的遮垫措施。做到防水、防雨、防潮。

散装水泥要有固定的容器,既能用自卸汽车进料,又能人工出料。

④保管。水泥的储存时间不能太长,出厂后超过 3 个月的水泥,要及时抽样检查,经化验后按重新确定的强度使用。如有硬化的水泥,经处理后降级使用。

水泥应避免与石灰、石膏以及其他易于飞扬的粒状材料同存,以防混杂,影响质量。包装如有损坏,应及时更换以免散失。

水泥库房要经常保持清洁,落地灰及时清理、收集、灌装,并应另行收存使用。根据使用情况安排好进料和发料的衔接,严格遵守先进先发的原则,防止发生长时间不动的死角。

2)木材。

①质量验收。木材的质量验收包括材种验收和等级验收。木材的品种很多,首先要辨认材种及规格是否符合要求。对照木材质量标准,查验其腐朽、弯曲、钝棱、裂纹以及斜纹等缺陷是否与标准规定的等级相符。

②数量验收。木材的数量以材积表示,要按规定的方法进行检尺,按材积表查定材积,也可按计算式算得。

③保管。木材应按材种规格等级不同码放,要便于抽取和保持通风,板材、方材的垛顶部要遮盖,以防日晒雨淋。经过烘干处理的木材,应放进仓库。

木材表面由于水分蒸发,常常容易干裂,应避免日光直接照射。采用狭而簿的衬条或用隐头堆积,或在端头设置遮阳板等。木材存料场地要高、通风要好,应随时清除腐木、杂草和污物,必要时用 5%的漂白粉溶液喷洒。

3)钢材。

①质量验收。钢材质量验收分外观质量验收和内在化学成分、力学性能的验收。外观质量验收中,由现场材料验收人员,通过眼看、手摸,或使用简单工具,如钢刷、木棍等,检查钢材表面是否有缺陷。钢材的化学成分、力学性能均应经有关部门复试,与国家标准对照后,判定其是否合格。

②数量验收。钢材数量可通过称重、点件、检尺换算等几种方式验收。验收中应注意的是:称重验收可能产生磅差:其差量在国家标准容许范围内的,即签认送货单数量;若差量超过国家标准容许范围,则应找有关部门解决。检尺换算所得重量与称重所得重量会产生误差,特别是国产钢材的误差量可能较大,供需双方应统一验收方法。当现场数量检测确实有困难时,可到供料单位监磅发料,保证进场材料数量准确。

③保管。施工现场存放材料的场地狭小,保管设施较差。钢材中优质钢材,小规格钢材,如镀锌板、镀锌管、薄壁电线管等,最好入库入棚保管,若条件不允许,只能露天存放时,应做好苫垫。

钢材在保管中必须分清品种、规格、材质,不能混淆。保持场地干燥,地面不积水,清除污物。

4)砂、石料。

①质量验收。现场砂石料一般先目测：

砂：颗粒坚硬洁净，一般要求中粗砂，除特殊需用外，一般不用细砂。黏土、泥灰、粉末等不超过3%～5%。

石：颗粒级配应理想，粒形以近似立方块的为好。针片状颗粒不得超过25%，在强度等级大于C30的混凝土中，不得超过15%。注意鉴别有无风化石、石灰石混入。含泥量一般混凝土不得超过2%，大于C30的混凝土中，不得超过1%。

砂石含泥量的外观检查，如砂子颜色灰黑，手感发粘，抓一把能粘成团，手放开后，砂团散开，发现有粘连小块，用手指捻开小块，指上留有明显泥污的，表示含泥量过高。石子的含泥量，用手握石子摩擦后无尘土粘于手上，表示合格。

②数量验收。砂石的数量验收按运输工具不同、条件不同而采取不同方法。

量方验收：进料后先做方，即把材料作成梯形堆放在平整的地上。

过磅计量：发料单位经过地秤，每车随附秤码单送到现场时，应收下每车的秤码单、记录车号，在最后一车送到后，核对收到车数的秤码单和送货凭证是否相符。

其他：水运码头接货无地秤，堆方又无场地时，可在车船上抽查。一种方法是利用船上载重水位线表示的吨位计量；另一种方法是在运输车上快速将砂在车上拉平，量其装载高度，按照车型固定的长宽度计算体积，然后换算成重量。

③合理堆放。一般应集中堆放在混凝土搅拌机和砂浆机旁，不宜过远。堆放要成方成堆，避免成片。平时要经常清理，并督促班组清底使用。

5)成品、半成品。成品、半成品主要指工程使用的混凝土制品以及成型的钢筋等。这些成品、半成品占材料费用很大，也是构成工程实体的重要材料。因此，搞好成品、半成品的现场验收和保管，对加速施工进度，保证工程质量，降低工程费用，都起着重要作用。

①混凝土构件。混凝土构件一般在工厂生产，再运到现场安装。由于混凝土构件有笨重、量大和规格型号多的特点，验收时一定要对照加工计划，分层分段配套码放，码放在吊车的悬臂回转半径范围以内。要认真核对品种、规格、型号，检验外观质量，及时登记台账，掌握配套情况。构件存放场地要平整，垫木规格一致且位置上下对齐，保持平整和受力均匀。混凝土构件一般按工程进度进场，防止过早进场，阻塞施工场地。

②成型钢筋。是指由工厂加工成型后运到现场绑扎的钢筋。一般会同生产班组按照加工计划验收规格和数量，并交班组管理使用。钢筋的存放场地要平整，没有积水，分规格码放整齐，用垫木垫起，防止水浸锈蚀。

6)现场包装品。现场材料的包装容器，一般都有利用价值，如纸袋、麻袋、布袋、木箱、铁桶等。现场必须建立回收制度，保证包装品的成套、完整，提高回收率和完好率。对开拆包装的方法要有明确的规章制度，如铁桶不开大口、盖子不离箱、线封的袋子要拆线、粘口的袋子要用刀割等。要健全领用和回收的原始记录，对回收率、完好率进行考核，用量大、易损坏的包装品例如水泥纸袋等可实行包装品的回收奖励制度。

四、周转材料管理

1. 周转材料的概念

周转材料是指能够多次应用于施工生产，有助于产品形成，但不构成产品实体的各种材料，是有助于建筑产品的形成而必不可少的劳动手段。如：浇捣混凝土所需的模板和配套件；施工中搭设的脚手架及其附件等。

从材料的价值周转方式（价值的转移方式和价值的补偿方式）来看，材料的价值是一次性全部地转移到施工中去的。而周转材料却不同，它能在几个施工过程中多次地反复使用，并不改变其本身的实物形态，直至完全丧失其使用价值，损坏报废时为止。它的价值转移是根据其在施工过程中的损耗程度，逐渐地分别转移到产品中去，成为建筑产品价值的组成部分，并从建筑物的价值中逐渐地得到价值补偿。

在一些特殊情况下，由于受施工条件限制，有些周转材料也是一次性消耗的，其价值也就一次性转移到工程成本中去，如大体积混凝土浇捣时所使用的钢支架等在浇捣完成后无法取出，钢板桩由于施工条件限制无法拔出，个别模板无法拆除等等。也有些因工程的特殊要求而加工制作的非规格化的特殊周转材料，只能使用一次。这些情况虽然核算要求与材料性质相同，实物也作销账处理，但必须做好残值回收，以减少损耗，降低工程成本。因此，搞好周转材料的管理，对施工企业来讲是一项至关重要的工作。

2. 周转材料管理的任务

(1)根据生产需要，及时、配套地提供适量和适用的各种周转材料。

(2)根据不同周转材料的特点建立相应的管理制度和办法，加速周转，以较少的投入发挥尽可能大的效能。

(3)加强维修保养，延长使用寿命，提高使用的经济效果。

3. 周转材料管理的内容

(1)使用。周转材料的使用是指为了保证施工生产正常进行或有助于产品的形成而对周转材料进行拼装、支搭以及拆除的作业过程。

(2)养护。指例行养护，包括除去灰垢、涂刷防锈剂或隔离剂，使周转材料处于随时可投入使用的状态。

(3)维修。修复损坏的周转材料，使之恢复或部分恢复原有功能。

(4)改制。对损坏且不可修复的周转材料，按照使用和配套的要求进行大改小、长改短的作业。

(5)核算。包括会计核算、统计核算和业务核算三种核算方式。会计核算主要反映周转材料投入和使用的经济效果及其摊销状况，它是资金（货币）的核算；统计核算主要反映数量规模、使用状况和使用趋势，它是数量的核算；业务核算是材料部门根据实际需要和业务特点而进行的核算，它既有资金的核算，也有数量的核算。

4. 周转材料的管理方法

(1)租赁管理。

1)租赁的概念。租赁是指在一定期限内，产权的拥有方向使用方提供材料的使用权，但不改变所有权，双方各自承担一定的义务，履行契约的一种经济关系。

实行租赁制度必须将周转材料的产权集中于企业进行统一管理，这是实行租赁制度的前提条件。

2)租赁管理的内容。首先应根据周转材料的市场价格变化及摊销额度要求测算租金标准，并使之与工程周转材料费用收入相适应。

3)租赁管理方法。

①租用。项目确定使用周转材料后，应根据使用方案制定需求计划，由专人向租赁部门签订租赁合同，并做好周转材料进入施工现场的各项准备工作，如存放及拼装场地等。租赁部门必须按合同保证配套供应并登记“周转材料租赁台账”。

②验收和赔偿。租赁部门应对退库周转材料进行外观质量验收。如有丢失损坏应由租用单位赔偿。验收及赔偿标准一般按以下原则掌握：对丢失或严重损坏（指不可修复的，如管体有死弯、板面严重扭曲）按原值的50%赔偿；一般性损坏（指可修复的，如板面打孔、开焊等）按原值30%赔偿；轻微损坏（指不需使用机械，仅用手工即可修复的）按原值的10%赔偿。

租用单位退租前必须清除混凝土灰垢，为验收创造条件。

③结算。租金的结算期限一般自提运的次日起至退租之日止，租金按日历天数逐日计取，按月结算。租用单位实际支付的租赁费用包括租金和赔偿费两项。

$$租赁费用(元)=\sum[租用数量\times相应日租金(元)\times租用天数+丢失损坏数量\times相应原值\times相应赔偿率\%] \quad (1\text{-}12)$$

根据结算结果由租赁部门填制《租金及赔偿结算单》。

为简化核算工作也可不设“周转材料租赁台账”，而直接根据租赁合同进行结算。但要加强合同的管理，严防遗失，以免错算和漏算。

(2)周转材料的费用承包管理方法。周转材料的费用承包是适应项目管理的一种管理形式，或者说是项目管理对周转材料管理的要求。它是指以单位工程为基础，按照预定的期限和一定的方法测定一个适当的费用额度交由承包者使用，实行节奖超罚的管理。

1)承包费用的确定。

①承包费用的收入。承包费用的收入即是承包者所接受的承包额。承包额有两种确定方法,一种是扣额法,另一种是加额法。扣额法指按照单位工程周转材料的预算费用收入,扣除规定的成本降低额后的费用;加额法是指根据施工方案所确定的费用收入,结合额定周转次数和计划工期等因素所限定的实际使用费用,加上一定的系数额作为承包者的最终费用收入。所谓系数额是指一定历史时期的平均耗费系数与施工方案所确定的费用收入的乘积。公式如下:

扣额法费用收入(元)=预算费用收入(元)×(1-成本降低率%) (1-13)

加额法费用收入(元)=施工方案确定的费用收入(元)×(1+平均耗费系数) (1-14)

②承包费用的支出。承包费用的支出是在承包期限内所支付的周转材料使用费(租金)、赔偿费、运输费、二次搬运费以及支出的其他费用之和。

2)费用承包管理的内容。

①签订承包协议。承包协议是对承、发包双方的责、权、利进行约束的内部法律文件。一般包括工程概况、应完成的工程量、需用周转材料的品种、规格、数量及承包费用、承包期限、双方的责任与权力、不可预见问题的处理以及奖罚等内容。

②承包额的分析。首先要分解承包额。承包额确定之后,应进行大概的分解,以施工用量为基础将其还原为各个品种的承包费用,例如将费用分解为钢模板、焊管等品种所占的份额。

第二要分析承包额。在实际工作中,常常是不同品种的周转材料分别进行承包,或只承包某一品种的费用,这就需要对承包效果进行预测,并根据预测结果提出有针对性的管理措施。

③周转材料进场前的准备工作。根据承包方案和工程进度认真编制周转材料的需用计划,注意计划的配套性(品种、规格、数量及时间的配套),要留有余地,不留缺口。

根据配套数量同企业租赁部门签订租赁合同,积极组织材料进场并做好进场前的各项准备工作,包括选择、平整存放和拼装场地、开通道路等,对狭窄的现场应做好分批进场的时间安排,或事先另选存放场地。

3)费用承包效果的考核。承包期满后要对承包效果进行严肃认真的考核、结算和奖罚。

承包的考核和结算指承包费用收、支对比,出现盈余为节约,反之为亏损。如实现节约应对参与承包的有关人员进行奖励。可以按节约额进行金额奖励,也可以扣留一定比例后再予奖励。奖励对象应包括承包班组、材料管理人员、技术人员和其他有关人员。按照各自的参与程度和贡献大小分配奖励份额。如出现亏损，则应按与奖励对等的原则对有关人员进行罚款。费用承包管理方法是目前普遍实行项目经理责任制中较为有效的方法，企业管理人员应不断探索有效管理措施，提高承包经济效果。

提高承包经济效果的基本途径有两条：

①在使用数量既定的条件下努力提高周转次数。

②在使用期限既定的条件下，努力减少占用量。同时应减少丢失和损坏数量，积极实行和推广组合钢模的整体转移，以减少停滞、加速周转。

(3)周转材料的实物量承包管理。实物量承包的主体是施工班组，也称班组定包。它是指项目班子或施工队根据使用方案按定额数量对班组配备周转材料，规定损耗率，由班组承包使用，实行节奖超罚的管理办法。

实物量承包是费用承包的深入和继续，是保证费用承包目标值的实现和避免费用承包出现断层的管理措施。

1)定包数量的确定，以组合钢模为例，说明定包数量的确定方法。

①模板用量的确定。根据费用承包协议规定的混凝土工程量编制模板配模图，据此确定模板计划用量，加上一定的损耗量即为交由班组使用的承包数量。公式如下：

$$模板定包数量(m^2)=计划用量(m^2)\times(1+定额损耗率\%) \tag{1-15}$$

式中　定额损耗量一般不超过计划用量的1%。

②零配件用量的确定。

2)定包效果的考核和核算。定包效果的考核主要是损耗率的考核。即用定额损耗量与实际损耗量相比，如有盈余为节约，反之为亏损。如实现节约则全额奖给定包班组，如出现亏损则由班组赔偿全部亏损金额，根据定包及考核结果，对定包班组兑现奖罚。

(4)周转材料租赁、费用承包和实物量承包三者之间的关系。

周转材料的租赁、费用承包和实物量承包是三个不同层次的管理，是有机联系的统一整体。实行租赁办法是企业对工区或施工队所进行的费用控制和管理；实行费用承包是工区或施工队对单位工程或承包标段所进行的费用控制和管理；实行实物量承包是单位工程或承包栋号对使用班组所进行的数量控制和管理，这样便形成了既有不同层次、不同对象的，又有费用的和数量的综合管理体系。降低企业周转的费用消耗，应该同时搞好三个层次的管理。

限于企业的管理水平和各方面的条件，作为管理初步，可于三者之间任选其一。如果实行费用承包则必须同时实行实物量承包，否则费用承包易出现断层，出现“以包代管”的状况。

第五节　材料核算与质量监督管理

一、材料核算

1. 材料核算的概念

材料核算是企业经济核算的重要组成部分。所谓材料核算就是以货币或实物数量的形式，对施工企业材料管理工作中的采购、供应、储备、消耗等项业务活动进行记录、计算、比较和分析，从而提高材料供应管理水平的活动。

材料供应核算是水利水电企业经济核算工作的主要组成部分，材料费用一般占水利水电工程造价 60%左右，材料的采购供应和使用管理是否经济合理，对企业的各项经济技术指标的完成，特别是经济效益的提高有着重大的影响。因此水利水电企业在考核施工生产和经营管理活动时，必须抓住工程材料成本核算、材料供应核算这两个重要的工作环节。进行材料核算，应做好以下基础工作：

首先要建立和健全材料核算的管理体制，使材料核算的原则贯穿于材料供应和使用的全过程，做到干什么、算什么，人人讲求经济效果，积极参加材料核算和分析活动。这就需要组织上的保证，把所有业务人员组织起来，形成内部经济核算网，为实行指标分管和开展专业核算奠定组织基础。

其次要建立健全核算管理制度。明确各部门、各类人员以及基层班组的经济责任，制定材料申请、计划、采购、保管、收发、使用的办法、规定和核算程序。把各项经济责任落实到部门、专业人员和班组，保证实现材料管理的各项要求。

第三，要有扎实的经营管理基础工作。主要包括材料消耗定额、原始记录、计量检测报告、清产核资和材料价格等。材料消耗定额是计划、考核、衡量材料供应与使用是否取得经济效果的标准。

原始记录是反映经营过程的主要凭据；计量检测是反映供应、使用情况和记账、算账、分清经济责任的主要手段；清产核资是摸清家底，弄清财、物分布占用，进行核算的前提；材料价格是进行考核和评定经营成果的统一计价标准。没有良好的基础工作，就很难开展经济核算。

2. 材料核算的基本方法

(1)工程成本的核算方法。工程成本核算。是指对企业已完工程的成本水平，执行成本计划的情况进行比较，是一种既全面而又概略的分析。工程成本按其在成本管理中的作用有三种表现形式：

1)预算成本。预算成本是根据构成工程成本的各个要素，按编制施工图预算的方法确定的工程成本，是考核企业成本水平的主要标尺，也是结算工程价款、计算工程收入的重要依据。

2)计划成本。企业为了加强成本管理，在施工生产过程中有效地控制生产耗费，所确定的工程成本目标值。计划成本应根据施工图预算，结合单位工程的施工组织设计和技术组织措施计划，管理费用计划确定。它是结合企业实际情况确定的工程成本控制额，是企业降低消耗的奋斗目标，是控制和检查成本计划执行情况的依据。

3）实际成本。即企业完成施工工程实际应计入工程成本的各项费用之和。它是企业生产耗费在工程上的综合反映，是影响企业经济效益高低的重要因素。

工程成本核算，首先是将工程的实际成本同预算成本比较，检查工程成本是节约还是超支。其次是将工程实际成本同计划成本比较，检查企业执行成本计划的情况，考察实际成本是否控制在计划成本之内。无论是预算成本和计划成本，都要从工程成本总额和成本项目两个方面进行考核。

在考核成本变动时，要借助成本降低额（预算成本降低额和计划成本降低额）和成本降低率（预算成本降低率、计划成本降低率）两个指标。前者用以反映成本节超的绝对额，后者反映成本节超的幅度。

（2）工程成本材料费的核算。工程材料费的核算反映在两个方面：一是工程定额规定的材料定额消耗量与施工生产过程中材料实际消耗量之间的“量差”；二是材料投标价格与实际采购供应材料价格之间的“价差”。工程材料成本盈亏主要核算这两个方面。

1）材料的量差。材料部门应按照定额供料，分单位工程记账，分析节约与超支，促进材料的合理使用，降低材料消耗。做到对工程用料，临时设施用料，非生产性其他用料，区别对象划清成本项目。对属于费用性开支非生产性用料，要按规定掌握，不能记入工程成本。对供应两个以上工程同时使用的大宗材料，可按定额及完成的工程量进行比例分配，分别记入单位工程成本。

为了抓住重点，简化基层实物量的核算，根据各类工程用料特点，结合班组核算情况，可选定占工程材料费用比重较大的主要材料，如水利工程中的钢材、木材、水泥、砖瓦、砂、石、石灰等按品种核算，施工队建立分工号的实物台账，一般材料则按类核算，掌握队、组用料节超情况，从而找出定额与实耗的量差，为企业进行经济活动分析提供资料。

2）材料的价差。材料价差的发生，要区别供料方式。供料方式不同，其处理方法也不同。由建设单位供料，按承包商的投标价格向施工单位结算，价格差异则发生在建设单位，由建设单位负责核算。施工单位实行包料，按施工图预算包干的，价格差异发生在施工单位，由施工单位材料部门进行核算。所发生的材料价格差异按合同的规定记入成本。

3. 材料核算的内容及方法

（1）材料采购的核算。材料采购核算，是以材料采购预算成本为基础，与实际采购成本相比较，核算其成本降低或超耗程度。

1）材料采购实际成本（价格）。材料采购实际成本是材料在采购和保管过程中所发生的各项费用的总和。它由材料原价、供销部门手续费、包装费、运杂费、采购保管五方面因素构成。组成实际价格的5个内容,任何一方面的变动,都会直接影响到材料实际成本的高低。在材料采购及保管过程中应力求节约,降低材料采购成本是材料采购管理的重要环节。

市场供应的材料,由于货源来自各地,产品成本不一样,运输距离不等,质量情况参差不齐,为此在材料采购或加工订货时,要注意材料实际成本的核算,采购材料时应作各种比较,即:同样的材料比质量;同样的质量比价格;同样的价格比运距;最后核算材料成本。尤其是地方大宗材料的价格组成,运费占主要成分,尽量做到就地取材,减少运输及管理费用。

材料价格通常按实际成本计算,具体方法有"先进先出法"或"加权平均法"两种。

①先进先出法。是指同一种材料每批进货的实际成本如各不相同时,按各批不同的数量及价格分别记入账册。在发生领用时,以先购入的材料数量及价格先计价核算工程成本,按先后程序依此类推。

②加权平均法。是指同一种材料在发生不同实际成本时,按加权平均法求得平均单价,当下一批进货时,又以余额(数量及价格)与新购入的数量、价格作新的加权平均计算,得出平均价格。

2)材料预算价格。材料预算价格包括从材料来源地起,到到达施工现场的工地仓库或材料堆放场地为止的全部价格,由下列5项费用组成:材料原价;供销部门手续费;包装费;运杂费;采购及保管费。

计算公式如下:

材料预算价格=(材料原价+供销部门手续费+包装费+运杂费)
×(1+采购及保管费率-包装品回收值)　(1-16)

①材料原价的确定原则和计算。

a. 单渠道货源的材料,按供应单位的出厂价或批发价确定。

b. 多渠道货源的材料,按各供应单位的出厂价或批发价,采用加权平均法计算确定。

②供销部门手续费的计算。凡通过物资供销部门供应的材料,都要按规定的费率,计算供销部门手续费。如果供销部门已将此项手续费包括在材料原价内时,就不再重复计算此项费用。

③材料包装费的计算。包装费是为了便于材料的运输或为保护材料而进行包装所需要的费用,包括水运、陆运及运输中的支撑、棚布等。如由生产厂负责包装,其费用已计入材料原价内的,则不再另行计算,但应扣回包装的回收价值。

包装器材的回收价值,按地区主管部门规定计算,如无规定,可参照下列比率结合地区实际情况确定：

a. 木制品包装者，回收值70%，回收值按包装材料原价20%。

b. 用薄钢板、铁丝制品包装的回收量，铁桶为95%；薄钢板50%；铁丝20%。回收值按包装本材料原价的50%计算。

c. 用纸皮、纤维品包装的，回收率量为50%，回收值按包装材料原价的50%计算。

d. 用草绳、草袋制品包装的，不计算回收值。

包装材料回收价值计算公式：

包装品回收价值＝包装品（材料）原价×回收量（%）×回收值（%）　(1-17)

④材料运杂费用的计算和确定。材料的运杂费应按所选定的材料来源地，运输工具、运输方式、运输里程以及厂家交通运输部门规定的运价费用率标准进行计算。

材料运杂费包括以下内容：

a. 产地到车站、码头的短途运输费。

b. 火车、船舶的长途运输。

c. 调车及驳船费。

d. 多次装卸费。

e. 有关部门附加费。

f. 合理的运输损耗。

编制材料预算价格时，材料来源地的确定，应贯彻就地、就近取材的原则。根据物资合理分配条件，及历年物资分配情况确定。材料的运输费用也根据各地区制订的运价标准，采用加权平均法计算。确定工程用大宗材料如：钢材、木材、水泥、灰、土、砂、石等一般应按整车计算运费，适当考虑一部分零担和汽车长途运输。整车与零担比例，要结合资源分布、运输条件和供应情况研究确定。

⑤采购及保管费的计算。材料采购及保管费，指各级材料部门（包括工地仓库）在组织采购、供应和保管材料过程中所需的各项费用。材料采购及保管费计算公式如下：

采购及保管费＝（材料原价＋供销部门手续费＋运输费）
×采购及保管费率　(1-18)

国家规定：综合采购保管费率为2.5%。

3）材料采购成本的考核。材料采购成本可以从实物量和价值量两方面进行考核。单项品种的材料在考核材料采购成本时，可以从实物量形态考核其数量上的差异。企业实际进行采购成本考核，往往是分类或按品种综合考核价值上的“节”与“超”。通常有如下两项考核指标：

①材料采购成本降低（超耗）额。

材料采购成本降低(超耗)额=材料采购预算成本-材料采购实际成本　(1-19)

式中材料采购预算成本是按预算价格事先计算的计划成本支出;材料采购实际成本是按实际价格事后计算的实际成本支出。

②材料采购成本降低(超耗)率。

$$\text{材料采购成本降低(超耗)额}\% = \frac{\text{材料采购成本降低(超耗)额}}{\text{材料采购预算成本}} \times 100\% \quad (1\text{-}20)$$

(2)材料消耗量核算。现场材料使用过程的管理,主要是按单位工程定额供应和班组耗用材料的限额领用进行管理。前者是按预算定额对在建工程实行定额供应材料;后者是在分部分项工程中以施工定额对施工队伍限额领料。施工队伍实行限额领料,是材料管理工作的落脚点,是经济核算、考核企业经营成果的依据。

检查材料消耗情况,主要是用材料的实际消耗量与定额消耗量进行对比,反映材料节约或浪费情况。由于材料的使用情况不同,因而考核材料的节约或浪费的方法也不相同,分述如下:

1)核算某项工程某种材料的定额与实际消耗情况。计算公式如下:

某种材料节约(超耗)量=某种材料实际耗用量-该项材料定额耗用量　(1-21)

上式计算结果为负数,则表示节约;反之计算结果为正数,则表示超耗。

$$\text{某种材料节约(超耗)率} = \frac{\text{材料节约(超耗)量}}{\text{材料定额耗用量}} \times 100\% \quad (1\text{-}22)$$

同样,式中负百分数表示节约率;正百分数表示超耗率。

2)核算多项工程某种材料消耗情况。节约或超支的计算式同上。某种材料的计算耗用量,即定额要求完成一定数量建筑安装工程所需消耗的材料数量的计算式应为:

某种材料定额耗用量=$\sum$(材料消耗定额×实际完成的工程量)

3)核算一项工程使用多种材料的消耗情况。建筑材料有时由于使用价值不同,计量单位各异,不能直接相加进行考核。因此,需要利用材料价格作为同度量因素,用消耗量乘材料价格,然后加总对比。公式如下:

材料节约(-)或超支(+)额=$\sum$材料价格×(材料实耗量-材料定额消耗量)　(1-23)

4)检查多项分项工程使用多种材料的消耗情况。这类考核检查,适用以单位工程为单位的材料消耗情况,它既可了解分部分项工程以及各单位材料定额的执行情况,又可综合分析全部工程项目耗用材料的效益情况。

(3)材料供应的核算。材料供应计算是组织材料供应的依据。它是根据施工生产进度计划、材料消耗定额等编制的。施工生产进度计划确定了一定时期内应完成的工程量,而材料供应量是根据工程量乘以材料消耗定额,并考虑库存、合理储备、综合利用等因素,经平衡后确定的。按质、按量、按时配套供应各种材料,是保证施工生产正常进行的基本条件之一。检查考核材料供应计划的执行情况,主要是检查材料的收入执行情况,它反映了材料对生产的保证程度。

检查材料收入的执行情况,就是将一定时期(旬、月、季、年)内的材料实际收入量与计划收入量作对比,以反映计划完成情况。一般情况下,从以下两个方面进行考核:

1)检查材料收入量是否充足。这是考核各种材料在某一时期内的收入总量是否完成了计划,检查在收入数量上是否满足了施工生产的需要。其计算公工为:

$$\text{材料供应计划完成率}=\frac{\text{实际收入量}}{\text{计划收入量}}\times 100\% \qquad (1\text{-}24)$$

检查材料收入量是保证生产完成所必需的数量,是保证施工生产顺利进行的一项重要条件。如收入量不充分,如上表中黄砂的收入量仅完成计划收入量的85%,这就造成一定程度的材料供应数量不足,影响施工正常进行。

2)检查材料供应的及时性。在检查考核材料收入总量计划的执行情况时,还会遇到收入总量的计划完成情况较好,但实际上施工现场却发生停工待料的现象,这是因为在供应工作中还存在收入时间是否及时的问题。也就是说,即使收入总量充分,但供应时间不及时,也同样会影响施工生产的正常进行。

分析考核材料供应及时性问题时,需要把时间、数量、平均每天需用量和期初库存等资料联系起来考查。

$$\text{供货及时性率}=\frac{\text{实际供货对生产建设具有保证的天数}}{\text{实际工作天数}}\times 100\% \qquad (1\text{-}25)$$

(4)周转材料的核算。由于周转材料可多次反复使用于施工过程,因此其价值的转移方式不同于材料的一次性转移,而是分多次转移,通常称为摊销。周转材料的核算以价值量核算为主要内容,核算周转材料的费用收入与支出的差异和摊销。

1)费用收入。周转材料的费用收入是以施工图为基础,以预算定额为标准随工程款结算而取得的资金收入。

2)费用支出。周转材料的费用支出是根据施工工程的实际投入量计算的。在对周转材料实行租赁的企业,费用支出表现为实际支付的租赁费用;在不实行租赁制度的企业,费用支出表现为按照规定的摊销率所提取的摊销额。

3)费用摊销。

①一次摊销法。

一次摊销法是指一经使用,其价值即全部转入工程成本的摊销方法。它适用于与主件配套使用并独立计价的零配件等。

②“五五”摊销法。

是指投入使用时,先将其价值的一半摊入工程成本,待报废后再将另一半价值摊入工程成本的摊销方法。它适用于价值偏高,不宜一次摊销的周转材料。

③期限摊销法。

期限摊销法是根据使用期限和单价来确定摊销额度的摊销方法。它适用于价值较高、使用期限较长的周转材料。计算方法如下:

第一步:分别计算各种周转材料的月摊销额。

第二步:计算各种周转材料月摊销率。

第三步:计算月度总摊销额。

(5)材料储备的核算。为了防止材料积压或储备不足,保证生产需要,加速资金周转,企业必须经常检查材料储备定额的执行情况,分析材料库存情况。

检查材料储备定额的执行情况,是将实际储备材料数量(金额)与储备定额数量(金额)相对比,当实际储备数量超过最高储备定额时,说明材料有超储积压;当实际储备数量低于最低储备定额时,说明企业材料储备不足,需要动用保险储备。

1)储备实物量的核算。实物量储备的核算是对实物周转速度的核算,主要核算材料对生产的保证天数、在规定期限内的周转次数和周转1次所需天数。其计算公式为:

$$\text{材料储备对生产的保证天数}=\frac{\text{期末库存量}}{\text{每日平均消耗材料量}} \tag{1-26}$$

$$\text{材料周转次数}=\frac{\text{某种材料的年消耗量}}{\text{平均库存}} \tag{1-27}$$

$$\text{材料周转天数}=\frac{\text{平均库存}\times\text{日历天}}{\text{年度材料耗用量}} \tag{1-28}$$

2)储备价格量的核算。价格形态的检查考核,是把实物数量乘以材料单价用货币作为综合单位进行综合计算,其好处是能将不同质、不同价格的各类材料进行最大限度地综合,它的计算方法除上述的有关周转速度方面(周转次、周转天)的核算方法均适用外,还可以从百元产值占用材料储备资金情况及节约使用材料资金方面进行计算考核。其计算式为:

$$\text{百元产值占用材料储备资金}=\frac{\text{材料储备资金的平均数}}{\text{年度建安工作量}}\times100\% \tag{1-29}$$

$$资金节约使用额=(计划周转天数-实际周转天数)\times\frac{年度材料耗用总额}{360} \quad (1-30)$$

(6)工具的核算。

1)费用收入与支出。在施工生产中,工具费的收入是按照框架结构、排架结构、升板结构、全装配结构等不同结构类型,以及旅游宾馆等大型公共建筑,分不同檐高(20m以上和以下),以每平方米建筑面积计取。一般情况下,生产工具费用约占工程直接费的2%左右。

工具费的支出包括购置费、租赁费、摊销费、维修费以及个人工具的补贴费等项目。

2)工具的账务。施工企业的工具财务管理和实物管理相对应,工具账分为由财务部门建立的财务账和由料具部门建立的业务账。

①财务账,分为以下三种:

总账(一级账)。以货币单位反映工具资金来源和资金占用的总体规模。资金来源是购置、加工制作、从其他企业调入、向租赁单位租用的工具价值总额。资金占用是企业在库和在用的全部工具价值余额。

分类账(二级账)。是在总账之下,按工具类别所设置的账户,用于反映工具的摊销和余值状况。

分类明细账(三级账)。是针对二级账户的核算内容和实际需要,按工具品种而分别设置的账户。

在实际工作中,上述三种账户要平行登记,做到各类费用的对口衔接。

②业务账分为以下四种:

a. 总数量账。用以反映企业或单位的工具数量总规模,可以在一本账簿中分门别类地登记,也可以按工具的类别分设几个账簿进行登记。

b. 新品账。亦称在库账,用以反映未投入使用的工具的数量,是总数量账的隶属账。

c. 旧品账。亦称在用账,用以反映已经投入使用的工具的数量,是总数量账的隶属账。

当因施工需要使用新品时,按实际领用数量冲减新品账,同时记入旧品账,某种工具在总数量账上的数额,应等于该种工具在新品账和旧品账的数额之和。当旧品完全损耗,按实际消耗冲减旧品账。

d. 在用分户账。用以反映在用工具的动态和分布情况。是旧品账的隶属账。某种工具在旧品账上的数量,应等于各在用分户账上的数量之和。

3)工具费用的摊销方法与周转材料相同。

二、材料质量监督管理制度

1. 材料备案管理制度

部分省市的建设管理部门对进入建设工程现场的建材实施备案管理制度。备案制的特点是先设立、后备案,备案是为了能够行使法定的义务和权力,而不是为了获得审批或核准。

2. 材料质量监督检查制度

在市场经济中,市场的良好运行,有赖于政府主管部门的依法监督管理。市场主体从理提出了一定的要求,对参建各方在材料供应、采购、使用、监督、检测等方面的行为作出了明确的规定。作为材料员,只有对这些法律、法规了解并掌握后,才能避免违法违规行为的发生,也能有效地采取措施保护自身避免不应发生的经济损失。现对这些法律法规中有关工程材料质量监督管理的条款介绍于表1-1。

(限于篇幅只列出规定的条款,未列出相应的罚则)

表 1-1　　相关法律法规性文件

法律、法规	相关条款
《中华人民共和国建筑法》(1997年11月1日通过)	第二十五条　按照合同约定,建筑材料、建筑构配件和设备由工程承包单位采购的,发包单位不得指定承包单位购入用于工程的建筑材料、建筑构配件和设备或者指定生产厂、供应商
	第三十四条　工程监理单位与被监理工程的承包单位以及建筑材料、建筑构配件和设备供应单位不得有隶属关系或者其他利害关系
	第五十六条　设计文件选用的建筑材料、建筑构配件和设备,应当注明其规格、型号、性能等技术指标,其质量要求必须符合国家规定的标准
	第五十七条　建筑设计单位对设计文件选用的建筑材料、建筑构配件和设备,不得指定生产厂、供应商
	第五十九条　建筑施工企业必须按照工程设计要求、施工技术标准和合同的约定,对建筑材料、建筑构配件和设备进行检验,不合格的不得使用

续表

法律、法规	相关条款
《中华人民共和国产品质量法》(1993年2月22日通过，2000年7月8日修正)	第二十七条　产品或者其包装上的标识必须真实，并符合下列要求： (一)有产品质量检验合格证明； (二)有中文标明的产品名称、生产厂厂名和厂址； (三)根据产品的特点和使用要求，需要标明产品规格、等级、所含主要成分的名称和含量的，用中文相应予以标明；需要事先让消费者知晓的，应当在外包装上标明，或者预先向消费者提供有关资料； (四)限期使用的产品，应当在显著位置清晰地标明生产日期和安全使用期或者失效日期； (五)使用不当，容易造成产品本身损坏或者可能危及人身、财产安全的产品，应当有警示标志或者中文警示说明
	第二十九条至第三十二条　生产者不得生产国家明令淘汰的产品。 生产者不得伪造产地，不得伪造或者冒用他人的厂名、厂址。 生产者不得伪造或者冒用认证标志等质量标志。 生产者生产产品，不得掺杂、掺假，不得以假充真、以次充好，不得以不合格产品冒充合格产品
	第三十三条至第三十九条　销售者应当建立并执行进货检查验收制度，验明产品合格证明和其他标识。 销售者应当采取措施，保持销售产品的质量。 销售者不得销售国家明令淘汰并停止销售的产品和失效、变质的产品。 销售者销售的产品的标识应当符合本法第二十七条的规定。 销售者不得伪造产地，不得伪造或者冒用他人的厂名、厂址。 销售者不得伪造或者冒用认证标志等质量标志。 销售者销售产品，不得掺杂、掺假，不得以假充真、以次充好，不得以不合格产品冒充合格产品

续表

法律、法规	相关条
《建设工程质量管理条例》（2000年9月20日通过）	第八条　建设单位应当依法对工程建设项目的勘察、设计、施工、监理以及与工程建设有关的重要设备、材料等的采购进行招标
	第十四条　按照合同约定，由建设单位采购建筑材料、建筑构配件和设备的，建设单位应当保证建筑材料、建筑构配件和设备符合设计文件和合同要求。 建设单位不得明示或者暗示施工单位使用不合格的建筑材料、建筑构配件和设备
	第二十二条　设计单位在设计文件中选用的建筑材料、建筑构配件和设备，应当注明规格、型号、性能等技术指标，其质量要求必须符合国家规定的标准。 除有特殊要求的建筑材料、专用设备、工艺生产线等外，设计单位不得指定生产厂、供应商
	第二十九条　施工单位必须按照工程设计要求、施工技术标准和合同约定，对建筑材料、建筑构配件、设备和商品混凝土进行检验，检验应当有书面记录和专人签字；未经检验和检验产品不合格的，不得使用
	第三十一条　施工人员对涉及结构安全的试块、试件以及有关材料，应当在建设单位或者工程监理单位监督下现场取样，并送具有相应资质等级的质量检测单位进行检测
	第三十五条　工程监理单位与被监理工程的施工承包单位以及建筑材料、建筑构配件和设备供应单位有隶属关系或者其他利害关系的，不得承担该项建设工程的监理业务
	第三十七条　未经监理工程师签字，建筑材料、建筑构配件、设备不得在工程上使用或者安装，施工单位不得进行下一道工序的施工，未经总监理工程师签字，建设单位不得拨付工程款，不得进行竣工验收
	第五十一条　供水、供电、供气、公安消防等部门或者单位不得明示或者暗示建设单位、施工单位购买其指定的生产供应单位的建筑材料、建筑构配件和设备

续表

法律、法规	相　关　条
《建设工程勘察设计管理条例》（2000年9月20日通过）	第二十七条　设计文件中选用的材料、构配件、设备，应当注明其规格、型号、性能等技术指标，其质量要求必须符合国家规定的标准。除有特殊要求的建筑材料、专用设备和工艺生产线等外，设计单位不得指定生产厂、供应商
	第二十九条　建设工程勘察、设计文件中规定采用的新技术、新材料，可能影响建设工程质量和安全，又没有国家技术标准的，应当由国家认可的检测机构进行试验、论证，出具检测报告，并经国务院有关部门或者省、自治区、直辖市人民政府有关部门组织的建设工程技术专家委员会审定后，方可使用
《实施工程建设强制性标准监督规定》（2000年8月25日发布）	第十条　强制性标准监督检查的内容包括：（三）工程项目采用的材料、设备是否符合强制性标准的规定

第六节　材料的运输与仓储管理

一、材料的运输管理

1. 材料运输管理的意义和作用

材料运输是借助运力实现材料在空间上的转移。在市场经济条件下，物资的生产和消费，在空间上往往是不一致的，为了解决物资生产与消费在空间上的矛盾，必须借助运输使材料从产地转移到消费地区，满足生产建设的需要。所以材料运输是物资流通的一个组成部分，是材料供应管理中重要的一环。

材料运输管理是对材料运输过程，运用计划、组织、指挥和调节职能进行管理，使材料运输合理化。其重要作用，主要表现在以下三个方面：

（1）加强材料运输管理，是保证材料供应，促使施工顺利进行的先决条件。水利水电工程企业所用材料的品种多、数量大，运输任务相当繁重。必须加强运输管理，使材料迅速、安全、合理地完成其空间转移，尽快实现其使用价值，保证施工生产的顺利进行。

（2）加强材料运输管理，合理地组织运输，可以缩短材料运输里程，减少在途时间，加快运输速度，提高经济效果。

2. 材料运输管理的任务

材料运输管理的基本任务是：根据客观经济规律和物资运输原则，对材料运输过程进行计划、组织、指挥、监督和调节，争取以最少的里程、最低的费用、最短的时间、最安全的措施，完成材料的转移，保证工程需要。具体任务是：

(1)贯彻“及时、准确、安全、经济”的原则组织运输。

1)及时：指用最少的时间，把材料从产地运到施工、用料地点，及时供应使用。

2)准确：指材料在整个运输过程中，防止发生各种差错事故，做到不错、不乱、不差，准确无误地完成运输任务。

3)安全：指材料在运输过程中保证质量完好，数量无缺，不发生受潮、变质、残损、丢失、爆炸和燃烧事故，保证人员、材料、车辆等安全。

4)经济：指经济合理地选用运输路线和运输工具，充分利用运输设备，降低运输费用。

“及时、准确、安全、经济”四项原则是互相关联、辩证统一的关系，在组织材料运输时，应全面考虑，不要顾此失彼。只有正确全面地贯彻这四项原则，才能完成材料运输任务。

(2)加强材料运输的计划管理。做好货源、流向、运输路线、现场道路、堆放场地等的调查和布置工作，会同有关部门编好材料运输计划，认真组织好材料的发运、接收和必要的中转业务，搞好装卸配合，使材料运输工作，在计划指导下协调进行。

(3)建立和健全以岗位责任制为中心的运输管理制度。明确运输工作人员的职责范围，加强经济核算，不断提高材料运输管理水平。

3. 运输方式

目前我国有六种基本运输方式，它们各有特点，采用着各种不同的运输工具，能适应不同情况的材料运输。在组织材料运输时，应根据各种运输方式的特点，结合材料的性质，运输距离的远近，供应任务的缓急及交通地理位置来选择使用。

(1)铁路运输。铁路是国民经济的大动脉，铁路运输是我国主要的运输方式之一。它与水路干线和各种短途运输相衔接，形成一个完整的运输网。

铁路运输的特点：运输能力大、运行速度快；一般不受气候、季节的影响，连续性强；管理高度集中，运行比较安全准确；运输费用比公路运输低；如设置专用线，大宗材料可以直达使用区域。它是远程物资的主要运输方式。但铁路运输的始发和到达作业费用比公路运输高，材料短途运输不经济。另外铁路运输计划要求严格，托运材料必须按照铁道部的规章制度办事。

(2)公路运输。公路运输基本上是地区性运输。地区公路运输网与铁路、水路干线及其他运输方式相配合，构成全国性的运输体系。

公路运输的特点：运输面广，机动灵活，快速，装卸方便。公路运输是铁路运输不可缺少的补充，是重要的运输方式之一，担负着极其广泛的中、短途运输任务。由于运费较高，不宜于长距离运输。

(3)水路运输。水运在我国整个运输活动中占有重要的地位。我国河流多，海岸线长，通航潜力大，是最经济的一种运输方式。沿江、沿海的企业用水路运输材料，具备很有利的条件。

水路运输的特点：运载量较大，运费低廉。但受地理条件的制约，直达率较低，往往要中转换装，因而装卸作业费用高，运输损耗也较大；运输的速度较慢，材料在途时间长，还受枯水期、洪水期和结冰期的影响，准时性、均衡性较差。

(4)航空运输。空运速度快，能保证急需。但飞机的装运量小、运价高、不能广泛使用。只适宜远距离运送急需的、贵重的、量小的或时间性较强的材料。

(5)管道运输。管道运输是一种新型的运输方式，有很大的优越性。其特点是：运送速度快、损耗小、费用低、效率高。适用于输送各种液、气、粉、粒状的物资。我国目前主要用于运输石油和天然气。

(6)民间群运。民间群运主要是指人力、畜力和木帆船等非机动车船的运输。

上述六种运输方式各有其优缺点和适用范围。在选择运输方式时，要根据材料的品种、数量、运距、装运条件、供应要求和运费等因素择优选用。

4. 经济合理地组织运输

经济合理地组织材料运输，是指材料运输要按照客观的经济规律，用最少的劳动消耗，最短的时间和里程，把材料从产地运到生产消费地点，满足工程需要，实现最大的经济效果。

合理组织运输的途径，主要有以下四个方面：

(1)选择合理的运输路线。根据交通运输条件，与合理流向的要求，选择里程最短的运输路线，最大限度地缩短运输的平均里程，消除各种不合理运输、如对流运输、迂回运输、重复运输、倒流运输等和违反国家规定的物资流向的运输方式。组织材料运输时，要采用分析、对比的方法，结合运输方式、运输工具和费用开支进行选择。

(2)采取直达运输，“四就直拨”，减少不必要的中转运输环节。直达运输就是把材料从交货地点直接运到用料单位或用料地点，减少中转环节的运输方法。“四就直拨”是指四种直拨的运输形式。在大、中城市、地区性的短途运输中采取“就厂直拨、就站(车站或码头)直拨、就库直拨、就船过载”的办法，把材料直接拨给用料单位或用料工地，可以减少中转环节，节约运转费用。

(3)选择合理的运输方式。根据材料的特点、数量、性质、需用的缓急、里程的远近和运价高低，选择合理的运输方式，以充分发挥其效用。比如大宗材料运距在100km以上的远程运输，应选用铁路运输。沿江沿海大宗材料的中、长距离运输宜采用水运。一般中距离材料运输以汽车为宜，条件合适也可以使用火车。

短途运输、现场转运，使用民间群运的运输工具，则比较合算。

(4)合理使用运输工具。合理使用运输工具，就是充分利用运输工具的载重量和容积，发挥运输工具的效能，做到满载、快速、安全，以提高经济效益。其方法主要有下列几种：

1)提高装载技术，保证车船满载。不论采取哪一种运输工具，都要考虑其载重能力，保证装够吨位，防止空吨运输。铁路运输，有棚车、敞车、平车等，要使车种适合货种，车吨配合货吨。

2)做好货运的组织、准备工作。做到快装、快跑、快卸，加速车船周转。事先要配备适当的装卸力量、机具，安排好材料堆放位置和夜间作业的照明设施。实行经济责任制，将装卸运输作业责任到人，以快装、快卸促满载快跑，缩短车船停留时间，提高运输效率。

3)改进材料包装，加强安全教育，保证运输安全。一方面要根据材料运输安全的要求，进行必要的包装和采取安全防护措施，另一方面对装卸运输工作加强管理，防止野蛮装卸，加强对责任事故的处理。

4)加强企业自有运输力量管理。除要做到以上三点外，还要按月下达任务指标；做好运行记时间和里程，把材料从产地运到生产消费地点，满足工程需要，实现最大的经济效果。

货源地点、运输路线、运输方式、运输工具等都是影响运输效果的主要因素，要组织合理运输，应从这几方面着手。在材料采购过程中，应该就地就近取材，组织运距最短的货源，为合理运输创造条件。

二、材料的仓储管理

仓储管理是材料从流通领域进入企业的“监督关”；是材料投入施工生产消费领域的“控制关”；材料储存过程又是保质、保量、完整无缺的“监护关”。所以，仓储管理工作负有重大的经济责任。

1. 仓库的分类

(1)按储存材料的种类划分。

1)综合性仓库。仓库建有若干库房，储存各种各样的材料。如在同一仓库中储存钢材、电料、木料、五金、配件等。

2)专业性仓库。仓库只储存某一类材料。如钢材库、木料库、电料库等。

(2)按保管条件划分。

1)普通仓库。储存没有特殊要求的一般性材料。

2)特种仓库。某些材料对库房的温度、湿度、安全有特殊要求，需按不同要求设保温库、燃料库、危险品库等。水泥由于粉尘大，防潮要求高，因而水泥库也是特种仓库。

(3)按建筑结构划分。

1)封闭式仓库。指有屋顶、墙壁和门窗的仓库。

2)半封闭式仓库。指有顶无墙的料库、料棚。

3)露天料场。主要储存不易受自然条件影响的大宗材料。

(4)按管理权限划分。

1)中心仓库。指大中型企业(公司)设立的仓库。这类仓库材料吞吐量大，主要材料由公司集中储备，也叫做一级储备。除远离公司独立承担任务的工程处核定储备资金控制储备外,公司下属单位一般不设仓库,避免层层储备,分散资金。

2)总库。指公司所属项目经理部或工程处(队)所设施工备料仓库。

3)分库。指施工队及施工现场所设的施工用料准备库,业务上受项目经理部或工程处(队)直接管辖,统一调度。

2. 仓储管理工作的特点

(1)仓储工作不创造使用价值,但创造价值。材料仓储是施工生产过程中为使生产不致中断,而解决材料生产与消费在时间与空间上的矛盾必不可少的中间环节。材料处在储存阶段虽然不能使材料的使用价值增加,但通过仓储保管可以使材料的使用价值不受损失,从而为材料使用价值的最终实现创造条件。因此,材料仓储工作是产品的生产过程在流通领域的继续,是为实现产品的使用价值服务的。仓储劳动是社会的必要劳动,它同样创造价值。仓储管理工作创造价值这一特点,要求仓储管理必须提高水平,尽可能减少材料的损耗,使其使用价值得以实现;必须依靠科学,努力提高生产率,缩短社会必要劳动时间。

(2)仓储工作具有不平衡和不连续的特点。这个特点给仓储管理工作带来一定的困难,这就要求管理人员在储存保管好材料的前提下,掌握各种不同材料的性能特点、运输特点,安排好进出库计划,均衡使用人力、设备及仓位,以保证仓储管理工作的正常进行。

(3)仓储管理工作具有服务性质,直接为生产服务。仓储管理工作必须从生产出发,首先保证生产需要。同时要注意扩大服务项目,把材料的加工改制、综合利用和节约代用、组装、配套等提到管理工作的日程上来,使有限的材料发挥更大的作用。

3. 仓储管理在施工企业生产中的地位和作用

(1)仓储管理是保证施工生产顺利进行的必不可少的条件,是保证材料流通不致中断的重要环节。

施工生产的过程,就是材料不断消耗的过程,储存一定量的材料,是施工生产正常进行的物质保证。各种材料需经订货、采购、运输等环节,才能到达施工企业。为防止供需脱节,企业必须依靠合理的材料储备,来进行平衡和调剂。

(2)仓储管理是材料管理的重要组成部分。仓储管理是联系材料供应、管理、使用三方面的桥梁,仓储管理得好坏,直接影响材料供应管理工作目标的实现。

(3)仓储管理是保持材料使用价值的重要手段。材料在储存期间,从物理化学角度看,在不断地发生变化。这种变化虽然因材料本身的性质和储存条件的不同而有差异,但一般都会造成不同程度的损害。仓储中的合理保管,科学保养,是防止或减少损害、保持其使用价值的重要手段。

(4)加强仓储管理,可以加速材料的周转,减少库存,防止新的积压,减少资金占用,从而可以促进物资的合理使用和流通费用的节约。

4. 仓储管理的基本任务

仓储管理是以优质的储运劳务，管好仓库物资，为按质、按量、及时、准确地供应施工生产所需的各种材料打好基础，确保施工生产的顺利进行。其基本任务是：

(1)组织好材料的收、发、保管、保养工作。要求达到快进、快出、多储存、保管好、费用省的目的，为施工生产提供优质服务。

(2)建立和健全合理的、科学的仓库管理制度，不断提高管理水平。

(3)不断改进仓储技术，提高仓库作业的机械化、自动化水平。

(4)加强经济核算，不断提高仓库经营活动的经济效益。

(5)不断提高仓储管理人员的思想、业务水平，培养一支仓储管理的专职队伍。

5. 仓库规划

(1)材料仓库位置的选择。材料仓库的位置是否合理，直接关系到仓库的使用效果。仓库位置选择的基本要求是"方便、经济、安全"。仓库位置选择的条件是：

1)交通方便。材料的运送和装卸都要方便。材料中转仓库最好靠近公路(有条件的设专用线)；以水运为主的仓库要靠近河道码头；现场仓库的位置要适中，以缩短到各施工点的距离。

2)地势较高，地形平坦，便于排水、防洪、通风、防潮。

3)环境适宜，周围无腐蚀性气体、粉尘和辐射性物质。危险品库和一般仓库要保持一定的安全距离，与民房或临时工棚也要有一定的安全距离。

4)有合理布局的水电供应设施，利于消防、作业、安全和生活之用。

(2)材料仓库的合理布局。材料仓库的合理布局，能为仓库的使用、运输、供应和管理提供方便，为仓库各项业务费用的降低提供条件。合理布局的要求是：

1)适应企业施工生产发展的需要。如按施工生产规模、材料资源供应渠道、供应范围、运输和进料间隔等因素，考虑仓库规模。

2)纳入企业环境的整体规划。按企业的类型来考虑，如按城市型企业、区域性企业、现场型企业不同的环境情况和施工点的分布及规模大小来合理布局。

3)企业所属各级各类仓库应合理分工。根据供应范围、管理权限的划分情况来进行仓库的合理布局。

4)根据企业耗用材料的性质、结构、特点和供应条件，并结合新材料、新工艺的发展趋势，按材料品种及保管、运输、装卸条件等进行布局。

(3)仓库面积的确定。仓库和料场面积的确定，是规划和布局时需要首先解决的问题。可根据各种材料的最高储存数量、堆放定额和仓库面积利用系数进行计算。

1)仓库有效面积的确定。有效面积是实际堆放材料的面积或摆放货架货柜所占的面积,不包括仓库内的通道、材料架与架之间的空地面积。计算公式为:

$$F=\frac{P}{V} \tag{1-31}$$

式中　F——仓库有效面积(m^2);

P——仓库最高储存材料的数量(t、m^3);

V——每平方米面积定额堆放数量。

2)仓库总面积计算。仓库总面积为包括有效面积、通道及材料架与架之间的空地面积在内的全部面积。计算公式为:

$$S=\frac{F}{\alpha} \tag{1-32}$$

式中　S——仓库总面积(m^2);

F——有效面积(m^2);

α——仓库面积利用系数,见表1-2。

表1-2　仓库面积利用系数

项　次	仓　库　类　型	系数α值
1	密封通用仓库(内装货架,每两排货架之间留1m通道,主通道宽为2.5～3.5m)	0.35～0.4
2	罐式密封仓库	0.6～0.9
3	堆置桶装或袋装的密封仓库	0.45～0.6
4	堆置木材的露天仓库	0.4～0.5
5	堆置钢材棚库	0.5～0.6
6	堆置砂、石料露天库	0.6～0.7

(4)仓储规划。材料仓库的储存规划是在仓库合理布局的基础上,对应储存的材料作全面、合理的具体安排,实行分区分类,货位编号,定位存放,定位管理。储存规划的原则是:布局紧凑,用地节省,保管合理,作业方便,符合防火、安全要求。

6. 材料账务管理

(1)记账凭证。

1)材料入库凭证:验收单、入库单、加工单等。

2)材料出库凭证:调拨单、借用单、限额领料单、新旧转账单等。

3)盘点、报废、调整凭证:盘点盈亏调整单、数量规格调整单、报损报废单等。

(2)记账程序。

1)审核凭证。审核凭证的合法性、有效性。凭证必须是合法凭证,有编号,有材料收发动态指标;能完整反映材料经济业务从发生到结束的全过程情况。临时借条均不能作为记账的合法凭证。合法凭证要按规定填写齐全。如日期、名称、规格、数量、单位、单价、印章要齐全,抬头要写清楚,否则为无效凭证,不能据此记账。

2)整理凭证。记账前先将凭证分类、分档排列,然后依次序逐项登记。

(3)账册登记。根据账页上的各项指标自左至右逐项登记。已记账的凭证,应加标记,防止重复登账。记账后,对账卡上的结存数要进行验算,即:上期结存+本项收入-本项发出=本项结存。

7. 仓库盘点

仓库所保管的材料,品种、规格繁多,计量、计算易发生差错,保管中发生的损耗、损坏、变质、丢失等种种因素,可能导致库存材料数量不符,质量下降。只有通过盘点,才能准确地掌握实际库存量,摸清质量状况,掌握材料保管中存在的各种问题,了解储备定额执行情况和呆滞、积压数量,以及利用、代用等挖潜措施的落实情况。

(1)盘点方法。

1)定期盘点。指季末或年末对仓库保管的材料进行全面、彻底盘点。达到有物有账,账物相符,账账相符,并把材料数量、规格、质量及主要用途搞清楚。由于清点规模大,应先做好组织与准备工作,主要内容有:

①划区分块,统一安排盘点范围,防止重查或漏查。

②校正盘点用计量工具,统一印制盘点表,确定盘点截止日期和报表日期。

③安排各现场、车间,已领未用的材料办理"假退料"手续,并清理成品、半成品、在线产品。

④尚未验收的材料,具备验收条件的,抓紧验收入库。

⑤代管材料,应有特殊标志,另列报表,便于查对。

2)永续盘点。对库房内每日有变动(增加或减少)的材料,当日复查一次,即当天对有收入或发出发生的材料,核对账、卡、物是否对口。这种连续进行抽查盘点,能及时发现问题,便于清查和及时采取措施,是保证账、卡、物"三对口"的有效方法。永续盘点必须做到当天收发,当天记账和登卡。

(2)盘点中问题的处理。盘点时要对实际库存量和账面结存量进行逐项核对,并同时检查材料质量、有效期、安全消防及保管状况。编制盘点报告。

1)盘点中数量出现盈亏,若盈亏量在国家和企业规定的范围之内时,可在盘点报告中反映,不必编制盈亏报告,经业务主管审批后,据此调整账务;若盈亏量超过规定范围时,除在盘点报告中反映外,还应填写"盘点盈亏报告单"见表1-3,经领导审批后再行处理。

表 1-3 材料盘点盈亏报告单

填报单位： 年 月 日 第 号

材料名称	单位	账存数量	实存数量	盈(+)亏(-)数量及原因
部门意见				
领 导 批 示				

2)库存材料发生损坏、变质、降等级等问题时，填报“材料报损报废报告单”见表 1-4，并通过有关部门鉴定损失金额，经领导审批后，根据批示意见处理。

表 1-4 材料报损报废报告单

填报单位： 年 月 日 编 号

名 称	规格型号	单 位	数 量	单 价	金 额
质量状况					
报损报废原因					
技术鉴定处理意见	负责人签章				
领导批示	签 章				

主管 审核 制表

3)库房被盗或遭破坏，其丢失及损坏材料数量及相应金额，应专项报告，经保卫部门认真查核后，按上级最终批示做账务处理。

4)出现品种规格混串和单价错误，在查实的基础上，经业务主管审批后按

表 1-5的要求进行调整。

表 1-5　　材料调整单

仓库名称　　第　号

项　目	材料名称	规格	单位	数量	单价	金额	差额(+、-)
原列							
应列							
调整原因							
批示							

保管　　记账　　制表

5)库存材料一年以上没有发出,列为积压材料。

8. 库存控制规模——ABC 分类法

(1)ABC 分类法原理。ABC 分类法是一种从种类繁多、错综复杂的多项目或多因素事物中找出主要矛盾,抓住重点,照顾一般的管理方法。水利水电企业所需的材料种类繁多,消耗量、占用资金及重要程度各不相同。如果对所有的材料同等看待全面抓,势必难以管理好,且经济上也不合理。只有实行重点控制,才能达到有效管理。在一个企业内部,材料的库存价值和品种数量之间存在一定比例关系,可以描述为"关键的少数,次要的多数。"大约有 5%～10%的材料,资金占用额达 70%～75%;约有 20%～25%的材料,资金占用额大致为 20%～25%;还有 65%～70%的大多数材料,资金占用额仅为 5%～10%。根据这一规律,将库存材料分为 ABC 三类,见表 1-6。

表 1-6　　材料 ABC 分类表

分　类	分类依据	品种数(%)	资金占用量(%)
A类	品种较少但需要量大、资金占用较高	5～10	70～75
B类	品种不多、资金占用额中等	20～25	20～25
C类	品种数量很多、资金占用比重却较少	65～70	5～10
合计		100	100

根据ABC三类材料的特点，可分别采用不同的库存管理方法。A类材料是重点管理的材料，对其中有每种材料都要规定合理的经济订货批量，尽可能减少安全库存量，并对库存量随时进行严格盘点。把这类材料控制好了，对资金节省起重要作用。对B类材料也不能忽视，应认真管理，控制其库存。对于C类材料，可采用简化的方法管理，如定期检查，组织在一起订货或加大订货批量等。三类材料的管理方法比较见表1-7所示。

表1-7　ABC分类管理方法

管理类型		材料的分类		
		A	B	C
价　值		高	一般	低
定额的综合程度		按品种或按规格	按大类品种	按该类的总金额
定额的检查方法	消耗定额	技术计算法	写真计算法	经验估算法
	库存周转金额	按库存量的不同条件下的数学模型计算	同A	经验估算法
检　查		经常检查	一般检查	季或年度检查
统　计		详细统计	一般统计	按全额统计
控　制		严格控制	一般控制	金额总量控制
安全库存量		较低	较大	允许较高

(2)ABC分类法工作步骤。

1)计算每一种材料年累计需用量。

2)计算每一种材料年使用金额和年累计使用金额，并按年使用金额大小的顺序排列。

3)计算每一种材料年需用量和年累计需用量占各种材料年需用总量的比重。

4)计算每一种材料使用金额和年累计使用金额占各种材料使用金额的比重。

5)画出帕莱特曲线图。

6)列出ABC分类汇总表。

7)进行分类控制。

9. 仓储管理的现代化

仓储管理现代化的内容主要包括：仓储管理人员的专业化、仓储管理方法的科学化及仓储管理手段的现代化。实现仓储管理现代化应做好如下工作：

(1)重视和加强仓储管理人员的培养、教育和提高,建成一支具有现代科学知识、管理技术、专门从事仓库建设及管理的队伍,要使仓储各级管理人员专业化。

(2)按照客观规律的要求和最新科技成果管理好仓储生产。针对仓储生产的特点,不断把先进的技术及管理方法应用于仓储管理,使仓储管理方法科学化。

(3)充分利用计算机及其他先进的信息管理手段,指挥、控制仓储业务管理、库存管理、作业自动化管理及信息处理等,使仓储管理手段日趋现代化。

第二章　材料的基本性质

第一节　材料的物理性质

一、与质量有关的性质

1. 密度

密度是材料在绝对密实状态下，即单位体积的质量。密度的计算式如下：

$$\rho=\frac{m}{V} \tag{2-1}$$

式中　ρ——密度（g/cm^3 或 kg/m^3）；

m——干燥材料的质量（g 或 kg）；

V——材料在绝对密实状态下的体积（cm^3 或 m^3）。

2. 表观密度

又称视密度，材料在规定的温度下，材料的视体积（包括实体积和孔隙体积）的单位质量，即材料在自然状态下单位体积的质量，常用单位为kg/m^3。计算公式如下：

$$\rho_0=\frac{m}{V_0} \tag{2-2}$$

式中　ρ_0——表观密度（g/cm^3 或 kg/m^3）；

m——材料的质量（g 或 kg）；

V_0——材料在自然状态下的体积（cm^3 或 m^3）。

材料在自然状态下的体积，若只包括孔隙在内而不含有水分，此时计算出来的表观密度称为干表观密度；若既包括材料内的孔隙，又包括孔隙内所含的水分，则计算出来的表观密度称为湿表观密度。

3. 堆积密度

一般指砂、碎石等的质量与堆积的实际体积的比值，粉状或颗粒状材料在堆积状态下，单位体积的质量。计算公式如下：

$$\rho'_0=\frac{m}{V'_0} \tag{2-3}$$

式中　ρ'_0——堆积密度（kg/m^3）；

m——材料的质量（kg）；

V'_0——材料的堆积体积（m^3）。

材料在自然状态下的堆积体积包括材料的表观体积和颗粒（纤维）间的空隙体积，数值的大小与材料颗粒（纤维）的表观密度和堆积的密实程度有直接关系，同时受材料的含水状态影响。

在水利水电工程中，密度、表观密度和堆积密度常用来计算材料的配料、用量、构件的自重、堆放空间和材料的运输量，在水利水电工程中常用的几种材料密度、表观密度和堆积密度值见表 2-1。

表 2-1　　常用材料密度、表观密度、堆积密度　　（单位：kg/m³）

材　料	密　度	表观密度或堆积密度	材　料	密　度	表观密度或堆积密度
花岗石	2700	2500～2700	砂　子	2600	1400～1700
普通混凝土	2700	2200～2450	膨胀蛭石		80～200
泡沫混凝土	3000	600～800	膨胀珍珠岩		40～130
水　泥	3100	1250～1450	松　木	1550	400～700
生石灰块		1100	钢　材	7850	7850
生石灰粉		1200	水(4℃)	1000	1000

4. 密实度

一般指土、骨料或混合料在自然状态或受外界压力后的密实程度，以最大单位体积质量表示砂土的密实度，通常按孔隙率的大小分为密实、中密、稍密和松散四种。

计算公式为：

$$D=\frac{V}{V_0} \tag{2-4}$$

因为：$\rho=\frac{m}{V}$；$\rho_0=\frac{m}{V_0}$

所以：$V=\frac{m}{\rho}$；$V_0=\frac{m}{\rho_0}$

$$D=\frac{m/\rho}{m/\rho_0}=\frac{\rho_0}{\rho}$$

式中　D——材料的密实度，常以百分数表示。

凡具有孔隙的固体材料，其密实度都小于 1。材料的密度与表观密度越接近，材料就越密实。材料的密实度大小与其强度、耐水性和导热性等很多性质有关。

二、材料的孔隙率、空隙率、填充率

1. 孔隙率

固体材料的体积内孔隙体积所占的比例。可根据下式计算：

$$P=\frac{V_0-V}{V_0}=1-\frac{V}{V_0}=1-\frac{\rho_0}{\rho}=1-D \tag{2-5}$$

式中　P——材料的孔隙率，以百分数表示。

材料的孔隙率大，则表明材料的密实程度小。材料的许多性质，如表观密度、强度、透水性、抗渗性、抗冻性、导热性和耐蚀性等，除与孔隙率的大小有关外，还与孔隙的构造特征有关。所谓孔隙的构造特征，主要是指孔的大小和形状。依孔隙的大小可分为粗孔和微孔两类；依孔的形状可分为开口孔隙和封闭孔隙两类。一般均匀分布的微小孔隙比开口或相互连通的孔隙对材料性质的影响小。

(1)开口孔隙率：材料中能被水饱和(即被水所充满)的孔隙体积与材料在自然状态下的体积之比的百分率。

(2)闭口孔隙率：材料中闭口孔隙的体积与材料在自然状态下的体积之比的百分率。

(3)含水率：材料在自然状态下所含水的质量与材料干重之比。

2. 空隙率

材料在松散或紧密状态下的空隙体积，占总体积的百分率，空隙率越高，表观密度越低。计算公式为：

$$P'=\frac{V'_0-V_0}{V'_0}\times100\%=\left(1-\frac{\rho'_0}{\rho_0}\right)\times100\% \tag{2-6}$$

式中　P'——材料的空隙率，以百分数表示。

材料空隙率大小，表明颗粒材料中颗粒之间相互填充的密实程度，计算混凝土骨料的级配和砂率时常以空隙率为计算依据。

3. 填充率

填充率是指颗粒材料或粉状材料的堆积体积内，被颗粒所填充的程度，用 D' 表示，可按下式进行计算：

$$D'=\frac{V_0}{V'_0}\times100\%=\frac{\rho'_0}{\rho_0}\times100\% \tag{2-7}$$

三、与水有关的性质

1. 亲水性与憎水性

水分与不同固体材料表面之间的相互作用情况各不相同，如水分子之间的内聚力小于水分子与材料分子间的相互吸引力，则材料容易被水浸润，此种材料称为亲水性材料。反之，为憎水性材料。

2. 吸水性

材料能在水中吸水的性质，称为材料的吸水性。吸水性的大小用吸水率表示。质量吸水率的计算式如下

$$W=\frac{m_1-m}{m}\times100\% \tag{2-8}$$

式中　W——材料的质量吸水率(%)；

m——材料质量(干燥)(g)；

m_1——材料吸水饱和后质量(g)。

体积吸水率的计算式如下：

$$W_0=\frac{m_1-m}{V_0}\times100\% \quad (2\text{-}9)$$

式中　W_0——材料的体积吸水率(%)；

V_0——材料在自然状态下的体积(cm^3)；

m_1-m——所吸水质量(g)即所吸水的体积(cm^3)。

通常所说的吸水率，常指材料的质量吸水率。

3. 吸湿性

材料在潮湿的空气中吸收空气中水分的性质称为吸湿性，该性质可用材料的含水率表示，按下式进行计算：

$$W_{含}=\frac{m_{含}-m_{干}}{m_{干}}\times100\% \quad (2\text{-}10)$$

式中　$W_{含}$——材料的含水率；

$m_{含}$——材料含水时的质量(kg)；

$m_{干}$——材料烘干到恒重时的质量(kg)。

材料吸湿性的大小取决于材料本身的化学成分和内部构造，并与环境空气的相对湿度和温度有关。一般来说总表面积较大的颗粒材料，以及开口相互连通的孔隙率较大的材料吸湿性较强，环境的空气相对湿度越高，温度越低时其含水率越大。

材料吸湿含水后，会使材料的质量增加，体积膨胀，抗冻性变差，同时使其强度、保温隔热性能下降。

材料可以从湿润空气中吸收水分，也可以向干燥的空气中扩散水分，最终使自身的含水率与周围空气湿度持平，此时材料的含水率称为平衡含水率。

4. 耐水性

材料在吸水饱和状态下，不发生破坏，强度也不显著降低的性能，称为材料的耐水性。耐水性用软化系数表示：

$$K_R=f_1/f_0 \quad (2\text{-}11)$$

式中　K_R——材料的软化系数；

f_0——材料在干燥状态下的强度；

f_1——材料在吸水饱和状态下的强度。

对经常受潮或位于水中的工程，材料的软化系数应不低于0.75。软化系数在0.85以上的材料，可以认为是耐水的。

5. 抗冻性

材料在多次冻融循环作用下不破坏，强度也不显著降低的性质称为抗冻性。

材料在吸水饱和后，从－15℃冷冻到20℃融化称作经受一个冻融循环作用。材料在多次冻融循环作用后表面将出现开裂、剥落等现象，材料将有质量损失，与此同时其强度也将有所下降。所以严寒地区选用材料，尤其是在冬季气温低于－

15℃的地区,一定要对所用材料进行抗冻试验。

材料抗冻性能的好坏与材料的构造特征、含水多少和强度等因素有关。通常情况下,密实的并具有封闭孔的材料,其抗冻性较好;强度高的材料,抗冻性能较好;材料的含水率越高,冰冻破坏作用也越显著;材料受到冻融循环作用次数越多,所遭受的损害也越严重。

材料的抗冻性常用抗冻等级表示,即抵抗冻融循环次数的多少,如混凝土的抗冻等级有 F50、F100、F150、F200、F250 和 F300 等。

6. 抗渗性

抗渗性是材料在压力水作用下抵抗水渗透的性能。材料的抗渗性用渗透系数表示。渗透系数的计算式如下:

$$K=\frac{Qd}{AtH} \tag{2-12}$$

式中　K——渗透系数[$cm^3/(cm^2 \cdot h)$];
　　Q——渗水量(cm^3);
　　A——渗水面积(cm^2);
　　d——试件厚度(cm);
　　H——静水压力水头(cm);
　　t——渗水时间(h)。

抗渗性的另一种表示方法是试件能承受逐步增高的最大水压而不渗透的能力,通称材料的抗渗等级,如 P4、P6、P8、P10……等,表示试件能承受逐步增高至 0.4MPa、0.6MPa、0.8MPa、1.0MPa,……水压而不渗透。

四、与热工有关的性质

1. 导热性

热量由材料的一面传至另一面的性质称为导热性,用导热系数“λ”表示。

材料传热能力主要与传热面积、传热时间、传热材料两面温度差及材料的厚度、自身的导热系数大小等因素有关,可用下面公式计算:

$$Q=\frac{At(T_2-T_1)}{d}\lambda \tag{2-13}$$

$$\lambda=\frac{Qd}{At(T_2-T_1)} \tag{2-14}$$

式中　λ——材料的导热系数[$W/(m \cdot K)$];
　　Q——材料传导的热量(J);
　　D——材料的厚度(m);
　　A——材料导热面积(m^2);
　　t——材料传热时间(s);
T_2-T_1——传热材料两面的温度差(K)。

导热系数是评定材料绝热性能的重要指标。材料的导热系数越小,则材料的绝热性能越好。

导热系数的大小,受材料本身的结构,表观密度,构造特征,环境的温度、湿度及热流方向的影响。一般金属材料的导热系数最大,无机非金属材料次之,有机材料最小。成分相同时,密实性大的材料,导热系数大;孔隙率相同时,具有微孔或封闭孔构造的材料,导热系数偏小。另外,材料处于高温状态要比常温状态时的导热系数大;若材料含水后,其导热系数会明显增大。

2. 热容量和比热

材料在受热时吸收热量,冷却时放出热量的性质称为材料的热容量。单位质量材料温度升高或降低 1K 所吸收或放出的热量称为热容量系数或比热。比热的定义及计算式如下:

$$C=\frac{Q}{m(t_2-t_1)} \tag{2-15}$$

式中 C——材料的比热[J/(g·K)];

Q——材料吸收放出的热量(J);

m——材料质量(g);

(t_2-t_1)——材料受热或冷却前后的温差(K)。

比热与材料质量的乘积 $C \cdot m$,称为材料的热容量值,它表示材料温度升高或降低 1K 所吸收或放出的热量。

3. 热阻和传热系数

热阻是材料层(墙体或其他围护结构)抵抗热流通过的能力,热阻的定义及计算式为:

$$R=d/\lambda \tag{2-16}$$

式中 R——材料层热阻[(m²·K)/W];

d——材料层厚度(m);

λ——材料的热导率[W/(m·K)]。

热阻的倒数 $1/R$ 称为材料层的传热系数。

工程常用材料的热工性质指标见表 2-2。

表 2-2　　热工指标

材料	热导率(λ) [W/(m·K)]	比热(C) [J/(g·K)]	材料	热导率(λ) [W/(m·K)]	比热(C) [J/(g·K)]
普通混凝土	1.8	0.88	水	0.60	4.19
钢材	58	0.48	冰	2.20	2.05
花岗岩	2.9	0.80	密闭空气	0.025	1.00
松木	横纹 0.1 顺纹 0.35	0.25			

4. 耐燃性

材料耐高温燃烧的能力。根据不同的材料，通常用氧指数、燃烧时间、不燃性、加热线收缩等表达。

第二节　材料的化学性质

材料员掌握材料的一些主要的基本化学性质是非常必要的，因为材料的化学性质直接影响到建筑物的使用及其寿命。

一、酸碱性及碱-骨料反应

(1)水利水电工程施工材料由各种化学成分组成，而且绝大部分材料是多孔材料，会吸附水分，许多胶凝材料还需要加水拌和才能固结硬化。因此，在实际使用时，与施工材料固相部分共存的水溶液(孔隙液或水溶出液)中就会存在一定的氢离子和氢氧根离子，化学领域里通常用 pH 值表示氢离子的浓度，pH=7 为中性，pH<7 的为酸性，pH>7 的为碱性，pH 值越小，酸性越强，越大则碱性越强。

水泥在用水拌和后发生水化反应，水化生成物中有大量氢氧化钙等，不仅未硬化的水泥浆中呈很强的碱性，而且硬化后的水泥石孔隙中仍有很浓的氢氧根离子，所以硬化的水泥石以及由其构成的砂浆、混凝土仍保持了很强的碱性，往往 pH 值可达 12～13(这样强的碱性会对人体皮肤、眼睛角膜造成伤害，因此施工时应采取必要的劳动保护措施)，时间久了，空气中弱酸性的 CO_2 气体逐渐渗透出来，与水泥中的碱发生酸碱中和反应，水泥石逐渐被“碳酸化”(也叫“碳化”)，其 pH 值慢慢下降，对钢筋混凝土中钢筋的保护作用逐步丧失，就容易发生钢筋锈蚀现象，危及工程的安全使用。

如奥氏体不锈钢管道隔热保温用的绝热材料，其溶出液的 pH 值和氯离子、硅酸根离子等浓度均有一定要求，否则就有可能导致管道的腐蚀。

(2)水泥中的碱性成分(K_2O、Na_2O)含量过高时，有可能诱发碱-骨料反应，从而造成工程破坏。

所谓碱-骨料反应是指硬化混凝土中水泥析出的碱(KOH、NaOH)与骨料(砂、石)中活性成分发生化学反应，从而产生膨胀的一种破坏作用。碱-骨料反应与水泥中的碱含量、骨料的矿物组成、气候和环境条件等因素有关，情况比较复杂。

容易发生碱-骨料反应的骨料中的活性成分有两类，其反应机理也不同，因此可把碱-骨料反应分成两大类：一类是因骨料中含有非晶质的活性二氧化硅(如蛋白石、玉髓、火山熔岩玻璃等)，当水泥中碱性成分(K_2O、Na_2O)含量较多时，混凝土又长期处于潮湿环境，以致相互作用生成碱的硅酸盐凝胶，产生膨胀而使工程结构破坏；另一类是含黏土质的石灰岩骨料引起的碱-碳酸盐反应。这两类碱-骨料反应的反应机理虽不相同，但对混凝土造成的破坏是类似的，且往往“潜伏期”很长，从几年到几十年。

检查骨料是否含有较多会引发碱-骨料反应的活性成分，必须按相应标准方法进行碱-骨料反应活性检验，先要对骨料进行岩相分析，明确其属于何种矿物，然后选用不同的快速碱-骨料反应活性检验方法，在国标《建筑用砂》(GB/T 14684—2001)和《建筑用卵石、碎石》(GB/T 14685—2001)中已有明确规定。

二、硫酸盐侵蚀性及钢筋的锈蚀

(1)硫酸盐侵蚀是因为各种硫酸盐能与已硬化水泥石中的氢氧化钙发生反应，生成硫酸钙，因硫酸钙在水中溶解度低，所以有可能以二水石膏($CaSO_4 \cdot 2H_2O$)晶体的形式析出；即使孔隙液中硫酸根浓度还不足以析出二水石膏，但当已饱和了 $Ca(OH)_2$ 的孔隙液中还含有不少水泥水化时常产生的高铝水化铝酸钙(如 C_4AH_{13}时)，仍会析出针状的水化硫铝酸钙晶体(即“钙矾石”——$3CaO \cdot Al_2O_3 \cdot 3CaSO_4 \cdot 32H_2O$)。无论是生成二水石膏还是钙矾石，都会伴随着晶体体积的明显增大，对已硬化的混凝土，就会在其内部产生可怕的膨胀应力，导致混凝土结构的破坏，轻则使强度下降，重则使混凝土分崩离析。

(2)钢筋混凝土结构中的钢筋承受了主要的拉应力，因此，一旦钢筋严重锈蚀就将使整个钢筋混凝土结构失去支撑而溃塌。然而钢筋锈蚀是个比较复杂的电化学过程，对浇捣密实的正常混凝土而言，由于碱度高，钢筋会被钝化，即使在浇捣混凝土时钢筋表面有轻微锈蚀，也会被溶解，但随后其表面则因阳极控制而形成稳定相或吸附膜，抑制了铁变成离子状态的阳极过程，使其不再锈蚀，即强碱性的混凝土保护了钢筋，使之免遭氧气和湿气等介质的侵害，除非混凝土的碱度很低，或混凝土内因骨料、外加剂等含有过多的氯化物，妨碍了钢筋的钝化，或仅仅处于一种很不稳定的钝化状态。

其实钢筋锈蚀的出现是不可避免的，即使没有混凝土自身的不利因素(即碱度低、氯化物含量高等)，在外部因素的影响下，经过若干时间后，钢筋也会出现锈蚀并持续严重化，只是时间迟早而已。

因各种外力(撞击、振动、磨损)或冻融等外部的物理作用，使原先在钢筋外面裹覆的混凝土保护层破坏，钢筋直接裸露在有害的介质中而锈蚀，这是发生钢筋锈蚀的一种情况。

另一种则是由于外部介质进入混凝土，发生一系列化学作用和物理化学作用而导致钢筋锈蚀。如发生前面所说的碳酸化作用、硫酸盐侵蚀作用，还有外界氯离子的进入等，均改变了混凝土孔隙液中的成分，或使 pH 值下降，或水泥石结构遭到破坏，致使混凝土对钢筋的保护作用丧失殆尽，结果钢筋发生了锈蚀。在保护层干湿交替的情况下，钢筋锈蚀速度往往会比直接暴露在水中时发生锈蚀的速度更快。

钢筋锈蚀是个恶性循环的过程。一旦锈蚀，其锈蚀产物引起的体积膨胀使混凝土内部承受的巨大拉应力，从而进一步破坏保护层，又加快了钢筋锈蚀，如此反复加重了对整个钢筋混凝土的破坏。

三、碳化

碳酸化（简称碳化）是胶凝材料中的碱性成分。主要是氢氧化钙与空气中的二氧化碳（CO_2）发生反应，生成碳酸钙（$CaCO_3$）的过程。

在水泥砂浆、混凝土以及粉煤灰硅酸盐砌块等制品中，均有大量$Ca(OH)_2$及水化硅酸钙等水化产物，它们形成了一个具有一定强度的固体构架，空气中CO_2渗入浆体后首先就与$Ca(OH)_2$反应生成中性的$CaCO_3$，从而使浆体的碱度降低，$CaCO_3$则以不同的结晶形态沉积出来。因其孔隙液中钙离子浓度下降，其他水化产物会分解出$Ca(OH)_2$，进一步的碳酸化反应持续进行，直至水化硅酸钙等水化产物全部分解，所有钙都结合成$CaCO_3$。因碳化后由$CaCO_3$构成的固体构架强度远不如原先生成的固体构架，在材料的孔隙结构上也往往使外界水汽、离子等更容易侵入，因此在强度降低的同时还伴随着抗渗性能劣化等一系列不利于耐久性的变化。

水泥及胶凝材料本身的化学组成对抗碳化性能有着直接的影响，但如何减缓CO_2进入水泥浆体，从而提高水泥砂浆、混凝土的抗碳化性能一直是人们十分关心的问题。如在砂浆、混凝土表面涂刷保护层，掺入硅粉、矿粉等外掺料，掺加减水剂以减小砂浆、混凝土的水灰比，使水泥石中的孔隙变小、变窄等措施均是常用的方法。但在使用过程中严格控制水灰比，做好振捣工作以减少蜂窝麻面，使砂浆、混凝土密实，做好浇捣后的养护等均是十分方便而有效的措施，务必引起重视。

四、高分子材料的老化

高分子材料的耐老化性能（即耐候性）是指其抵御外界光照、风雨、寒暑等气候条件长期作用的能力，这又是一个非常复杂的过程。

高分子材料（不论是天然的还是人工合成的）在储存和使用过程中，会受内外因素的综合作用，性能出现逐渐变差，直至最终丧失使用价值的现象。相对于无机材料而言，高分子材料的这种变化尤为突出，人们称之为“老化”。

老化的内因与高聚物自身的化学结构和物理结构中特有的缺点有关，其外因则与太阳光（尤其是其中能量较高能切断许多高分子聚合物分子链的紫外线）、氧气和臭氧、热量以及空气中的水分等有关，它们都直接或间接地使已聚合的大分子链和网变短、变小，甚至变成单体或分解成其他化合物，这种化学结构的破坏会导致高分子材料的物理性能改变,机械性能改变,使原先的高聚物的特性丧失殆尽。

为了减缓这种老化的发生,人们在高分子材料的抗老化剂(抗氧剂、紫外光稳定剂和热稳定剂等)及加工工艺等一系列问题上作努力,以期改进其抗老化性能,至于其效果则需要通过一系列的人工加速老化试验(耐候试验)来加以验证。因此高分子材料的产品标准中往往会列入光、臭氧和热老化指标。

第三节　材料的力学性质

材料的力学性质是指材料在各种外力作用下抵抗变形或破坏的性质。

一、材料的强度

材料在外力(荷载)作用下抵抗破坏的能力称为强度。材料在建筑物上所受的外力主要有拉力、压力、弯曲及剪力等。材料抵抗这些外力破坏的能力分别称为抗拉、抗压、抗弯和抗剪强度。

材料的抗拉、抗压、抗剪强度可按下式进行计算:

$$f=\frac{F}{A} \tag{2-17}$$

式中　f——抗拉、抗压、抗剪强度(MPa);

F——材料受拉、压、剪破坏时的荷载(N);

A——材料的受力面积(mm^2)。

材料的抗弯强度(抗折强度)与材料受力情况有关,试验时将试件放在两支点上,中间作用一集中力,对矩形截面的试件,其抗弯强度可按下式进行计算:

$$f_m=\frac{3FL}{2bh^2} \tag{2-18}$$

式中　f_m——材料的抗弯强度(MPa);

F——材料受弯时的破坏荷载(N);

L——试件受弯时两支点的间距(mm);

b、h——材料截面宽度、高度(mm)。

不同材料具有不同的抵抗外力的特性,混凝土、石材等抗压强度较高,钢材的抗拉、抗压强度都很高。在施工设计中选择材料时应了解清楚不同材料所具有的不同强度特性。

材料的强度大小主要取决于其本身的成分、构造。一般情况下,材料的表观密度越小、孔隙率越大、越疏松,其强度就越低。

二、弹性和塑性

材料在外力作用下产生变形,外力去除后,变形消失,材料恢复原有形状的性能称为弹性。荷载与变形之比，或应力与应变之比，称为材料的弹性模量。

材料的塑性是以材料的抗拉强度值来划分的，例如钢材，是指材料在外力作用下产生变形，外力去掉后，变形不能完全恢复并且材料也不即行破坏的性质，称为塑性。

三、脆性与韧性

材料受力达到一定程度时，突然发生破坏，并无明显的变形，材料的这种性质称为脆性。材料的脆性是以材料的抗压强度来定义的，表示的是力学指标。

材料在冲击或动荷载作用下，能吸收较大能量而不破坏的性能，称为韧性或冲击韧度。韧性以试件破坏时单位面积所消耗的功表示，计算公式如下：

$$\alpha_k = \frac{W_k}{A} \tag{2-19}$$

式中 α_k——材料的冲击韧度（J/mm^2）；

W_k——试件破坏时所消耗的功（J）；

A——试件净截面积（mm^2）。

脆性材料的另一特性是冲击韧度低。

四、材料的挠度

材料或构件在荷载或其他外界条件影响下，其材料的纤维长度与位置的变化沿轴线长度方向的变形称为轴向变形，偏离轴线的变形称为挠度。

五、材料的硬度和耐磨性

(1)硬度。硬度是材料表面的坚硬程度，是抵抗其他物体刻画、压入其表面的能力。通常用刻划法、回弹法和压入法测定材料的硬度。

刻划法用于天然矿物硬度的划分，按滑石、石膏、方解石、萤石、磷灰石、正长石、石英、黄晶、刚玉、金刚石的顺序分为10个硬度等级。

回弹法用于测定混凝土表面硬度，并间接推算混凝土的强度；也用于测定陶瓷、砖、砂浆、塑料、橡胶、金属等的表面硬度并间接推算其强度。

压入法用于测定金属（包括钢材）、木材等的硬度。

(2)耐磨性。耐磨性是材料表面抵抗磨损的能力。材料的耐磨性用磨耗率表示，计算公式如下：

$$Q_{ab} = \frac{m_1 - m_2}{m_1} \times 100\% \tag{2-20}$$

式中 Q_{ab}——材料的磨损率（%）；

m_1——试件磨耗前的质量（g）；

m_2——试件磨耗后的质量（g）。

六、材料的耐久性

耐久性是指材料在长期使用环境中，在多种破坏因素作用下保持原有性能不被破坏的能力。

材料的耐久性是一项综合的技术性质,它包括抗渗性、抗冻性、抗风化性、耐热性、耐蚀性、抗老化性以及耐磨性等各方面的内容。

常采取以下三个方面的措施提高材料的耐久性:

(1)提高材料本身对外界破坏作用的抵抗力,如堤高材料的密实度,改变孔结构的形式,合理选定原材料的组成等。

(2)减轻环境条件对材料的破坏作用,如对材料进行特殊处理或采取必要的构造措施。

(3)在主体材料表面加保护层,如覆盖贴面、喷涂料等,使主体材料与大气、阳光、雨、雪隔绝,不致受到直接侵害。

第三章 水泥与石灰

第一节 水 泥

一、水泥的主要性能指标

1. 密度

密度是指水泥在自然状态下单位体积的质量。分松散状态下的密度和紧密状态下的密度两种。松散条件下的密度为 900～1300kg/m^3，紧密状态下的密度为 1400～1700kg/m^3，通常取1300kg/m^3。影响密度的主要因素为熟料矿物组成和煅烧程度、水泥的贮存时间和条件，以及混合材料的品种和掺入量等。

2. 凝结时间

水泥的凝结时间分初凝时间和终凝时间。自加水起至水泥浆开始失去塑性、流动性减小所需的时间，称为初凝时间；自加水起至水泥浆完全失去塑性、开始有一定结构强度所需的时间，称为终凝时间。

水泥凝结时间与水泥的单位加水量有关，单位加水量越大，凝结时间越长，反之越短。国家标准规定，凝结时间的测定是以标准稠度的水泥净浆，在规定温度和湿度下，用凝结时间测定仪来测定。所谓标准稠度，是指水泥净浆达到规定稠度时所需的拌和水量，以占水泥质量的百分比表示。通用水泥的标准稠度一般在23%～28%之间，水泥磨得越细，标准稠度越大，标准稠度与水泥品种也有较大关系。

水泥凝结时间在施工中具有重要意义。为了保证有足够的时间在初凝之前完成混凝土成形等各种工序，初凝时间不宜过快；为了使混凝土在浇筑完毕后能尽早完成凝结硬化，产生强度，终凝时间不宜过长。

3. 体积安定性

水泥体积安定性是指水泥在凝结硬化过程中体积变化的均匀性。如果水泥硬化后产生不均匀的体积变化，会使水泥制品、混凝土构件产生膨胀性裂缝，降低工程质量，甚至引起严重事故，此即体积安定性不良。

引起水泥体积安定性不良的原因是由于其熟料矿物组成中含有过多的游离氧化钙（f-CaO）和游离氧化镁（f-MgO），以及粉磨水泥时掺入的石膏超量所致。熟料中所含的游离氧化钙（f-CaO）和游离氧化镁（f-MgO）处于过烧状态，水化很慢，它在水泥凝结硬化后才慢慢开始水化，水化时体积膨胀，引起水泥石不均匀体积变化而开裂；石膏过量时，多余的石膏与固态水化铝酸钙反应生成钙矾石，体积膨胀 1.5 倍，从而造成硬化水泥石开裂破坏。

由游离氧化钙(f-CaO)引起的水泥安定性不良用沸煮法检验，沸煮的目的是为了加速游离氧化钙(f-CaO)的水化。沸煮法包括试饼法和雷氏法。试饼法是将标准稠度水泥净浆做成试饼，连同玻璃在标准条件下[(20±2)℃，相对湿度大于90%]养护24h后，取下试饼放入沸煮箱蒸煮3h之后，用肉眼观察未发现裂纹、崩溃，用直尺检查没有弯曲现象，则为安定性合格，反之，为不合格。雷氏法是测定水泥浆在雷氏夹中硬化沸煮后的膨胀值，当两个试件沸煮后的膨胀值的平均值不大于5.0mm时，即判为该水泥安定性合格，反之为不合格。当试饼法和雷氏法两者结论相矛盾时，以雷氏法为准。

由游离氧化镁(f-MgO)和三氧化硫(SO_3)引起的体积安定性不良不便快速检验，游离氧化镁(f-MgO)的危害必须用压蒸法才能检验，三氧化硫(SO_3)的危害需经长期在常温水中浸泡才能发现。这两种成分的危害，常用在水泥生产时严格限制含量的方法来消除。

4. 强度等级

水泥的强度是评定其质量的重要指标，也是划分水泥强度等级的依据。

国家标准规定，采用水泥胶砂法测定水泥强度。该法是将水泥和标准砂按质量1∶3混合，水灰比为0.5，按规定方法制成40mm×40mm×160mm的试件，带模进行标准养护[(20±1)℃，相对湿度大于90%]24h，再脱模放在标准温度[(20±2)℃]的水中养护，分别测定其3d和28d的抗压强度和抗折强度。根据测定结果，可确定该水泥的强度等级，其中有代号R者为早强型水泥。

5. 细度

细度是指水泥颗粒的粗细程度，它对水泥的凝结时间、强度、需水量和安定性有较大影响，是鉴定水泥品质的主要项目之一。

水泥颗粒越细，总表面积越大，与水的接触面积也大，因此水化迅速、凝结硬化也相应增快，早期强度也高。但水泥颗粒过细，会增加磨细的能耗和提高成本，且不宜久存，过细的水泥硬化时还会产生较大收缩。一般认为，水泥颗粒小于40μm时就具有较高的活性，大于100μm时活性较小。通常，水泥颗粒的粒径在7～200μm范围内。

二、通用硅酸盐水泥

1. 定义与分类

(1)定义。通用硅酸盐水泥是以硅酸盐水泥熟料和适量的石膏及规定的混合材料制成的水硬性胶凝材料。

(2)分类。通用硅酸盐水泥按混合材料的品种和掺量分为硅酸盐水泥、普通硅酸盐水泥、矿渣硅酸盐水泥、火山灰质硅酸盐水泥、粉煤灰硅酸盐水泥和复合硅酸盐水泥。各品种的组分和代号应符合表3-1的规定。

2. 组分与材料

(1)组分。通用硅酸盐水泥的组分应符合表3-1的规定。

表 3-1 通用硅酸盐水泥的组分 (单位:%)

品种	代号	组分				
		熟料+石膏	粒化高炉矿渣	火山灰质混合材料	粉煤灰	石灰石
硅酸盐水泥	P·I	100	—	—	—	—
	P·Ⅱ	≥95	≤5	—	—	—
		≥95	—	—	—	≤5
普通硅酸盐水泥	P·O	≥80且<95	>5且≤20			—
矿渣硅酸盐水泥	P·S·A	≥50且<80	>20且≤50	—	—	—
	P·S·B	≥30且<50	>50且≤70	—	—	—
火山灰质硅酸盐水泥	P·P	≥60且<80	—	>20且≤40	—	—
粉煤灰硅酸盐水泥	P·F	≥60且<80	—	—	>20且≤40	—
复合硅酸盐水泥	P·C	≥50且<80	>20且≤50			

(2)材料

1)硅酸盐水泥熟料。由主要含 CaO、SiO_2、Al_2O_3、Fe_2O_3 的原料,按适当比例磨成细粉烧至部分熔融所得以硅酸钙为主要矿物成分的水硬性胶凝物质。其中硅酸钙矿物不小于 66%,氧化钙和氧化硅质量比不小于 2.0。

2)石膏

①天然石膏。应符合《石膏和硬石膏》(GB/T 5483—1996)中规定的 G 类或 M 类二级(含)以上的石膏或混合石膏。

②工业副产石膏。以硫酸钙为主要成分的工业副产物。采用前应经过试验证明对水泥性能无害。

3)活性混合材料。符合《用于水泥中的粒化高炉矿渣》(GB/T 203—1994)、《用于水泥和混凝土中的粒化高炉矿渣粉》(GB/T 18046—2000)、《用于水泥和混凝土中的粉煤灰》(GB/T 1596—2005)、《用于水泥中的火山灰质混合材料》(GB/T 2847—2005)标准要求的粒化高炉矿渣、粒化高炉矿渣粉、粉煤灰、火山灰质混合材料要求。

4)非活性混合材料。活性指标分别低于《用于水泥中的粒化高炉矿渣》(GB/T 203—1994)、《用于水泥和混凝土中的粒化高炉矿渣粉》(GB/T 18046—

2000)、《用于水泥和混凝土中的粉煤灰》(GB/T 1596—2005)、《用于水泥中的火山灰质混合材料》(GB/T 2847—2005)标准要求的粒化高炉矿渣、粒化高炉矿渣粉、粉煤灰、火山灰质混合材料、石灰石和砂岩，其中石灰石中的三氧化二铝含量应不大于2.5%。

5)窑灰。应符合《掺入水泥中的回转窑窑灰》[JC/T 742—1984(1996)]的规定。

6)助磨剂。水泥粉磨时允许加入助磨剂，其加入量应不大于水泥质量的0.5%，助磨剂应符合《水泥助磨剂》(JC/T 667—2004)的规定

3. 强度等级

(1)硅酸盐水泥的强度等级分为42.5、42.5R、52.5、52.5R、62.5、62.5R六个等级。

(2)普通硅酸盐水泥的强度等级分为42.5、42.5R、52.5、52.5R四个等级。

(3)矿渣硅酸盐水泥、火山灰质硅酸盐水泥、粉煤灰硅酸盐水泥、复合硅酸盐水泥的强度等级分为32.5、32.5R、42.5、42.5R、52.5、52.5R六个等级。

4. 技术要求

(1)化学指标。通用硅酸盐水泥的化学指标应符合表3-2的规定。

表3-2　　通用硅酸盐水泥的化学指标　　(单位:%)

<table>
<tr><th>品种</th><th>代号</th><th>不溶物
(质量分数)</th><th>烧失量
(质量分数)</th><th>三氧化硫
(质量分数)</th><th>氧化镁
(质量分数)</th><th>氯离子
(质量分数)</th></tr>
<tr><td rowspan="2">硅酸盐水泥</td><td>P·Ⅰ</td><td>≤0.75</td><td>≤3.0</td><td rowspan="3">≤3.5</td><td rowspan="3">≤5.0</td><td rowspan="8">≤0.06</td></tr>
<tr><td>P·Ⅱ</td><td>≤1.50</td><td>≤3.5</td></tr>
<tr><td>普通硅酸盐水泥</td><td>P·O</td><td>—</td><td>≤5.0</td></tr>
<tr><td rowspan="2">矿渣硅酸盐水泥</td><td>P·S·A</td><td>—</td><td>—</td><td rowspan="2">≤4.0</td><td>≤6.0</td></tr>
<tr><td>P·S·B</td><td>—</td><td>—</td><td>—</td></tr>
<tr><td>火山灰质硅酸盐水泥</td><td>P·P</td><td>—</td><td>—</td><td rowspan="3">≤3.5</td><td rowspan="3">≤6.0</td></tr>
<tr><td>粉煤灰硅酸盐水泥</td><td>P·F</td><td>—</td><td>—</td></tr>
<tr><td>复合硅酸盐水泥</td><td>P·C</td><td>—</td><td>—</td></tr>
</table>

(2)碱含量(选择性指标)。水泥中碱含量按$Na_2O+0.658K_2O$计算值表示。若使用活性骨料，用户要求提供低碱水泥时，水泥中的碱含量应不大于0.60%或由买卖双方协商确定。

(3)物理指标

1)凝结时间。硅酸盐水泥初凝不小于45min，终凝不大于390min;

普通硅酸盐水泥、矿渣硅酸盐水泥、火山灰质硅酸盐水泥、粉煤灰硅酸盐水泥和复合硅酸水泥初凝不小于45min，终凝不大于600min。

2)安定性。沸煮法合格。

3)强度。不同品种、不同强度等级的通用硅酸盐水泥,其不同龄期的强度应符合表3-3的规定。

表3-3　　通用硅酸盐水泥不同龄期的强度等级　　(单位:MPa)

品　种	强度等级	抗压强度		抗折强度	
		3d	28d	3d	28d
硅酸盐水泥	42.5	≥17.0	≥42.5	≥3.5	≥6.5
	42.5R	≥22.0		≥4.0	
	52.5	≥23.0	≥52.5	≥4.0	≥7.0
	52.5R	≥27.0		≥5.0	
	62.5	≥28.0	≥62.5	≥5.0	≥8.0
	62.5R	≥32.0		≥5.5	
普通硅酸盐水泥	42.5	≥17.0	≥42.5	≥3.5	≥6.5
	42.5R	≥22.0		≥4.0	
	52.5	≥23.0	≥52.5	≥4.0	≥7.0
	52.5R	≥27.0		≥5.0	
矿渣硅酸盐水泥 火山灰硅酸盐水泥 粉煤灰硅酸盐水泥 复合硅酸盐水泥	32.5	≥10.0	≥32.5	≥2.5	≥5.5
	32.5R	≥15.0		≥3.5	
	42.5	≥15.0	≥42.5	≥3.5	≥6.5
	42.5R	≥19.0		≥4.0	
	52.5	≥21.0	≥52.5	≥4.0	≥7.0
	52.5R	≥23.0		≥4.5	

4)细度(选择性指标)。硅酸盐水泥和普通硅酸盐水泥以比表面积表示,不小于300m^2/kg;矿渣硅酸盐水泥、火山灰质硅酸盐水泥、粉煤灰硅酸盐水泥和复合硅酸盐水泥以筛余表示,80μm方孔筛筛余不大于10%或45μm方孔筛筛余不大于30%。

三、特种水泥

特种水泥是指具有某些特殊性能的水泥品种。在水利水电工程施工中常常需要特种水泥来满足工程技术要求,如大坝施工必须用中热或低热水泥。

1. 低热微膨胀水泥(根据GB 2938—2008编制)

低热微膨胀水泥具有低水化热和微膨胀的特性,主要适用于要求较低水化热和要求补偿收缩的混凝土、大体积混凝土，也适用于要求抗渗和抗硫酸盐侵蚀的工程。其定义和技术要求见表3-4。

表3-4　　　　低热微膨胀水泥的定义和技术要求

<table>
<tr><th>序号</th><th>项　目</th><th>内　　容</th></tr>
<tr><td>1</td><td>定　　义</td><td>凡以粒化高炉矿渣为主要组分，加入适量硅酸盐水泥熟料和石膏，磨细制成的具有低水化热和微膨胀性能的水硬性胶凝材料，称为低热微膨胀水泥，代号LHEC</td></tr>
<tr><td>2</td><td>技术要求</td><td>
(1)三氧化硫(SO_3)：水泥中三氧化硫(SO_3)含量应为4%～7%
(2)比表面积：水泥中比表面积不得小于300 m^2/kg
(3)凝结时间：初凝不得早于45 min，终凝不得迟于12 h，也可由生产单位和使用单位商定
(4)安定性：用沸煮法检验必须合格
(5)强度：各龄期强度不得低于表1中的数值
表1　　水泥的强度等级与各龄期强度
<table>
<tr><th rowspan="2">强度等级</th><th colspan="2">抗压强度(MPa)</th><th colspan="2">抗折强度(MPa)</th></tr>
<tr><th>7d</th><th>28d</th><th>7d</th><th>28d</th></tr>
<tr><td>32.5</td><td>18.0</td><td>32.5</td><td>5.0</td><td>7.0</td></tr>
</table>
(6)水化热：各龄期水化热不得超过表2中的数值
表2　　水泥的各龄期水化热
<table>
<tr><th rowspan="2">强度等级</th><th colspan="2">水化热(kJ/kg)</th></tr>
<tr><th>3d</th><th>7d</th></tr>
<tr><td>32.5</td><td>185</td><td>220</td></tr>
</table>
注：在特殊情况下，水化热指标允许由生产单位和使用单位商定
(7)线膨胀率：水泥净浆试体水中养护时各龄期的线膨胀率应符合以下要求
1d不得小于0.05%
7d不得小于0.10%
28d不得大于0.60%
(8)氯离子：水泥的氯离子含量(质量参数)不得大于0.06%
(9)碱含量：碱含量由供需双方商定。碱含量(质量参数)按$Na_2O+0.658K_2O$计算值表示
</td></tr>
</table>

2. 砌筑水泥(根据 GB/T 3183—2003 编制)

砌筑水泥的定义和技术要求见表 3-5。

表 3-5　　砌筑水泥的定义和技术要求

<table>
<tr><th>序　号</th><th>项　目</th><th>内　　容</th></tr>
<tr><td>1</td><td>定　义</td><td>凡由一种或一种以上的水泥混合材料,加入适量硅酸盐水泥熟料和石膏,经磨细制成的和易性较好的水硬性胶凝材料,称为砌筑水泥,代号 M
水泥中混合材料掺加量按质量分数计应大于 50%,允许掺入适量的石灰石或窑灰</td></tr>
<tr><td>2</td><td>技术要求</td><td>(1)三氧化硫(SO_3):水泥中三氧化硫(SO_3)含量不得超过 4.0%
(2)细度:80μm 方孔筛筛余不得超过 10%
(3)凝结时间:初凝不得早于 60min,终凝不得迟于 12h
(4)安定性:用沸煮法检验,必须合格
(5)强度:各龄期强度不得低于下表中的数值
砌筑水泥各龄期强度要求
<table>
<tr><th rowspan="2">水泥等级</th><th colspan="2">抗压强度(MPa)</th><th colspan="2">抗折强度(MPa)</th></tr>
<tr><th>7d</th><th>28d</th><th>7d</th><th>28d</th></tr>
<tr><td>12.5</td><td>7.0</td><td>12.5</td><td>1.5</td><td>3.0</td></tr>
<tr><td>22.5</td><td>10.0</td><td>22.5</td><td>2.0</td><td>4.0</td></tr>
</table>
强度检验时:
1)按《水泥胶砂强度检验方法》(GB/T 17671—1999)进行,但做以下补充规定:水灰比按《水泥胶砂流动度测定方法》(GB/T 2419—1999)确定,流动度要求范围为 180~190mm
2)当水泥强度较低,试体成形后 24h 尚不易脱模时,允许适当延长,但总湿气养护时间不得超过 48h,并做好记录</td></tr>
</table>

3. 抗硫酸盐硅酸盐水泥(根据 GB 748—2005 编制)

抗硫酸盐硅酸盐水泥的定义及技术要求见表 3-6。

表 3-6　　抗硫酸盐硅酸盐水泥的定义及技术要求

<table>
<tr><th>序号</th><th>项　目</th><th>内　　容</th></tr>
<tr><td>1</td><td>定　义</td><td>按其抗硫酸盐侵蚀程度分为中抗硫酸盐硅酸盐水泥和高抗硫酸盐硅酸盐水泥两类
以特定矿物组成的硅酸盐水泥熟料，加入适量石膏，磨细制成的具有抵抗中等浓度硫酸根离子侵蚀的水硬性胶凝材料，称为中抗硫酸盐硅酸盐水泥，简称中抗硫水泥，代号 P·MSR
以特定矿物组成的硅酸盐水泥熟料，加入适量石膏，磨细制成的具有抵抗较高浓度硫酸根离子侵蚀的水硬性胶凝材料，称为高抗硫酸盐硅酸盐水泥，简称高抗硫水泥，代号 P·HSR</td></tr>
<tr><td>2</td><td>技术要求</td><td>
<table>
<tr><th>项　目</th><th>技术要求</th></tr>
<tr><td>硅酸三钙和铝酸三钙</td><td>中抗硫水泥中硅酸三钙(C_3S)含量：≤55.0%，铝酸三钙(C_3A)含量：≤5.0%
高抗硫水泥中硅酸三钙(C_3S)含量：≤50.0%，铝酸三钙(C_3A)含量：≤3.0%</td></tr>
<tr><td>烧失量</td><td>水泥中烧失量不大于 3.0%</td></tr>
<tr><td>氧化镁(MgO)</td><td>氧化镁(MgO)含量不大于 5.0%。如果经过压蒸安定性试验合格，则水泥中氧化镁(MgO)含量允许放宽到 6.0%</td></tr>
<tr><td>三氧化硫(SO_3)</td><td>≤2.5%</td></tr>
<tr><td>不溶物</td><td>≤1.5%</td></tr>
<tr><td>比表面积</td><td>≥280m^2/kg</td></tr>
<tr><td>凝结时间</td><td>初凝≥45min，终凝≤10h</td></tr>
<tr><td>安定性</td><td>用沸煮法检验，必须合格</td></tr>
</table>
<table>
<tr><th rowspan="2">强度等级＼强度及龄期</th><th colspan="2">抗压强度(MPa)</th><th colspan="2">抗折强度(MPa)</th></tr>
<tr><th>3d</th><th>28d</th><th>3d</th><th>28d</th></tr>
<tr><td>32.5</td><td>10.0</td><td>32.5</td><td>2.5</td><td>6.0</td></tr>
<tr><td>42.5</td><td>15.0</td><td>42.5</td><td>3.0</td><td>6.5</td></tr>
</table>
</td></tr>
</table>

4. 道路硅酸盐水泥(根据 GB 13693—2005 编制)

道路硅酸盐水泥的定义及技术要求应符合表 3-7 的规定。

表 3-7　　道路硅酸盐水泥的定义及技术要求

<table>
<tr><th>序号</th><th>项目</th><th colspan="5">内容</th></tr>
<tr><td>1</td><td>定义</td><td colspan="5">由道路硅酸盐水泥熟料,适量石膏,可加入标准规定的混合材料,磨细制成水硬性胶凝材料,称为道路硅酸盐水泥,代号 P·R</td></tr>
<tr><td rowspan="17">2</td><td rowspan="17">技术要求</td><td>项目</td><td colspan="4">技术要求</td></tr>
<tr><td>凝结时间</td><td colspan="4">初凝不小于 1.5h,终凝不大于 10h</td></tr>
<tr><td>安定性</td><td colspan="4">用沸煮法检验必须合格</td></tr>
<tr><td>干缩性</td><td colspan="4">28d 干缩率不大于 0.10%</td></tr>
<tr><td>耐磨性</td><td colspan="4">以磨损量表示,不大于 3.00kg/m^2</td></tr>
<tr><td>烧失量</td><td colspan="4">不大于 3.0%</td></tr>
<tr><td>氧化镁(MgO)</td><td colspan="4">不大于 5.0%</td></tr>
<tr><td>三氧化硫(SO_3)</td><td colspan="4">不大于 3.5%</td></tr>
<tr><td>游离氧化钙(f-CaO)</td><td colspan="4">旋窑生产不大于 1.0%;立窑生产不大于 1.8%</td></tr>
<tr><td>碱含量</td><td colspan="4">如用户有要求时,由供需双方确定;若使用活性骨料,用户要求提供低碱水泥时,水泥中碱含量应不大于 0.60%,按 $w(Na_2O) + 0.658w(K_2O)$ 计算值来表示</td></tr>
<tr><td rowspan="2">熟料矿物成分</td><td colspan="4">C_3A 含量不大于 5.0%</td></tr>
<tr><td colspan="4">C_4AF 含量大于 16.0%</td></tr>
<tr><td rowspan="2">强度及龄期 / 强度等级</td><td colspan="2">抗折强度(MPa)</td><td colspan="2">抗压强度(MPa)</td></tr>
<tr><td>3d</td><td>28d</td><td>3d</td><td>28d</td></tr>
<tr><td>32.5</td><td>3.5</td><td>6.5</td><td>16.0</td><td>32.0</td></tr>
<tr><td>42.5</td><td>4.0</td><td>7.0</td><td>21.0</td><td>42.5</td></tr>
<tr><td>52.5</td><td>5.0</td><td>7.5</td><td>26.0</td><td>52.5</td></tr>
</table>

5. 白色硅酸盐水泥（根据 GB/T 2015—2005 编制）

白色硅酸盐水泥（简称白水泥），具有可调色的特性，并具有一般水泥的特性，其定义及技术要求见表 3-8。

表 3-8　　白色硅酸盐水泥的定义及技术要求

<table>
<tr><th>序号</th><th>项目</th><th>内容</th></tr>
<tr><td>1</td><td>定义</td><td>由氧化铁含量少的硅酸盐水泥熟料、适量石膏及规定的混合材料，磨细制成的水硬性胶凝材料称为白色硅酸盐水泥（简称白水泥），代号 P·W</td></tr>
<tr><td>2</td><td>技术要求</td><td>(1)三氧化硫（SO_3）：水泥中三氧化硫（SO_3）的含量应不超过 3.5%
(2)细度：80μm 方孔筛筛余应不超过 10%
(3)凝结时间：初凝应不早于 45min，终凝应不迟于 10h
(4)安定性：用沸煮法检验必须合格
(5)水泥白度：水泥白度值应不低于 87
(6)强度：各龄期强度应不低于下表数值
白色硅酸盐水泥各龄期强度要求
<table>
<tr><th rowspan="2">强度等级</th><th colspan="2">抗压强度（MPa）</th><th colspan="2">抗折强度（MPa）</th></tr>
<tr><th>3d</th><th>28d</th><th>3d</th><th>28d</th></tr>
<tr><td>32.5</td><td>12.0</td><td>32.5</td><td>3.0</td><td>6.0</td></tr>
<tr><td>42.5</td><td>17.0</td><td>42.5</td><td>3.5</td><td>6.5</td></tr>
<tr><td>52.5</td><td>22.0</td><td>52.5</td><td>4.0</td><td>7.0</td></tr>
</table></td></tr>
</table>

6. 钢渣硅酸盐水泥（根据 GB 13590—2006 编制）

钢渣硅酸盐水泥的定义及技术要求应符合表 3-9 的规定。

表 3-9　　钢渣硅酸盐水泥的定义及技术要求

序号	项目	内容
1	定义	凡由硅酸盐水泥熟料和转炉或电炉钢渣（简称钢渣），适量粒化高炉矿渣、石膏，磨细制成的水硬性胶凝材料，称为钢渣硅酸盐水泥。水泥中的钢渣掺加量（按质量百分比计）不应少于 30%，代号为P·S

续表

<table>
<tr><th>序号</th><th>项　目</th><th>内　　容</th></tr>
<tr><td>2</td><td>技术要求</td><td>(1)三氧化硫(SO_3):水泥中三氧化硫(SO_3)含量不超过4%
(2)比表面积:水泥的比表面积不小于$350m^2/kg$
(3)凝结时间:初凝时间不得早于45min,终凝时间不得迟于12h
(4)安定性:用氧化镁(MgO)含量大于13%的钢渣制成的水泥,经压蒸安定性检验,必须合格
(5)强度:各龄期强度见下表

各龄期强度表　(单位:MPa)
<table>
<tr><th rowspan="2">强度等级</th><th colspan="2">抗压强度</th><th colspan="2">抗折强度</th></tr>
<tr><th>7d</th><th>28d</th><th>7d</th><th>28d</th></tr>
<tr><td>32.5</td><td>10.0</td><td>32.5</td><td>2.5</td><td>5.5</td></tr>
<tr><td>42.5</td><td>15.0</td><td>42.5</td><td>3.5</td><td>6.5</td></tr>
</table></td></tr>
</table>

7. 硫铝酸盐水泥(根据GB 20472—2006编制)

硫铝酸盐水泥是以适当成分的生料,经煅烧所得以无水硫铝酸盐和硅酸二钙为主要矿物成分的水泥熟料掺合不同量的石灰石、适量石膏共同磨细制成,具有水硬性胶凝材料。硫铝酸盐水泥分成快硬硫铝酸盐水泥、低碱度硫铝酸盐水泥、自应力硫铝酸盐水泥,其定义及技术要求见表3-10。

表3-10　　硫铝酸盐水泥的定义及技术要求

序号	项　目	内　　容
1	定义	快硬硫铝酸盐水泥:指由适当成分的硫铝酸盐水泥熟料和少量石灰石、适量石膏共同磨细制成的,具有早期强度高的水硬性胶凝材料,代号R·SAC。 低碱度硫铝酸盐水泥:指由适当成分的硫铝酸盐水泥熟料和较多量石灰石、适量石膏共同磨细制成,具有碱度低的水硬性胶凝材料,代号L·SAC。 自应力硫铝酸盐水泥:指由适当成分的硫铝酸盐水泥熟料加入适量石膏磨细制成的具有膨胀性的水硬性胶凝材料,代号S·SAC

续表

<table>
<tr><th>序号</th><th>项 目</th><th>内 容</th></tr>
<tr><td>2</td><td>技术要求</td><td>
(1)硫铝酸盐水泥物理性能、碱度和碱含量应符合表1规定
表1　硫铝酸盐水泥的物理性能、碱度及含碱量表
<table>
<tr><th colspan="2" rowspan="2">项　目</th><th colspan="3">指　标</th></tr>
<tr><th>快硬硫铝酸盐水泥</th><th>低碱度硫铝酸盐水泥</th><th>自应力硫铝酸盐水泥</th></tr>
<tr><td colspan="2">比表面积(m^2/kg)　≥</td><td>350</td><td>400</td><td>370</td></tr>
<tr><td rowspan="2">凝结时间*(min)</td><td>初凝　≤</td><td colspan="2">25</td><td>40</td></tr>
<tr><td>终凝　≥</td><td colspan="2">180</td><td>240</td></tr>
<tr><td colspan="2">碱度 pH 值　≤</td><td>—</td><td>10.5</td><td>—</td></tr>
<tr><td colspan="2">28d 自由膨胀率(%)</td><td>—</td><td>0.00～0.15</td><td>—</td></tr>
<tr><td rowspan="2">自由膨胀率(%)</td><td>7d　≤</td><td>—</td><td>—</td><td>1.30</td></tr>
<tr><td>28d　≤</td><td>—</td><td>—</td><td>1.75</td></tr>
<tr><td colspan="2">水泥中的碱含量(Na_2O+0.658×K_2O)(%)　<</td><td>—</td><td>—</td><td>0.50</td></tr>
<tr><td colspan="2">28d 自应力增进率(MPa/d)　≤</td><td>—</td><td>—</td><td>0.010</td></tr>
</table>
注:用户要求时,可以变动
(2)强度指标
1)快硬硫铝酸盐水泥各强度等级水泥强度应不低于表2数值
表2　快硬硫铝酸盐水泥各强度等级的强度要求
<table>
<tr><th rowspan="2">强度等级</th><th colspan="3">抗压强度</th><th colspan="3">抗折强度</th></tr>
<tr><th>1d</th><th>3d</th><th>28d</th><th>1d</th><th>3d</th><th>28d</th></tr>
<tr><td>42.5</td><td>30.0</td><td>42.5</td><td>45.0</td><td>6.0</td><td>6.5</td><td>7.0</td></tr>
<tr><td>52.5</td><td>40.0</td><td>52.5</td><td>55.0</td><td>6.5</td><td>7.0</td><td>7.5</td></tr>
<tr><td>62.5</td><td>50.0</td><td>62.5</td><td>65.0</td><td>7.0</td><td>7.5</td><td>8.0</td></tr>
<tr><td>72.5</td><td>55.0</td><td>72.5</td><td>75.0</td><td>7.5</td><td>8.0</td><td>8.5</td></tr>
</table>
</td></tr>
</table>

续表

<table>
<tr><th>序号</th><th>项　目</th><th>内　　容</th></tr>
<tr><td>2</td><td>技术要求</td><td>
2)低碱度硫铝酸盐水泥各强度等级水泥强度不低于表3数值。
表3　低碱度硫铝酸盐水泥各强度等级的强度要求
<table>
<tr><th rowspan="2">强度等级</th><th colspan="2">抗压强度</th><th colspan="2">抗折强度</th></tr>
<tr><th>1d</th><th>7d</th><th>1d</th><th>7d</th></tr>
<tr><td>32.5</td><td>25.0</td><td>32.5</td><td>3.5</td><td>5.0</td></tr>
<tr><td>42.5</td><td>30.0</td><td>42.5</td><td>4.0</td><td>5.5</td></tr>
<tr><td>52.5</td><td>40.0</td><td>52.5</td><td>4.5</td><td>6.0</td></tr>
</table>
3)自应力硫铝酸盐水泥所有自应力等级的水泥抗压强度7d不小于32.5MPa,28d不小于42.5MPa,其各级别各龄期自应力值见表4。
表4　自应力硫铝酸盐水泥各级别各龄期自应力值
<table>
<tr><th rowspan="2">级　别</th><th>7d</th><th colspan="2">28d</th></tr>
<tr><th>≥</th><th>≥</th><th>≤</th></tr>
<tr><td>3.0</td><td>2.0</td><td>3.0</td><td>4.0</td></tr>
<tr><td>3.5</td><td>2.5</td><td>3.5</td><td>4.5</td></tr>
<tr><td>4.0</td><td>3.0</td><td>4.0</td><td>5.0</td></tr>
<tr><td>4.5</td><td>3.5</td><td>4.5</td><td>5.5</td></tr>
</table>
</td></tr>
</table>

8. 快凝快硬硅酸盐水泥[根据JC 314—1982(1996)编制]

快凝快硬硅酸盐水泥适用于机场道面、桥梁、隧道和涵洞等紧急抢修工程,以及冬期施工、堵漏等工程。其定义及技术要求见表3-11。

表3-11　快凝快硬硅酸盐水泥的定义及技术要求

序号	项目	内　　容
1	定义	凡以适当成分的生料烧至部分熔融,所得以硅酸三钙、氟铝酸钙为主的熟料,加入适量的硬石膏、粒化高炉矿渣、无水硫酸钠,经过磨细制成的一种凝结快、小时强度增长快的水硬性胶凝材料,称为快凝快硬硅酸盐水泥 粒化高炉矿渣必须符合《用于水泥中的粒化高炉矿渣》(GB/T 203—1994)的规定,其掺加量按水泥质量分数计为10%～15%

续表

<table>
<tr><th>序号</th><th>项目</th><th>内　　容</th></tr>
<tr><td>2</td><td>技术要求</td><td>(1)氧化镁(MgO)。熟料中氧化镁(MgO)的含量不得超过5.0%
(2)三氧化硫(SO_3)。水泥中三氧化硫(SO_3)的含量不得超过9.5%
(3)细度。水泥比表面积不得低于45000mm^2/g
(4)凝结时间。初凝不得早于10min,终凝不得迟于60min
(5)安定性。用沸煮法检验,必须合格
(6)各龄期强度均不得低于表1中的数值

表1　　快凝快硬硅酸盐水泥各龄期强度要求

<table>
<tr><th rowspan="2">水泥标号</th><th colspan="3">抗压强度(MPa)</th><th colspan="3">抗折强度(MPa)</th></tr>
<tr><th>4h</th><th>1d</th><th>28d</th><th>4h</th><th>1d</th><th>28d</th></tr>
<tr><td>双快－150</td><td>15</td><td>19</td><td>32.5</td><td>2.8</td><td>3.5</td><td>5.5</td></tr>
<tr><td>双快－200</td><td>20</td><td>25</td><td>42.5</td><td>3.4</td><td>4.6</td><td>6.4</td></tr>
</table>
</td></tr>
<tr><td>3</td><td>使用时注意的问题</td><td>使用快凝快硬硅酸盐水泥时,必须根据气温高低掺加缓凝剂。常用的缓凝剂有酒石酸和柠檬酸。掺量范围参见表2
必须注意,缓凝剂掺量过高,将显著降低混凝土的早期强度
缓凝剂必须预先溶于拌和水中,待其完全溶解后才能进行拌和

表2　　快凝快硬硅酸盐水泥的掺量要求

<table>
<tr><th>气温(℃)</th><th>掺量(水泥质量分数)</th></tr>
<tr><td><5</td><td>0</td></tr>
<tr><td>5～15</td><td>0～0.15</td></tr>
<tr><td>15～25</td><td>0.15～0.25</td></tr>
<tr><td>>25</td><td>0.25～0.30</td></tr>
</table>
</td></tr>
</table>

9. 自应力铝酸盐水泥[根据JC 214—1991(1996)编制]

自应力铝酸盐水泥的定义及技术要求见表3-12。

表3-12　　自应力铝酸盐水泥的定义及技术要求

序号	项　目	内　　容
1	定　义	自应力铝酸盐水泥是以一定量的高铝水泥熟料和二水石膏磨细制成的大膨胀率的胶凝材料

续表

<table>
<tr><th>序号</th><th>项　目</th><th>内　　容</th></tr>
<tr><td>2</td><td>技术要求</td><td>
(1)三氧化硫、细度、凝结时间符合表 1 中的规定
表 1　　自应力铝酸盐水泥的技术指标
<table>
<tr><th colspan="2">项　　目</th><th>技 术 指 标</th></tr>
<tr><td colspan="2">水泥中三氧化硫(质量分数,%)≤</td><td>17.5</td></tr>
<tr><td colspan="2">细度(80μm 筛筛余)(质量分数,%)≤</td><td>10</td></tr>
<tr><td rowspan="2">凝结时间
(h)</td><td>初凝≥</td><td>0.5</td></tr>
<tr><td>终凝≤</td><td>4</td></tr>
</table>
(2)自应力铝酸盐水泥不同龄期的性能符合表 2 的规定
表 2　　自应力铝酸盐水泥不同龄期的性能指标
<table>
<tr><th colspan="2">龄期
性能</th><th>7d</th><th>28d</th></tr>
<tr><td colspan="2">自由膨胀率(%)　≤</td><td>1.0</td><td>2.0</td></tr>
<tr><td colspan="2">抗压强度(MPa)　≥</td><td>28.0</td><td>34.0</td></tr>
<tr><td rowspan="3">自应力值(MPa)
≥</td><td>3.0 级</td><td>2.0</td><td>3.0</td></tr>
<tr><td>4.5 级</td><td>2.8</td><td>4.5</td></tr>
<tr><td>6.0 级</td><td>3.8</td><td>6.0</td></tr>
</table>
注:根据用户要求,生产厂应提供最高自应力值
</td></tr>
</table>

10. 钢渣道路水泥(根据 YB 4098—1996 编制)

钢渣道路水泥的定义及技术要求应符合表 3-13 的规定。

表 3-13　　钢渣道路水泥的定义及技术要求

序号	项　目	内　　容
1	定　义	以平炉、转炉钢渣(简称钢渣)、粒化高炉矿渣为主要成分,加入适量硅酸盐水泥熟料、石膏或其他外加剂,经磨细制成的具有高耐磨和抗干缩性能的水硬性胶凝材料,称为钢渣道路水泥
2	技术要求	(1)三氧化硫(SO_3)。水泥中三氧化硫(SO_3)的质量分数不超过 4.00% (2)碱含量。水泥中碱含量按(Na_2O+0.658K_2O)计算值来表示,若使用活性骨料需要限制水泥中碱含量时,由供需双方商定 (3)细度。水泥比表面积不小于 380m^2/kg

续表

序号	项目	内容
2	技术要求	(4)凝结时间。初凝不得早于1h,终凝不得迟于10h (5)安定性。用沸煮法检验必须合格 用氧化镁(MgO)质量分数大于13%的钢渣制成的水泥,经压蒸安定性检验,必须合格 钢渣中氧化镁(MgO)质量分数为5%～13%时,如粒化高炉矿渣掺加量大于40%制成的水泥,可不做压蒸法检验 (6)干缩率。28d干缩率不得大于0.10% (7)耐磨性。以磨损量表示,不得大于3.20kg/m² (8)强度。水泥的各龄期强度均不得低于下表中的数值 **各龄期强度** 标号 425:抗折强度(MPa) 3d 4.0, 28d 7.0;抗压强度(MPa) 3d 16.0, 28d 42.5

各龄期强度

标号	抗折强度(MPa)		抗压强度(MPa)	
	3d	28d	3d	28d
425	4.0	7.0	16.0	42.5

11. 钢渣砌筑水泥(根据YB 4099—1996编制)

钢渣砌筑水泥的定义及技术要求应符合表3-14的规定。

表3-14　钢渣砌筑水泥的定义及技术要求

序号	项目	内容
1	定义	以平炉、转炉钢渣为主要组分,加入0%～50%的粒化高炉矿渣、沸石、石膏或其他激发剂,经磨细制成的水硬性胶凝材料,称为钢渣砌筑水泥。水泥中钢渣的最少掺入量(以质量计)不小于40%
2	技术要求	(1)三氧化硫(SO_3)。水泥中的三氧化硫(SO_3)含量不得超过4.00%。如水浸安定性合格,三氧化硫(SO_3)含量允许放宽到6.00% (2)细度。水泥比表面积不得小于350m²/kg;粒化高炉矿渣与沸石双掺时不得小于500m²/kg;单掺沸石时不得小于550m²/kg (3)凝结时间。初凝时间不得早于45min,终凝时间不得迟于12h。不掺活性混合材时,终凝时间不得迟于24h (4)安定性。用GB 1346－2001方法检验必须合格。用氧化镁(MgO)含量大于13%的钢渣制成的水泥,经压蒸安定性检验,必须合格。钢渣中的氧化镁(MgO)含量为5%～13%时,如混合材料的掺量大于40%,制成的水泥可不做压蒸法检验 如水泥中三氧化硫(SO_3)含量超过4.00%时,须进行水浸安定性检验

续表

<table>
<tr><th>序号</th><th>项　目</th><th>内　　容</th></tr>
<tr><td>2</td><td>技术要求</td><td>(5)强度。水泥标号按规定龄期的抗压强度和抗折强度来划分，各标号水泥的各龄期强度均不得低于下表中的数值
各龄期强度
<table>
<tr><th rowspan="2">水泥标号</th><th colspan="2">抗压强度(MPa)</th><th colspan="2">抗折强度(MPa)</th></tr>
<tr><th>7d</th><th>28d</th><th>7d</th><th>28d</th></tr>
<tr><td>175</td><td>7.5</td><td>17.5</td><td>1.5</td><td>3.5</td></tr>
<tr><td>225</td><td>9.5</td><td>22.5</td><td>2.0</td><td>4.5</td></tr>
<tr><td>275</td><td>12.5</td><td>27.5</td><td>2.5</td><td>5.0</td></tr>
</table>
</td></tr>
</table>

四、水泥质量的评定与验收

1. 水泥质量的评定

水泥是基础建设中必不可少的主要原材料之一。水泥品质的好坏对建设工程的质量有巨大的影响，在水利水电工程中根据水泥的品质可分为合格品、不合格品和废品三类。

(1)合格品。水泥的包装、质量及各项技术指标都能满足国家相应规范的要求时，可判为合格品。这类水泥可以按照设计的要求正常使用。

(2)不合格品。一般常用水泥当细度、终凝时间、不溶物和烧失量中的任一项不符合标准规定或混合材料掺加量超过最大限量和强度低于商品强度等级的指标时判为不合格品。水泥包装标志中水泥品种、强度等级、工厂名称和出厂编号不全的也判为不合格品。

不合格水泥在建筑工程中可以降低标准使用。如强度指标不合格可降低标号使用或用于工程的次要受力部位(如做基础的垫层)等。

(3)废品。一般常用水泥当氧化镁、三氧化硫、初凝时间、安定性中的任何一项不符合标准规定时，均判为废品。

判为废品的水泥严禁在水利水电工程中使用，否则会造成严重的质量事故或给工程留下较大的质量隐患。

2. 水泥的交货与验收

(1)交货时水泥的质量验收可抽取实物试样，以其检验结果为依据，也可以生产者同编号水泥的检验报告为依据。采取何种方法验收由买卖双方商定，并在合同或协议中注明。卖方有告知买方验收方法的责任。当无书面合同或协议，或未在合同、协议中注明验收方法的，卖方应在发货票上注明“以本厂同编号水泥的检验报告为验收依据”字样。

(2)以抽取实物试样的检验结果为验收依据时，买卖双方应在发货前或交货地共同取样和签封。取样方法按《水泥取样方法》(GB 12573—1990)进行，取样数量为 20kg，缩分为二等份。一份由卖方保存 40d，一份由买方按标准规定的项目和方法进行检验。

在 40d 以内，买方检验认为产品质量不符合标准规定要求，而卖方又有异议时，则双方应将卖方保存的另一份试样送省级或省级以上国家认可的水泥质量监督检验机构进行仲裁检验。水泥安定性仲裁检验时，应在取样之日起 10d 以内完成。

(3)以生产者同编号水泥的检验报告为验收依据时，在发货前或交货时买方在同编号水泥中取样，双方共同签封后由卖方保存 90d，或认可卖方自行取样、签封并保存 90d 的同编号水泥的封存样。

在 90d 内，买方对水泥质量有疑问时，则买卖双方应将共同认可的试样送省级或省级以上国家认可的水泥质量监督检验机构进行仲裁检验。

3. 其他注意事项

(1)水泥可以散装或袋装。袋装水泥每袋净含量 50kg，且应不少于标志质量的 99%；随机抽取 20 袋，总质量(含包装袋)应不少于 1000kg。其他包装形式由供需双方协商确定，但有关袋装质量要求，应符合上述规定。水泥包装袋应符合《水泥包装袋》(GB　9774—2002)的规定。

(2)水泥包装袋上应清楚标明：执行标准、水泥品种、代号、强度等级、生产者名称、生产许可证标志(QS)及编号、出厂编号、包装日期、净含量。包装袋两侧应根据水泥的品种采用不同的颜色印刷水泥名称和强度等级，硅酸盐水泥和普通硅酸盐水泥采用红色，矿渣硅酸盐水泥采用绿色；火山灰质硅酸盐水泥、粉煤灰硅酸盐水泥和复合硅酸盐水泥采用黑色或蓝色。

散装发运时应提交与袋装标志相同内容的卡片。

(3)水泥在运输与贮存时不得受潮和混入杂物，不同品种和强度等级的水泥在贮运中避免混杂。

第二节　石　　灰

一、石灰的主要成分及特点

1. 石灰的主要成分

把碳酸钙($CaCO_3$)为主要成分的石灰石，经 800～1000℃高温煅烧而成的块灰状气硬性胶凝材料叫石灰，它的主要成分是氧化钙(CaO)。

将块灰(生石灰)加以不同量的水，可配制成熟石灰、石灰膏或石灰乳，它们的主要成分是氢氧化钙[$Ca(OH)_2$]——消石灰。消石灰吸收空气中的二氧化碳(CO_2)，便还原成碳酸钙($CaCO_3$)，并在干燥环境中析出水分，蒸发后可具有一定强度。砌筑和粉刷用的灰浆之所以能在大气中硬化，就是这个道理。

2. 石灰的特点

石灰是一种古老的建筑材料，其原料来源广泛，生产工艺简单，成本低廉，在水利水电工程中广泛应用。石灰的特点有：

(1)保水性与可塑性好。熟化生成的氢氧化钙颗粒极其细小，比表面积(材料的总表面积与其质量的比值)很大，使得氢氧化钙颗粒表面吸附有一层较厚水膜，即石灰的保水性好。由于颗粒间的水膜较厚，颗粒间的滑移较宜进行，即可塑性好。这一性质常被用来改善砂浆的保水性，以克服水泥砂浆保水性差的缺点。

(2)凝结硬化慢、强度低。石灰的凝结硬化很慢，且硬化后的强度很低。

(3)耐水性差。潮湿环境中石灰浆体不会产生凝结硬化。硬化后的石灰浆体的主要成分为氢氧化钙，仅有少量的碳酸钙。由于氢氧化钙可微溶于水，所以石灰的耐水性很差，软化系数接近于零。

(4)干燥收缩大。氢氧化钙颗粒吸附大量的水分，在凝结硬化过程中不断蒸发，并产生很大的毛细管压力，使石灰浆体产生很大的收缩而开裂，因此石灰除粉刷外不宜单独使用。

二、石灰的品种、组成、特性和用途

石灰的品种、组成、特性和用途见表 3-15。

表 3-15　　石灰的品种、组成、特性和用途

品种	块灰 (生石灰)	磨细生石灰 (生石灰粉)	熟石灰 (消石灰)	石灰膏	石灰乳 (石灰水)
组成	以含碳酸钙($CaCO_3$)为主的石灰石，经800～1000℃高温煅烧而成，其主要成分为氧化钙(CaO)	由火候适宜的块灰经磨细而成粉末状的物料	将生石灰(块灰)淋以适当的水(约为石灰质量的60%～80%)，经熟化作用所得的粉末材料[$Ca(OH)_2$]	将块灰加入足量的水，经过淋制熟化而成的厚膏状物质[$Ca(OH)_2$]	将石灰膏用水冲淡所成的浆液状物质
特性和细度要求	块灰中的灰分含量愈少，质量愈高；通常所说的三七灰，即指三成灰粉七成块灰	与熟石灰相比，具快干、高强等特点，便于施工。成品需经 4900 孔/cm^2的筛子过筛	需经 3～6mm 的筛子过筛	淋浆时应用 6mm 的网格过滤；应在沉淀池内贮存两周后使用；保水性能好	

续表

品种	块灰（生石灰）	磨细生石灰（生石灰粉）	熟石灰（消石灰）	石灰膏	石灰乳（石灰水）
用途	用于配制磨细生石灰、熟石灰、石灰膏等	用作硅酸盐建筑制品（砖、瓦、砌块）的原料，并可制作碳化石灰板、砖等制品（碳化制品），还可配制熟石灰、石灰膏等	用于拌制灰土（石灰、黏土）和三合土（石灰、黏土、砂或炉渣）	用于配制石灰砌筑砂浆和抹灰砂浆	用于简易房屋的室内粉刷

三、石灰的主要技术指标

按石灰中氧化镁的含量，将生石灰和生石灰粉划分为钙质石灰（MgO＜5％）和镁质石灰（MgO≥5％）；按消石灰中氧化镁的含量将消石灰粉划分为钙质消石灰粉（MgO＜4％）、镁质消石灰粉（4％≤MgO＜24％）和白云石消石灰粉（24％≤MgO≤30％）。建筑石灰按质量可分为优等品、一等品、合格品三种，具体指标应满足表3-16～表3-19的要求。

表3-16　生石灰的主要技术指标

项目	钙质生石灰			镁质生石灰		
	优等品	一等品	合格品	优等品	一等品	合格品
（CaO＋MgO）含量（％），不小于	90	85	80	85	80	75
未消化残渣含量（5mm圆孔筛余）（％），不大于	5	10	15	5	10	15
CO_2（％），不大于	5	7	9	6	8	10
产浆量（L/kg），不小于	2.8	2.3	2.0	2.8	2.3	2.0

注：本表引自《建筑生石灰》（JC/T 479—1992）。

表3-17　生石灰粉的技术指标

项目	钙质生石灰粉			镁质生石灰粉		
	优等品	一等品	合格品	优等品	一等品	合格品
（CaO＋MgO）含量（％），不小于	85	80	75	80	75	70

续表

项目		钙质生石灰粉			镁质生石灰粉		
		优等品	一等品	合格品	优等品	一等品	合格品
CO_2 含量(%),不大于		7	9	11	8	10	12
细度	0.90mm 筛的筛余(%),不大于	0.2	0.5	1.5	0.2	0.5	1.5
	0.125mm 筛的筛余(%),不大于	7.0	12.0	18.0	7.0	12.0	18.0

注:本表引自《建筑生石灰粉》(JC/T 480—1992)。

表 3-18　消石灰粉的技术指标

项目		钙质消石灰粉			镁质消石灰粉			白云石消石灰粉		
		优等品	一等品	合格品	优等品	一等品	合格品	优等品	一等品	合格品
(CaO+MgO)含量(%),不小于		70	65	60	65	60	55	65	60	55
游离水(%)		0.4～2	0.4～2	0.4～2	0.4～2	0.4～2	0.4～2	0.4～2	0.4～2	0.4～2
体积安定性		合格	合格	—	合格	合格	—	合格	合格	—
细度	0.90mm 筛筛余(%),不大于	0	0	0.5	0	0	0.5	0	0	0.5
	0.125mm 筛筛余(%),不大于	3	10	15	3	10	15	3	10	5

注:本表引自《建筑消石灰粉》(JC/T 481—1992)。

表 3-19　石灰体积和用量的换算

石灰组成(块:灰)	在密实状态下每 1m³ 石灰质量(kg)	每 1m³ 熟石灰用生石灰数量(kg)	每 1000kg 生石灰消解后的体积(m³)	每 1m³ 石灰膏用生石灰数量(kg)
10:0	1470	355.4	2.184	—
9:1	1453	369.6	2.706	—
8:2	1439	382.7	2.613	571
7:3	1426	399.2	2.505	602
6:4	1412	417.3	2.396	636
5:5	1395	434.0	2.304	674
4:6	1379	455.6	2.195	716
3:7	1367	475.5	2.103	736
2:8	1354	501.5	1.994	820
1:9	1335	526.0	1.902	—
0:10	1320	557.7	1.793	—

四、石灰的包装、标志、贮运及保管

(1)包装、标志。生石灰粉、消石灰粉用牛皮纸、复合纸、编织袋包装。袋上应标明:厂名、产品名称、商标、净重、等级和批量编号。

(2)包装质量及偏差。生石灰粉:每袋净重分(40±1)kg和(50±1)kg两种。

消石灰粉:每袋净重分(20±0.5)kg和(40±1)kg两种。

(3)贮存及运输贮存:应分类、分等贮存在干燥的仓库内。不宜长期存放。生石灰应与可燃物及有机物隔离保管,以免腐蚀或引起火灾。

运输:在运输中不准与易燃、易爆及液态物品同时装运,运输时要采取防水措施。

(4)质量证明书。每批产品出厂时应向用户提供质量证明书,注明:厂名、商标、产品名称、等级、试验结果、批量编号、出厂日期、标准编号及使用说明。

(5)保管。

1)磨细生石灰及质量要求严格的块灰,最好存放在地基干燥的仓库内。仓库门窗应密闭,屋面不得漏水,灰堆必须与墙壁距离70mm。

2)生石灰露天存放时,存放期不宜过长,地基必须干燥、不积水,石灰应尽量堆高。为防止水分及空气渗入灰堆内部,可于灰堆表面洒水拍实,使表面结成硬壳,以防损失。

3)直接运到现场使用的生石灰,最好立即进行熟化,过淋处理后,存放在淋灰池内,并用草席等遮盖,冬天应注意防冻。

4)生石灰应与可燃物及有机物隔离保管,以免腐蚀或引起火灾。

第四章　混凝土及砂浆

第一节　混凝土的分类及性能

凡由胶凝材料、水和粗细骨料(必要时掺入混合材或外加剂)按适当比例拌和成型并经养护制成的人造石材,称为混凝土。

一、混凝土的分类

混凝土品种繁多,分类方法各异。通常有以下几种分类:

(1)按表观密度分。

特重混凝土:干表观密度大于 2700kg/m^3。

重混凝土:干表观密度为 1900~2500kg/m^3。

轻混凝土:干表观密度小于 1900kg/m^3,又分为轻骨料混凝土(干表观密度为 800~1900kg/m^3。采用轻骨料如浮石、火山灰渣、膨胀珍珠岩等制成的混凝土)、多孔混凝土(干表观密度 300~1200kg/m^3,如加气混凝土及泡沫混凝土等)、大孔混凝土(在混凝土组成中不加或少加细骨料制成的混凝土)。

(2)按所用胶凝材料分。混凝土按所用胶凝材料可分为水泥混凝土、沥青混凝土、树脂混凝土、聚合物水泥混凝土、水玻璃混凝土、石膏混凝土、硅酸盐混凝土、铝酸盐水泥混凝土、硫磺混凝土等。其中使用最多的是以水泥为胶结材料的水泥混凝土,它是当今世界使用最广泛、用量最大的结构材料。

(3)按施工工艺分。混凝土按施工工艺可分为泵送混凝土、预拌混凝土(商品混凝土)、喷射混凝土、压力灌浆混凝土(预填骨料混凝土)、造壳混凝土(裹砂混凝土)、离心混凝土、振实挤压混凝土、真空混凝土、热拌混凝土、太阳能养护混凝土等多种。

(4)按性能和用途分。混凝土按性能和用途分为:结构混凝土、耐热混凝土、耐火混凝土、不发火混凝土、防水混凝土、绝热混凝土、耐油混凝土、耐酸混凝土、耐碱混凝土、防护混凝土、补偿收缩混凝土、装饰混凝土、道路混凝土、水下浇筑混凝土等多种。

(5)按掺合料分。混凝土按掺合料可分为粉煤灰混凝土、硅灰混凝土、碱矿渣混凝土、纤维混凝土等多种。

(6)按流动性(稠度)分。混凝土按流动性(稠度)分为:干硬性混凝土、塑性混凝土、流动性混凝土、大流动性混凝土。

(7)按配筋情况分。按配筋情况混凝土可分为素混凝土、钢筋混凝土、劲性混凝土、纤维混凝土、预应力混凝土等。

另外，混凝土按每 $1m^3$ 中的水泥用量(C)分为贫混凝土($C \leqslant 170kg$)和富混凝土($C \geqslant 230kg$)；按抗压强度(f_{cu})大小可分低强混凝土($f_{cu} < 30MPa$)、中强混凝土($f_{cu} = 30 \sim 60MPa$)、高强混凝土($f_{cu} > 60MPa$)和超高强混凝土($f_{cu} \geqslant 100MPa$)等。

二、混凝土结构优缺点

1. 普通混凝土的优点

由于普通混凝土具有优越的技术性能和经济性能，因此，在水利水电工程中能得到广泛的应用。

(1)原材料丰富，造价低廉。混凝土中砂、石骨料约占 80%，而砂、石材料资源丰富，可就地取材，造价低廉。

(2)混凝土拌和物有良好的可塑性。混凝土未凝结硬化前，可利用模板浇灌成任何形状及尺寸的整体结构或构件。

(3)性能可以调整。通过改变混凝土组成材料的品种及比例，可制得不同物理力学性能的混凝土，来满足各种工程的不同需要。

(4)与钢筋有牢固的黏结力。混凝土与钢筋的线膨胀系数基本相同，二者复合成钢筋混凝土后，能保证共同工作，从而大大扩展了混凝土的应用范围。

(5)良好的耐久性。配制合理的混凝土，具有良好的抗冻、抗渗、抗风化及耐腐蚀等性能，比木材、钢材等材料耐久，维护费用低。

(6)生产能耗较低。混凝土生产能耗远小于烧土制品及金属材料。

2. 普通混凝土的缺点

(1)自重大，比强度(强度与表观密度之比)小。每 $1m^3$ 普通混凝土重达 2400kg 左右，致使在建筑工程中形成肥梁胖柱、厚基础，对高层、大跨度建筑不利。

(2)抗拉强度低。一般其抗拉强度为抗压强度的 1/20～1/10，因此受拉时易产生脆性破坏。

(3)导热系数大。普通混凝土导热系数为 1.40W/(m·k)，为红砖的两倍，故保温隔热性能差。

(4)硬化较慢，生产周期长。在标准条件下养护 28d 后，混凝土强度增长才趋于稳定，在自然条件下养护的混凝土预制构件，一般要养护 7～14d 方可投入使用。

三、混凝土的性能

混凝土的性能包括两部分：一是混凝土硬化之前的性能，主要有和易性；一是混凝土硬化之后的性能，包括强度、变形性能、耐久性等。

1. 混凝土拌和物的和易性

由水泥、砂、石子、水、掺合料和外加剂拌和而成的尚未凝固时的拌和物，称为混凝土拌和物，又称新拌混凝土。

(1)和易性的概念。和易性指混凝土拌和物在拌和、运输、浇筑、振捣等过程中,不发生分层、离析、泌水等现象,并获得质量均匀、密实的混凝土的性能。和易性反映混凝土拌和物拌和均匀后,在各施工环节中各组成材料能较好地一起流动的特性,是一项综合技术性能,包括流动性,黏聚性和保水性。

1)流动性是指混凝土拌和物在自重或外力作用下,能产生流动,并均匀密实地填满模板的性能。

2)黏聚性是指混凝土拌和物在施工过程中其组成材料之间有一定的黏聚力,不致产生分层和离析的性能。

3)保水性是指混凝土拌和物在施工过程中,具有一定的保水能力,不致产生严重泌水的性能。

混凝土拌和物的流动性、黏聚性和保水性,三者是相互联系又是相互矛盾的,当流动性大时,往往黏聚性和保水性差,反之亦然。因此,和易性良好就是要使这三方面的性质达到良好的统一。

简单地说,和易性是反映混凝土拌和物能流动但组分间又不分离的性能。

(2)和易性的测定和选择。混凝土拌和物的流动性可采取坍落度法和维勃稠度法测定。对于流动性大的塑性混凝土用坍落度法测定,坍落值小于10mm的干硬性混凝土拌和物采用维勃稠度法测定。然后再根据流动性经验观察、评定黏聚性和保水性,来最终确定和易性好坏。

混凝土拌和物根据其坍落度大小分为四级,详见表4-1。

表4-1　　混凝土坍落度分级

名　称	低塑性混凝土	塑性混凝土	流动性混凝土	大流动性混凝土
坍落度(mm)	10～40	50～90	100～150	≥160

《混凝土质量控制标准》(GB 50164—1992)规定:混凝土拌和物维勃稠度分为4级,详见表4-2。

表4-2　　混凝土维勃稠度分级

名称	超干硬性混凝土	特干硬性混凝土	干硬性混凝土	半干硬性混凝土
维勃稠度(s)	>31	30～21	20～11	10～5

选择混凝土拌和物的坍落度时,要根据构件截面大小、钢筋疏密和捣实方法来确定。当构件截面尺寸较小或钢筋较密或采用人工振捣时,坍落度可选择大些;反之,如构件截面尺寸较大,或钢筋较疏或采用振捣器振捣时,坍落度可选择小些。具体数值可参考表4-3所规定的坍落度值选用。

表 4-3　　混凝土浇筑时的坍落度

项次	结构种类	坍落度(mm)
1	基础或地面等的垫层 无配筋的厚大结构(挡土墙、基础或厚大的块体等)或配筋稀疏的结构	10～30
2	板、梁和大型及中型截面的柱子等	30～50
3	配筋密列的结构(薄壁、斗仓、筒仓、细柱等)	50～70
4	配筋特密的结构	70～90

注:本表系指采用机械振捣的坍落度,采用人工捣实时可适当增大。

(3)影响和易性的主要因素。

1)水泥浆数量和水灰比的影响。混凝土拌和物要产生流动必须克服其内部的阻力,拌和物内的阻力主要来自两个方面,一是骨料间的摩擦阻力,一是水泥浆的黏聚力。

骨料间摩擦阻力的大小主要取决于骨料颗粒表面水泥浆的厚度,即水泥浆数量的多少。在水灰比(水与胶凝材料重量之比)不变的情况下,单位体积拌和物内,水泥浆数量愈多,拌和物的流动性愈大。但若水泥浆过多,将会出现流浆现象;若水泥浆过少,则骨料之间缺少黏结拌和物质,易使拌和物发生离析和崩坍。

水泥浆黏聚力大小主要取决于水灰比。在水泥用量、骨料用量均不变的情况下,水灰比增大即增大水的用量,拌和物流动性增大;反之则减小。但水灰比过大,会造成拌和物黏聚性和保水性不良;水灰比过小,会使拌和物流动性过低。

总之,无论是水泥浆数量的影响还是水灰比的影响,实际上都是用水量的影响。因此,影响混凝土和易性的决定性因素是混凝土单位体积用水量的多少。实践证明,在配制混凝土时,当所用粗、细骨料的种类及比例一定时,如果单位用水量一定,即使水泥用量有所变动($1m^3$ 混凝土水泥用量增减 50～100kg)时,混凝土的流动性大体保持不变,这一规律称为恒定需水量法则。这一法则意味着如果其他条件不变,即使水泥用量有某种程度的变化,对混凝土的流动性影响不大,运用于配合比设计,就是通过固定单位用水量,变化水灰比,得到既满足拌和物和易性要求,又满足混凝土强度要求的混凝土。

2)砂率的影响。砂率是指混凝土中砂的重量占砂、石重量的百分比,即:

$$砂率=\frac{砂重}{砂重+石重}\times100\% \tag{4-1}$$

砂率大小的确定原则是:砂子填充满石子的空隙并略有富余。富余的砂子在粗骨料之间起滚珠作用,减少了粗骨料之间的摩擦力,所以砂率在一定范围内增大,混凝土拌和物的流动性提高。另一方面,在砂率增大的同时,骨料的总表面积必随之增大,润湿骨料的水分需增多,在单位用水量一定的条件下,混凝土拌和物的流动性降低，所以当砂率增大超过一定范围后，流动性反而随砂率增加而降低。另外，砂率过小，砂浆不能够包裹石子表面、不能填充满石子间隙，使拌和物黏聚性和保水性变差，产生离析、流浆等现象。

由此可见，在配制混凝土时，砂率不能过大，也不能过小，应选择合理砂率。合理砂率是指在用水量及水泥用量一定的情况下，能使混凝土拌和物获得最大的流动性，且能保持黏聚性及保水性能良好时的砂率值。合理砂率可参照表 4-4 来选取。

表 4-4　　混凝土砂率选用表　　（单位：%）

水灰比	卵石最大粒径(mm)			碎石最大粒径(mm)		
	10	20	40	16	20	40
0.40	26～32	25～31	24～30	30～35	29～34	27～32
0.50	30～35	29～34	28～33	33～38	32～37	30～35
0.60	33～38	32～37	31～36	36～41	35～40	33～38
0.70	36～41	35～40	34～39	39～44	38～43	36～41

注：1. 本表数值系中砂的选用砂率，对细砂或粗砂，可相应的减少或增大砂率。
2. 只用一个单粒级粗骨料配制混凝土时，砂率应适当增大。
3. 对薄壁构件砂率取偏大值。
4. 本表中的砂率系指砂与骨料总量的重量比。
5. 本表适用于坍落度 10～60mm 的混凝土。

3)组成材料性质的影响。

①水泥。水泥对拌和物和易性的影响主要是水泥品种和水泥细度的影响。需水量大的水泥比需水量小的水泥配制的拌和物，在其他条件相同的情况下，流动性要小。如矿渣水泥或火山灰水泥拌制的混凝土拌和物，其流动性比用普通水泥时为小，另外，矿渣水泥易泌水。水泥颗粒越细，总表面积越大，润湿颗粒表面及吸附在颗粒表面的水越多，在其他条件相同的情况下，拌和物的流动性变小。

②骨料。骨料对拌和物和易性的影响主要是骨料总表面积、骨料的空隙率和骨料间摩擦力大小的影响，具体地说，是骨料级配、颗粒形状、表面特征及粒径的影响。一般说来，级配好的骨料，其拌和物流动性较大，黏聚性与保水性较好；表面光滑的骨料，如河砂、卵石，其拌和物流动性较大；骨料的粒径增大，总表面积减小，拌和物流动性就增大。

③外加剂。混凝土拌和物中掺入减水剂或引气剂，拌和物的流动性明显增大，引气剂还可有效改善混凝土拌和物的黏聚性和保水性。

4)温度和时间的影响。混凝土拌和物的流动性随温度的升高而降低，据测定，温度每增高 10℃，拌和物的坍落度约减小 20～40mm，这是由于温度升高，水泥水化速度加快，增加水分的蒸发造成的。

混凝土拌和物随时间的延长而变干稠，流动性降低，这是由于拌和物中一些水分被骨料吸收，一些水分蒸发，一些水分与水泥水化反应变成水化产物结合水。

2. 混凝土的强度

混凝土强度包括抗压强度、抗拉强度、抗弯强度、抗剪强度和与钢筋的黏结拌和强度等。其中抗压强度最大，约为抗拉强度的 10～20 倍，工程上大部分都采用混凝土的立方体抗压强度作为设计依据，也是施工中控制评定混凝土质量的主要指标。

(1)混凝土立方体抗压强度。根据国家标准《混凝土结构设计规范》(GB 50010—2002)规定，制作边长为 150mm 的立方体试件为标准试件，按标准的方法成型，在标准条件下[温度(20±3)℃，相对湿度>90%]，养护到 28d 龄期，用标准的试验方法测得的极限抗压强度，称为混凝土标准立方体抗压强度。在立方体极限抗压强度总体分布中，具有 95%保证率的抗压强度，称为立方体抗压强度标准值，用 $f_{cu,k}$ 表示。

为了能测定混凝土实际达到的强度，常将混凝土试件放在与工程使用相同的条件下进行养护，然后再按所需要的龄期进行试验，测得立方体试件抗压强度值，作为工程混凝土质量控制和质量评定的主要依据。

混凝土的强度等级按立方体抗压强度标准值确定，采用 C 与立方体抗压强度标准值(单位为 MPa)表示，共分 14 个强度等级，它们是 C15、C20、C25、C30、C35、C40、C45、C50、C55、C60、C65、C70、C75 和 C80。例如，C40 表示混凝土立方体抗压强度标准值为 40MPa，说明混凝土立方体抗压强度大于 40MPa 的概率为 95%以上。

测定混凝土立方体抗压强度时，可以根据混凝土中粗骨料最大粒径按表 4-5 的规定选用不同尺寸的试块。

表 4-5 中边长为 150mm 的试块为标准试块，其余两种规格的试块为非标准试块。当采用非标准尺寸的试块测定强度时，必须向标准试块折算，折算成标准试块强度值，应乘的折算系数见表 4-6。

表 4-5　　混凝土试块尺寸的选择

粗骨料最大粒径(mm)	试块尺寸(mm)
≤31.5	100×100×100
40	150×150×150
60	200×200×200

表 4-6　　试块尺寸的折算系数

试块尺寸(mm)	折算系数
100×100×100	0.95
150×150×150	1.00
200×200×200	1.05

混凝土强度等级的选用应根据工程设计时的建筑部位及承受载荷的情况确定：

1)C15 用于垫层、基础、地面及受力不大的结构。

2)C20～C30 用于梁、板、柱、楼梯和屋架等普通钢筋混凝土结构。

3)C30 以上用于大跨度结构、预应力混凝土结构、吊车梁及特种结构。

4)采用钢丝、钢绞线、热处理钢筋作预应力钢筋时，混凝土强度等级不宜低于 C40。

混凝土强度等级是混凝土结构设计时强度计算取值的依据，同时又是混凝土施工中控制工程质量和工程验收时的重要根据。

(2)混凝土轴心抗压强度。混凝土强度等级是根据立方体试件确定的，但在钢筋混凝土结构设计计算中，考虑到混凝土构件的实际受力状态，计算轴心受压构件时，常以轴心抗压强度作为依据。将混凝土制成 150mm×150mm×300mm 的标准试件，在标准温度、标准湿度养护 28d 的条件下，测试件的抗压强度值，即为混凝土的轴心抗压强度。

混凝土轴心抗压强度与立方体抗压强度之比约为 0.7～0.8。

(3)混凝土抗拉强度。混凝土抗拉强度对混凝土的开裂控制起着重要作用，在结构设计中，抗拉强度是确定混凝土抗裂度的重要指标。

抗拉强度一般以劈拉试验法间接取得。

混凝土劈裂抗拉强度应按下式计算：

$$f_{ts} = 2P/(\pi A) = 0.637P/A \tag{4-2}$$

式中　f_{ts}——混凝土劈裂抗拉强度(MPa)；

P——破坏荷载(N)；

A——试件劈裂面积(mm^2)。

(4)混凝土抗弯强度。在道路等设计和施工中，抗弯强度是一项很重要的技术指标。混凝土的抗弯强度试验是以标准方法制备成 150mm×150mm×550mm 的梁形试件，在标准条件下养护 28d 后，按三分点加荷，测定其抗弯强度 f_{cf}，按下式计算：

$$f_{cf} = PL/(bh^2) \tag{4-3}$$

式中　f_{cf}——混凝土抗弯强度(MPa)；

P——破坏荷载(N)；

L——支座间距(mm)；

b——试件截面宽度(mm)；

h——试件截面高度(mm)。

(5)影响强度的因素。

1)水泥强度和水灰比。混凝土的强度主要取决于水泥石的强度及其与骨料间的黏结力，两者都随水泥强度和水灰比而变。水灰比是混凝土中用水量与用灰(水泥)量的重量比，其倒数称为灰水比，是配制混凝土的重要参数。水灰比较小，混凝土中所加水分除去与水泥化合之后剩余的游离水较少，组成的水泥石中水泡及气泡较少，混凝土内部结构密实，孔隙率小，强度较高；反之，水灰比较大时，在水泥石中存在较多较大的水孔或气孔，在骨料表面(特别是底面)常有水囊或水槽孔道，不仅减小受力截面，而且在孔的附近以及骨料与水泥石的界面上产生应力集中或局部减弱，使混凝土的强度明显下降。

大量试验证明，在材料条件相同的情况下，混凝土强度随水灰比的增大而呈有规律下降的曲线关系[图 4-1(a)]。在常用的水灰比范围内(0.30～0.80)，混凝土的强度与水泥强度和灰水比呈直线关系[图 4-1(b)]，可用直线型经验公式表示：

$$R_{28} = AR_{C}\left(\frac{C}{W} - B\right) \tag{4-4}$$

式中　R_{28}——混凝土 28d 龄期的抗压强度(MPa)；

R_{C}——水泥的实际强度；

$\frac{C}{W}$——灰水比；

A、B——经验系数，与骨料品种、水泥品种及质量等因素有关。通常，卵石混凝土，$A=0.48$，$B=0.61$；碎石混凝土，$A=0.46$，$B=0.52$。

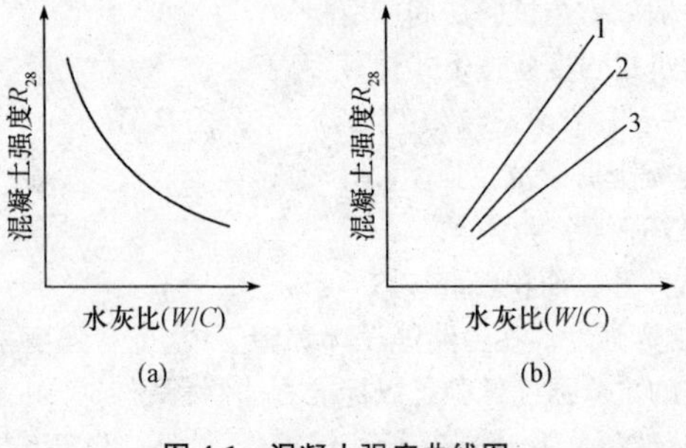

图 4-1　混凝土强度曲线图

1—高强度等级水泥；2—中强度等级水泥；3—低强度等级水泥

上式一般适用于塑性及低流动性混凝土，各地区原材料或工艺制度不同时，A、B 值常有变化。

2)骨料质量的影响。骨料本身强度一般都比水泥石的强度高(轻骨料除外)，所以不直接影响混凝土的强度；但若使用低强度或风化岩石、含薄片石较多的劣质骨料时，会使混凝土的强度降低。表面粗糙并富有棱角的碎石，因与水泥的黏结力较强，所配制的混凝土强度较高。

3)养护条件(温度和湿度)的影响。当周围环境的温度较高时，新拌或早期混凝土中的水泥水化作用加速，混凝土强度发展较快，反之温度较低，强度发展就慢。当温度降至零摄氏度以下，混凝土强度中止发展，甚至因受冻而破坏。周围环境干燥或者有风，则混凝土失水干燥，强度停止发展，而且因水化作用未能充分完成，造成混凝土内部结构疏松，甚至在表面出现干缩裂缝，对耐久性和强度发展均不利。为保证混凝土在浇筑成型后正常硬化，应按有关规定及要求，对混凝土表面进行覆盖，及时浇水养护，在一定的时间内保持足够的湿润状态。混凝土强度与保持潮湿时间的关系如图 4-2 所示。

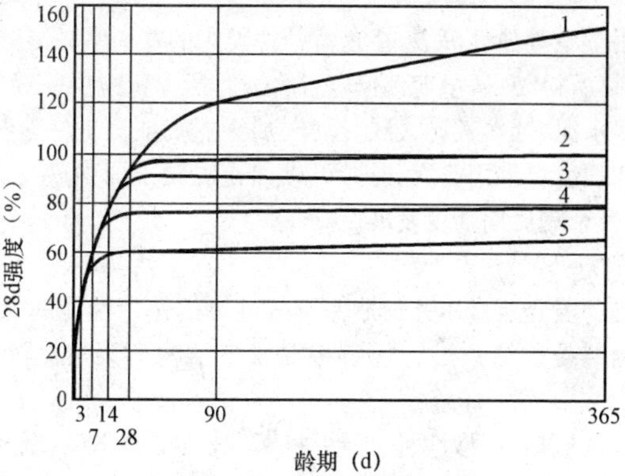

图 4-2　混凝土强度与保持潮湿时间的关系

1—长期保持潮湿；2—保持潮湿 14d；3—保持潮湿 7d；
4—保持潮湿 3d；5—保持潮湿 1d

4)强度与养护龄期的关系。混凝土在正常养护条件下，强度在最初几天内发展较快，以后逐渐变慢，增长过程可延续数十年之久。混凝土强度随龄期而增长的曲线如图 4-3 所示。

实践证明，混凝土在龄期为 3～6 个月时，其强度可较 28d 时高出 25%～50%。若建筑物的某个部位在 6 个月以后才能满载使用，则该部位混凝土的设计强度可适当调整。水工混凝土由于施工期长，设计强度以 90d 强度确定，与一般建筑用混凝土(以 28d 强度确定)相比，可节约水泥。

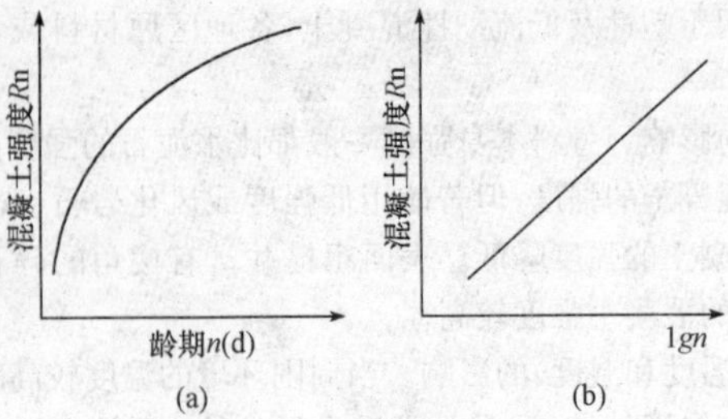

图 4-3 混凝土强度增长曲线

在实际工作中常需要根据混凝土早期强度推算后期强度，常用的简易式为：

$$R_n = R_a \frac{\lg n}{\lg a} \tag{4-5}$$

式中 R_n——n 天龄期时的混凝土强度，$n \geqslant 3$；

R_a——a 天龄期时的混凝土强度。

上式仅适用于中等强度等级，在正常条件硬化的普通水泥混凝土。与实际情况相比，公式推算所得结果，早期偏低，后期偏高，所以仅能供一般参考。

采用高强度水泥、低水灰比、强制搅拌、加压振捣或其他综合措施，可提高混凝土的密实度和强度。采用蒸汽养护，可以加速混凝土的强度发展，但需消耗较多热能和劳力，且影响后期强度发展。

3. 混凝土的耐久性

混凝土抵抗环境介质作用并长期保持其良好的使用性能的能力称为混凝土的耐久性。我国混凝土结构设计规范将混凝土结构耐久性设计作为一项重要内容。

混凝土耐久性包括：抗渗性、抗冻性、抗腐蚀性、抗碳化性、碱-骨料反应干缩，耐磨性等。

(1)抗渗性。抗渗性是指混凝土抵抗水、油等流体在压力作用下渗透的性能。抗掺性是混凝土一项重要性质，它直接影响混凝土的抗侵蚀性和抗冻性。

我国采用抗渗等级表示混凝土的抗渗性。抗渗等级按标准试验方法进行试验，用每组 6 个试件中 4 件未出现渗水时的最大水压力来表示。分为 P4、P6、P8、P10、P12 五个等级。相应表示混凝土能抵抗 0.4MPa、0.6MPa、0.8MPa、1.0MPa、1.2MPa 的水压而不渗透。影响混凝土抗渗性的因素有：

1)水灰比：抗渗性随水灰比的增加而下降。

2)骨料的最大粒径：骨料最大粒径越大，抗渗性越差。

3)水泥的品种：水泥细度越大，抗渗性越好。

4)养护条件：蒸汽养护的混凝土较潮湿养护的混凝土抗渗性差。

5)外加剂:在混凝土中掺入减水剂可减少水灰比,掺入引气剂可提高抗渗性。

6)掺合料:在混凝土中掺入掺合料,可提高密实度,因而可提高抗渗性。

提高混凝土抗渗性的根本措施是增强混凝土的密实度。

(2)抗冻性。抗冻性是指混凝土在水饱和状态下能经受多次冻融循环而不破坏,且也不严重降低强度的性能。

混凝土抗冻性一般以抗冻等级表示。抗冻等级是采用龄期 28d 的试块在吸水饱和后,承受反复冻融,以抗压强度下降不超过 25%,而且质量损失不超过 5%时所能承受的最大冻融循环次数来确定的。

《混凝土质量控制标准》(GB 50164—1992)将混凝土划分为以下抗冻等级:F10、F15、F25、F50、F100、F150、F200、F250、F300,分别表示混凝土能承受反复冻融循环次数为 10、15、25、50、100、150、200、250 和 300 次。

混凝土的密实度和孔隙特征是决定其抗冻的重要因素,提高混凝土抗冻性的有效方法是掺用引气剂,但引气剂的量以 4%~6%为宜。还可掺用减水剂和防冻剂。

(3)抗腐蚀性。抗腐蚀性是指混凝土在含有侵蚀性介质环境中遭受到化学侵蚀、物理作用不破坏的能力。混凝土的抗侵蚀性主要取决于水泥的抗侵蚀性。

混凝土的抗腐蚀性与所用水泥品种、混凝土密实度和孔隙特征有关。提高混凝土抗蚀性的措施,主要是合理选择水泥品种、降低水灰比、改善孔隙结构等。

(4)抗碳化性。抗碳化性是指混凝土能够抵抗空气中的二氧化碳与水泥石中氢氧化钙作用,生成碳酸钙和水的能力。碳化又叫中性化。碳化使混凝土的碱度降低,导致钢筋锈蚀。碳化还将显著地增加混凝土的收缩,使混凝土的抗压和抗拉强度降低。影响混凝土抗碳化性的因素有:环境条件包括二氧化碳的浓度和相对湿度。二氧化碳浓度高,碳化速度高。相对湿度在 50%时碳化最快。其他因素还有水泥品种、水灰比、外加剂及施工、养护条件等。

(5)混凝土的碱-骨料反应。混凝土碱-骨料反应是指混凝土内水泥中的碱($Na_2O+0.658K_2O$)与骨料中的活性 SiO_2 反应,生成碱-硅酸凝胶(Na_2SiO_3),并从周围介质中吸收水分而膨胀,导致混凝土开裂破坏的现象。

混凝土发生碱-骨料反应必须具备以下三个条件:

1)水泥中碱含量大于 0.6%;

2)活性骨料占骨料总量的比例大于 1%(目前已被确定的活性骨料有安山石、蛋白石、方石英等);

3)充分的水存在。

但是具备了上述三个条件并不一定都会发生膨胀破坏,此时必须做砂浆或混凝土试验,以鉴别有无膨胀开裂现象。

碱-骨料反应很慢,其引起的破坏往往经过若干年后才会出现。当确认骨料中含有活性 SiO_2 又非用不可时,可采用碱含量小于 0.6%的水泥;

(6)干缩。混凝土因毛细孔和凝胶体中水分蒸发与散失而引起的体积缩小称为干缩,当干缩受到限制时,混凝土会出现干缩裂缝而影响耐久性。在一般工程设计中,采用的混凝土线收缩量为 0.00015～0.0002。混凝土收缩过大,会引起变形开裂,缩短使用寿命,因而在可能条件下,应尽量降低水灰比,减少水泥用量,正确选用水泥品种,采用洁净的砂石骨料,并加强早期养护。

(7)耐磨性。混凝土抵抗机械磨损的能力称为耐磨性,它与混凝土强度有密切的关系。提高水泥熟料中硅酸三钙和铁铝酸四钙的含量,提高石子的硬度,有利于混凝土的耐磨性。对一般有耐磨性要求的混凝土,其强度等级应在 C20 级以上,而耐磨性要求较高时应采用不低于 C30 的混凝土,并把表面做得平整光滑;对于磨损比较严重的部位,则应采用环氧砂浆、环氧混凝土、钢纤维混凝土、钢屑混凝土或聚合物浸渍混凝土等做成耐冲磨的面层;对煤仓或矿石料斗等则需用铸石镶砌。

第二节　骨　　料

一、骨料的定义与分类

骨料是砂浆及混凝土的主要组成材料之一,约占混凝土体积的 70%。起骨架及减小由于胶凝材料在凝结硬化过程中干缩湿涨所引起体积变化等作用,同时还可作为胶凝材料的廉价填充料。在水利水电工程中骨料有砂、卵石、碎石、煤渣(灰)等。

骨料按颗粒尺寸,分为粗细两类。料径 0.16～5.0mm 的称为细骨料;粒径 5.0mm 以上的称为粗骨料。按密度和性质可分为重骨料、普通骨料、轻骨料、特种骨料等,见表 4-7。

表 4-7　　混凝土骨料的分类

类别	用途	举例
重骨料(相对密度 3.75～7.78)	用于配制重砂浆或重混凝土用的骨料,能屏蔽 α、β、γ、x 射线和中子的辐射,是原子能反应堆、粒子加速器及其他含放射源构筑物的廉价屏蔽材料	褐铁矿石、赤铁矿石、磁铁矿石、硼镁铁矿石、重晶石、钢段、铸铁块、钢铁废屑等
普通骨料(相对密度 2.50～2.70)	主要为普通混凝土和普通砂浆用的骨料,用于配制一般工业与民用建筑和构筑物用的混凝土,其他混凝土(如水工混凝土、道路混凝土、聚合物混凝土等)也可参照使用	常用的碎石、卵石、碎卵石和普通河砂、破碎砂等

续表

类　别	用　途	举　例
轻骨料(堆积密度小于 $1000kg/m^3$)	用于配制轻骨料混凝土，生产工业与民用建筑的围护结构及承重结构构件或现浇轻骨料混凝土结构	(1)人造轻骨料:黏土陶粒、页岩陶粒及膨胀珍珠岩等 (2)工业废料轻骨料:炉渣、矿渣、膨胀矿渣珠等 (3)天然轻骨料:浮石、火山渣等
特种骨料(相对密度2.30～3.50)	用于配制特种混凝土的骨料，可分为: (1)耐酸骨料:配制耐酸混凝土，能抵抗酸性介质的侵蚀，耐酸率≥94% (2)耐碱骨料:配制耐碱混凝土，能抵抗碱性介质的侵蚀，耐碱率≥90% (3)耐火骨料:配制耐火混凝土，能经受高温作用的，要求骨料耐火度>1600℃;耐热用的，要求骨料耐火度>1200℃	(1)耐酸骨料:石灰石、花岗石、氟石、重晶石、安山岩、辉绿岩等 (2)耐碱骨料:石灰岩、白云岩、花岗石、辉绿岩等 (3)耐火骨料:高温用的高铝矾土熟料、焦宝石熟料、叶蜡石、镁砂、硅石等;耐热用的为各种轻骨料等

二、细骨粒(砂)

1. 砂的分类

砂的粗细程度按细度模数 μ_f 分为粗、中、细、特细四级。

(1)粗砂:$\mu_f=3.7\sim3.1$

(2)中砂:$\mu_f=3.0\sim2.3$

(3)细砂:$\mu_f=2.2\sim1.6$

(4)特细砂:$\mu_f=1.5\sim0.7$

2. 砂的技术要求

(1)砂的公称粒径及砂筛尺寸。砂筛应采用方孔筛，其尺寸要求应符合表4-8的规定。

表4-8　砂的公称粒径、砂筛筛孔的公称直径和孔边长尺寸

砂的公称粒径	砂筛筛孔的公称直径	方孔筛筛孔边长
5.00mm	5.00mm	4.75mm
2.50mm	2.50mm	2.35mm
1.25mm	1.25mm	1.18mm

续表

砂的公称粒径	砂筛筛孔的公称直径	方孔筛筛孔边长
630μm	630μm	600μm
315μm	315μm	300μm
160μm	160μm	150μm
80μm	80μm	75μm

(2)颗粒级配。除特细砂外，按公称直径 630μm 筛孔的累计筛余量，砂的颗粒级配可分成三个级配区，见表 4-9。砂的颗粒级配应处于表 4-9 中的任何一个区以内，实际颗粒级配与表 4-9 中所列的累计筛余相比，除 5.00mm 和 630μm 外，其余公称粒径的累计筛余可稍超出分界线，但总超出量不应大于 5%。

表 4-9　砂颗粒级配区

累计筛余(%) 级配区 / 公称粒径	Ⅰ区	Ⅱ区	Ⅲ区
5.00mm	10～0	10～0	10～0
2.50mm	35～5	25～0	15～0
1.25mm	65～35	50～10	25～0
630μm	85～71	70～41	40～16
315μm	95～80	92～70	85～55
160μm	100～90	100～90	100～90

配制混凝土宜优先选用Ⅱ区砂。当采用Ⅰ区砂时，应提高砂率，并保持足够的水泥用量，以保证混凝土的和易性；当采用Ⅲ区砂时，宜适当降低砂率；当采用特细砂时，应符合相应的规定。配制泵送混凝土，宜选用中砂。

当天然砂的实际颗粒级配不符合要求时，宜采取相应措施并经试验证明能确保工程质量，方允许使用。

(3)天然砂中的含泥量应符合表 4-10 的规定。有抗冻、抗渗或其他特殊要求的不大于 C25 的混凝土用砂，其含泥量不应大于 3.0%。

表 4-10　天然砂中含泥量

混凝土强度等级	≥C60	C55～C30	≤C25
含泥量(按质量计，%)	≤2.0	≤3.0	≤5.0

(4)砂中泥块含量应符合表 4-11 的规定。有抗冻、抗渗或其他特殊要求的不大于 C25 的混凝土用砂,其泥块含量不应大于 1.0%。

表 4-11　　砂中泥块含量

混凝土强度等级	≥C60	C55～C30	≤C25
含泥量(按质量计,%)	≤0.5	≤1.0	≤2.0

(5)人工砂或混合砂中石粉含量应符合表 4-12 的规定。

表 4-12　　人工砂或混合砂中石粉含量

<table>
<tr><td colspan="2">混凝土强度等级</td><td>≥C60</td><td>C55～C30</td><td>≤C25</td></tr>
<tr><td rowspan="2">石粉含量(%)</td><td>MB<1.4(合格)</td><td>≤5.0</td><td>≤7.0</td><td>≤10.0</td></tr>
<tr><td>MB≥1.4(不合格)</td><td>≤2.0</td><td>≤3.0</td><td>≤5.0</td></tr>
</table>

(6)砂中有害物质的含量应符合表 4-13 的规定。有抗冻、抗渗要求的混凝土用砂,云母含量不应大于 1.0%。当砂中含有颗粒状的硫酸盐或硫化物杂质时,应进行专门检验确定能满足混凝土耐久性要求后,方可采用。

表 4-13　　砂中有害物质含量

项　　目	质量指标
云母含量(按质量计,%)	≤2.0
轻物质含量(按质量计,%)	≤1.0
硫化物及硫酸盐含量(折算成 SO_3 按质量计,%)	≤1.0
有机物含量(用比色法试验)	颜色不应深于标准色,当颜色深于标准色时,应按水泥胶砂强度试验方法进行强度对比试验,抗压强度比不应低于 0.95

(7)砂中氯离子的含量应符合表 4-14 的规定。

表 4-14　　砂中氯离子的含量

用　　途	氯离子含量
钢筋混凝土用砂	≤0.06%
预应力混凝土用砂	≤0.02%

(8)砂的坚固性应采用硫酸钠溶液检验,试样经 5 次循环后,质量损失应符合表 4-15 的规定。

表 4-15　　砂的坚固性指标

混凝土所处的环境条件及其性能要求	5 次循环后的质量损失(%)
在严寒及寒冷地区室外使用并经常处于潮湿或干湿交替状态下的混凝土 对于有抗疲劳、耐磨、抗冲击要求的混凝土 有腐蚀介质作用或经常处于水位变化区的地下结构混凝土	≤8
其他条件下使用的混凝土	≤10

三、粗骨料(石子)

1. 石子的分类

石子分为卵石和碎石。碎石比卵石干净,而且表面粗糙,颗粒富有棱角。与水泥石黏结拌和较牢。

天然卵石又分河卵石、海卵石和山卵石等。河卵石表面光滑、少棱角,较洁净,有的具有天然级配。而山卵石含杂物较多,使用前必须加以冲洗,故河卵石为最常用。

2. 石子的技术要求

(1)颗粒级配。碎石或卵石的颗粒级配见表 4-16。

表 4-16　　碎石和卵石的颗粒级配

方筛孔(mm) \ 公称粒径(mm)		2.36	4.75	9.50	16.0	19.0	26.5
		累计筛余(%)					
连续粒级	5～10	95～100	80～100	0～15	0		
	5～16	95～100	85～100	30～60	0～10	0	
	5～20	95～100	90～100	40～80	—	0～10	0
	5～25	95～100	90～100	—	30～70	—	0～5
	5～31.5	95～100	90～100	70～90	—	15～45	—
	5～40		95～100	70～90	—	30～65	—
单粒粒级	10～20		95～100	85～100		0～15	0
	16～31.5		95～100		85～100		
	20～40			95～100		80～100	
	31.5～63				95～100		
	40～80					95～100	

续表

累计筛余（%） 筛孔尺寸（圆孔筛）（mm） 公称粒径（mm）		31.5	37.5	53.0	63.0	75.0	90.0
连续粒级	5～10						
	5～16						
	5～20						
	5～25	0					
	5～31.5	0～5	0				
	5～40	—	0～5	0			
单粒粒级	10～20						
	16～31.5	0～10	0				
	20～40		0～10	0			
	31.5～63	75～100	45～75		0～10	0	
	40～80		70～100		30～60	0～10	0

(2)碎石、卵石中针、片状颗粒含量应符合表 4-17 的规定。

表 4-17　针、片状颗粒含量

混凝土强度等级	≥C60	C55～C30	≤C25
针、片状颗粒含量（按质量计，%）	≤8	≤15	≤25

(3)碎石或卵石中含泥量应符合表 4-18 的规定。对于有抗冻、抗渗或其他特殊要求的混凝土，其所用碎石或卵石中含泥量不应大于 1.0%。当碎石或卵石的含泥是非黏土质的石粉时，其含泥量可由表 4-18 的 0.5%、1.0%、2.0%，分别提高到 1.0%、1.5%、3.0%。

表 4-18　碎石或卵石中含泥量

混凝土强度等级	≥C60	C55～C30	≤C25
含泥量（按质量计，%）	≤0.5	≤1.0	≤2.0

(4)碎石或卵石中泥块含量应符合表 4-19 的规定。对于有抗冻、抗渗或其他

特殊要求的强度等级小于C30的混凝土，其所用碎石或卵石中泥块含量不应大于0.5%。

表4-19　碎石或卵石中泥块含量

混凝土强度等级	≥C60	C55～C30	≤C25
泥块含量(按质量计,%)	≤0.2	≤0.5	≤0.7

(5)碎石或卵石中的有害物质含量应符合表4-20的规定。

表4-20　碎石或卵石中的有害物质含量

项　目	质量要求
硫化物及硫酸盐含量(折算成SO_3,按质量计,%)	≤1.0
卵石中有机物含量(用比色法试验)	颜色应不深于标准色。当颜色深于标准色时,应配制成混凝土进行强度对比试验,抗压强度比应不低于0.95

当碎石或卵石中含有颗粒状硫酸盐或硫化物杂质时，应进行专门检验，确认能满足混凝土耐久性要求后，方可采用。

(6)碎石的压碎值指标宜符合表4-21的规定，卵石的压碎值指标宜符合表4-22的规定。

表4-21　碎石的压碎值指标

岩石品种	混凝土强度等级	碎石压碎值指标(%)
沉积岩	C60～C40	≤10
	≤C35	≤16
变质岩或深成的火成岩	C60～C40	≤12
	≤C35	≤20
喷出的火成岩	C60～C40	≤13
	≤C35	≤30

表4-22　卵石的压碎值指标

混凝土强度等级	C60～C40	≤C35
压碎值指标(%)	≤12	≤16

(7)碎石或卵石的坚固性应用硫酸钠溶液法检验，试样经5次循环后，其质量损失应符合表4-23的规定。

表4-23　碎石或卵石的坚固性指标

混凝土所处的环境条件及其性能要求	5次循环后的质量损失(%)
在严寒及寒冷地区室外使用，并经常处于潮湿或干湿交替状态下的混凝土；有腐蚀性介质作用或经常处于水位变化区的地下结构或有抗疲劳、耐磨、抗冲击等要求的混凝土	≤8
在其他条件下使用的混凝土	≤12

四、轻骨料

堆积密度不大于1100kg/m³的轻粗骨料和堆积密度不大于1200 kg/m³的轻细骨料的总称。

1. 轻骨料的技术要求

(1)轻骨料的密度等级见表4-24所示。

表4-24　轻骨料混凝土及配筋轻骨料混凝土的密度标准值

密度等级	轻骨料混凝土干表观密度的变化范围(kg/m³)	密度标准值(kg/m³)	
		轻骨料混凝土	配筋轻骨料混凝土
1200	1160～1250	1250	1350
1300	1260～1350	1350	1450
1400	1360～1450	1450	1550
1500	1460～1550	1550	1650
1600	1560～1650	1650	1750
1700	1660～1750	1750	1850
1800	1760～1850	1850	1950
1900	1860～1950	1950	2050

注：1. 配筋轻骨料混凝土的密度标准值，也可根据实际配筋情况确定。

2. 对蒸养后即行起吊的预制构件，吊装验算时，其密度标准值应增加100kg/m³。

(2)轻骨料混凝土轴心抗压、轴心抗拉强度标准值，见表4-25。

表 4-25　　轻骨料混凝土的强度标准值　　(单位:N/mm^2)

强度种类	轻骨料混凝土强度等级									
	LC15	LC20	LC25	LC30	LC35	LC40	LC45	LC50	LC55	LC60
f_{ck}	10.0	13.4	16.7	20.1	23.4	26.8	29.6	32.4	35.5	38.5
f_{tk}	1.27	1.54	1.78	2.01	2.20	2.39	2.51	2.64	2.74	2.85

注:轴心抗拉强度标准值,对自燃煤矸石混凝土应按表中数值乘以系数 0.85,对火山渣混凝土应按表中数值乘以系数 0.80。

(3)轻骨料混凝土轴心抗压、轴心抗拉强度设计值,见表 4-26。

表 4-26　　轻骨料混凝土的强度设计值　　(单位:N/mm^2)

强度种类	轻骨料混凝土强度等级									
	LC15	LC20	LC25	LC30	LC35	LC40	LC45	LC50	LC55	LC60
f_c	7.2	9.6	11.9	14.3	16.7	19.1	21.1	23.1	25.3	27.5
f_t	0.91	1.10	1.27	1.43	1.57	1.71	1.80	1.89	1.96	2.04

注:1. 计算现浇钢筋轻骨料混凝土轴心受压及偏心受压构件时,如截面的长边或直径小于 300mm,则表中轻骨料混凝土的强度设计值应乘以系数 0.8;当构件质量(如混凝土成型、截面和轴线尺寸等)确有保证时,可不受此限。

2. 轴心抗拉强度设计值:用于承载能力极限状态计算时,对自燃煤矸石混凝土应按表中数值乘以系数 0.85,对火山渣混凝土应按表中数值乘以系数 0.80;用于构造计算时,应按表取值。

(4)轻骨料混凝土受压或受拉的弹性模量见表 4-27。

表 4-27　　轻骨料混凝土的弹性模量　　($\times 10^4 N/mm^2$)

强度等级	强度等级							
	1200	1300	1400	1500	1600	1700	1800	1900
LC15	0.94	1.02	1.10	1.17	1.25	1.33	1.41	1.49
LC20	1.08	1.17	1.26	1.36	1.45	1.54	1.63	1.72
LC25	—	1.31	1.41	1.52	1.62	1.72	1.82	1.92
LC30	—	—	1.55	1.66	1.77	1.88	1.99	2.10
LC35	—	—	—	1.79	1.91	2.03	2.15	2.27
LC40	—	—	—	—	2.04	2.17	2.30	2.43
LC45	—	—	—	—	—	2.30	2.44	2.57
LC50	—	—	—	—	—	2.43	2.57	2.71
LC55	—	—	—	—	—	—	2.70	2.85
LC60	—	—	—	—	—	—	2.82	2.97

2. 轻骨料的贮运、保存

轻骨料在运输与保管时不得受潮和混入杂物。不同种类和密度等级的轻骨料应分别贮运。

第三节　混凝土配合比设计

混凝土配合比是生产混凝土的重要技术参数，直接关系到混凝土的使用要求、质量和生产成本，是混凝土质量控制的重要环节。

混凝土配合比设计的主要依据：混凝土的强度等级、混凝土拌和物的质量、其他技术性能要求，如抗折性、抗冻性、抗渗性和抗侵蚀性等施工情况。

一、混凝土配合比设计中基本参数的选取

1. 每 1m³ 混凝土用水量的确定

(1)干硬性和塑性混凝土用水量的确定：

1)当水灰比在 0.4～0.8 范围时，根据粗骨料品种、粒径及施工要求的混凝土拌和物稠度，其用水量可按表 4-28 和表 4-29 选取。

表 4-28　干硬性混凝土的用水量　(单位：kg/m³)

拌和物稠度		卵石最大粒径(mm)			碎石最大粒径(mm)		
项目	指标	10	20	40	16	20	40
维勃稠度(s)	16～20	175	160	145	180	170	155
	11～15	180	165	150	185	175	160
	5～10	185	170	155	190	180	165

表 4-29　塑性混凝土的用水量　(单位：kg/m³)

拌和物稠度		卵石最大粒径(mm)				碎石最大粒径(mm)			
项目	指标	10	20	31.5	40	16	20	31.5	40
坍落度(mm)	10～30	190	170	160	150	200	185	175	165
	35～50	200	180	170	160	210	195	185	175
	55～70	210	190	180	170	220	205	195	185
	75～90	215	195	185	175	230	215	205	195

注：1. 本表用水量系采用中砂时的平均取值，采用细砂时，每立方米混凝土用水量可增加 5～10kg，采用粗砂时，则可减少 5～10kg；

2. 掺用各种外加剂或掺合料时，用水量应相应调整。

2)水灰比小于 0.4 的混凝土以及采用特殊成型工艺的混凝土用水量应通过

试验确定。

(2)流动性、大流动性混凝土的用水量应按下列步骤计算：

1)以表4-29中坍落度90mm的用水量为基础，按坍落度每增大20mm用水量增加5kg，计算出未掺外加剂时的混凝土用水量。

2)掺外加剂时的混凝土用水量可按下式计算：

$$m_{wa}=m_{wo}(1-\beta) \tag{4-6}$$

式中　m_{wa}——掺外加剂混凝土每1m³混凝土中的用水量(kg)；

m_{wo}——未掺外加剂混凝土每1m³混凝土中的用水量(kg)；

β——外加剂的减水率(%)

(3)外加剂的减水率β，经试验确定。

2. 混凝土砂率的确定

(1)坍落度小于或等于60mm，且等于或大于10mm的混凝土砂率，可根据粗骨料品种、粒径及水灰比按表4-30选取。

表4-30　混凝土的砂率

水灰比(W/C)	卵石最大粒径(mm)			碎石最大粒径(mm)		
	10	20	50	16	20	40
0.40	26～32	25～31	24～30	30～35	29～34	27～32
0.50	30～35	29～34	28～33	33～38	32～37	30～35
0.60	33～38	32～37	31～36	36～41	35～40	33～38
0.70	36～41	35～40	34～39	39～44	38～43	36～41

注：1. 本表数值系中砂的选用砂率，对细砂或粗砂，可相应的减小或增大砂率。

2. 只用一个单粒级粗骨料配制混凝土时，砂率应适当增大。

3. 对薄壁构件砂率取偏大值。

4. 本表中的砂率系指砂与骨料总量的重量比。

(2)坍落度等于或大于100mm的混凝土砂率，应在表4-30的基础上，按坍落度每增大20mm，砂率增大1%的幅度予以调整。

(3)坍落度大于60mm或小于10mm的混凝土及掺用外加剂和掺合料的混凝土，其砂率应经试验确定。

3. 其他应注意问题

(1)外加剂和掺合料的掺量应通过试验确定，并应符合国家现行标准《混凝土外加剂应用技术规范》(GB 50119—2003)和《粉煤灰在混凝土和砂浆中应用技术规程》(JGJ 28—1986)的规定。

(2)当进行混凝土配合比设计时，混凝土的最大水灰比和最小水泥用量，应符合表4-31的规定。

表 4-31 混凝土的最大水灰比和最小水泥用量

环境条件	结构物类别		最大水灰比值			最小水泥用量(kg)		
			素混凝土	钢筋混凝土	预应力混凝土	素混凝土	钢筋混凝土	预应力混凝土
干燥环境	正常的居住或办公用房屋内		不作规定	0.65	0.60	200	260	300
潮湿环境	无冻害	(1)高湿度的室内。(2)室外部件。(3)在非侵蚀性土和(或)水中的部件	0.70	0.60	0.60	225	280	300
潮湿环境	有冻害	(1)经受冻害的室外部件。(2)在非侵蚀性土和(或)水中且经受冻害的部件。(3)高湿度且经受冻害的室内部件	0.55	0.55	0.55	250	280	300
有冻害和除冰剂的潮湿环境	经受冻害和除冰剂作用的室内和室外部件		0.50	0.50	0.50	300	300	300

注:当用活性掺合料取代部分水泥时,表中的最大水灰比及最小水泥用量即为替代前的水灰比和水泥用量。

(3)长期处于潮湿和严寒环境中的混凝土,应掺用引气剂。引气剂的掺入量应根据混凝土的含气量确定,混凝土的最小含气量应符合表 4-32 的规定;混凝土的含气量亦不宜超过 7%。混凝土中的粗骨料和细骨料应作坚固性试验。

表 4-32 长期处于潮湿和严寒环境中混凝土的最小含气量

粗骨料最大粒径(mm)	最小含气量值(%)
31.5 及以上	4
16	5
10	6

注:含气量的百分比为体积比。

二、混凝土配合比的设计

(1)混凝土配合比设计应包括配合比的计算、试配和调整等步骤。

注：混凝土配合比计算公式和有关参数表格中的数值均以干燥状态骨料（系指含水率小于0.5%的细骨料或含水率小于0.2%的粗骨料）为基准。当以饱和面干骨料为基准进行计算时，则应做相应的修正。

(2)进行混凝土配合比设计时，应首先按下列步骤计算供试配用的混凝土配合比：

1)按要求计算配制强度 $f_{cu,0}$，并求出相应的水灰比。

2)选定每立方米混凝土的用水量，并计算每 $1m^3$ 混凝土的水泥用量。

3)按要求确定砂率，计算粗骨料和细骨料的用量，并提出供试配用的混凝土配合比。

(3)混凝土水灰比应按下式计算：

$$W/C=\frac{\alpha_a f_{ce}}{f_{cu,0}+\alpha_a \cdot \alpha_b \cdot f_{ce}} \tag{4-7}$$

式中 α_a、α_b——回归系数。

f_{ce}——水泥28d抗压强度实测值（N/mm^2）。

$f_{cu,0}$——配制强度。

无水泥实际强度数据时，式中的 f_{ce} 值可按下式确定：

$$f_{ce}=\gamma_c \cdot f_{ce,g} \tag{4-8}$$

式中 $f_{ce,g}$——水泥强度等级值；

γ_c——水泥强度等级标准值的富余系数，该值应按实际统计资料确定。

(4)回归系数 α_a 和 α_b 宜按下列规定确定：

1)回归系数 α_a 和 α_b 应根据工程所使用的水泥、骨料和通过试验建立水灰比与混凝土强度关系式确定。

2)当不具备上述试验统计资料时其回归系数，对碎石混凝土 α_a 可取0.46，α_b 可取0.07；对卵石混凝土 α_a 可取0.48，α_b 可取0.33。

(5)每 $1m^3$ 混凝土的用水量（m_{w0}），可按前述的相关规定确定。

(6)每 $1m^3$ 混凝土的水泥用量（m_{c0}），可按下式计算：

$$m_{c0}=\frac{m_{w0}}{W/C} \tag{4-9}$$

(7)混凝土的砂率可按前述相关规定确定。

(8)粗骨料和细骨料用量的确定，应符合下列规定。

1)当采用重量法时，应按下式计算：

$$m_{c0}+m_{g0}+m_{s0}+m_{w0}=m_{cp} \tag{4-10}$$

$$\beta_s=\frac{m_{s0}}{m_{s0}+m_{g0}}\times 100 \tag{4-11}$$

式中 m_{c0}——每 $1m^3$ 混凝土的水泥用量（kg）；

m_{g0}——每 $1m^3$ 混凝土的粗骨料用量（kg）；

m_{s0}——每 $1m^3$ 混凝土的细骨料用量（kg）；

m_{w0}——每 1m³ 混凝土的用水量(kg)；

β_s——砂率(%)；

m_{cp}——每 1m³ 混凝土拌和物的假定重量(kg)；其值可取2400～2450kg。

2)当采用体积法时，应按下式计算：

$$\frac{m_{c0}}{\rho_c}+\frac{m_{g0}}{\rho_g}+\frac{m_{s0}}{\rho_s}+\frac{m_{w0}}{\rho_w}+0.01\alpha=1 \tag{4-12}$$

$$\beta_s=\frac{m_{s0}}{m_{s0}+m_{g0}}\times 100 \tag{4-13}$$

式中　ρ_c——水泥密度(kg/m³)，可取 2900～3100kg/m³；

ρ_g——粗骨料的表观密度(kg/m³)；

ρ_s——细骨料的表观密度(kg/m³)；

ρ_w——水的密度(kg/m³)，可取 1000kg/m³；

α——混凝土的含气量百分数，在不使用引气型外加剂时，α 可取为 1。

3)粗骨料和细骨料的表观密度 ρ_g 及 ρ_s 应按国家现行标准《普通混凝土用砂、石质量及检验方法标准》(JGJ 52—2006)取用。

三、混凝土配合比的试配、调整与确定

1. 试配

(1)混凝土试配时应采用工程中实际使用的原材料。混凝土的搅拌方法，应与生产时使用的方法相同。

(2)混凝土试配时，每盘混凝土的最小搅拌量应符合表 4-33 的规定。当采用机械搅拌时，搅拌量不应小于搅拌机额定搅拌量的 1/4。

表 4-33　　混凝土试配用最小搅拌量

骨料最大粒径(mm)	拌和物数量(L)
31.5 及以下	15
40	25

(3)首先按计算的配合比进行试拌，以检查拌和物的性能。当试拌得出的拌和物坍落度或维勃稠度不能满足要求，或黏聚性和保水性能不好时，应在保证水灰比不变的条件下相应调整用水量或砂率，直到符合要求为止。然后应提出供混凝土强度试验用的基准配合比。

(4)混凝土强度试验时应至少采用三个不同的配合比，其中一个按规定计算得出的为基准配合比，另外两个配合比的水灰比，宜较基准配合比分别增加或减少 0.05，其用水量与基准配合比基本相同，砂率可分别增加或减少 1%。

当不同水灰比的混凝土拌和物坍落度与要求值相差超过允许偏差时，可以增、减用水量进行调整。

(5)制作混凝土强度试件时，应检验混凝土的坍落度或维勃稠度、黏聚性、保水性及拌和物表观密度，并以此结果代表相应配合比的混凝土拌和物的性能。

(6)混凝土强度试验时，每种配合比应至少制作一组(三块)试件，并应标准养护到28d时试压。

混凝土立方体试件的边长不应小于表4-5的规定。

2. 配合比的确定

(1)由试验得出的各灰水比及其相对应的混凝土强度关系，用作图法或计算法求出与混凝土配制强度($f_{cu,0}$)相对应的灰水比，并应按下列原则确定每$1m^3$混凝土的材料用量。

1)用水量(m_w)应取基准配合比中的用水量，并根据制作混凝土试件时测得的坍落度或维勃稠度进行调整。

2)水泥用量(m_c)应以用水量乘以选定出的灰水比计算确定。

3)粗骨料和细骨料用量(m_g和m_s)应取基准配合比中的粗骨料和细骨料用量，并按选定的灰水比进行调整。

(2)当配合比经试配确定后，尚应按下列步骤校正：

1)应根据确定的材料用量按下式计算混凝土的表观密度计算值$\rho_{c,c}$：

$$\rho_{c,c}=m_w+m_c+m_s+m_g \tag{4-14}$$

2)应按下式计算混凝土配合比校正系数δ：

$$\delta=\frac{\rho_{c,t}}{\rho_{c,c}} \tag{4-15}$$

式中　$\rho_{c,t}$——混凝土表观密度实测值(kg/m^3)；

$\rho_{c,c}$——混凝土表观密度计算值(kg/m^3)。

3)当混凝土表观密度实测值与计算值之差的绝对值不超过计算值的2%时，按上述要求确定的配合比应为确定的设计配合比；当二者之差超过2%时，应将配合比中每项材料用量均乘以校正系数δ值，即为确定的混凝土设计配合比。

四、特殊要求混凝土的配合比设计

1. 抗渗混凝土

(1)抗渗混凝土所用原材料应符合下列要求：

1)水泥强度等级不宜小于42.5级，其品种应按设计要求选用。

2)粗骨料的最大粒径不宜大于40mm，其含泥量(重量比)不得大于1.0%，泥块含量(重量比)不得大于0.5%。

3)细骨料的含泥量不得大于3.0%，泥块含量不得大于1.0%。

4)外加剂宜采用防水剂、膨胀剂、引气剂或减水剂。

(2)抗渗混凝土配合比计算和试配的步骤、方法除应遵守上述普通混凝土配合比设计的规定外，尚应符合下列规定：

1)每$1m^3$混凝土中的水泥用量(含掺合料)不宜小于320kg。

2)砂率宜为35%～40%。

3)供试配用的最大水灰比应符合表4-34的规定。

表4-34 抗渗混凝土最大水灰比

抗渗等级	最大水灰比	
	C20～C30混凝土	C30以上混凝土
P6	0.60	0.55
P8～P12	0.55	0.50
>P12	0.50	0.45

(3)掺用引气剂的抗渗混凝土,其含气量宜控制在3%～5%。

(4)抗渗混凝土配合比设计时,应增加抗渗性能试验,并应符合下列规定:

1)试配要求的抗渗水压值应比设计值提高0.2MPa。

2)试配时,应采用水灰比最大的配合比作抗渗试验,其试验结果应符合下式要求:

$$P_t \geqslant \frac{P}{10} + 0.2 \tag{4-16}$$

式中 P_t——6个试件中4个未出现渗水时的最大水压值(MPa);

P——设计要求的抗渗等级。

3)掺引气剂的混凝土还应进行含气量试验,试验结果应符合上述相关规定。

2. 抗冻混凝土

(1)抗冻混凝土所用原材料应符合下列要求:

1)水泥应优先选用硅酸盐水泥或普通硅酸盐水泥,并不得使用火山灰质硅酸盐水泥。

2)宜选用连续级配的粗骨料,其含泥量(重量比)不得大于1.0%,泥块含量(重量比)不得大于0.5%。

3)细骨料含泥量(重量比)不得大于3.0%,泥块含量(重量比)不得大于1.0%。

4)抗冻等级F100及以上的混凝土所用的粗骨料和细骨料均应进行坚固性试验,其结果应符合《普通混凝土砂、石质量及检验方法标准》(JGJ 52—2006)的要求。

5)抗冻混凝土宜采用减水剂,对抗冻等级F100及以上的混凝土应掺引气剂,掺用后混凝土的含气量应符合表4-32的规定。

(2)抗冻混凝土的配合比计算方法和步骤除应遵守上述普通混凝土配合比设计的有关规定外,供试配用的最大水灰比尚应符合表4-35的要求。

(3)抗冻混凝土的试配和调整除应按上述规定进行外,尚应增加抗冻融性能试验，试验所用试件应以三个配合比中水灰比最大的制作。

表 4-35　抗冻混凝土的最大水灰比

抗冻等级	无引气剂时	掺引气剂时
F50	0.55	0.60
F100	—	0.55
F150 及以上	—	0.50

3. 高强混凝土

(1)配制 C60 及以上强度等级的混凝土(简称高强混凝土)，应选择强度等级不低于 42.5 级且质量稳定的水泥、优质骨料及高效减水剂，宜掺用具有一定活性的优质矿物掺合料。

(2)配制高强混凝土时应选用硅酸盐水泥或普通硅酸盐水泥。

(3)对强度等级为 C60 级的混凝土粗骨料的最大粒径不应大于 31.5mm，对强度等级高于 C60 的混凝土，其粗骨料最大粒径不应大于 25mm；针片状颗粒含量不宜大于 5.0%，含泥量(重量比)不应大于 0.5%，泥块含量(重量比)不应大于 0.2%。

配制高强混凝土所用粗骨料除进行压碎指标试验外，对碎石尚应进行岩石立方体抗压强度试验，其结果不应小于要求配制的混凝土抗压强度标准值 $f_{cu,k}$ 的 1.5 倍。

(4)配制高强混凝土宜采用中砂，其细度模数宜大于 2.6，含泥量(重量比)不应大于 2.0%，泥块含量(重量比)不应大于 0.5%。

(5)高强混凝土配合比的计算方法和步骤除应按上述普通混凝土配合比设计的有关规定进行外，尚应符合下列要求：

1)基准配合比中的水灰比，可根据现有试验资料选取。

2)配制高强混凝土所用砂率及所采用的外加剂和矿物掺合料的品种、掺量，应通过试验确定。

3)计算高强混凝土配合比时，其用水量可按上述相关规定确定。

4)高强混凝土的水泥用量不宜大于 550kg/m^3；水泥和矿物掺合料的总量不应大于 600kg/m^3。

5)高强混凝土配合比的试配与确定的步骤应按上述相关规定进行，但其中水灰比的增减值宜为 0.02～0.03。

6)高强混凝土设计配合比提出后，尚应用该配合比进行不少于 6 次重复试验进行验证。

4. 泵送混凝土

(1)泵送混凝土所采用的原材料应符合下列要求：

1)泵送混凝土应选用硅酸盐水泥、普通硅酸盐水泥、矿渣硅酸盐水泥和粉煤灰硅酸盐水泥,不宜采用火山灰质硅酸盐水泥。

2)泵送混凝土所用粗骨料的最大粒径与输送管径之比,当泵送高度在50m以下时,对碎石不宜大于1∶3,对卵石不宜大于1∶2.5;泵送高度在50～100m时,对碎石不宜大于1∶4;对卵石不宜大于1∶3;泵送高度在100m以上时,对碎石不宜大于1∶5,对卵石不宜大于1∶4;粗骨料应采用连续级配,且针片状颗粒含量不宜大于10%。

3)泵送混凝土宜采用中砂,其通过0.315mm筛孔的颗粒含量不应小于15%。

4)泵送混凝土应掺用泵送剂或减水剂,并宜掺用粉煤灰或其他活性掺合料。当掺用粉煤灰时,其质量应符合《粉煤灰在混凝土和砂浆中应用技术规程》(JGJ 28—1986)中规定的Ⅰ、Ⅱ级粉煤灰的要求。

(2)泵送混凝土入泵坍落度可按表4-36选用。

表4-36　混凝土入泵坍落度选用表

泵送高度(m)	<30	30～60	60～100	>100
坍落度(mm)	100～140	140～160	160～180	180～200

(3)泵送混凝土,试配时要求的坍落度值应按下式计算:

$$T_t = T_p + \Delta T \tag{4-17}$$

式中　T_t——试配时要求的坍落度值;

T_p——入泵时要求的坍落度值;

ΔT——试验测得在预计时间内的坍落度经时损失值。

(4)泵送混凝土的配合比计算和试配除按上述普通混凝土配合比设计中的相关规定进行外,尚应符合以下规定:

1)泵送混凝土的水灰比不宜大于0.60。

2)泵送混凝土的水泥和矿物掺合料的总量不宜小于300kg/m³。

3)掺用引气型外加剂时,其混凝土含气量不宜大于4%。

5. 大体积混凝土

混凝土结构物中实体最小尺寸大于或等于1m的部位所用的混凝土(简称大体积混凝土),所用原材料应符合下列要求:

(1)水泥应选用水化热低、凝结时间长的水泥,优先选用大坝水泥、矿渣硅酸盐水泥、粉煤灰硅酸盐水泥、火山灰质硅酸盐水泥。

(2)粗骨料宜采用连续级配,细骨料宜采用中砂。

(3)大体积混凝土宜掺用缓凝剂、减水剂和减少水泥水化热的掺合料。

(4)大体积混凝土在保证混凝土强度及坍落度要求的前提下,应提高掺合料及骨料的含量，以降低每立方米混凝土的水泥用量。

(5)大体积混凝土配合比的计算和试配应按上述相关规定进行，并在配合比确定后宜进行水化热的验算或测定。

第四节　混凝土掺合料

一、掺合料的概念及分类

在混凝土拌和物制备时，为了节约水泥、改善混凝土性能、调节混凝土强度等级，而加入的天然的或者人造的矿物材料，统称为混凝土掺合料。用于混凝土中的掺合料可分为活性矿物掺合料和非活性矿物掺合料两大类。非活性矿物掺合料一般不与水泥组分起化学作用，或化学作用很小，如磨细石英砂、石灰石、硬矿渣之类材料。活性矿物掺合料虽然本身不硬化或硬化速度很慢，但能与水泥水化生成的 $Ca(OH)_2$ 生成具有水硬性的胶凝材料。如粒化高炉矿渣、火山灰质材料、粉煤灰、硅灰等。活性矿物掺合料依其来源可分为天然类、人工类和工业废料类，见表 4-37。

表 4-37　活性矿物掺合料的分类

类别	主要品种
天然类	火山灰、凝灰岩、硅藻土、蛋白石质黏土、钙性黏土、黏土页岩
人工类	煅烧页岩或黏土
工业废料类	粉煤灰、硅灰、沸石粉、水淬高炉矿渣粉、煅烧煤矸石

混凝土的掺合料主要有：

(1)粉煤灰。从煤粉炉烟道气体中收集到的细颗粒粉末称为粉煤灰。其氧化钙含量在 8%以内。粉煤灰按其品质分为Ⅰ、Ⅱ和Ⅲ三个等级。

粉煤灰能够改善混凝土拌和物的和易性，降低混凝土水化热，提高混凝土的抗渗性和抗硫酸盐性能，早期强度较低。因而主要用于大体积混凝土、泵送混凝土、预拌(商品)混凝土中。

粉煤灰的技术要求应符合表 4-38 的规定。

各等级粉煤灰的适用范围如下：

1)Ⅰ级粉煤灰适用于钢筋混凝土和跨度小于 6m 的预应力混凝土。

2)Ⅱ级粉煤灰适用于钢筋混凝土和无筋混凝土。

3)Ⅲ级粉煤灰主要用于无筋混凝土。

对设计强度等级 C30 及以上的无筋粉煤灰混凝土，宜采用Ⅰ、Ⅱ级粉煤灰。

用于预应力混凝土、钢筋混凝土及设计强度等级 C30 及以上的无筋混凝土的粉煤灰等级，如经试验采用比上述规定低一级的粉煤灰。

表 4-38 用于混凝土中的粉煤灰技术要求

粉煤灰等级	细度(0.045mm方孔筛筛余)(%)	烧失量(%)	需水量比①(%)	含水量(%)	三氧化硫含量(%)
Ⅰ	≤12	≤5	≤95	≤1	≤3
Ⅱ	≤20	≤8	≤105	≤1	≤3
Ⅲ	≤45	≤15	≤115	不规定	≤3

注:①掺 30%粉煤灰与不掺的硅酸盐水泥,两者胶砂达到相同流动度时的加水量之比值。

(2)高钙粉煤灰(简称高钙灰)。是褐煤或次烟煤经粉磨和燃烧后,从烟道气体中收集到的粉末。其氧化钙含量在 8%以上,一般具有需水性低、活性高和可自硬特征。

高钙灰按其品质分为Ⅰ、Ⅱ两个等级。

高钙灰需水量比较低,对水泥、混凝土强度的贡献比较明显,早期强度比粉煤灰有所提高。但其含钙量及游离氧化钙含量波动大,超过一定范围容易使水泥混凝土构筑物开裂、破坏。高钙灰主要应用于泵送混凝土、商品混凝土中。

高钙灰的技术要求应符合表 4-39 的规定。

表 4-39 高钙粉煤灰质量指标

序号	质量指标		高钙粉煤灰等级	
			Ⅰ	Ⅱ
1	细度(45μm 筛余)	(%)	≤12	≤20
2	游离氧化钙	(%)	≤3.0	≤2.5
3	体积安定性	(mm)	≤5	≤5
4	烧失量	(%)	≤5	≤8
5	需水量比	(%)	≤95	<100
6	三氧化硫	(%)	≤3	≤3
7	含水率	(%)	≤1	≤1

(3)粒化高炉矿渣粉。粒化高炉矿渣是铁矿石在冶炼过程中与石灰石等溶剂化合所得以硅酸钙与铝硅酸钙为主要成分的熔融物,经急速与水淬冷后形成的玻璃状颗粒物质。其主要化学成分是 CaO、SiO_2、Al_2O_3,三者的总量一般占 90%以上,另外还有 Fe_2O_3 和 MgO 等氧化物及少量的 SO_3。此种矿渣活性较高,是在水泥生产和混凝土生产中常用的掺合料。

粒化高炉矿渣粉的技术要求见表 4-40。

表 4-40　　粒化高炉矿渣粉技术要求

级别	密度 (g/cm³)	比表面积 (m²/kg)	活性指数(%)≥		流动度比 (%)	含水量 (%)	三氧化硫 (%)	氯离子② (%)	烧失量② (%)
			7d	28d					
S105	≥2.8	≥350	95	105	≥85	≥1.0	≥4.0	≥0.02	≥3.0
S95			75	95	≥90				
S75			55①	75	≥95				

注:①可根据用户要求协商提高;

②氯离子和烧失量是选择性指标。当用户有要求时,供货方应提供矿渣粉的氯离子和烧失量数据。

另外,硅粉是在生产硅铁、硅钢或其他硅金属时,高纯度石英和煤在电弧炉中还原所得到的以无定形 SiO_2 为主要组分的球形玻璃体颗粒粉尘,其大部分颗粒粒径小于 1μm,平均粒径 0.1μm,比表面积 20000 m²/kg,密度 2.2g/cm³,堆积密度 250～300kg/m³。硅粉有极高的火山灰活性,在混凝土中应用 1kg 硅粉可代替 3～4kg 水泥,节约水泥率最高可达 30%;使用硅粉和超塑化剂可生产强度高达 100MPa 以上的混凝土,在混凝土中掺用硅粉可改善混凝土拌和物的和易性,提高其黏聚性,减少离析和泌水。在硬化混凝土中可使水泥浆体毛细孔减少,提高密实度,改善抗渗性能,提高强度,同时对抗冻、抗碳化、抗硫酸盐、抗氯盐侵蚀及抑制碱-骨料反应等均有显著效果。

沸石粉是由沸石岩经粉磨加工制成的含水化硅铝酸盐为主的矿物火山灰质活性掺合材料。沸石岩系有 30 多个品种,用作混凝土掺合料的主要有斜发沸石或绦光沸石,沸石粉的主要化学成分为:SiO_2 占 60%～70%,Al_2O_3 占 10%～30%,可溶硅占 5%～12%,可溶铝占 6%～9%。沸石岩具有较大的内表面积和开放性结构,沸石粉本身没有水化能力,在水泥中碱性物质激发下其活性才表现出来。

沸石粉的技术要求有:细度为 0.080mm 方孔筛筛余≤7%;吸氨值≥100mg/100g;密度 2.2～2.4g/cm³;堆积密度 700～800kg/m³;火山灰试验合格;SO_3 含量≤3%;水泥胶砂 28d 强度比不得低于 62%。

沸石粉掺入混凝土中,可取代 10%～20%的水泥,可以改善混凝土拌和物的黏聚性,减少泌水,宜用于泵送混凝土,可减少混凝土离析及堵泵。沸石粉应用于轻骨料混凝土,可较大地改善轻骨料混凝土拌和物的黏聚性,减少轻骨料的上浮。

二、掺合料的质量验收

1. 检验批的确定

(1)粉煤灰。以连续供应的 200t 相同等级的粉煤灰为一批,不足 200t 的按一批计。

(2)高钙灰。以连续供应的 100t 相同等级的粉煤灰为一批,不足 100t 的按一批计。

(3)粒化高炉矿渣微粉。年产量 10～30 万 t,以 400t 为一批。年产量 4～10 万 t,以 200t 为一批。

2. 检验项目

不同掺合料质量检验的项目有所不同,常用掺合料的检验项目有:

(1)粉煤灰。粉煤灰的检验项目主要有细度、烧失量。同一供应单位每月测定一次需水量比,每季度测定一次三氧化硫含量。

(2)高钙灰。高钙粉煤灰的检验项目主要有细度、游离氧化钙、体积安定性。同一供应单位每月测定一次需水量比和烧失量,每季度测定一次三氧化硫含量。

(3)粒化高炉矿渣微粉。矿渣微粉的检验项目主要有活性指数、流动度比。

3. 不合格品(废品)处理

(1)粉煤灰质量检验中,如有一项指标不符合要求,可重新从同一批粉煤灰中加倍取样,进行复验。复验后仍达不到要求时,应作降级或不合格品处理。

(2)高钙灰质量检验中,如有一项指标不符合要求,可重新从同一批高钙灰中加倍取样,进行复验。复验后仍达不到要求时,应作降级或不合格品处理。体积安定性及游离氧化钙含量不合格的高钙粉煤灰严禁用于混凝土中。

(3)粒化高炉矿渣微粉质量检验中,若其中任何一项不符合要求,应重新加倍取样,对不合格的项目进行复验。评定时以复验结果为准。

4. 粉煤灰的贮运

(1)袋装粉煤灰的包装袋上应清楚地标明厂名、级别、质量、批号和包装日期。

(2)粉煤灰运输和贮存时,不得与其他材料混杂,并注意防止受潮和污染环境。

三、磷矿渣及其他几种新型掺合料简介

大量试验研究和生产实践表明:磷矿渣作为掺合料掺入混凝土后,可提高混凝土的抗拉强度和极限拉伸值,大幅度降低水化热,收缩小,耐久性提高,延长混凝土初、终凝时间,降低大体积混凝土施工强度,有利于新老混凝土层间结合,又因其料源广泛,单价低(废料利用),如能广泛应用,必将带来显著的经济效益和社会效益。

经混凝土干缩性能试验测定结果分析,混凝土中掺入磷矿渣后,混凝土干缩性能明显变好,即磷矿渣掺入混凝土后,最大干缩出现时间延长,且干缩率变小。而经混凝土力学性能试验测定,掺入磷矿渣的混凝土后期抗压强度明显提高,优于不掺掺合料的,且不同龄期的磷矿渣混凝土的轴心抗压强度均高于同龄期的其他混凝土,时间越长差值越大,说明磷矿渣混凝土强度提高快;磷矿渣混凝土拉压比大于其他混凝土的拉压比,也说明磷矿渣混凝土韧性强,抗裂性能高,有利于应用在大体积混凝土工程中,而且磷矿渣混凝土强度增长率及后期强度明显高于其他混凝土。通过混凝土弹性模量及拉伸应变测试结果证明,混凝土中掺入磷矿渣不仅能有效降低混凝土的早期弹性模量而且能提高混凝土的抗裂性能及韧性。

不仅如此，掺入磷矿渣的混凝土抗渗性及抗冻性也明显优于其他不掺磷矿渣的混凝土。另外，进行混凝土热峰值与凝结时间试验的结果表明：①磷矿渣混凝土热峰值小，增长速度慢，热峰值出现时间比粉煤灰混凝土略早，但磷矿渣混凝土热峰值出现时间较常规混凝土推迟 14h 以上，水化热产生时间较晚，温升小，有利于混凝土的温控防裂；②磷矿渣混凝土初凝、终凝都比其他混凝土明显滞后，有利于大体积混凝土的连续浇筑，并有利于先浇筑混凝土与后浇筑混凝土的结合，相应减轻施工强度，保证浇筑后混凝土质量，提高混凝土整体性。

综上所述，磷矿渣作为混凝土掺合料具有以下优点：①磷矿渣掺入混凝土后，可大幅度减少水泥水化热，是避免和减少大体积混凝土温度裂缝的有效措施；②磷矿渣混凝土具有微膨胀性，可补偿混凝土温降收缩，是由磷矿渣内 MgO 含量高所致；③磷矿渣混凝土后期强度高，且强度增长率快；④磷矿渣混凝土热峰值小，增长速度慢；⑤磷矿渣混凝土抗拉强度高，极限拉伸值大，耐久性好；⑥磷矿渣对混凝土有较大的缓凝作用，能降低施工强度，保证混凝土结合完好；⑦磷矿渣混凝土性能价格比优越，单价低，生产成本低，有很高的经济价值。

随着科学技术的发展，磷矿渣作为混凝土掺合料的应用必将进一步推广，这种混凝土不仅适用于水工结构，而且也可广泛用于道桥、工业与民用建筑、港口码头等。

另外，新型的混凝土掺合料还有 D 矿粉、凝灰岩(T)、钢渣、天然沸石(FFH)、偏高岭土等多种，其中 D 矿粉是一种天然的火山灰活性较高的矿物材料、偏高岭土是经热处理得到的高岭土，具有很强的火山灰活性，可以很好地改善混凝土特性的新型掺合料。

第五节　混凝土外加剂

一、基本规定

1. 外加剂的选择

(1)外加剂的品种应根据工程设计和施工要求选择，通过试验及技术经济比较确定。

(2)严禁使用对人体产生危害、对环境产生污染的外加剂。

(3)掺外加剂混凝土所用水泥，宜采用硅酸盐水泥、普通硅酸盐水泥、矿渣硅酸盐水泥、火山灰质硅酸盐水泥、粉煤灰硅酸盐水泥和复合硅酸盐水泥，并应检验外加剂与水泥的适应性，符合要求后方可使用。

(4)掺外加剂混凝土所用材料，如水泥、砂、石、掺合料、外加剂，均应符合国家现行的有关标准的规定。试配掺外加剂的混凝土时，应采用工程使用的原材料，检测项目应根据设计及施工要求确定，检测条件应与施工条件相同，当工程所用原材料或混凝土性能要求发生变化时，应再进行试配试验。

(5)不同品种外加剂复合使用时，应注意其相容性及对混凝土性能的影响，使用前应进行试验，满足要求后方可使用。

2. 外加剂掺量

(1)外加剂掺量应以胶凝材料总量的百分比表示，或以 mL/kg 胶凝材料表示。

(2)外加剂的掺入应按供货单位推荐的掺量、使用要求、施工条件、混凝土原材料等要求并通过试验确定。

(3)对含有氯离子、硫酸根等离子的外加剂应符合有关标准的规定。

(4)处于与水相接触或潮湿环境中的混凝土，当使用碱活性骨料时，由外加剂带入的碱含量(以含氧化钠量计)不宜超过 1kg/m^3 混凝土，混凝土总碱含量尚应符合有关标准的规定。

3. 外加剂的质量控制

(1)选用的外加剂应有供货单位提供的下列技术文件：

1)产品说明书，并应标明产品主要成分；

2)出厂检验报告及合格证；

3)掺外加剂混凝土性能检验报告。

(2)外加剂运到工地(或混凝土搅拌站)应立即取代表性样品进行检验，进货与工程试配时一致，方可入库、使用。若发现不一致时，应停止使用。

(3)外加剂应按不同供货单位、不同品种、不同牌号分别存放，标识应清楚。

(4)粉状外加剂应防止受潮结块，如有结块，经性能检验合格后应粉碎至全部通过 0.63mm 筛后方可使用。溶液外加剂应放置在阴凉干燥处，防止日晒、受冻、污染、进水或蒸发，如有沉淀等现象，经性能检验合格后方可使用。

(5)外加剂配料控制系统标识应清楚，计量应准确，计量误差不应大于外加剂用量的 2%。

二、普通减水剂及高效减水剂

1. 品种

(1)混凝土工程中可采用下列普通减水剂：

木质素磺酸盐类：木质素磺酸钙、木质素磺酸钠、木质素磺酸镁及丹宁等。

(2)混凝土工程中可采用下列高效减水剂：

1)多环芳香族磺酸盐类：萘和萘的同系磺化物与甲醛缩合的盐类、胺基磺酸盐等；

2)水溶性树脂磺酸盐类：磺化三聚氰胺树脂、磺化古码隆树脂等；

3)脂肪族类：聚羧酸盐类、聚丙烯酸盐类、脂肪族羟甲基磺酸盐高缩聚物等；

4)其他：改性木质素磺酸钙、改性丹宁等。

2. 适用范围

(1)普通减水剂及高效减水剂可用于素混凝土、钢筋混凝土、预应力混凝土，并可制备高强高性能混凝土。

(2)普通减水剂宜用于日最低气温5℃以上施工的混凝土，不宜单独用于蒸养混凝土；高效减水剂宜用于日最低气温0℃以上施工的混凝土。

(3)当掺用含有木质素磺酸盐类物质的外加剂时应先做水泥适应性试验，合格后方可使用。

3. 施工

(1)普通减水剂、高效减水剂进入工地(或混凝土搅拌站)的检验项目应包括pH值、密度(或细度)、混凝土减水率，符合要求方后可入库、使用。

(2)减水剂掺量应根据供货单位的推荐掺量、气温高低、施工要求，通过试验确定。

(3)减水剂以溶液形式掺加时，溶液中的水量应从拌和水中扣除。

(4)液体减水剂宜与拌和水同时加入搅拌机内，粉剂减水剂宜与胶凝材料同时加入搅拌机内，需二次添加外加剂时，应通过试验确定，混凝土搅拌均匀后方可出料。

(5)根据工程需要，减水剂可与其他外加剂复合使用。其掺量应根据试验确定。配制溶液时，如产生絮凝或沉淀等现象，应分别配制溶液并分别加入搅拌机内。

三、引气剂及引气减水剂

1. 品种

(1)混凝土工程中可采用下列引气剂：

1)松香树脂类：松香热聚物、松香皂类等；

2)烷基和烷基芳烃磺酸盐类：十二烷基磺酸盐、烷基苯磺酸盐、烷基苯酚聚氧乙烯醚等；

3)脂肪醇磺酸盐类：脂肪醇聚氧乙烯醚、脂肪醇聚氧乙烯磺酸钠、脂肪醇硫酸钠等；

4)皂甙类：三萜皂甙等；

5)其他：蛋白质盐、石油磺酸盐等。

(2)混凝土工程中可采用由引气剂与减水剂复合而成的引气减水剂。

2. 适用范围

(1)引气剂及引气减水剂，可用于抗冻混凝土、抗渗混凝土、抗硫酸盐混凝土、泌水严重的混凝土、贫混凝土、轻骨料混凝土、人工骨料配制的普通混凝土、高性能混凝土以及有饰面要求的混凝土。

(2)引气剂、引气减水剂不宜用于蒸养混凝土及预应力混凝土，必要时，应经试验确定。

3. 施工

(1)引气剂及引气减水剂进入工地(或混凝土搅拌站)的检验项目应包括pH值、

密度(或细度)、含气量、引气减水剂应增测减水率,符合要求后方可入库、使用。

(2)抗冻性要求高的混凝土,必须掺引气剂或引气减水剂,其掺量应根据混凝土的含气量要求,通过试验确定。

掺引气剂及引气减水剂混凝土的含气量,不宜超过表 4-41 规定的含气量;对抗冻性要求高的混凝土,宜采用表 4-41 规定的含气量数值。

表 4-41　掺引气剂及引气减水剂混凝土的含气量

粗骨料最大粒径(mm)	20(19)	25(22.4)	40(37.5)	50(45)	80(75)
混凝土含气量(%)	5.5	5.0	4.5	4.0	3.5

注:括号内数值为《建筑用卵石、碎石》(GB/T 14685—2001)中标准筛的尺寸。

(3)引气剂及引气减水剂,宜以溶液形式掺加,使用时加入拌和水中,溶液中的水量应从拌和水中扣除。

(4)引气剂及引气减水剂配制溶液时,必须充分溶解后方可使用。

(5)引气剂可与减水剂、早强剂、缓凝剂、防冻剂复合使用。配制溶液时,如产生絮凝或沉淀等现象,应分别配制溶液并分别加入搅拌机内。

(6)施工时,应严格控制混凝土的含气量。当材料、配合比或施工条件变化时,应相应增减引气剂或引气减水剂的掺量。

(7)检验掺引气剂及引气减水剂混凝土的含气量,应在搅拌机出料口进行取样,并应考虑混凝土在运输和振捣过程中含气量的损失。对含气量有设计要求的混凝土,施工中应每间隔一定时间进行现场检验。

(8)掺引气剂及引气减水剂混凝土,必须采用机械搅拌,搅拌时间及搅拌量应通过试验确定。出料到浇筑的停放时间也不宜过长,采用插入式振捣时,振捣时间不宜超过 20s。

四、缓凝剂、缓凝减水剂及缓凝高效减水剂

1. 品种

(1)混凝土工程中可采用下列缓凝剂及缓凝减水剂:

1)糖类:糖钙、葡萄糖酸盐等;

2)木质素磺酸盐类:木质素磺酸钙、木质素磺酸钠等;

3)羟基羧酸及其盐类:柠檬酸、酒石酸钾钠等;

4)无机盐类:锌盐、磷酸盐等;

5)其他:胺盐及其衍生物、纤维素醚等。

(2)混凝土工程中可采用由缓凝剂与高效减水剂复合而成的缓凝高效减水剂。

2. 适用范围

(1)缓凝剂、缓凝减水剂及缓凝高效减水剂可用于大体积混凝土、碾压混凝土、炎热气候条件下施工的混凝土、大面积浇筑的混凝土、避免冷缝产生的混凝土、需较长时间停放或长距离运输的混凝土、自流平免振混凝土、滑模施工或拉模施工的混凝土及其他需要延缓凝结时间的混凝土。缓凝高效减水剂可制备高强高性能混凝土。

(2)缓凝剂、缓凝减水剂及缓凝高效减水剂宜用于日最低气温5℃以上施工的混凝土,不宜单独用于有早强要求的混凝土及蒸养混凝土。

(3)柠檬酸及酒石酸钾钠等缓凝剂不宜单独用于水泥用量较低、水灰比较大的贫混凝土。

(4)当掺用含有糖类及木质素磺酸盐类物质的外加剂时应先做水泥适应性试验,合格后方可使用。

(5)使用缓凝剂、缓凝减水剂及缓凝高效减水剂施工时,宜根据温度选择品种并调整掺量,满足工程要求后方可使用。

3. 施工

(1)缓凝剂、缓凝减水剂及缓凝高效减水剂进入工地(或混凝土搅拌站)的检验项目应包括pH值、密度(或细度)、混凝土凝结时间,缓凝减水剂及缓凝高效减水剂应增测减水率,合格后方可入库、使用。

(2)缓凝剂、缓凝减水剂及缓凝高效减水剂的品种及掺量应根据环境温度、施工要求的混凝土凝结时间、运输距离、停放时间、强度等来确定。

(3)缓凝剂、缓凝减水剂及缓凝高效减水剂以溶液形式掺加时计量必须正确,使用时加入拌和水中,溶液中的水量应从拌和水中扣除。难溶和不溶物较多的应采用干掺法并延长混凝土搅拌时间30s。

五、早强剂及早强减水剂

1. 品种

(1)混凝土工程中可采用下列早强剂

1)强电解质无机盐类早强剂:硫酸盐、硫酸复盐、硝酸盐、亚硝酸盐、氯盐等;

2)水溶性有机化合物:三乙醇胺、甲酸盐、乙酸盐、丙酸盐等;

3)其他:有机化合物、无机盐复合物。

(2)混凝土工程中可采用由早强剂与减水剂复合而成的早强减水剂。

2. 适用范围

(1)早强剂及早强减水剂适用于蒸养混凝土及常温、低温和最低温度不低于−5℃环境中施工的有早强要求的混凝土工程。炎热环境条件下不宜使用早强剂、早强减水剂。

(2)掺入混凝土后对人体产生危害或对环境产生污染的化学物质严禁用作早强剂。含有六价铬盐、亚硝酸盐等有害成分的早强剂严禁用于饮水工程及与食品相接触的工程。硝铵类严禁用于办公、居住等建筑工程。

(3)下列结构中严禁采用含有氯盐配制的早强剂及早强减水剂:

1)预应力混凝土结构；

2)相对湿度大于80%环境中使用的结构，处于水位变化部位的结构，露天结构及经常受水淋、受水流冲刷的结构；

3)大体积混凝土；

4)直接接触酸、碱或其他侵蚀性介质的结构；

5)经常处于温度为60℃以上的结构，需经蒸养的钢筋混凝土预制构件；

6)有装饰要求的混凝土，特别是要求色彩一致的或是表面有金属装饰的混凝土；

7)薄壁混凝土结构，中级和重级工作制吊车的梁、屋架、落锤及锻锤混凝土基础等结构；

8)使用冷拉钢筋或冷拔低碳钢丝的结构；

9)骨料具有碱活性的混凝土结构。

(4)在下列混凝土结构中严禁采用含有强电解质无机盐类的早强剂及早强减水剂：

1)与镀锌钢材或铝铁相接触部位的结构，以及有外露钢筋预埋铁件而无防护措施的结构；

2)使用直流电源的结构以及距高压直流电源100m以内的结构。

3. 施工

(1)早强剂、早强减水剂进入工地(或混凝土搅拌站)的检验项目应包括密度(或细度)，1d、3d抗压强度及对钢筋的锈蚀作用。早强减水剂应增测减水率。混凝土有饰面要求的还应观测硬化后混凝土表面是否析盐。符合要求，方可入库、使用。

(2)常用早强剂掺量应符合表4-42的规定。

(3)粉剂早强剂和早强减水剂直接掺入混凝土干料中应延长搅拌时间30s。

表4-42　常用早强剂掺量限值

混凝土种类	使用环境	早强剂名称	掺量限值(水泥重量%)不大于
预应力混凝土	干燥环境	三乙醇胺	0.05
		硫酸钠	1.0
钢筋混凝土	干燥环境	氯离子[Cl^-]	0.6
		硫酸钠	2.0
钢筋混凝土	干燥环境	与缓凝减水剂复合的硫酸钠	3.0
		三乙醇胺	0.05
	潮湿环境	硫酸钠	1.5
		三乙醇胺	0.05

续表

混凝土种类	使用环境	早强剂名称	掺量限值（水泥重量%）不大于
有饰面要求的混凝土		硫酸钠	0.8
素混凝土		氯离子[Cl^-]	1.8

注：预应力混凝土及潮湿环境中使用的钢筋混凝土中不得掺氯盐早强剂。

六、防冻剂

1. 品种

混凝土工程中可采用下列防冻剂：

(1)强电解质无机盐类：

1)氯盐类：以氯盐为防冻组分的外加剂；

2)氯盐阻锈类：以氯盐与阻锈组分为防冻组分的外加剂；

3)无氯盐类：以亚硝酸盐、硝酸盐等无机盐为防冻组分的外加剂。

(2)水溶性有机化合物类：以某些醇类等有机化合物为防冻组分的外加剂。

(3)有机化合物与无机盐复合类。

(4)复合型防冻剂：以防冻组分复合早强、引气、减水等组分的外加剂。

2. 适用范围

(1)含亚硝酸盐、碳酸盐的防冻剂严禁用于预应力混凝土结构。

(2)含有六价铬盐、亚硝酸盐等有害成分的防冻剂，严禁用于饮水工程及与食品相接触的工程，严禁食用。

(3)含有硝铵、尿素等产生刺激气味的防冻剂，严禁用于办公、居住等建筑工程。

(4)有机化合物类防冻剂可用于素混凝土、钢筋混凝土及预应力混凝土工程。

(5)有机化合物与无机盐复合防冻剂及复合型防冻剂可用于素混凝土、钢筋混凝土及预应力混凝土工程，并应符合上述有关规定。

(6)对水工、桥梁及有特殊抗冻融性要求的混凝土工程，应通过试验确定防冻剂品种及掺量。

3. 施工

(1)防冻剂的选用应符合下列规定：

1)在日最低气温为0～－5℃，混凝土采用塑料薄膜和保温材料覆盖养护时，可采用早强剂或早强减水剂；

2)在日最低气温为－5～－10℃、－10～－15℃、－15～－20℃，采用上述保

温措施时，宜分别采用规定温度为－5℃、－10℃、－15℃的防冻剂；

3）防冻剂的规定温度为按《混凝土防冻剂》（JC 475—2004）规定的试验条件成型的试件，在恒负温条件下养护的温度。施工使用的最低气温可比规定温度低5℃。

（2）防冻剂运到工地（或混凝土搅拌站）首先应检查是否有沉淀、结晶或结块。检验项目应包括密度（或细度），R_{-7}、R_{+28}抗压强度比，钢筋锈蚀试验。合格后方可入库、使用。

（3）掺防冻剂的混凝土配合比，宜符合下列规定：

1）含引气组分的防冻剂混凝土的砂率，可比不掺外加剂混凝土的砂率降低2%～3%；

2）混凝土水灰比不宜超过0.6，水泥用量不宜低于300kg/m^3，重要承重结构、薄壁结构的混凝土水泥用量可增加10%，大体积混凝土的最少水泥用量应根据实际情况而定。强度等级不大于C15的混凝土，其水灰比和最少水泥用量可不受此限制。

（4）掺防冻剂混凝土采用的原材料，应根据不同的气温，按下列方法进行加热：

1）气温低于－5℃时，可用热水拌和混凝土；水温高于65℃时，热水应先与骨料拌和，再加入水泥；

2）气温低于－10℃时，骨料可移入暖棚或采取加热措施。骨料冻结成块时须加热，加热温度不得高于65℃，并应避免灼烧，用蒸汽直接加热骨料带入的水分，应从拌和水中扣除。

（5）掺防冻剂混凝土搅拌时，应符合下列规定：

1）严格控制防冻剂的掺量；

2）严格控制水灰比，由骨料带入的水及防冻剂溶液中的水，应从拌和水中扣除；

3）搅拌前，应用热水或蒸汽冲洗搅拌机，搅拌时间应比常温延长50%；

4）掺防冻剂混凝土拌和物的出机温度，严寒地区不得低于15℃；寒冷地区不得低于10℃。入模温度，严寒地区不得低于10℃，寒冷地区不得低于5℃。

（6）防冻剂与其他品种外加剂共同使用时，应先进行试验，满足要求后方可使用。

七、膨胀剂

1．品种

混凝土工程可采用下列膨胀剂：

（1）硫铝酸钙类；

（2）硫铝酸钙-氧化钙类；

（3）氧化钙类。

2. 适用范围

(1)膨胀剂的适用范围应符合表4-43的规定。

表4-43　膨胀剂的适用范围

用　途	适用范围
补偿收缩混凝土	地下、水中、海水中、隧道等构筑物，大体积混凝土(除大坝外)，配筋路面和板、屋面与厕浴间防水、构件补强、渗漏修补、预应力混凝土、回填槽等
填充用膨胀混凝土	结构后浇带、隧洞堵头、钢管与隧道之间的填充等
灌浆用膨胀砂浆	机械设备的底座灌浆，地脚螺栓的固定，梁柱接头，构件补强、加固等
自应力混凝土	仅用于常温下使用的自应力钢筋混凝土压力管

(2)含硫铝酸钙类、硫铝酸钙-氧化钙类膨胀剂的混凝土(砂浆)不得用于长期环境温度为80℃以上的工程。

(3)含氧化钙类膨胀剂配制的混凝土(砂浆)不得用于海水或有侵蚀性水的工程。

(4)掺膨胀剂的混凝土适用于钢筋混凝土工程和填充性混凝土工程。

(5)掺膨胀剂的大体积混凝土，其内部最高温度应符合有关标准的规定，混凝土内外温差宜小于25℃。

(6)掺膨胀剂的补偿收缩混凝土刚性屋面宜用于南方地区，其设计、施工应按《屋面工程质量验收规范》(GB 50207—2002)执行。

3. 掺膨胀剂混凝土(砂浆)的性能要求

(1)施工用补偿收缩混凝土，其性能应满足表4-44的要求；抗压强度的试验应按《普通混凝土力学性能试验方法标准》(GB/T 50081—2002)进行。

表4-44　补偿收缩混凝土的性能

项　目	限制膨胀率($\times10^{-4}$)	限制干缩率($\times10^{-4}$)	抗压强度(MPa)
龄　期	水中14d	水中14d，空气中28d	28d
性能指标	≥1.5	≤3.0	≥25

(2)填充用膨胀混凝土,其性能应满足表 4-45 的要求。

表 4-45 填充用膨胀混凝土的性能

项目	限制膨胀率($\times10^{-4}$)	限制干缩率($\times10^{-4}$)	抗压强度(MPa)
龄期	水中 14d	水中 14d,空气中 28d	28d
性能指标	≥2.5	≤3.0	≥30.0

(3)掺膨胀剂混凝土的抗压强度试验应按《普通混凝土力学性能试验方法标准》(GB/T 50081—2002)进行。填充用膨胀混凝土的强度试件应在成型后第三天拆模。

(4)灌浆用膨胀砂浆:其性能应满足表 4-46 的要求。灌浆用膨胀砂浆用水量按砂浆流动度 250mm±10mm 的用水量。抗压强度采用 40mm×40mm×160mm 试模,无振动成型,拆模、养护、强度检验应按《水泥胶砂强度检验方法(ISO 法)》(GB/T 17671—1999)进行。

表 4-46 灌浆用膨胀砂浆性能

流动度(mm)	竖向膨胀率($\times10^{-4}$)		抗压强度(MPa)		
	3d	7d	1d	3d	28d
250	≥10	≥20	≥20	≥30	≥60

4. 施工

(1)掺膨胀剂混凝土所采用的原材料应符合下列规定:

1)膨胀剂:应符合《混凝土膨胀剂》(JC 476—2001)标准的规定;膨胀剂运到工地(或混凝土搅拌站)应进行限制膨胀率检测,合格后方可入库、使用;

2)水泥:应符合现行通用水泥国家标准,不得使用硫铝酸盐水泥、铁铝酸盐水泥和高铝水泥。

(2)掺膨胀剂混凝土的配合比设计应符合下列规定:

1)胶凝材料最少用量(水泥、膨胀剂和掺合料的总量)应符合表 4-47 的规定;

表 4-47 胶凝材料最少用量

膨胀混凝土种类	补偿收缩混凝土	填充用膨胀混凝土	自应力混凝土
胶凝材料最少用量(kg/m^3)	300	350	500

2)水胶比不宜大于0.5；

3)用于有抗渗要求的补偿收缩混凝土的水泥用量应不小于320kg/m^3，当掺入掺合料时，其水泥用量不应小于280kg/m^3；

4)补偿收缩混凝土的膨胀剂掺量不宜大于12%，不宜小于6%；填充用膨胀混凝土的膨胀剂掺量不宜大于15%，不宜小于10%；

5)以水泥和膨胀剂为胶凝材料的混凝土。设基准混凝土配合比中水泥用量为m_{C0}、膨胀剂取代水泥率为K，膨胀剂用量$m_E=m_{C0}\cdot K$，水泥用量$m_C=m_{C0}-m_E$；

6)以水泥、掺合料和膨胀剂为胶凝材料的混凝土，设膨胀剂取代胶凝材料率为K，设基准混凝土配合比中水泥用量为$m_{C'}$和掺合料用量为$m_{F'}$，膨胀剂用量$m_E=(m_{C'}+m_{F'})\cdot K$，掺合料用量$m_F=m_{F'}(1-K)$，水泥用量$m_C=m_{C'}(1-K)$。

(3)其他外加剂用量的确定方法：膨胀剂可与其他混凝土外加剂复合使用，应有较好的适应性，膨胀剂不宜与氯盐类外加剂复合使用，与防冻剂复合使用时应慎重，外加剂品种和掺量应通过试验确定。

(4)粉状膨胀剂应与混凝土其他原材料一起投入搅拌机，拌和时间应延长30s。

八、泵送剂

1. 品种

混凝土工程中，可采用由减水剂、缓凝剂、引气剂等复合而成的泵送剂。

2. 适用范围

泵送剂适用于工业与民用建筑及其他构筑物的泵送施工的混凝土；特别适用于大体积混凝土、高层建筑和超高层建筑混凝土；适用于滑模施工混凝土；也适用于水下灌注桩混凝土。

3. 施工

(1)泵送剂运到工地(或混凝土搅拌站)的检验项目应包括pH值、密度(或细度)、坍落度增加值及坍落度损失。符合要求后方可入库、使用。

(2)含有水不溶物的粉状泵送剂应与胶凝材料一起加入搅拌机中；水溶性粉状泵送剂宜用水溶解后或直接加入搅拌机中，应延长混凝土搅拌时间30s。

(3)液体泵送剂应与拌和水一起加入搅拌机中，溶液中的水应从拌和水中扣除。

(4)泵送剂的品种、掺量应按供货单位提供的推荐掺量和环境温度、泵送高度、泵送距离、运输距离等要求经混凝土试配后确定。

(5)掺泵送剂的泵送混凝土配合比设计应符合下列规定：

1)应符合《普通混凝土配合比设计规程》(JGJ 55—2000)、《混凝土结构工程施工质量验收规范》(GB 50204—2002)及《粉煤灰混凝土应用技术规范》(GBJ 146—1990)等；

2)泵送混凝土的胶凝材料总量不宜小于 300kg/m³；

3)泵送混凝土的砂率宜为 35%～45%；

4)泵送混凝土的水胶比不宜大于 0.6；

5)泵送混凝土含气量不宜超过 5%；

6)泵送混凝土坍落度不宜小于 100mm。

九、防水剂

1. 品种

(1)无机化合物类：氯化铁、硅灰粉末、锆化合物等。

(2)有机化合物类：脂肪酸及其盐类、有机硅表面活性剂(甲基硅醇钠、乙基硅醇钠、聚乙基羟基硅氧烷)、石蜡、地沥青、橡胶及水溶性树脂乳液等。

(3)混合物类：无机类混合物、有机类混合物、无机类与有机类混合物。

(4)复合类：上述各类与引气剂、减水剂、调凝剂等外加剂复合的复合型防水剂。

2. 适用范围

(1)防水剂可用于工业与民用建筑的屋面、地下室、隧道、巷道、给排水池、水泵站等有防水抗渗要求的混凝土工程。

(2)含氯盐的防水剂可用于素混凝土、钢筋混凝土工程，严禁用于预应力混凝土工程，并应符合有关规定。

3. 施工

(1)防水剂进入工地(或混凝土搅拌站)的检验项目应包括 pH 值、密度(或细度)、钢筋锈蚀，符合要求后方可入库、使用。

(2)防水混凝土施工应选择与防水剂适应性好的水泥。一般应优先选用普通硅酸盐水泥，有抗硫酸盐要求时，可选用火山灰质硅酸盐水泥，并经过试验确定。

(3)防水剂应按供货单位推荐掺量掺入，超量掺加时应经试验确定，符合要求后方可使用。

十、速凝剂

1. 品种

(1)在喷射混凝土工程中可采用的粉状速凝剂：以铝酸盐、碳酸盐等为主要成分的无机盐混合物等。

(2)在喷射混凝土工程中可采用的液体速凝剂：以铝酸盐、水玻璃等为主要成分，与其他无机盐复合而成的复合物。

2. 适用范围

速凝剂可用于采用喷射法施工的喷射混凝土，亦可用于需要速凝的其他混凝土。

第六节　商品混凝土

一、商品混凝土

1. 商品混凝土的特点及分类

商品混凝土是由水泥、骨料、水以及根据需要掺入的外加剂和掺合料等组分按一定比例，在集中搅拌站(厂)经计量、拌制后出售的，并采用运输车，在规定时间内运至使用地点的混凝土拌和物，也叫预拌混凝土。采用商品混凝土，有利于实现建筑工业化，对提高混凝土质量、节约材料、改善施工环境有显著的作用。

商品混凝土按使用要求分为通用品和特制品两类。

(1)通用品。通用品是指强度等级不超过C40、坍落度不大于150mm、粗骨料最大粒径不大于40mm，并无特殊要求的预拌混凝土。

通用品应按需要指明混凝土的强度等级、坍落度及粗骨料最大粒径，其值可在以下范围选取：

1)混凝土强度等级：C7.5，C10，C15，C20，C25，C30，C35，C40。

2)坍落度(mm)：25，50，80，100，120，150。

3)粗骨料最大粒径(mm)：不大于40mm的连续粒级或单粒级。

通用品根据需要应明确水泥的品种、强度等级，外加剂品种，混凝土拌和物的密度以及到货时的最高或最低温度。

(2)特制品。特制品是指超出通用品规定范围或有特殊要求的预拌混凝土。

特制品应按需要指明混凝土的强度等级、坍落度及粗骨料的最大粒径，强度等级和坍落度除按通用品规定的范围外，还可按以下范围选取：

1)强度等级：C45，C50，C55，C60。

2)坍落度(mm)：180，200。

特制品根据需要应明确水泥的品种、强度等级，外加剂品种，掺合料品种、规格，混凝土拌和物的密度，到货时的最高或最低温度，氯化物总含量限值含气量及对混凝土的耐久性、长期性或其他物理力学性能等的特殊要求。

(3)标记。商品混凝土根据分类及材料不同其标记符号如下：

通用品用A表示、特制品用B表示；粗骨料最大粒径，在所选定的粗骨料最大粒径值之前加大写字母GD；具体标记用其类别、强度等级、坍落度、粗骨料最大粒径和水泥品种等符号的组合表示，如BC30－180－GD10－P·I。

2. 商品混凝土的配合比、性能及质量要求

商品混凝土的生产必须根据施工方提出的要求，设计出既先进、合理又切实可行的混凝土拌和物配合比设计方案，但对坍落度的确定应考虑混凝土在运输过程中的损失值。在生产过程中严把质量关，严格进行原材料的抽样及复查检测工作，严格按照配合比进行生产，使各种原材料计量指标达到标准允许的偏差范围，

如果发现混凝土的坍落度、砂率等技术指标有偏差时应及时采取补救措施。混凝土原材料计量允许偏差不应超过表 4-48 的规定的范围。

表 4-48 混凝土原材料计量允许偏差

原材料品种	水泥	骨料	水	外加剂	掺合料
每盘计量允许偏差(%)	±2	±3	±2	±2	±2
* 累计计量允许偏差(%)	±1	±2	±1	±1	±1

注：* 累计计量允许偏差，是指每一运输车中各盘混凝土的每种材料计量和的偏差。该项指标仅适用于采用微机控制计量的搅拌站。

商品混凝土所用水泥应符合相应标准的规定，按品种和强度等级分别贮存，且应防止水泥结块和污染。商品混凝土的骨料、拌和用水和外加剂除应符合相关规定外，也应按品种、规格分别存放和放置，不得混杂以免污染影响质量。

商品混凝土的强度应符合商品混凝土强度检验标准的规定，坍落度一般为 80～180mm。送至现场的坍落度与规定坍落度之差不应超过表 4-49 的允许偏差。含气量与商品混凝土所要求的规定值之差不得超过 1.5%。氯化物含量不超过规定值或不超过表 4-50 的规定。

表 4-49 坍落度允许偏差 (单位：%)

规定的坍落度	≤40	50～90	≥100
允许偏差	±10	±20	±30

表 4-50 混凝土拌和物中氯化物(以 Cl^- 计)总含量的最高限值

结构种类	预应力混凝土及处于腐蚀环境中钢筋混凝土结构或构件中的混凝土	处于潮湿而不含有氯离子环境中的钢筋混凝土结构或构件中的混凝土	处于干燥环境或有防潮措施的钢筋混凝土结构或构件中的混凝土	素混凝土
混凝土拌和物中氯化物总含量最高限值(按水泥用量的百分比计)	0.06	0.30	1.00	2.00

3. 商品混凝土的搅拌、运输及检验

商品混凝土应采用固定式搅拌机，当采用搅拌运输车运送混凝土时，搅拌的最短时间应符合设备说明书的规定，采用翻斗车运送混凝土时，搅拌的最短时间也应符合有关规定。

商品混凝土在运输时，应保持混凝土拌和物的均匀性，不产生分层和离析现象。卸料时，运输车应能顺利地把混凝土拌和物全部排出。

翻斗车仅适用于运送坍落度小于80mm的混凝土拌和物，并应保证运送容器不漏浆，内壁光滑平整，具有覆盖设施。

当需要在卸料前掺入外加剂时，外加剂掺入后搅拌运输车快速搅拌的时间应由试验确定。

混凝土运送时，严禁在运输车筒内任意加水。通常情况下，普通商品混凝土的坍落度为80～180mm。为保证混凝土的和易性，要考虑温度的影响，尤其是夏季施工应采取相应的措施，运至工地的商品混凝土应在规定时间内浇筑完毕。在浇筑现场不得擅自加水或改变混凝土的坍落度（即水灰比值），如工地确有需要要求改变混凝土的坍落度时，则必须经施工方质量负责人签字方可。

混凝土的运送时间应满足工程的需要，采用搅拌运输车运送的混凝土，宜在1.5h内卸料；采用翻斗车运送的混凝土，宜在1.0h内卸料；当最高气温低于25℃时运送时间可延长0.5h。

商品混凝土送到施工现场时，应在现场取样，并有专人进行监督、签字。

商品混凝土检验的内容包括混凝土的强度、坍落度、含气量、氯化物总含量等质量指标，以判定混凝土质量是否合格。商品混凝土的质量检验包括出厂检验和交货检验。当判断混凝土质量是否符合要求时，强度、坍落度应以交货检验结果为依据；氯化物总含量可以以出厂检验结果为依据；其他检验项目应按有关规定进行。

运至工地的商品混凝土拌和物只是形成混凝土结构工程的半成品，其他的如施工时的振捣工艺，及时抹压和养护技术必须到位，从而使混凝土工程的质量得到充分的保证。

二、特殊混凝土

普通混凝土因表观密度大，保温、绝热、吸声、隔声的性能以及抗渗性能差等缺点，满足不了某些工程的使用要求。这里就水利水电工程上使用较多的轻混凝土、功能性混凝土和聚合物混凝土及其他常见混凝土予以介绍。

（一）轻混凝土

1. 轻骨料混凝土

凡用轻粗骨料、轻细骨料（或普通砂子）和水泥配制成的，其干表观密度不大于1950kg/m^{3}的混凝土称为轻骨料混凝土。配制轻骨料混凝土时，若采用轻粗细骨料的则称为全轻混凝土；若采用部分或全部普通砂作细骨料的，则称为砂轻混凝土。

(1)分类。

1)按细骨料品种分类。轻骨料混凝土按细骨料品种分为全轻混凝土和砂轻混凝土。前者粗、细骨料均为轻骨料，而后者粗骨料为轻骨料，细骨料全部或部分为普通砂。工程中以砂轻混凝土应用最多。

2)按粗骨料品种分类。轻骨料混凝土按粗骨料品种可分为工业废渣轻骨料混凝土、天然轻骨料混凝土和人造轻骨料混凝土三类。

3)按用途分类。轻骨料混凝土按其用途分为三类，见表 4-51。

表 4-51　　轻骨料混凝土按用途分类

类别名称	混凝土强度等级的合理范围	混凝土密度等级的合理范围	用　途
保温轻骨料混凝土	LC5.0	≤800	主要用于保温的围护结构或热工构筑物
结构保温轻骨料混凝土	LC5.0、LC7.5、LC10、LC15	800～1400	主要用于既承重又保温的围护结构
结构轻骨料混凝土	LC15、LC20、LC25、LC30 LC35、LC40、LC45、LC50、LC60	1400～1900	主要用于承重构件或构筑物

4)按轻骨料品种分类。轻骨料混凝土按轻骨料品种的分类见表 4-52。

表 4-52　　轻骨料混凝土按骨料品种分类

类　别	轻骨料品种	轻骨料混凝土		
		名　称	密度(kg/m³)	强度等级
天然轻骨料混凝土	浮　石 火山渣	浮石混凝土 火山渣混凝土	1200～1800	LC 15～LC 20
工业废料轻骨料混凝土	炉　渣 碎　砖 自燃煤矸石 膨胀矿渣珠	炉渣混凝土 碎砖混凝土 自燃煤矸石混凝土 膨珠混凝土	1600～1950	LC 20～LC 30
	粉煤灰陶粒	粉煤灰陶粒混凝土	1600～1800	LC 30～LC 40
人造轻骨料混凝土	膨胀珍珠岩	膨胀珍珠岩混凝土	800～1400	LC 10～LC 20
	页岩陶粒 黏土陶粒	页岩陶粒混凝土 黏土陶粒混凝土	800～1800	LC 30～LC 50
	有机轻骨料	有机轻骨料混凝土	400～800	LC 1.5～LC 7.5

(2)轻骨料混凝土的配合比设计。轻骨料混凝土配合比设计一般参照普通混

凝土配合比设计方法，经试验试配来确定。

1）配合比设计要求。除应满足和易性、强度、耐久性和经济性四项基本要求外，还要考虑到粗骨料的技术性质、附加用水量等因素。

2）配合比设计步骤：

①确定骨料的种类根据强度等级和表观密度定。

②水泥品种和强度等级的选择。配制轻骨料混凝土所用水泥品种和强度可按表 4-53 确定。

表 4-53　　轻骨料混凝土水泥品种、强度等级选用

混凝土强度等级	水泥品种	水泥强度(MPa)
LC 5.0 LC 7.5	火山灰质硅酸盐水泥 矿渣硅酸盐水泥 粉煤灰硅酸盐水泥 普通硅酸盐水泥	32.5
LC 10 LC 15 LC 20		32.5
LC 20 LC 25 LC 30		42.5
LC 30 LC 35 LC 40 LC 45 LC 50	矿渣硅酸盐水泥 普通硅酸盐水泥 硅酸盐水泥	52.5(或 62.5)

③水泥用量的确定。在保证轻骨料混凝土强度和耐久性要求的前提下，应防止表观密度过大，其合理水泥用量见表 4-54。

表 4-54　　轻骨料混凝土水泥用量

混凝土试配强度(MPa)	轻骨料混凝土水泥用量(kg/m³)						
	400	500	600	700	800	900	1000
<5.0	260～320	250～300	230～280				
5.0～7.5	280～360	260～340	240～320	220～300			
7.5～10		280～370	260～350	240～320			
10～15			280～350	260～340	240～330		

续表

混凝土试配强度(MPa)	轻骨料混凝土水泥用量(kg/m³)						
	400	500	600	700	800	900	1000
15～20			300～400	280～380	270～370	260～360	250～350
20～25				330～400	320～390	310～380	300～370
25～30				380～450	370～440	360～430	350～420
30～40				420～500	390～490	380～480	370～470
40～50					430～530	420～520	410～510
50～60					450～550	440～540	430～530

注:1. 表中横线以上是采用 42.5MPa 水泥时的水泥用量,横线以下是采用 52.5MPa 时水泥时的水泥用量。

2. 表中下限值适用于圆球形和普通型粗骨料,上限适用于碎石型轻骨料及全轻混凝土。

3. 最大水泥用量不准超过 550kg/m³。

④用水量和水灰比的确定。轻骨料混凝土的用水量包活净用水量和附加用水量两部分。附加用水量是指干燥的轻骨料 1h 的吸水量。每立方米轻骨料混凝土总用水量减去附加用水量为净用水量,又叫拌和用水量。净用水量应根据轻骨料混凝土要求的流动性、施工方法从表 4-55 确定。

表 4-55 轻骨料混凝土用水量

轻骨料混凝土用途	稠度		净用水量(kg/m³)
	维勃稠度(s)	坍落度(mm)	
预制构件及制品:			
(1)振动加压成型	10～20	—	45～140
(2)振动台成型	5～10	0～10	140～180
(3)振捣棒或平板振动器振实	—	30～80	165～215
现浇混凝土:			
(1)机械振捣	—	50～100	180～225
(2)人工振捣或钢筋密集	—	≥80	220～230

注:1. 本表适用圆球型和普通型粗骨料,对于碎石状轻骨料需按表中数值增加 10kg 左右用水量。

2. 表中值适用于轻砂混凝土,若采用轻砂时,需取轻砂 1h 的吸水率,如无此数据时,可适当增加用水量,最后按施工要求的流动性进行调整。

表 4-56 规定了轻骨料混凝土配合比设计时对最大水灰比和最小水泥用量的限制,这是保证混凝土耐久性所必需的。

表 4-56　轻骨料混凝土最大水灰比和最小水泥用量

混凝土所在环境条件	最大水灰比	最小水泥用量(kg/m³)	
		配筋混凝土	素混凝土
不受风雪影响的混凝土	不作规定	270	250
受风雪影响的露天混凝土;位于水中及水位升降范围内的混凝土和在潮湿环境内的混凝土	0.50	325	300
寒冷地区位于水位升降范围内的混凝土和受水压作用的混凝土	0.45	375	350
严寒地区位于水位升降范围内的混凝土	0.40	400	375

注:表中的寒冷地区是指月平均温度处于－15～－5℃者;严寒地区是指最冷的月份平均温度低于－15℃者。

⑤确定砂率。轻骨料混凝土的砂率是指混凝土中细骨料总体积与粗细骨料总体积之比,配合比设计时,可从表 4-57 中确定砂率值。

表 4-57　轻骨料混凝土砂率

轻骨料混凝土用途	细骨料品种	砂率(%)
预制构件	轻　砂	35～50
	普通砂	30～40
现浇混凝土	轻　砂	—
	普通砂	35～45

⑥确定骨料用量根据已确定的粗、细骨料的种类由表 4-58 中确定出粗、细骨料的总体积,然后再按砂率的大小分别计算出粗、细骨料的体积和质量。

表 4-58　轻骨料混凝土粗细骨料总体积

粗骨料类型	细骨料类型	粗细骨料总体积(m³)
圆球型	轻　砂	1.25～1.50
	普通砂	1.10～1.40
普通型	轻　砂	1.30～1.60
	普通砂	1.10～1.50
破碎型	轻　砂	1.35～1.65
	普通砂	1.10～1.60

轻骨料混凝土的初步配合比确立后，要同普通混凝土配合比设计一样，还要进行试配与调整，调整拌和物的和易性，复核混凝土的强度。

(3)轻骨料混凝土的技术性能。轻骨料混凝土拌和物的和易性及其试验方法基本上与普通混凝土相同。轻骨料混凝土的强度变化范围很大，影响强度的因素也较为复杂，除了与普通混凝土相同的因素以外，与轻骨料的本身强度高低、表观密度大小及其用量多少，都有很大的关系。

轻骨料混凝土的强度等级也是根据28d龄期、边长为150mm的立方体试块抗压强度划分的，共划分出LC 5.0、LC 7.5、LC 10、LC 15、LC 20、LC 25、LC 30、LC 35、LC 40、LC 45、LC 50、LC 55、LC 60十三个强度等级(符号“LC”表示轻骨料混凝土)。

轻骨料混凝土在荷载作用下的变形比普通混凝土大，弹性模量较小，约为同强度等级普通混凝土的50%～70%。收缩率比普通混凝土大20%～50%。

2. 多孔混凝土

多孔混凝土具有孔隙率大、体积密度小、热导率小等特点，可制成墙板、砌块和绝热制品，有承重和保温功能。据气孔产生的方法不同，有加气混凝土和泡沫混凝土之分。

(1)加气混凝土。加气混凝土是由水泥、石灰、含硅的材料(砂子、粉煤灰、高炉水淬矿渣、页岩等)按要求的比例经磨细并与加气剂(如铝粉)配合，经搅拌、浇筑、发气成型、静停硬化、切割、蒸压养护等工序所制成的一种轻质多孔的建筑材料。

1)加气混凝土的品种。加气混凝土的品种是根据其组成的原材料不同来划分的。目前，我国生产的加气混凝土主要有以下三种：

①水泥-矿渣-砂加气混凝土。这种混凝土是先将矿渣和砂子混合磨成浆状物，再加入水泥、发气剂、气泡稳定剂等配制而成。

②水泥-石灰-砂加气混凝土。将砂子加水湿润并磨细，生石灰干磨，再加入水泥、水及发泡剂配制而成。

③水泥-石灰粉煤灰加气混凝土。将粉煤灰、石灰和适量的石膏混合磨浆，再加入水泥、发泡剂配制而成。

2)加气混凝土产品、性能及应用。加气混凝土产品主要有板材和砌块两种类型，其规格见表4-59。

我国生产的加气混凝土表观密度范围在500～700kg/m^3，抗压强度为3.0～6.0MPa，导热系数因其内部含水率不同而异，一般含水率为0～30%时，导热系数为0.126～0.267W/(m·K)。

加气混凝土产品吸水性强，随着含水率的增加，强度会下降，保温、隔热的性能变差。从耐久性方面考虑，所用的制品表面不宜外露，一般都用抹灰层或其他装饰层加以保护。

表 4-59 蒸压加气混凝土制品

指标 \ 产品	屋面板	外墙板	隔墙板	砌 块
允许标准荷载(Pa)	1500	850		
长度(mm)	1800～1600	1500～6000	按设计要求	600
宽度(mm)	600	600	600	200、250、300、240、300
厚度(mm)	150、175、180、200、240、250	150、175、180、200、240、250	75、100、120、125	60、75、100、120、125、150、175、180、200、240、250

(2)泡沫混凝土。泡沫混凝土是普通硅酸盐水泥、砂、发泡剂和水拌和，经机械搅拌，注模成型、养护制成的一种轻混凝土制品。发泡剂主要是各种表面活性剂，如松香树脂、烷基磺酸盐饱和或不饱和脂肪酸钠、木质素磺酸盐等。发泡剂一般与稳定剂同时使用。常用的泡沫稳定剂为高分子物质。

泡沫混凝土多采用蒸汽养护和蒸压养护以缩短养护时间并提高强度。

(二)功能性混凝土

1. 防水混凝土

一般应用于有抗渗要求的混凝土。根据提高抗渗性的方法不同，防水混凝土有以下几种类型：

(1)普通防水混凝土：通过调整混凝土的配合比，来提高密实度和抗渗性的混凝土。一般情况下，其水灰比控制在 0.6 以内；水泥优先采用普通硅酸盐水泥，用量不小于 300kg/m^3，砂率不小于 35%，灰砂比不小于1∶2.5。

普通防水混凝土的抗渗等级可达到 P8～P25，抗渗性能良好。

(2)掺外加剂的防水混凝土：在混凝土拌和物中加入一定量的外加剂用以提高抗渗性的混凝土。根据外加剂的品种不同，分为引气剂防水混凝土、减水剂防水混凝土、三乙醇胺防水混凝土、氯化铁防水混凝土、膨胀水泥防水混凝土及膨胀剂防水混凝土。

2. 耐热混凝土

耐热混凝土是通过提高混凝土的耐热性，使长期在高温作用下的混凝土能保持其使用性能的混凝土。胶凝材料可采用硅酸盐水泥、铝酸盐水泥等；骨料可采用矿渣、耐火黏土砖或普通烧结黏土砖碎块、玄武岩、烧结镁砂等。耐热混凝土适用于有耐热要求的工程如高炉、热工设备基础等。

3. 耐酸混凝土

采用耐酸的胶凝材料及骨料制成的用以抵抗酸的渗入和侵蚀的混凝土称为耐酸混凝土。目前常用的是水玻璃混凝土，它是由水玻璃、氟硅酸钠、耐酸粉料(石英粉或铸石粉)、耐酸骨料(石英砂或花岗岩碎石等)按一定比例配制而成。可抵抗一般有机酸、无机酸的侵蚀。

4. 纤维混凝土

在混凝土中掺入短纤维以提高混凝土的抗冲击性能的混凝土称为纤维混凝土。纤维按变形性能分为高弹性模量纤维和低弹性模量纤维。纤维的长径比通常为70～120，掺入的体积率为0.3%～8%。纤维混凝土主要用于有抗冲击要求的工程。

(三)聚合物混凝土

聚合物混凝土是一种混凝土中部分或全部水泥被聚合物代替的新型建筑材料。对提高混凝土的密实度、抗拉强度、抗压强度有显著作用。并且增强混凝土的黏结力及耐磨和耐腐蚀能力。按组成及生产工艺，聚合物混凝土可分为聚合物水泥混凝土、聚合物浸渍混凝土、聚合物胶结混凝土。

1. 聚合物水泥混凝土(PCC)

聚合物水泥混凝土是在普通混凝土拌和物搅拌时掺入一定量的有机聚合物配制而成。聚合物一般多采用环氧树脂、聚醋酸乙烯酯、天然或合成橡胶乳液等，以乳液状或悬浮浮液状掺入混凝土拌和物中，掺量占水泥质量的5%～20%。它是以聚合物和水泥共同作胶结材料黏结骨料，对混凝土的抗弯强度、抗渗性、黏结力、耐磨性、耐蚀性和抗冲击韧性均有明显改善。

聚合物水泥混凝土主要用于铺设无缝地面、机场跑道面层以及水或石油的贮池等。

2. 聚合物浸渍混凝土(PIC)

聚合物浸渍混凝土是将已硬化的混凝土，经真空处理并干燥后浸入以树脂为原料的液态有机单体中，然后用加热或辐射的方法使混凝土中单体聚合，使混凝土和聚合物形成一个整体。聚合物浸渍混凝土的抗渗性、抗冻性、耐磨性、耐蚀性、抗冲击性及强度有明显提高，其抗压强度比普通混凝土提高2～4倍。掺在混凝土中的有机单体有苯乙烯、甲基丙烯酸甲酯等。

聚合物浸渍混凝土主要用于要求高强度、高耐久性的特殊工程结构中，如耐高压的输液、输气管道、液化气储罐等。

3. 聚合物胶结混凝土(PC)

聚合物胶结混凝土又称树脂混凝土。是用合成树脂或单体作为胶结材料代替水泥石的混凝土。由于这种混凝土中完全不使用水泥，也称为塑料混凝土。胶结材料由液态低聚物、固化剂和粉砂填料组成。具有较高的强度、密度、黏结力、耐磨性和化学稳定性，变形较大、耐热性差。

聚合物胶结混凝土主要用于制造需抵抗有害介质的构件，在装配式建筑的板材、桩等预制构件中也得到广泛的应用。

三、新型混凝土

（一）高强混凝土

凡强度等级为 C60 及其以上的混凝土为高强混凝土。获得方法应采取以下技术措施：

1. 合理选择原材料，并严格控制质量

水泥应符合国家标准的规定，采用硅酸盐水泥或普通硅酸盐水泥，强度等级不低于 42.5MPa。水泥使用前必须抽样重测标准稠度加水量、凝结时间、体积安定性和强度四项技术指标，并确保合格。

砂子应选用细度模数大于 2.6 的中砂、河砂，其含泥量应不大于 2%，泥块含量应不大于 0.5%。砂子使用前要重测洁净度和级配状况，并确保合格。

石子应根据混凝土强度等级确定最大粒径，当混凝土强度等级为 C60 时，石子最大粒径应不大于 31.5mm；当混凝土强度等级高于 C60 时，石子最大粒径应不大于 25mm。另外，石子的几何形状属于针片状的颗粒含量应不大于 5.0。含泥量应不大于 0.5%，泥块含量应不大于 0.2%。石子使用前同样要抽样送验，重测洁净度、级配和压碎指标，并确保三项指标合格。

外加剂应掺入高效减水剂，并要按规定的掺量由专人负责进行。

2. 严格进行配合比的设计与调试

按普通混凝土配合比设计规程进行设计和调试，要保证水泥用量不大于 550kg/m³，外掺矿物料不超过 50kg/m³。试配调整使用的配合比一个应为基准配合比，另两个配合比中的水灰比，应较基准配合比分别增加和减少 0.02～0.03。设计配合比确定后，应重复 6 次试验，验证其强度平均值应不低于配制强度。

3. 其他技术环节

混凝土搅拌时间应不低于 60s，确保混凝土达到匀质状态的质量。应根据检测的坍落度结果，按砂、石含水率的变化随时调整混凝土拌和水。混凝土浇筑后要加强养护，冬期施工要注意严格保温、夏期施工混凝土构件表面要及时覆盖塑料薄膜或在构件表面喷涂养护液。

（二）高性能混凝土（HPC）

高性能混凝土有高工作性、高强度、体积稳定性和高耐久性等性质。

（1）高工作性能的混凝土是指混凝土在搅拌、运输和浇筑时具有良好流变特性和大的流动性（坍落度在 200mm 以上），但不离析、不泌水，施工时能达到自流平，坍落度损失小，可泵性好。

(2)高强度是高性能混凝土的主要特点，但同时应该指出强度较低的高性能混凝土不等于不具有高性能。高性能混凝土应达到多高的强度，国际标准无统一规定，我国认定应在C50级以上。

(3)体积稳定性是说高性能混凝土在硬化过程中体积稳定、水化过程放热低、混凝土产生的温差应力小、不开裂和干燥收缩小，硬化后具有致密的结构，在荷载作用下不易产生裂缝。

(4)高耐久性是说高性能混凝土具备高的抗渗性、抗冻性、抗蚀性和抗碳化性。由于高性能混凝土结构致密，所以抗渗性能好；并能有效地抵抗硫酸盐等有害介质的侵蚀；对碱-骨料反应有抑制作用，使混凝土即使在较恶劣的环境中使用也具有较长的寿命。

我国对混凝土的使用寿命提出应在50年以上，发达国家设计混凝土使用寿命要求在100年甚至200年以上。

(三)绿色高性能混凝土(GHPC)

绿色高性能混凝土主要具有下列特点：

(1)最大限度地发挥高性能混凝土的优势，减少构筑物的水泥与混凝土的用量，减小结构截面尺寸，减轻建筑物自重，提高耐久性，延长建筑物的安全使用期，让材料和工程的功能得以充分发挥。

(2)少用水泥熟料，多用工业废渣作为外掺料，以减少温室二氧化碳气体对大气的污染，降低资源和能源的消耗。科学实验证明，超细活性矿物掺合料可以替代60%～80%的水泥熟料，逐渐地让水泥熟料变成胶凝材料中的“外掺料”。

(3)为保持混凝土工业的可持续发展，加工混凝土除了使用粉煤灰、矿渣外，还要尽可能多地使用工业废料，以减少污染。城市拆迁中出现的混凝土碎渣、砖、瓦等，都是经过煅烧的黏土渣，以粉状形式掺入混凝土中，都具有较好的化学活性。

第七节 砂 浆

砂浆由胶结料、细骨料、掺加料和水配制而成的工程材料，在水利水电工程中起黏结、衬垫和传递力的作用。

(1)按胶凝材料可分为：水泥砂浆、石灰砂浆和混合砂浆等。

(2)按用途可分为：砌筑砂浆、抹灰(面)砂浆和防水砂浆。

(3)按堆积密度可分为：重质砂浆和轻质砂浆等。

(4)按生产工艺可分为：传统砂浆、预拌砂浆和干粉砂浆等。

一、砌筑砂浆

(一)材料的组成及应用要求

将砖、砌块、石等黏结成为砌体的砂浆称为砌筑砂浆。

砌筑砂浆宜用水泥砂浆或水泥混合砂浆。水泥砂浆是由水泥、细骨料和水配制而成的砂浆。水泥混合砂浆是由水泥、细骨料、掺加料和水配制成的砂浆。

1. 胶结料

胶结料宜用普通硅酸盐水泥，也可用矿渣硅酸盐水泥。水泥强度等级应根据砂浆强度等级进行选择。水泥砂浆及水泥混合砂浆采用的水泥强度等级，不宜大于42.5级。严禁使用废品水泥。

2. 细骨料

细骨料宜用中砂，毛石砌体宜用粗砂。砂的含泥量不应超过5%。强度等级为M2.5的水泥混合砂浆，砂的含泥量不应超过10%。人工砂、山砂及特细砂，经试配能满足砌筑砂浆技术条件时，含泥量可适当放宽。砂应过筛，不得含有草根等杂物。

3. 掺加料

(1)石灰膏。块状生石灰熟化成石灰膏时，应用孔洞不大于3mm×3mm的网过滤，熟化时间不得少于7d；对于磨细生石灰粉，其熟化时间不得少于2d。沉淀池中贮存的石灰膏，应采取防止干燥、冻结和污染的措施。严禁使用脱水的硬化石灰膏。

(2)黏土膏。采用黏土或亚黏土制备黏土膏时，宜用搅拌机加水搅拌，通过孔洞不大于3mm×3mm的网过筛。黏土中的有机物含量用比色法鉴定应浅于标准色。

(3)磨细生石灰粉。其细度用0.080mm筛的筛余量不应大于15%。

(4)电石膏。制作电石膏的电石渣应经20min加热至70℃，无乙炔气味时方可使用。

(5)粉煤灰。可采用Ⅲ级粉煤灰。

(6)有机塑化剂。砌筑砂浆中所掺入的微沫剂等有机塑化剂，应经砂浆性能试验合格后，方可使用。

4. 水

拌制砂浆应采用不含有害物质的洁净水或饮用水。

5. 材料用量

每1m³ 水泥砂浆中材料用量见表4-60和表4-61。

表4-60　每1m³ 水泥砂浆材料用量

强度等级	每1m³ 砂浆水泥用量(kg)	每1m³ 砂浆砂子用量(kg)	每1m³ 砂浆用水量(kg)
M2.5～M5	200～230	1m³ 砂子的堆积密度值	270～330
M7.5～M10	220～280		
M15	280～340		
M20	340～400		

表 4-61　**每 1m³ 混合砂浆材料用量**

强度等级	每 1m³ 砂浆水泥用量(kg)	每 1m³ 砂浆砂子用量(kg)	每 1m³ 砂浆石灰膏用量(kg)	每 1m³ 砂浆用水量(kg)
M2.5	120～130	1430～1480	110～130	240～310
M5	170～190	1430～1480	100～110	
M7.5	210～230	1430～1480	70～100	
M10	260～280	1430～1480	40～70	

在按表 4-60 和表 4-61 选用砂浆各材料用量时，应注意到：表中水泥强度等级为 42.5 级，大于 42.5 级水泥用量宜取下限；根据施工水平合理选择水泥用量；当采用细砂或粗砂时，用水量分别取上限或下限；稠度小于 70mm 时，用水量可取下限；施工现场气候炎热或干燥季节，可酌量增加用水量。

(二)砌筑砂浆的技术性质

砂浆应满足砂浆品种和强度等级要求的和易性并应具有足够的黏结力。

1. 和易性

砂浆的和易性包括稠度和保水性两方面。

(1)稠度。稠度又称流动性，是指新拌砂浆在自重或外力作用下流动的性能，用沉入度表示。

砂浆稠度的大小是以砂浆稠度测定仪的标准圆锥沉入砂浆内深度的“mm/mm”数表示。圆锥沉入的深度越深，表明砂浆的流动性越大。砂浆的流动性不能过大，否则强度会下降，并且会出现分层、析水的现象；流动性过小，砂浆偏干，不便于施工操作，灰缝不易填充。

影响砂浆流动性的主要因素有：所有胶凝材料的品种与数量、掺合料的品种与数量、砂子的粗细与级配状况、用水量及搅拌时间等。当砂浆的原材料确定后，流动性的大小主要取决于用水量，因此，施工中常以用水量的多少来调整砂浆的稠度。

砌筑砂浆的稠度可根据砌体种类从表 4-62 中选定。

表 4-62　**砌筑砂浆的稠度**

砌体种类	砂浆稠度(mm)
烧结普通砖砌体	70～90
轻骨料混凝土小型空心砌块砌体	60～90
烧结多孔砖、空心砖砌体	60～80
烧结普通砖平拱式过梁、空斗墙、筒拱、普通混凝土小型空心砌块砌体、加气混凝土砌块砌体	50～70
石砌体	30～50

(2)保水性。砂浆的保水性系指砂浆能保存水分的能力。用“分层度”来表示。

砂浆拌和物中的骨料因自重下沉时,水分相对要离析而上升,造成上下层稠度的差别,这种差别称为分层度,它是表示砂浆保水性好坏的技术指标,可用砂浆分层度测筒进行测定。

《砌筑砂浆配合比设计规程》(JGJ 98—2000)规定:砌筑砂浆的分层度应控制在30mm以内。分层度大于30mm,砂浆容易产生泌水、分层或水分流失过快等现象而不便于施工操作;但分层度过小砂浆过于干稠,也影响操作和工程质量。

砌筑砂浆的保水性要求随基底材料的种类(多孔的,或密实的)、施工条件和气候条件而变。提高砂浆的保水性常采取掺入适量的有机塑化剂或微沫剂的方法,不采取提高水泥用量的方法。

2. 强度

硬化后的砂浆应具有足够的抗压强度,砂浆的强度等级就是根据其抗压极限强度来划分的。它以边长为70.7mm的立方体试件,一组6个,按规定的方法成型并经标准养护28d后,测得的抗压强度平均值来表示。根据《砌筑砂浆配合比设计规程》(JGJ 98—2000)的规定,砌筑砂浆的强度可分为M20、M15、M10、M7.5、M5.0和M2.5六个强度等级,例如,M7.5表示砂浆28d的抗压强度不低于7.5MPa。

影响砌筑砂浆强度的因素很多,如水泥的强度、水泥用量、水灰比、砂子质量等,但最主要的影响因素是所砌筑的基层材料的吸水性。

3. 黏结力

砂浆与砌筑材料黏结力的大小,会直接影响到砌体的强度、耐久性和抗震性能。通常情况下,砂浆的抗压强度越高,与砌筑材料的黏结力也越大。砂浆与砌筑材料的黏结状况也与砌筑材料表面的状态、洁净程度、湿润状况、砌筑操作水平以及养护条件等因素有着直接关系。

4. 变性性能

砂浆在承受荷载或温度变化时,容易变形。变形过大或变形不均匀,都会引起砌体沉陷或出现裂缝。

(三)砌筑砂浆的配合比

1. 配合比计算

(1)砌筑砂浆配合比的确定,应按下列步骤进行:

1)计算砂浆试配强度 $f_{m,0}$(MPa)。

2)计算每 $1m^3$ 砂浆中的水泥用量 Q_C(kg/m^3)。

3)按水泥用量 Q_C 计算掺加料用量 Q_D(kg/m^3)。

4)确定砂用量 Q_S(kg/m^3)。

5)按砂浆稠度选用用水量 Q_W(kg/m^3)。

6)进行砂浆试配。

7)配合比确定。

(2)砌筑砂浆的配制强度,可按下式确定:

$$f_{m,0}=f_2+0.645\sigma \tag{4-18}$$

式中　$f_{m,0}$——砂浆的试配强度,计算时精确至0.1MPa;

f_2——砂浆设计强度(即砂浆抗压强度平均值),精确至0.1MPa;

σ——砂浆现场强度标准差,精确至0.01MPa。

(3)砌筑砂浆现场强度标准差应按下式或表4-63确定:

$$\sigma=\sqrt{\frac{\sum_{i=1}^{n}f_{m,i}^2-N\mu_{fm}^2}{N-1}} \tag{4-19}$$

式中　$f_{m,i}$——统计周期内同一品种砂浆第i组试件的强度(MPa);

μ_{fm}——统计周期内同一品种砂浆N组试件强度的平均值(MPa);

N——统计周期内同一品种砂浆试件的总组数,$N\geqslant25$。

当不具有近期统计资料时,其砌筑砂浆现场强度标准差σ可按表4-63取用。

表4-63　砌筑砂浆强度标准差σ选用值　(单位:MPa)

施工水平＼砂浆强度等级	M2.5	M5.0	M7.5	M10.0	M15.0	M20.0
优　良	0.50	1.00	1.50	2.00	3.00	4.00
一　般	0.62	1.25	1.88	2.50	3.75	5.00
较　差	0.75	1.50	2.25	3.00	4.50	6.00

(4)水泥用量的计算应符合下列规定:

1)每$1m^3$砂浆中的水泥用量,应按下式计算:

$$Q_C=\frac{1000(f_{m,0}-\beta)}{\alpha\cdot f_{ce}} \tag{4-20}$$

式中　Q_C——每$1m^3$砂浆的水泥用量(kg/m^3);

$f_{m,0}$——砂浆的试配强度(MPa);

f_{ce}——水泥的实测强度,精确至0.1MPa;

α、β——砂浆的特征系数,其中$\alpha=3.03$,$\beta=15.09$。

注:各地区也可用本地区试验资料确定α、β值,统计用的试验组数不得少于30组。

2)在无法取得水泥的实测强度值时,可按下式计算f_{ce}:

$$f_{ce}=\gamma_c\cdot f_{ce,k} \tag{4-21}$$

式中　$f_{ce,k}$——水泥商品强度等级对应的强度值;

γ_c——水泥强度等级值的富余系数，该值应按实际统计资料确定。无统计资料时 γ_c 取 1.0。

(5)水泥混合砂浆的掺加料用量应按下式计算：

$$Q_D = Q_A - Q_C \tag{4-22}$$

式中 Q_D——每 $1m^3$ 砂浆的掺加料用量(kg/m^3)；

Q_C——每 $1m^3$ 砂浆的水泥用量(kg/m^3)；

Q_A——每 $1m^3$ 砂浆中胶结料和掺加料的总量(kg/m^3)；一般应在 300～350kg/m^3 之间。

石灰膏不同稠度时，其换算系数可按表 4-64 进行换算。

表 4-64　　石灰膏不同稠度时的换算系数

石灰膏稠度(mm)	120	110	100	90	80	70	60	50	40	30
换算系数	1.00	0.99	0.97	0.95	0.93	0.92	0.90	0.88	0.87	0.86

(6)每 $1m^3$ 砂浆中的砂子用量，应以干燥状态(含水率小于 0.5%)的堆积密度值作为计算值，单位以 kg/m^3 计。

(7)每 $1m^3$ 砂浆中的用水量，可根据经验或按表 4-65 选用。

表 4-65　　每 $1m^3$ 砂浆中用水量选用值

砂浆品种	混合砂浆	水泥砂浆
用水量(kg/m^3)	260～300	270～330

注：1. 混合砂浆中的用水量，不包括石灰膏或黏土膏中的水；
2. 当采用细砂或粗砂时，用水量分别取上限或下限；
3. 稠度小于 70mm 时，用水量可小于下限；
4. 施工现场气候炎热或干燥季节，可酌量增加水量。

2. 配合比试配、调整与确定

(1)试配时应采用工程中实际使用的材料；搅拌方法应与生产时使用的方法相同。

(2)按计算配合比进行试拌，测定其拌和物的稠度和分层度，若不能满足要求，则应调整用水量或掺加料，直到符合要求为止。然后确定为试配时的砂浆基准配合比。

(3)试配时至少应采用三个不同的配合比，其中一个为按上述第(2)条得出的基准配合比，另外两个配合比的水泥用量按基准配合比分别增加及减少 10%，在保证稠度、分层度合格的条件下，可将用水量和掺加料用量作相应调整。

(4)三个不同的配合比，经调整后，应按国家现行标准《建筑砂浆基本性能试验方法》的规定成型试件，测定砂浆强度等级；并选定符合强度要求的且水泥用量较少的砂浆配合比。

(5)砂浆配合比确定后，当原材料有变更时，其配合比必须重新通过试验确定。

二、抹面砂浆

抹面砂浆又称抹灰砂浆，主要是以薄层抹于建筑物的墙体、顶棚等部位的底层、中层或面层，对建筑物起到保护、增强耐久性和表面装饰的作用。为便于施工和保证抹灰质量，要求抹灰砂浆有较好的和易性和黏结能力。因此抹灰砂浆胶凝材料(包括掺合料)的用量要比砌筑砂浆胶凝材料的用量多。为保证抹灰质量表面平整，避免干缩裂缝、脱落，施工时一般分两层或三层抹灰，根据各层抹灰要求的不同，所用砂浆和材料也不相同。

1. 材料组成及各抹灰层用途

一般抹面砂浆的功能是保护建筑物不受风、雨、雪和大气中有害气体的侵蚀，提高砌体的耐久性并使建筑物保持光洁，增加美观。

一般抹灰砂浆所用材料主要有水泥、石灰、石膏、黏土及砂等。

水泥多为普通硅酸盐及矿渣硅酸盐水泥。石灰为熟石灰，且得含有未熟化颗粒。通常是将生石灰熟化 15d 后过筛而得。石膏应为磨细石膏，且应满足建筑石膏的凝结时间要求。黏土应为砂黏土，砂最好为中砂，其细度模数为 3.0～2.3，也可用中砂、粗砂混合物及膨胀珍珠岩砂等。

抹灰砂浆中有时还掺入麻丝，其长度为 2～3cm。

各层抹灰砂浆的组成材料及用途见表 4-66。

表 4-66　　各层抹灰砂浆的材料组成及用途

层次名称	使用砂浆种类	用　途	备　注
底层 (3mm)	砖墙基层：石灰或水泥砂浆 混凝土基层：混合或水泥砂浆 板条、苇箔基层：麻刀灰或纸筋灰 金属网基层：麻刀灰(适加水泥)	起黏结拌和作用	有防水、防潮要求时，应采用水泥砂浆打底
中层 (5～13mm)	与底层相同	起找平作用	分层或一次抹成
面层 (2mm)	室内：麻刀灰、纸筋灰 室外：各种水泥砂浆，水泥拉毛灰和各种假石	起装饰作用	面层镶嵌材料有大理石、预制水磨石、瓷板、瓷砖等

2. 性能要求

抹面(灰)砂浆的稠度和细骨料的最大粒径，根据抹灰层次不同有如下要求：

底层抹灰稠度为 100～120mm，砂的最大粒径为 2.6mm；中层抹灰的稠度为

70～90mm,砂的最大粒径为2.6mm;面层抹灰的稠度为70～80mm,砂的最大粒径为1.2mm。

3. 配合比

一般抹面砂浆的配合比与砌筑砂浆不同之处在于抹灰砂浆的主要要求不是抗压强度,而是与基层材料的黏结拌和强度,因而胶凝材料及掺合料的用量要比砌筑砂浆多。

抹面砂浆有外墙使用和内墙使用两种。为保证抹灰层表面平整,避免开裂与脱落,施抹时通常分底层、中层和面层三个层次涂抹。各层砂浆的稠度和砂子的最大粒径见表4-67。

表4-67　抹面砂浆材料稠度及砂的最大粒径

抹面砂浆层次	沉入度(mm)	砂的最大粒径(mm)
底　层	100～120	2.5
中　层	70～90	2.5
面　层	70～80	1.2

抹面砂浆的配合比一般采取体积比,抹灰工程中常用的配合比见表4-68。

表4-68　各种抹面砂浆配合比参考表

材　　料	配合比(体积比)	应用范围
石灰∶砂	1∶3	用于砖石墙面打底找平(干燥环境)
石灰∶砂	1∶1	墙面石灰砂浆面层
石灰∶黏土∶砂	1∶1∶(4～8)	干燥环境墙表面
石灰∶石膏∶砂	1∶0.4∶2～1∶1∶3	用于非潮湿房间的墙及天花板
石灰∶石膏∶砂	1∶2∶(2～4)	用于非潮湿房间的线脚及其他装饰工程
石灰膏∶麻刀	100∶2.5(质量比)	木板条顶棚底层
石灰膏∶麻刀	100∶1.3(质量比)	木板条顶棚面层
石灰膏∶纸筋	100∶3.8(质量比)	木板条顶棚面层
石灰膏∶纸筋	$1m^3$石灰膏 掺3.6kg纸筋	较高级墙面及顶棚

续表

材　料	配合比(体积比)	应用范围
水泥∶砂	1∶(2.5～3)	用于浴室、潮湿车间等墙裙、勒脚或地面基层
水泥∶砂	1∶(1.5～2)	用于地面、天棚或墙面面层
水泥∶砂	1∶(0.5～1)	用于混凝土地面随时压光
水泥∶石灰∶砂	1∶1∶6	内外墙面混合砂浆打底层
水泥∶石灰∶砂	1∶0.3∶3	墙面混合砂浆面层
水泥∶石膏∶砂∶锯末	1∶1∶3∶5	用于吸声粉刷
水泥∶白石子	1∶(1～2)	用于水磨石(打底用1∶2.5水泥砂浆)
水泥∶白石子	1∶1.5	用于剁假石[打底用1∶(2～2.5)水泥砂浆]

三、防水砂浆

制作防水层的砂浆称为防水砂浆，它具有防潮、防渗作用，是一种刚性防水层。适用于地下室、水池、管道、坝堤、隧道、沟渠及屋面以及具有一定刚度的砖、石或混凝土工程的施工部位。对于变形较大或可能发生不均匀沉降的建筑物不宜采用。

1. 材料配制要求

(1)采用级配良好的砂子和提高水泥用量，一般采用1∶2～1∶3的灰砂比。

(2)采用具有特殊性能的膨胀水泥和微膨胀水泥。

(3)施工时采用较为先进快速的喷浆法，利用每秒100m高压空气的高速、高压喷射速度，将砂浆喷射到建筑物表面。

(4)掺加各种防水和防渗外加剂，以提高砂浆强度和抗渗防水性能。

使用防水砂浆做刚性防水层时，一般要抹两道防水砂浆和一道防水净浆。

2. 防水砂浆的配合比

常用防水砂浆、防水净浆的配合比见表4-69。

表4-69　　常用防水砂浆、防水净浆配合比

种　类	材　料	配合比
氯化物金属盐类防水剂砂浆	防水剂∶水∶水泥∶砂	1∶6∶8∶3(体积比)
氯化物金属盐类防水剂净浆	防水剂∶水∶水泥	1∶6∶8(体积比)
金属皂类防水剂砂浆	水泥∶砂	1∶2，防水剂用量为水泥重量的1.5%～5%(体积比)

续表

种　类	材　料	配合比
氯化铁防水剂砂浆(用于底层)	水泥：砂：防水剂	1：2：0.03(重量比)
氯化铁防水剂砂浆(用于面层)	水泥：砂：防水剂	1：2.5：0.03(重量比)
氯化铁防水剂净浆	水泥：砂：防水剂	0.6：1：0.03(重量比)

3. 适用范围

防水砂浆适用于埋置深度不大、不受振动和具有一定刚度的地上及地下防水工程。

目前国内已采用在普通砂浆内掺入聚合物配制聚合物防水砂浆，在地下工程防渗、防潮及某些有特殊气密性要求的工程中已取得成效。

第五章　岩土材料

第一节　土的组成与构造

一、土的组成特性

1. 土的形成

(1)风化作用。自然界的岩石每时每刻都在经历着风化作用,其风化作用包括物理风化、化学风化和生物风化作用。岩石风化后变成碎块、碎屑、颗粒状态(即崩解、破碎),同时还发生质变,即矿物成分发生变化。岩石风化的产物再经过各种自然力的搬运,在新的环境中形成沉积或堆积,由于时间经历短,固结压密和胶结作用还不够,故未固结,不具备成岩条件而呈松散的颗粒状态,其中含有水和气体,这时就形成了土。依据第四纪沉积的大环境,可将土分为陆相沉积和海相沉积两大类。这里的"相"就是沉积环境,即当年沉积物形成时的自然地理环境。

(2)陆相沉积作用。

1)残积层。岩石风化后的产物未经自然力的搬运,残留在原地并具有一定的厚度叫残积层(土)。

2)坡积层。岩石风化后的产物,由于受到雨水、融雪水的冲刷或重力作用,经短途搬运,在缓山坡地带或在山脚下堆积下来,叫坡积层。

3)洪积层、泥石流、冰川堆积物。

①洪积层。主要是在干旱、半干旱气候特征区,由夏秋暴雨洪流携带大量泥砂、砾石、杂物等在山区运行,洪流冲出山口后在山麓地带迅速扩展并继续向前延伸形成的洪水沉积物。在洪积层根据面积大小可分为洪积扇、洪积扇群、洪积平原。

②泥石流堆积。泥石流是泥流、泥石流、水石流的总称,由山洪暴发形成,常伴随大规模山崩及滑坡,是山区常常遇到的地质灾害之一,是一种含有大量固体物质的特殊洪流。

③冰川堆积物。冰川沿着沟谷缓慢地向下滑动,对其滑床有很大的剥蚀、磨蚀作用,其中还裹挟着残积层、坡积层、崩塌、滑坡等堆积物,待冰川下滑到一定的高度,气温变暖、冰川融化后留下的岩土混杂堆积物称为冰川堆积物或冰碛物。

4)河流冲积层。河流的地质作用是改变地表状况、地形地貌的最主要的地质作用之一。河水有很大的能量,对地层产生侵蚀、搬运作用,被搬运的碎屑、颗粒物质在新的地方又沉积、堆积下来,称为河流冲积层。

5)湖积层。湖相沉积物的物质来源主要是流入湖中的河流携带的泥沙和湖水对岸边的侵蚀,还有一些生物遗体。在湖中的静水沉积环境下,泥沙和生物遗体一起沉积，形成湖泥(淤泥)、泥炭和生物化学沉积。

6)风积层。风是一种自然力，在一定的环境、植被、气候、地层、风力等条件下，风力也有侵蚀、剥蚀、搬运、沉积等地质作用。

(3)海相沉积作用。在海洋环境中形成的沉积称海相沉积。海相沉积可分为：滨海及泻湖沉积、浅海沉积、深海沉积。滨海地带自陆地延至水下缓坡地带，这一带常是海陆相交带，有深厚的淤泥沉积，近岸处常形成纯净的砂海滩及海滨沙丘。浅海沉积指自低潮带至水下深度小于200m的水域，这一带称为大陆架。该区域都是细粒沉积，大陆架之外就是深海沉积了。海底的地形地貌也像陆地的地形地貌一样复杂。深海沉积主要是黏土、淤泥质土、海洋生物遗骸和黏土混杂生成的生物软泥，还有宇宙尘埃、锰铁结核等。

2. 土的固体颗粒特征

(1)粒度、粒径和粒组划分。土颗粒的大小称为粒度。土颗粒的形状、大小各异，但都可以将土颗粒的体积化作一个当量的小球体，据此可算得当量小球体的直径，称为当量粒径，简称粒径，并可根据粒径大小对颗粒进行分类定名。工程经验表明，颗粒粒径相近时，其工程性质也相近，所以工程上把土颗粒按粒径大小划分为若干组，称为粒组，表5-1是土木工程界粒组划分的常用方法。

表5-1　颗粒名称及粒组划分

分　类	颗粒名称	粒组及粒(mm)
漂石或块石颗粒		>200
卵石或碎石颗粒		200～60
圆砾或角砾颗粒	粗　粒	60～20
	中　粒	20～5
	细　粒	5～2
砂　粒	粗砂粒	2～0.5
	中砂粒	0.5～0.25
	细砂粒	0.25～0.1
	粉砂粒	0.1～0.05
粉　粒	粗粉粒	0.05～0.01
	细粉粒	0.01～0.005
黏　粒	黏　粒	<0.005
	胶　粒	<0.002

(2)颗粒分析。

1)颗粒分析就是确定颗粒粒组和粒径。根据工程经验，粒径大于0.1mm(或0.074mm，0.075mm)的颗粒称为粗颗粒，粒径小于0.1mm(或0.074mm，

0.075mm)的颗粒称为细颗粒。粗颗粒用筛分法进行颗粒分析，细颗粒(包括粉砂粒、粉粒和黏粒、胶粒)不能用筛分法，应根据土粒在水中均匀下沉时的速度与粒径关系的斯托克斯(Stokes)定律，应用密度计法(旧称比重计法)或移液管法进行颗粒分析。

2)表达颗粒分析结果的曲线称为粒径级配曲线。如图 5-1 所示是三组土试样的粒径级配曲线。它是粗、细粒土颗粒分析结果的平滑组合曲线。曲线的竖轴表示小于某粒径的土重含量的百分比、曲线的横轴表示粒径的常用对数值，这种特征曲线称为半对数曲线。为了定量表示粒径级配曲线的特征及其工程意义，工程上使用两个系数。

$$C_u = \frac{d_{60}}{d_{10}} \tag{5-1}$$

$$C_c = \frac{d_{30}^2}{d_{60}d_{10}} \tag{5-2}$$

C_u 称为粒径级配不均匀系数，表示曲线的斜率即曲线陡与缓情况，曲线很缓时表示颗粒分布范围很大，C_u 值也大；相反，曲线很陡时表示颗粒分布范围较小，C_u 值也小。C_c 称为曲线的曲率系数即表示曲线斜率的连续性状况，作图表明，当 $C_c<1.0$ 或 $C_c>3.0$ 时，曲线上会出现局部水平段即曲线的斜率不连续。

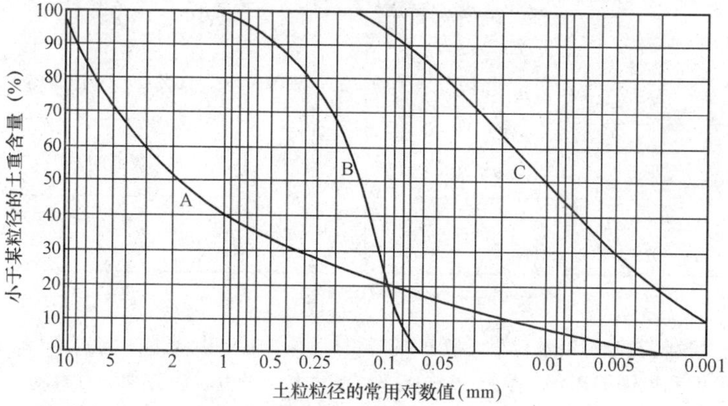

图 5-1　土的粒径级配曲线

3. 土粒的矿物特性

(1)土粒的矿物化学成分包括原生矿物，次生矿物，可溶、难溶及不溶盐类，有机质，各种化合物及许多微量元素。

(2)土粒对土工程性质的影响尤为显著。粒径级配对粗粒土的工程性质的影响是首要的。

1)砂粒及其以上的粗大颗粒,其矿物成分基本上是与母岩相同的原生矿物,如石英、长石、云母等,一般是单矿物。

2)粉粒组中的矿物成分是少量原生矿物和次生矿物的混合体,石英含量较多。在干旱、半干旱地区,碳酸盐和硫酸盐矿物是粉粒组中的主要矿物成分,其中还有少量的黏土矿物。

3)黏粒和更细的粒组中的矿物成分主要是次生矿物,特别是黏土矿物。黏粒中的盐类以难溶的钙、镁碳酸盐类为主,对土粒起到很好的胶结作用,提高了强度,降低了压缩性,但吸水后产生体积膨胀。

(3)黏土矿物是次生矿物中最主要的一种。它对土的性质,尤其对黏性土的性质具有很大的、甚至决定性的影响。

1)颗粒极细,比表面积极大,见表5-2。土颗粒比表面积的定义是颗粒的总表面积与其体积的比值,单位为 cm^{-1}。土颗粒越细,比表面积越大。土颗粒变化时,尺寸有变化,矿物化学成分也会有变化,土颗粒的表面能及有关表面的特性,如物理化学特性也不同,因此可用比表面积来衡量土粒间连接的牢固程度。

表 5-2　黏土矿物的一些特征

黏土矿物名称	颗粒形状	当量直径(nm)	厚度(nm)	单位质量表面积($m^2 \cdot g^{-1}$)	液　限	塑　限
高岭石 $Al_2O_3 \cdot 2SiO_2 \cdot 2H_2O$	片状	500～1000	50	10～20	30%～110%	25%～40%
蒙脱石 $Al_2O_3 \cdot 4SiO_2 \cdot nH_2O$	片状	50	0.1	800～1000	100%～900%	50%～100%
伊利石 $K_2O \cdot 3Al_2O_3 \cdot 6SiO_2 \cdot 4H_2O$	片状	500	10	60～100	60%～120%	35%～60%

注:nm中文名称为纳米,$1nm=10^{-9}m=10^{-7}cm$。

2)吸附能力。当颗粒小到胶粒时,就具有表面能。比表面积越大,表面能就越强,就和周围的离子、原子、分子及微粒产生相互作用,形成微观力力场。吸附作用是最普遍的相互作用方式,吸附水分子,也吸附溶液中的离子及一些杂质。黏土矿物表面都有很强的离子吸附及交换能力。蒙脱石的这种能力最强,伊利石次之,高岭石相对差些。上述能力都是在溶液中表现出来的,离子的吸附和交换,改变了颗粒的表面能状况,从而影响土的工程性质,如使土的含水量、透水性、可塑性、强度、变形及稳定性等发生变化。

3)黏土矿物颗粒的带电性。黏土矿物颗粒呈微小片状,在片状的表面带有负电荷,而在颗粒的边棱处或断口处局部带正电荷。这些表面电荷主要是离子电荷,其次还有由于电子运动的不平衡性而产生的变动(或瞬间)偶极现象。由于表面的带电性，产生了颗粒之间的键结合力和静电引力，这是原始内聚力的主要来源。在不同的沉积环境中形成了不同的结构、构造状态，从而影响土的物理、力学性质。

4. 土中水的特性

(1)土中含水，是普遍的情况。按水本身的物理状态可分为固态、液态、气态，它们存在于土颗粒间的孔隙中。按水和土颗粒的相互关系可分为：矿物结晶水或化学结合水、结合(吸附)水、自由水(图 5-2)。

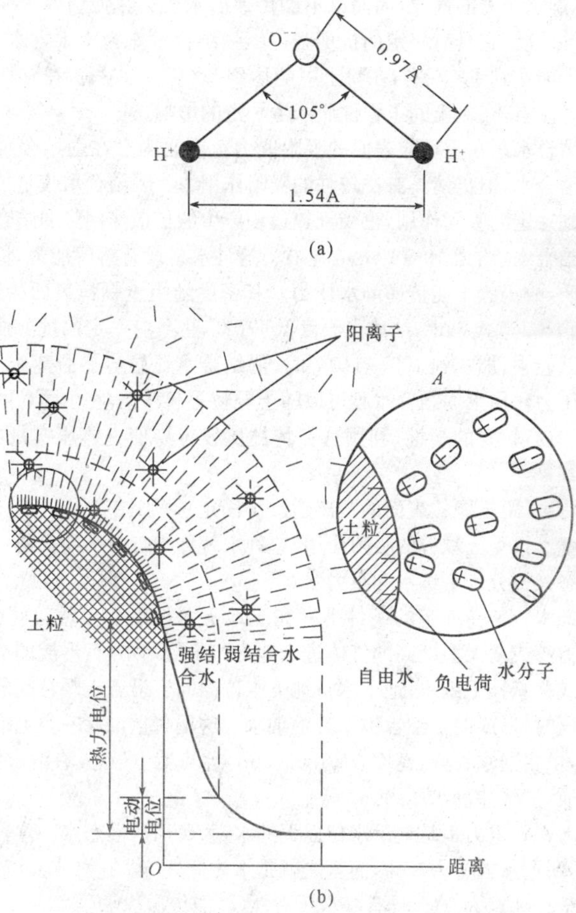

图 5-2　黏土矿物和水分子的相互作用

(a)极性水分子示意图；(b)土粒表面的结合水膜

1)强结合水。强结合水是被吸附紧贴在土颗粒表面的一层水膜。此时表面吸附力极强,可达1000MPa的压力。强结合水的水膜厚度约为1.0～5.0nm。强结合水和普通水的性质大不一样,强结合水的密度$\rho=1.2\sim2.4g/cm^3$,其平均值为$\rho=1.5\sim2.0g/cm^3$,土颗粒吸附强结合水后体积会减小。强结合水的结冰点温度为−78℃,它只有在高温条件下或温度T大于105～110℃的条件下,才能发生移动或排出。强结合水包括在土的含水量中,在通常情况下,强结合水属于固体的一部分,是含水固定层,但不是液态,不能随便移动。强结合水没有溶解能力,不具有静水压力的性质,因而也不能传递静水压力。强结合水变形时具有明显的黏弹性性质,它具有一定的抗剪强度。强结合水作为土中含水量的一部分,在砂类土中能达到1%左右,在粉土中能达到5%～7%左右,在黏性土中能达到10%～20%左右,会对土的工程性质产生一定的影响。

2)弱结合水。在土颗粒表面的吸附能力范围之内又在强结合水膜外圈的水膜称为弱结合水,但仍然具有比较强的吸附作用力。弱结合水膜是扩散层,此时,离子既受到一定的吸附作用,也受到热运动产生的扩散作用。弱结合水膜的厚度远大于强结合水,约为10～100nm左右。这种水也没有溶解能力,仍然不具有静水压力性质,故仍然不能传递静水压力。其密度随距土颗粒表面的远近而不同,通常$\rho=1.1\sim1.74g/cm^3$,结冰点温度低于0℃,也具有一定的抗剪强度。在做土的含水量试验中,加热到105～110℃时,弱结合水比较容易脱离土颗粒排出去。在一定的压力作用下弱结合水膜可以随土颗粒一起移动,在土颗粒间的滑润作用明显,使土具有较好的塑性,利用这一特性比较容易使土体压实,也有利于土体造型。

(2)水分子距土颗粒表面的距离超过了固定层(强结合水)和扩散层(弱结合水)之后,就不再受土颗粒的吸附作用,这种水就称为自由水即普通水。按自由水的存在状态又可分为毛细水和重力水。

1)毛细水。是在一定的条件下存在于地下水位以上土颗粒间孔隙中的水。地表水向下渗或夏天湿度高的气体进入地下产生凝结水时,形成的毛细水称为下降毛细水或称悬挂毛细水;地下水自地下水位面向上沿着土颗粒间的孔隙上升到一定的高度时,形成的毛细水称上升毛细水。这里着重讲后一类毛细水。毛细水是自由水,像普通水一样,密度$\rho=1.0g/cm^3$,冰点为0℃,具有溶解能力,具有静水压力性质,能传递静水压力。

2)重力水。重力水是地下水位以下的水,为普通的液态水。这种水只受重力规律支配,所谓水的重力规律,简言之就是水往低处流。这种水有溶解能力,密度$\rho=1.0g/cm^3$,冰点为0℃,具有静水压力性质,能传递静水压力。

(3)土中的气体主要存在于地下水位以上的包气带中,与大气相通,也存在于黏性土中的一些封闭孔隙中。一般而言,土中的气体对土的工程性质影响较小。对于淤泥类、泥炭类土及其他有机质含量较高的土,由于有微生物活动和有机质,使这些土中的气体含量较多,封闭气泡较多,还常含有一些可燃性、有毒性气体。这些土在工程上的表现是低承载力、高压缩性、在荷载作用下既有孔隙水压力,又有孔隙气压力;固结过程特别复杂漫长,在应力、应变关系中具有一定的弹性和明显的流变特性,孔隙比大、渗透性低、灵敏度高。在干旱、半干旱地区的黄土,孔隙比大、含水量低,孔隙中有较多的气体,发生强烈地震时,能够产生很高的孔隙气压力,使黄土山坡迅速形成干粉状态流动,和泥石流相比,这称为黄土粉状干流。含气体多的土质和地层,在地震时具有气垫作用,可减轻震害。在工程开挖时若遇可燃性、有毒性气体,也能造成地质灾害。

二、土的结构

1. 单粒结构

为碎石土和砂土的结构特征,这种结构是由土粒在水中或空气中自重下落堆积而成。因土粒尺寸较大,粒间的分子引力远小于土粒自重,故土粒间几乎没有相互联结作用,是典型的散粒状物体,简称散体。单粒结构可分为疏松的与紧密的。前者颗粒间的孔隙大,颗粒位置不稳定,不论在静载或动载下都很容易错位,产生很大下沉,特别在振动作用下尤为明显(体积可减少 20%)。因此疏松的单粒结构不经处理不宜作为地基。紧密的单粒结构的颗粒排列已接近最稳定的位置,在动、静荷载下均不会产生较大下沉,是较理想的天然地基(图 5-3)。

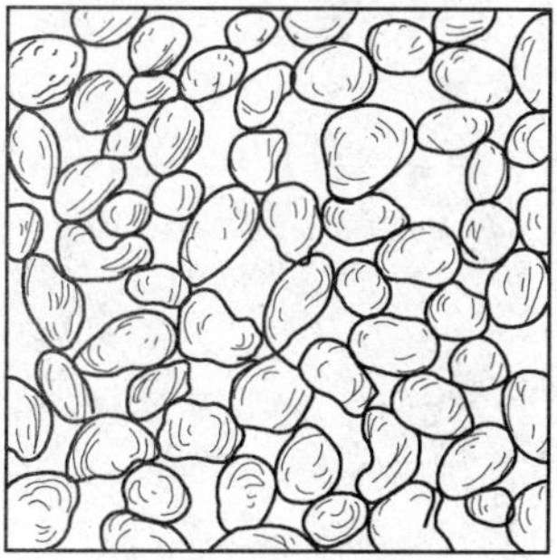

图 5-3 单粒结构

2. 蜂窝结构

多为颗粒细小的黏性土具有的结构形式,有时粉砂也可能有。粒径在0.02～0.002mm 左右的土粒在水中沉积时,基本是单个土粒下沉,在下沉途中碰上已沉积的土粒时,由于土粒间的相互分子引力对自重而言已有足够大,因此土粒就停留在最初的接触点上不再下降,形成很大孔隙的蜂窝状结构(图 5-4)。

3. 絮状结构

这是颗粒最细小的黏性土特有的结构形式。粒径小于 0.002mm 的土粒能够在水中长期悬浮,不因自重而下沉,当在水中加入某些电解质后,颗粒间的排斥力削弱，运动着的土粒凝聚成絮状物下沉，形成类似蜂窝而孔隙很大的结构，称为絮状结构（图 5-5）。

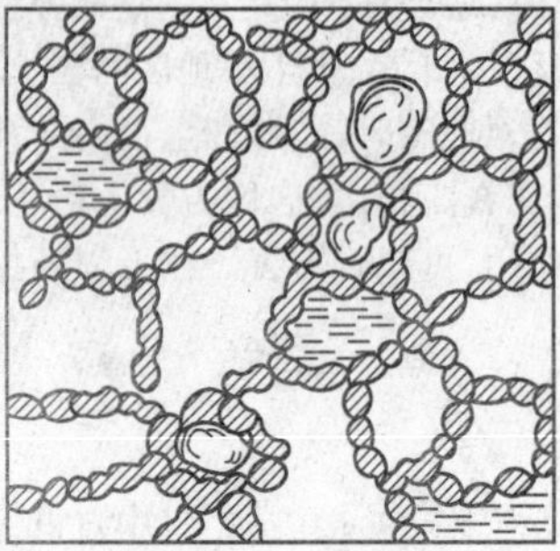

图 5-4　蜂窝结构

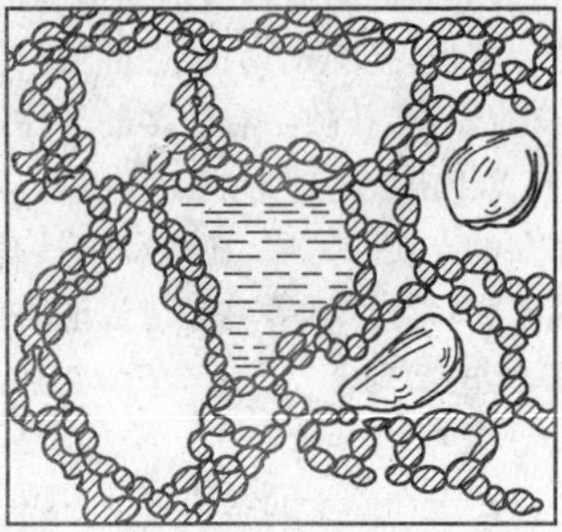

图 5-5　絮状结构

三、土的构造

1. 层状构造

层状构造也称为层理，是大部分细粒土的重要外观特征之一。土层表现为由不同细度与颜色的颗粒构成的薄层交叠而成，薄层的厚度可由零点几毫米至几毫米，成分上有细砂与黏土交互层或黏土交互层等。最常见的层理是水平层理（薄层互相平行，且平行于土层界面），此外还有波状层理（薄层面呈波状，总方向平行于层面）及斜层理（薄层倾斜，与土层界面有一交角）等。

层状构造使土在垂直层理方向与平等层理方向的性质不一，平行于层理方向的压缩模量与渗透系数往往要大于垂直方向的（图 5-6）。

2. 分散构造

土层中各部分的土粒组合无明显差别，分布均匀，各部分的性质亦相近。各种经过分选的砂、砾石、卵石形成较大的埋藏厚度，无明显层次，都属于分散构造。分散构造的土比较接近理想的各向同性体（图 5-7）。

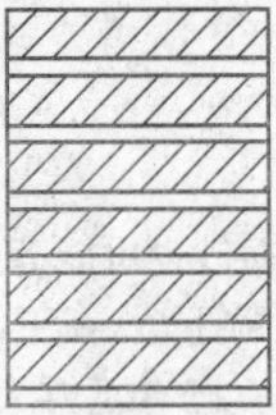

图 5-6　层状构造

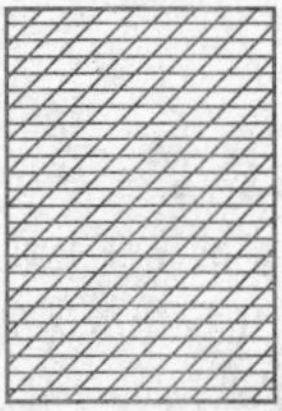

图 5-7　分散构造

3. 裂隙状构造

裂隙中往往充填盐类沉淀，不少坚硬与硬塑状态的黏土具有此种构造。裂隙破坏土的整体性。裂隙面是土中的软弱结构面，沿裂隙面的抗剪强度很低而渗透性却很高，浸水以后裂缝张开，工程性质更差(图 5-8)。

4. 结核状构造

在细粒土中明显掺有大颗粒或聚集的铁质、钙质集合体、贝壳等杂物。例如，含砾石的冰碛黏土、含结核的黄土等均属此类。由于大颗粒或结核往往分散，故此类土的性质取决于细颗粒部分，但在取小型试样试验时应注意将结核与大颗粒剔除，以免影响成果的代表性(图 5-9)。

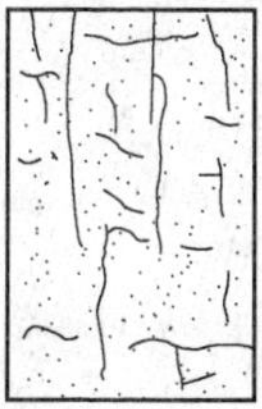

图 5-8 裂隙状构造

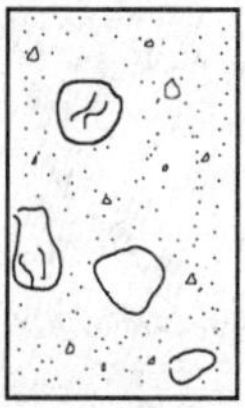

图 5-9 结核状构造

第二节 土的性质

一、土的物理性质指标

土的常用物理性质指标见表 5-3 所示。

表 5-3 土的常用物理指标

名称	定义
土粒相对密度	土粒相对密度是土粒质量与同体积的水(在 4℃时)的质量之比，用符号 d_s 表示 $$d_s=\frac{m_s}{m_w}=\frac{V_s\rho_s}{V_s\rho_w}=\frac{\rho_s}{\rho_w}$$ 式中 ρ_s——土粒密度(在 4℃时) ρ_w——水的密度(在 4℃时)
土的天然含水量	在天然状态下，土中含水的质量(或重量)与土粒的质量(或重量)之比，称为土的天然含水量，用符号 w 并用百分数表示 $$w=\frac{m_w}{m_s}\times 100\%$$ 式中 w——土的天然含水量 m_w——土中含水的质量(重量) m_s——土粒的质量(重量)

续表

名 称	定 义
天 然 土 的密度	天然土的密度是土样的总质量与其总体积之比,用符号 ρ 表示 $$\rho=\frac{m}{V}$$ 式中 m、V 如图所示 $$\rho=\frac{d_s(1+w)\rho_w}{1+e}$$ 式中 e——土的孔隙比 V_s,V_w,V_a——固体、水、气体部分的体积 V_v——土中孔隙的体积,$V_v=V_w+V_a$ V——土样的总体积,$V=V_s+V_v$ m_s,m_w,m_a——固体、水、气体部分的质量,m_a 可忽略 m——土样的总质量,$m=m_s+m_w$ 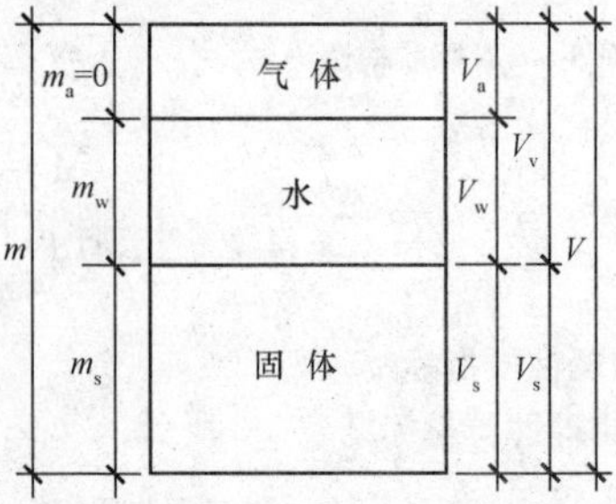 土样三相组成示意
孔隙比	孔隙比是土中孔隙体积与固体颗粒体积之比,用符号 e 表示,e 是一个正有理数 $$e=\frac{V_v}{V_s}$$ 式中 e——孔隙比 V_v——孔隙体积 V_s——固体颗粒体积
孔隙率	孔隙率是土中的孔隙体积与总体积之比,用符号 n 表示 $$n=\frac{V_v}{V}\times100\%$$ 式中 n——孔隙率 V_v——孔隙体积 V——总体积

续表

名　称	定　　义
土的饱和度	土的饱和度是土的孔隙体积中水占有的体积与孔隙体积之比，用 S_r 并以百分数表示 $$S_r=\frac{V_w}{V_v}\times100\%$$ 式中　S_r——土饱和度 V_w——孔隙中水的体积 V_v——孔隙体积
土的干密度和干重度	土的干密度是土中的固体部分质量与土样总体积之比或土单位体积内的干土质量，用符号 ρ_d 表示 $$\rho_d=\frac{m_s}{V}$$ 土的干重度为 γ_d $$\gamma_d=\rho_d g$$ 式中　ρ_d——土的干密度 γ_d——土的干重度 m_s——固体部分质量 g——重力加速度
土的饱和密度和饱和重度	土的饱和密度是指当土的孔隙中充满水时，土中的固体颗粒和水的质量之和与土样的总体积之比，用符号 ρ_{sat} 表示 $$\rho_{sat}=\frac{m_s+V_v\rho_w}{V}$$ 土的饱和重度为　$\gamma_{sat}=\rho_{sat}g$ 式中　ρ_{sat}——土饱和密度 γ_{sat}——饱和重度
土的浮密度和浮重度	地下水位以下的土，其固体颗粒受到重力水的浮力作用，此时土中固体颗粒的质量再减去固体颗粒排开水的质量（即扣去浮力）与土样的总体积之比，称浮密度用符号 ρ' 表示 $$\rho'=\frac{m_s-V_s\rho'_w}{V}$$ 土的浮重度为 $$\gamma'=\rho' g$$ 从浮密度和浮重度的定义可知 $$\rho'=\rho_{sat}-\rho_w$$ $$\gamma'=\gamma_{sat}-\gamma_w$$

二、土的渗透性及渗流

(1)土是具有连续孔隙的介质,当它作为公路地基或直接把它用作水工建筑物的材料(如土坝)时水就会在水位差作用下,从水位较高的一侧透过土体的孔隙流向水位较低的一侧。

在水位差作用下,水透过土体孔隙的现象称为渗透。土具有被水透过的性能称为土的渗透性。

影响土的渗透性的因素见表5-4。

表5-4　　土的渗透性影响因素

土的类别	影响因素
砂土	影响砂性土渗透性的主要因素是颗粒大小、级配、密度以及土中封闭气泡。土颗粒愈粗,愈浑圆、愈均匀、渗透性愈大。级配良好土,细颗粒填充粗颗粒孔隙,土体孔隙减小,渗透性变小;渗透性随相对密实度 D_r 增加而减小。土中封闭气体不仅减小了土体断面上的过水通道面积,而且堵塞某些通道,使土体渗透性减小
黏性土	(1)影响黏性土渗透性的因素比砂性土复杂。黏性土中含有亲水性矿物质(如蒙脱石)或有机质时,由于它们具有很大的膨胀性,就会大大降低土的渗透性,含有大量有机质的淤泥几乎是不透水的。黏性土中若土粒的结合水膜厚度较厚时,会阻塞土的孔隙,降低土的渗透性 (2)黏土颗粒的形状是扁平的,有定向排列作用,在沉积过程中,是在竖向应力和水平向应力不相等的条件下固结的,土体各向异性和应力各向异性造成了土体渗透性的各向异性。特别对层状黏土,由于水平粉细砂层的存在,使水平方向渗透系数远远大于竖直方向渗透系数;西北地区的黄土,具有竖直方向的大孔隙,竖直方向的渗透性要比水平方向的大得多 (3)土的矿物成分、结合水膜厚度、土的结构构造以及土中气体等都影响黏性土的渗透性

(2)地面下一定深度的水温,随大气温度的改变而改变。当大气负温传入土中时,土中的自由水首先冻结成冰晶体,随着气温继续下降,弱结合水的最外层也开始冻结,使冰晶体逐渐扩大。这样使冰晶体周围土粒的结合水膜减薄,土粒就产生剩余的分子引力;另外,由于结合水膜的减薄,使得水膜中的离子浓度增加,产生了渗透压力,即当两种水溶液的浓度不同时,会在它们之间产生一种压力差,使浓度较小溶液中的水向浓度较大的溶液渗入,在这两种引力作用下,下卧层未冻结区水膜较厚处的弱结合水,被吸引到水膜较薄的冻结区,并参与冻结,使冰晶体增大,而不平衡引力却继续存在。假使下卧层未冻结区存在着水源(如地下水距冻结区很近)及适当的水源补给通道(如毛细通道),水能够源源不断地补充到冻结区来,那么,未冻结区的水分(包括弱结合水和自由水)就会不断地向冻结区

迁移和积聚，使冰晶体不断扩大，在土层中形成冰夹层，土体随之发生隆起，即冻胀现象。

影响土的冻胀性因素见表 5-5。

表 5-5　　土的冻胀性影响因素

因素类别	影 响 因 素
土的因素	冻胀现象通常发生在细粒土中，特别是粉砂、粉土、粉质黏土等，冻结时水分迁移积聚最为强烈，冻胀现象严重。这是因为这类土具有较显著的毛细现象，毛细水上升高度大，上升速度快，具有较通畅的水源补给通道，同时，这类土的颗粒较细，表面能大，土粒矿物成分亲水性强，能持有较多结合水，从而能使大量结合水迁移和积聚。相反，黏土虽有较厚的结合水膜，但毛细孔隙很小，对水分迁移的阻力很大，没有通畅的水源补给通道，所以其冻胀性较上述土类为小。砂砾等粗颗粒土，没有或具有很少量的结合水，孔隙中自由水冻结后，不会发生水分的迁移积聚，同时由于砂砾无毛细现象，因而不会发生冻胀
水的因素	土层发生冻胀是水分的迁移和积聚所致。当冻结区附近地下水位较高，毛细水上升高度能够达到或接近冻结线，使冻结区能得到外部水源的补给时，将发生比较强烈的冻胀现象。这样，可以区分开敞型冻胀和封闭型冻胀两种冻胀类型。前者是在冻结过程中有外来水源补给的；后者是冻结过程中没有外来水分补给。开敞型冻胀往往在土层中形成很厚的冰夹层，产生强烈冻胀，而封闭型冻胀，土中冰夹层薄，冻胀量也小
温度因素	当气温骤降且冷却强度很大时，土的冻结面迅速向下推移，即冻结速度很快。这时，土中弱结合水及毛细水还来不及向冻结区迁移就在原地冻结成冰，毛细通道也被冰晶体所堵塞。这样，水分的迁移和积聚不会发生，在土层中看不到冰夹层，只有散布于土孔隙中的冰晶体，这时形成的冻土一般无明显的冻胀。如气温缓慢下降，冷却强度小，但负温持续的时间较长，则就能促使未冻结区水分不断地向冻结区迁移积聚，在土中形成冰夹层，出现明显的冻胀现象

(3)地下水的运动方式，可按地下水的流线形态、水流特征随时间的变化状况、水流在空间上的分布情况来划分。

1)按地下水的流线形态划分。

①层流。在地下水渗流过程中，水中质点形成的流线互相平行，上、下、左、右不相交。下部的泥土翻不上来，漂在水流表面的树叶或轻东西始终处在表面层而不被翻滚到下部；经过空间某处之流速均匀、水流平稳，在过水断面上中间流速大，两侧流速小，具有上述水流特征时称为层流。如河床平直的江河段水流，农业

灌溉渠道平直段的水流等都是层流。地下水在土的孔隙中的流动也属层流，流速较慢，坡度不大，流动平衡。地下水在基岩中远离构造破碎带的比较细小的节理裂隙中的渗流也属于层流。

②湍流。在地下水渗流过程中，水中质点形成的流线互相混交，呈曲折、混杂、不规则的运动，存在跌水和旋涡，这种水流称为湍流，也称紊流。当水作湍流运动时，水流速度较大，所受阻力也较大，消耗能量多，经过空间某处之瞬时速度随时间而变(包括大小和方向)，瞬时动水压力也随时间而变。在构造破碎带内，由于裂隙很发育，断裂面纵横切割、互相贯通，水在其中的流动属湍流。在裂隙发育、很发育的岩体中、在具有大裂隙的岩体中及洞穴中流动的水大多数属湍流。在土层中发生流沙现象时，水的流动属湍流。在土层中打井抽水或在矿井中排水时，离井口近处，水位下降快，流速大，常属湍流；但在远离井口的地方，流速缓慢而平稳，又会转化为层流。

2)按水流特征随时间的变化状况划分。

①稳定流运动。在发生渗流的区域称为渗流场。在渗流场中，如果任一点的流速、流向、水位、水压力等运动特征(要素)不随时间而改变，则称为稳定流运动。

②非稳定流运动。在渗流场中，任一点的流速、流向、水位、水压等运动要素均随时间而变化，则称为非稳定流运动。地下水的运动，在大多数情况下属于非稳定流运动

3)按水流在空间上的分布情况划分。

①一维流动。一维流动即单向流动。例如，等厚承压含水层中地下水只能沿一个方向流动。饱和软黏土地层施加大面积竖向荷载，迫使地层中的水由顶面排出，这也是一维流动。

②二维流动。地下水的流动和两个坐标方向有关。例如，当河流流向平行于山体走向时，山体中的含水层对河水的补给属于二维流动。在存在地上河的地区(黄河下游)，堤内河水对堤外地下水的补给也属于二维流动。水流质点的变化和横断面上的两个坐标方向都有关。

③三维流动。水的流动沿三个坐标轴方向都有分速度时称为三维流动。例如打井时打穿了承压含水层的顶板，在不完整井的情况下水流属三维流动；在完整井的情况下水流属二维流动。在潜水层中打井抽水时，若是不完整井，水流属三维流动，当为完整井时，在直角坐标系中水流属于三维流动，在柱坐标系(空间轴对称)中水流属于二维运动。

(4)潜蚀和流沙危害及防治。

1)潜蚀。

①潜蚀现象。在渗流情况下，地下水对岩土的矿物、化学成分产生溶蚀、溶滤后这些成分被带走以及水流将细小颗粒从较大颗粒的孔隙中直接带走，这种作用称为潜蚀，前者称为化学潜蚀，后者称为机械潜蚀。潜蚀的作用久而久之，在岩土内部形成管状流水孔道直到渗流出口处形成孔穴、洞穴等，严重时造成岩土体的

塌陷变形或滑动,这些作用过程及其结果称为潜蚀破坏。潜蚀是岩上体内部的水土流失,在渗流出口处表现为管状涌水并带出细小颗粒,所以潜蚀也称管涌。

②潜蚀的危害。

a. 边坡及堤坝的塌陷及滑动。潜蚀的形成和长期存在,使土(石)体的孔隙比增大,质地疏松,内部出现管孔、洞穴,在渗流压力及渗流冲刷作用下,造成明显的内部水土流失,在渗流出口处形成管涌现象。在浮力、静水压力和渗流的共同作用下,严重地恶化了土的物理、力学指标,降低了主体强度,破坏了土体的整体性,容易造成边坡及堤坝的塌陷变形和滑动破坏或整体溃决。

b. 溶洞、土洞的形成及破坏。水在岩体裂隙中的渗流形成的潜蚀作用(包括机械潜蚀和化学潜蚀,也是化学风化)可以使岩石的矿物、化学成分流失,使裂隙扩展、连通。久而久之形成一些岩体中的洞穴和溶洞。岩体中形成洞穴,特别是形成溶洞之后,改变了岩体的受力条件,在一定条件下,有的出现了塌陷,有的则保存了下来。

潜蚀在土体中能形成土洞。土洞的发育比岩体中的溶洞快得多,其破坏作用很明显。如在地基中有土洞未查明或在建筑物完成之后形成了土洞,对地基的稳定性危害极大。在地下工程周围如有潜蚀作用形成的土洞,则会明显地改变地下工程土洞周围的受力条件。在地下工程土洞周围岩土出现塌落和滑塌,对地下工程的稳定极为不利,严重时可造成地下工程上方的岩土体塌陷直至影响到地表。

③潜蚀的防治。

a. 改变渗流条件,如降低水头差,延长渗流路径,在地基中及地下工程洞周围进行灌浆固结处理。

b. 控制排水及在出水口处设置反(倒)滤层如控制抽、排水速度和时间,在渗流的边坡、堤岸坡脚处采取防冲刷、防淘空的措施(包括造型设计和材料选择),在渗流出口处设置反滤层对防止细小颗粒被水流带走是很有效的。

c. 对地基中由于潜蚀形成的土洞进行堵塞。

2)流沙。

①流沙现象。当动水压力大于水下土的浮重度时,土颗粒完全失重,随渗流水一起悬浮和上涌,也完全失去了抗剪强度。这时的表土层就变得完全像液体一样,即地层遭到破坏,产生流荡、大规模涌水、涌土,于是工程场地受到严重破坏。这种破坏现象称为流土,因为流土现象比较容易在粉细砂、粉土地层中发生,所以工程上常称为流沙。

②流沙的防治。

a. 如果在勘察工作中已发现存在流沙地层,应采用特殊的施工方案或特殊的施工措施,或在基坑开挖时通过设计计算,防止流沙出现。例如采用冻结法施工就是从施工方案上防止流沙破坏。

b. 如果基坑底下有相对不透水层,其下有承压含水层时,为防止基坑发生流沙破坏,应使基坑底面到承压含水层顶面这个范围内各层土的自重应力大于水压力，即：

$$\sum \gamma_i h_i > \gamma_w H \tag{5-3}$$

式中　γ_i，h_i——自基坑底面至承压含水层顶面各层土的重度和厚度，在水下的土层采用浮重度 γ'；

H——承压水的压力水头高度。

c. 采用特殊的施工技术措施，改变渗流条件。通常采用的施工技术措施，如降低地下水位，减少水头差；打钢板桩或设防渗墙，改变或延长渗流路径，上述措施都可以降低水力梯度，是防止流沙的有效措施。

d. 在工程现场防治、控制流沙。在工程现场开挖基坑中，一旦突然出现了流沙现象，应采取紧急措施。这时不能采用抽排水措施，否则只会加剧破坏。应向流沙出现地点抛填粗砂、碎石、砖及砌块等。这样一方面以抛填料的自重作为压重以平衡动水压力；另一方面也可以造成类似倒滤层的抛填顺序以防止土颗粒被带走，基坑内造成一定的积水（清水）在一定程度上也降低了水头差。

三、土的层流渗透定律与渗透系数

1. 层流渗透定律

层流渗透定律及其适用范围见表 5-6。

表 5-6　　层流渗透定律及其适用范围

项　目	内　　容
定义	一般土（黏性土及砂土等）的孔隙较小，因而水在其中流动时的流速很小，所以渗流多属层流。层流渗透定律由法国学者达西（H. Darcy）1856 年根据砂土实验结果而得到，也称为达西定律
达西定律	（1）渗透试验装置示意图如图 1 所示。图中 a，b 两点，测得 a 点的水头为 H_1，b 点的水头为 H_2，水自高处（a 点）流向低处（b 点），水流流经砂土试样的长度为 L 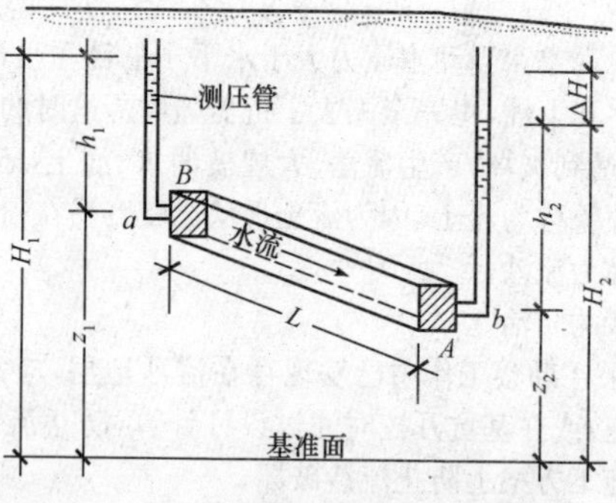 **图 1　渗透装置示意图**

续表

项　目	内　　　　容
达西定律	(2)渗透速度为 砂土：　$v=ki=k\dfrac{\Delta H}{L}$ 黏性土：　$v=k(i-i_0)$ 式中　v——渗透速度，cm/s，是在单位时间内流过单位土截面的水量 i——水头梯度或水力坡降。$i=(H_1-h_2)/L$，即土中 a 和 b 两点的水头差(H_1-H_2)与其渗流距离(L)之比 k——渗透系数，cm/s，是反映土渗透性大小的一个常数 i_0——起始水头梯度
适用范围	(1)砂土、黏性土中符合达西定律，如图 2 所示。 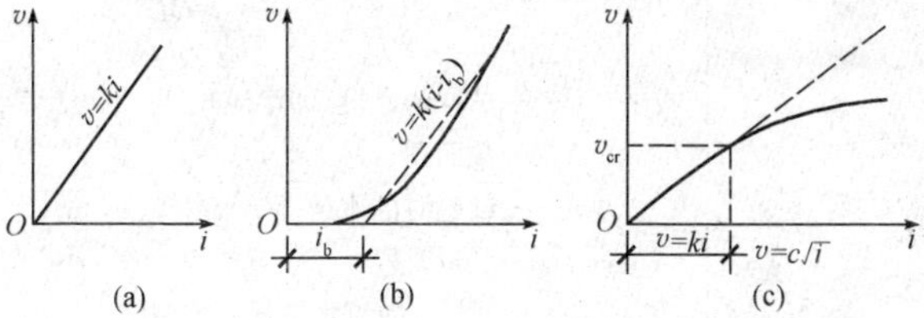 **图 2　土的渗透速度与水力梯度的关系** (a)砂土；(b)密实黏土；(c)砾土 (2)对于砾石、卵石等粗颗粒土中的渗流，一般速度较大，会有湍流发生，这时达西定律不再适用，工程中用经验公式求 v (3)在粗粒土中(如砾、卵石等)，只有在小的水力梯度下，渗透速度与水力梯度才呈线性关系，而在较大的水力梯度下，水在土中的流动进入湍流状态，渗透速度与水力梯度呈非线性关系，此时达西定律也不能适用，如图 2(c)所示

2. 渗透系数

(1)渗透系数的测定方法见表 5-7 的规定。

表 5-7　渗透系数的测定方法

<table>
<tr><th>方　法</th><th>内　　　容</th></tr>
<tr><td>常水头法</td><td>(1)常水头法是在整个试验过程中,水头保持不变,其试验装置如图 1所示
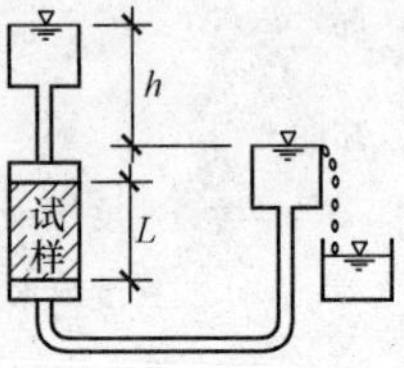

图 1　常水头试验装置示意图
(2)某时段内通过土体的流量
$$Q=vAt=kiAt=k\frac{h}{L}At$$
土的渗透系数
$$k=\frac{QL}{Aht}$$
式中　L——试样的厚度,即渗流长度
A——截面积
h——试验时的水位差
t——测量时段
Q——时段 t 内流水试样的水量</td></tr>
<tr><td>变水头法</td><td>变水头法在整个试验过程中,水头是随着时间而变化的,其试验装置如图 2 所示
土的渗透系数
$$k=\frac{aL}{A(t_2-t_1)}\ln\frac{h_1}{h_2}$$
用常用对数表示
$$k=2.3\frac{aL}{A(t_2-t_1)}\lg\frac{h_1}{h_2}$$
式中　L——试样的渗流长度
A——截面积
t_1,t_2——测定水头的不同时刻
h_1,h_2——t_1,t_2 时刻对应的水位
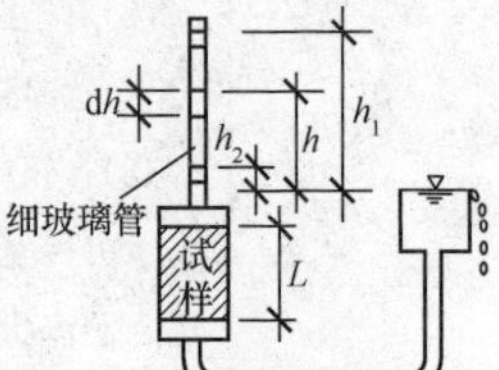

图 2　变水头试验装置示意图</td></tr>
</table>

(2)渗透系数参考值见表 5-8 规定。

表 5-8　渗透系数参考值

土　类	渗透系数 $k/(\mathrm{cm} \cdot \mathrm{s}^{-1})$	渗透性
纯　砾	$>10^{-1}$	高渗透性
纯砂与砾混合物	$10^{-3} \sim 10^{-1}$	中渗透性
极细砂	$10^{-5} \sim 10^{-3}$	低渗透性
粉土、砂与黏土混合物	$10^{-7} \sim 10^{-5}$	极低渗透性
黏　土	$<10^{-7}$	几乎不透水

第三节　地基岩土

一、地基岩土的分类

(1)岩土的分类见表 5-9。

表 5-9　岩土的分类

分　类	说　明
岩　石	岩石应为颗粒间牢固联结,呈整体或具有节理裂隙的岩体。作为建筑物地基,除应确定岩石的地质名称外,还应划分其坚硬程度和完整程度 (1)岩石的坚硬程度应根据岩块的饱和单轴抗压强度 f_{rk} 按表 5-13 分为坚硬岩、较硬岩、较软岩、软岩和极软岩。当缺乏饱和单轴抗压强度资料或不能进行该项试验时,可在现场通过观察定性划分,见表 5-13 (2)岩体完整程度应按表 5-10 划分为完整、较完整、较破碎、破碎和极破碎
碎石土	碎石土为粒径大于 2mm 的颗粒含量超过全重 50%的土。碎石土可按表 5-14分为漂石、块石、卵石、碎石、圆砾和角砾
砂类土	砂土为粒径大于 2mm 的颗粒含量不超过全重 50%、粒径大于 0.075mm 的颗粒超过全重 50%的土。砂土可按表 5-16 分为砾砂、粗砂、中砂、细砂和粉砂
黏性土	黏性土为塑性指数 I_p 大于 10 的土,可按表 5-23 分为黏土、粉质黏土
粉　土	粉土为介于砂土与黏性土之间,塑性指数 $I_p \leqslant 10$ 且粒径大于 0.075mm 的颗粒含量不超过全重 50%的土
淤　泥	淤泥为在静水或缓慢的流水环境中沉积,并经生物化学作用形成,其天然含水量大于液限、天然孔隙比大于或等于 1.5 的黏性土。当天然含水量大于液限而天然孔隙比小于 1.5 但大于或等于 1.0 的黏性土或粉土为淤泥质土

续表

分　类	说　　明
红黏土	红黏土为碳酸盐岩系的岩石经红土化作用形成的高塑性黏土。其液限一般大于 50。红黏土经再搬运后仍保留其基本特征，其液限大于 45 的土为次生红黏土
人工填土	人工填土根据其组成和成因，可分为素填土、压实填土、杂填土、冲填土 素填土为由碎石土、砂土、粉土、黏性土等组成的填土。经过压实或夯实的素填土为压实填土。杂填土为含有建筑垃圾、工业废料、生活垃圾等杂物的填土。冲填土为由水力冲填泥砂形成的填土
膨胀土	膨胀土为土中黏粒成分主要由亲水性矿物组成，同时具有显著的吸水膨胀和失水收缩特性，其自由膨胀率大于或等于 40%的黏性土
湿陷性土	湿陷性土为浸水后产生附加沉降，其湿陷系数大于或等于 0.015 的土

(2)岩石的分类方法见表 5-10～表 5-13。

表 5-10　　岩体按完整程度的定性分类

名称	结构面发育程度		主要结构面的结合程度	主要结构面类型	相应结构类型	完整体指数
	组　数	平均间距(m)				
完　整	1～2	>1.0	结合好或结合一般	裂隙、层面	整体状或巨厚层状结构	>0.75
较完整	1～2	>1.0	结合差	裂隙、层面	块状或厚层状结构	0.75～0.55
	2～3	1.0～0.4	结合好或结合一般		块状结构	
较破碎	2～3	1.0～0.4	结合差	裂隙、层面、小断层	裂隙块状或中厚层状结构	0.55～0.35
	≥3	0.4～0.2	结合好		镶嵌碎裂结构	
			结合一般		中、薄层状结构	
破　碎	≥3	0.4～0.2	结合差	各种类型结构面	裂隙块状结构	0.35～0.15
		≤0.2	结合一般或结合差		碎裂状结构	
极破碎	无序		结合很差		散体状结构	<0.15

注：1. 平均间距指主要结构面(1～2 组)间距的平均值。

2. 完整性指数为岩体纵波波速与岩块纵波波速之比的平方。选定岩体或岩块测定波速时应有代表性。

表 5-11　　岩石按风化程度分类

风化程度	野外特征	风化程度参数指标	
		波速比 K_v	风化系数 K_f
未风化	岩质新鲜，偶见风化痕迹	0.9～1.0	0.9～1.0
微风化	结构基本未变，仅节理面有渲染或略有变色，有少量风化裂隙	0.8～0.9	0.8～0.9
中等风化	结构部分破坏，沿节理面有次生矿物，风化裂隙发育，岩体被切割成岩块。用镐难挖，岩芯钻方可钻进	0.6～0.8	0.4～0.8
强风化	结构大部分破坏，矿物成分显著变化，风化裂隙很发育，岩体破碎，用镐可挖，干钻不易钻进	0.4～0.6	<0.4
全风化	结构基本破坏，但尚可辨认，有残余结构强度，可用镐挖，干钻可钻进	0.2～0.4	—
残积土	组织结构全部破坏，已风化成土状，锹镐易挖掘，干钻易钻进，具可塑性	<0.2	—

注：1. 波速比 K_v 为风化岩石与新鲜岩石压缩波速度之比。

2. 风化系数 K_f 为风化岩石与新鲜岩石饱和单轴抗压强度之比。

3. 岩石风化程度，除按表列野外特征和定量指标划分外，也可根据当地经验划分。

4. 花岗岩类岩石，可采用标准贯入试验划分，$N \geq 50$ 为强风化；$50 > N \geq 30$ 为全风化，$N < 30$ 为残积土。

5. 泥岩和半成岩，可不进行风化程度划分。

表 5-12　　岩体按结构类型划分

岩体结构类型	岩体地质类型	结构体形状	结构面发育情况	岩土工程特征	可能发生的岩土工程问题
整体状结构	巨块状岩浆岩和变质岩，巨厚层沉积岩	巨块状	以层面和原生、构造节理为主，多呈闭合型，间距大于1.5m，一般为1～2组，无危险结构	岩体稳定，可视为均质弹性各向同性体	局部滑动或坍塌，深埋洞室的岩爆
块状结构	厚层状沉积岩，块状岩浆岩和变质岩	块状 柱状	有少量贯穿性节理裂隙，结构面间距 0.7～1.5m。一般为 2～3 组，有少量分离体	结构面互相牵制，岩体基本稳定，接近弹性各向同性体	

续表

岩体结构类型	岩体地质类型	结构体形状	结构面发育情况	岩土工程特征	可能发生的岩土工程问题
层状结构	多韵律薄层、中厚层状沉积岩，副变质岩	层状 板状	有层理、片理、节理，常有层间错动	变形和强度受层面控制，可视为各向异性弹塑性体，稳定性较差	可沿结构面滑塌，软岩可产生塑性变形
碎裂状结构	构造影响严重的破碎岩层	碎块状	断层、节理、片理、层理发育，结构面间距0.25～0.50m，一般3组以上，由许多分离体	整体强度很低，并受软弱结构面控制，呈弹塑性体，稳定性很差	易发生规模较大的岩体失稳，地下水加剧失稳
散体状结构	断层破碎带，强风化及全风化带	碎屑状	构造和风化裂隙密集，结构面错综复杂，多充填黏性土，形成无序小块和碎屑	完整性遭极大破坏，稳定性极差，接近松散体介质	易发生规模较大的岩体失稳，地下水加剧失稳

表5-13　岩石按坚硬程度等级的定性分类

坚硬程度等级		定性鉴定	代表性岩石	饱和单轴抗压强度标准值 f_{rk}(MPa)
硬质岩	坚硬岩	锤击声清脆，有回弹，震手，难击碎，基本无吸水反应	未风化～微风化的花岗岩、闪长岩、辉绿岩、玄武岩、安山岩、片麻岩、石英岩、石英砂岩、硅质砾岩、硅质石灰岩等	$f_{rk}>60$
硬质岩	较硬岩	锤击声较清脆，有轻微回弹，稍震手，较难击碎，有轻微吸水反应	(1)微风化的坚硬岩 (2)未风化～微风化的大理岩、板岩、石灰岩、白云岩、钙质砂岩等	$60\geq f_{rk}>30$

续表

坚硬程度等级		定性鉴定	代表性岩石	饱和单轴抗压强度标准值 f_{rk}(MPa)
软质岩	较软岩	锤击声不清脆，无回弹，较易击碎，浸水后指甲可刻出印痕	(1)中等风化～强风化的坚硬岩或较硬岩 (2)未风化～微风化的凝灰岩、千枚岩、泥灰岩、砂质泥岩等	$30 \geqslant f_{rk} > 15$
	软　岩	锤击声哑，无回弹，有凹痕，易击碎，浸水后手可掰开	(1)强风化的坚硬岩或较硬岩 (2)中等风化～强风化的较软岩 (3)未风化～微风化的页岩、泥岩、泥质砂岩等	$15 \geqslant f_{rk} > 5$
极软岩		锤击声哑，无回弹，有较深凹痕，手可捏碎，浸水后可捏成团	(1)全风化的各种岩石 (2)各种半成岩	$f_{rk} \leqslant 5$

(3)碎石土的分类方法见表 5-14 和表 5-15。

表 5-14　碎石土的分类

土的名称	颗粒形状	粒组含量
漂　石	圆形及亚圆形为主	粒径大于 200mm 的颗粒含量超过全重 50%
块　石	棱角形为主	
卵　石	圆形及亚圆形为主	粒径大于 20mm 的颗粒含量超过全重 50%
碎　石	棱角形为主	
圆　砾	圆形及亚圆形为主	径大于 2mm 的颗粒含量超过全重 50%
角　砾	棱角形为主	

注：分类时应根据粒组含量栏从上到下以最先符合者确定。

表 5-15　碎石土密实度按锤击数分类

密实度	重型动力触探锤击数 $N_{63.5}$	超重型动力触探锤击数 N_{120}
松散	$N_{63.5} \leqslant 5$	$N_{120} \leqslant 3$
稍密	$5 < N_{63.5} < 10$	$3 < N_{120} \leqslant 6$
中密	$10 < N_{63.5} < 20$	$6 < N_{120} \leqslant 11$
密实	$N_{63.5} > 20$	$11 < N_{120} \leqslant 14$
很密	—	$N_{120} > 14$

注：重型动力触探锤击数适用于平均粒径等于或小于 50mm，且最大粒径小于 100mm 的碎石土；超重型动力触探锤击数适用于平均粒径大于 50mm，或最大粒径大于 100mm 的碎石土。

(4)砂类土的分类方法见表 5-16～表 5-20。

表 5-16　砂土的分类

土的名称	粒组含量	土的名称	粒组含量
砾砂	粒径大于 2mm 的颗粒含量占全重 25%～50%	细砂	粒径大于 0.075mm 的颗粒含量超过全重 85%
粗砂	粒径大于 0.5mm 的颗粒含量超过全重 50%	粉砂	粒径大于 0.075mm 的颗粒含量超过全重 50%
中砂	粒径大于 0.25mm 的颗粒含量超过全重 50%	—	—

注:分类时应根据粒组含量栏从上到下以最先符合者确定。

表 5-17　砂土密实度分类(按规范规定方法)

标准贯入锤击数 N	密实度	标准贯入锤击数 N	密实度
$N\leqslant 10$	松散	$15<N\leqslant 30$	中密
$10<N\leqslant 15$	稍密	$N>30$	密实

表 5-18　砂土密实度分类(按相对密实度分)

相对密实度	密实度	相对密实度	密实度
$D_r<0.2$	极松	$0.33\leqslant D_r<0.67$	中密
$0.2\leqslant D_r<0.33$	稍密	$D_r\geqslant 0.67$	密实

注:相对密实度 D_r:

$$D_r=\frac{e_{max}-e}{e_{max}-e_{min}}$$

式中　e_{max}——土在最松散状态时的孔隙比,即最大孔隙比。测定方法是将疏松的风干土样,通过长颈漏斗轻轻地倒入容器,求其最小重度;

e_{min}——土在最密实状态时的孔隙比,即最小孔隙比。测定方法是将疏松的风干土样分几次装入金属容器,并加以振动和锤击,直到密度不变为止,求其最大重度。

表 5-19　砂土密实度分类(按孔隙比分)

密实度	砾砂、粗砂、中砂孔隙比	细砂、粉砂孔隙比
松散	$e>0.85$	$e>0.95$
稍密	$0.75<e\leqslant 0.85$	$0.85<e\leqslant 0.95$
中密	$0.6<e\leqslant 0.75$	$0.70<e\leqslant 0.85$
密实	$e\leqslant 0.60$	$e\leqslant 0.70$

表 5-20　砂土湿度分类

湿度	砂土饱和度	湿度	砂土饱和度
稍湿	$S_r \leqslant 50\%$	饱和	$S_r > 80\%$
很湿	$50\% < S_r \leqslant 80\%$	—	—

(5)粉土的分类方法见表 5-21 和表 5-22。

表 5-21　粉土密实度分类

孔隙比 e	密实度
$e < 0.75$	密实
$0.75 \leqslant e \leqslant 0.90$	中密
$e > 0.9$	稍密

注:当有经验时,也可用原位测试或其他方法划分粉土的密实度。

表 5-22　粉土湿度的分类

含水量 w(%)	湿度
$w < 20$	稍湿
$20 \leqslant w \leqslant 30$	湿
$w > 30$	很湿

(6)黏性土的分类见表 5-23。

表 5-23　黏性土的分类

塑性指数 I_P	土的名称
$I_P > 17$	黏土
$10 < I_P \leqslant 17$	粉质黏土

注:塑性指数由相应于 76g 圆锥体沉入土样中深度为 10mm 时测定的液限计算而得。

二、岩土的工程特性

1. *岩石*

(1)岩石种类繁多,工程性质极为多样。岩石的工程性质应从其坚硬性、完整性、风化程度以及有无其他特殊工程性质方面进行考察。

(2)坚硬岩、较硬岩、较软岩一般均属较好的地基,特别是坚硬岩与较硬岩。但最需注意的是软岩与极软岩,因为常有特殊的工程性质,如泥岩具有很高的遇水膨胀性。

1)片岩的各向异性特别显著。

2)有的第三纪砂岩则遇水崩解。

3)有的岩体开挖时很硬,暴露后逐渐崩解。

(3)岩石的承载力一方面决定于岩石强度,但又很大程度上取决于其风化及完整程度。岩石的坚硬程度是由岩石的成因类型和风化程度这两个因素决定的,并由岩石试件的室内饱和单轴抗压强度标准值 f_{rk} 来判定其具体类别。但 f_{rk} 代表小体积试件的强度,却不能代表整个地基的强度,因此在确定岩石地基的承载力时还需考虑岩体是否完整。对完整、较完整和较破碎的岩石地基,可根据岩体的完整程度,将 f_{rk} 乘以 0.5～0.1 的折减系数后,作为承载力特征值采用。对破碎与极易破碎的岩石则由地区经验或直接在现场进行静载荷试验确定,这时风化与完整程度的影响均可含在静载试验结果中反映,不需单独考虑。

2. 碎石土

(1)碎石土的土粒粗大,其工程特性主要取决于土的密实度,而与水的关系不大。

(2)土粒本身的风化程度对其强度有影响,风化易碎的颗粒组成的土的强度与压缩性将比有坚实颗粒的土降低。

(3)孔隙中有黏性土填充物时多对强度有不良影响,因为黏性土填充物可降低土粒间的摩擦力,增加对水的亲和性。

(4)一般碎石土在静载下抗压缩性较高,产生的沉降不大,通常可视作低压缩性土,但在动荷载(地震,机械振动等)下中等密度以下的碎石土的压缩性提高,可能产生有害的震陷。

3. 砂土

(1)砂土成分中缺乏黏土矿物,与水的亲和力不大,不具有黏性与可塑性。

(2)砂土的结构是单粒结构。松砂的孔隙多,结构不稳定,在荷载下,特别是动荷载作用下能产生较大沉降。中密与密实的砂土则是较好的地基,强度高而且压缩性小。

(3)砂土的饱和度对砂土的工程特性也有影响。

砂土的颗粒越细,受湿度的影响越大,因为水分起的润滑作用使土的抗剪强度降低,因此饱和的粉细砂强度比干燥时要低。但在砂土的含水量相当小时($w=4\%\sim8\%$),由于毛细压力的作用却能使砂土具有微小的毛细内聚力,使土不易振捣密实,对砂土的填土压实工程不利。当土饱和时,毛细现象消失,毛细内聚力不复存在。

(4)砂土的透水性远比黏性土高,因而是很好的含水层,如果抽取地下水,则应在砂、卵石层中抽取。

(5)饱和松砂土在振动或地震作用下,土中孔隙水压易上升,甚至使土的自重压力抵消,土粒处于失重状态,随水流动,即为液化,是地震区的一大震害因素。

4. 黏性土

(1)黏性土中含有较多的黏粒、胶粒和黏土矿物，这些颗粒有比表面积大、表面的离子交换能力强、表面活性强、亲水性很强等特点。对黏性土的活性即活动度应该给出一个定量的指标来表达。英国土力学家斯肯普顿1953年提出用活动度的概念来表达，活动度的表达式为：

$$A=\frac{I_p}{m} \tag{5-4}$$

式中　m——黏土中胶粒($d<0.002$mm)含量的百分率(小数)。

根据黏土的活动度 A，可分类如下：

不活动黏土	$A<0.75$
一般黏土	$A=0.75\sim1.25$
活动黏土	$A=1.25\sim2.00$
强活动黏土	$A>2.00$
高岭土	$A=0.5$
伊利土	$A=1.0$
蒙脱土	$A>6.0$

(2)土的灵敏度就是在不排水条件下，原状土的无侧限抗压强度(本质上是抗剪强度)与重塑土(完全扰动即土的原结构完全破坏但土体含水量不变)的无侧限抗压强度之比，用 S_t 表示即：

$$S_t=\frac{q_u}{q_u{}'}$$

式中　q_u，$q_u{}'$——原状土、重塑土样在不排水条件下的无侧限抗压强度。

工程上规定：

不灵敏	$S_t\leqslant1.0$
低灵敏	$1.0<S_t\leqslant2.0$
中等灵敏	$2.0<S_t\leqslant4.0$
灵敏	$4.0<S_t\leqslant8.0$
高灵敏	$8.0<S_t\leqslant16.0$
流动	$S_t>16.0$

灵敏度的概念在工程上主要用于饱和、近饱和的黏性土。饱和软黏土，灵敏度很高。沿海新近沉积的淤泥、淤泥质土，灵敏度极高，S_t 值可达几十甚至更大。

(3)与灵敏度密切相关的另一特性称触变性。饱和及近饱和的黏性土、粉土，本来处于可塑状态，当受到扰动如震动、打桩等，土的结构受到破坏，强度显著降低，物理状态会变成流动状态。其中的自由水产生流动，部分弱结合水在震动作用下也会脱离土颗粒而成为自由水析出。但在扰动作用停止后，经过一段时间，土颗粒和水分子及离子会重新组合排列，形成新的结构，又可以逐步恢复原来的强度和物理状态。黏性土的水-土系统在含水量和密度不变的条件下，上述的状态变化及可逆性属胶体化学特性，在工程上称为触变性。

三、特殊土的工程特性

1. 软土

(1)高含水量和高孔隙性。软土的天然含水量一般为50%～70%，山区软土有时高达200%。天然孔隙比在1～2之间，最大达3～4。其饱和度一般大于95%。

(2)渗透性低。软土的渗透系数$=1\times10^{-8}\sim1\times10^{-4}$cm/s之间，水平方向的渗透系数较垂直方向要大。土体的固结过程非常缓慢，其强度增长的过程也非常缓慢。

(3)压缩性高。软土的压缩系数$a_{0.1\sim0.2}=0.7\sim1.5\text{MPa}^{-1}$，最大达$4.5\text{MPa}^{-1}$，随着土的液限和天然含水量的增大，其压缩系数也进一步增高。具有变形大而不均匀，变形稳定历时长的特点。

(4)抗剪强度低。软土的抗剪强度很小，同时与加荷速度及排水固结条件密切相关。要提高软土地基的强度，必须控制施工和使用时的加荷速度。

(5)触变性和蠕变性强。触变性是软土的一个突出的性质。我国部分地区的灵敏度一般在4～10之间，个别达13～15。

软土的蠕变性也是比较明显的。在长期恒定应力作用下，软土将产生缓慢的剪切变形，并导致抗剪强度的衰减；在固结沉降完成之后，软土还可能继续产生可观的次固结沉降。

2. 黄土

(1)黄土的含水量小，一般为8%～20%，孔隙比大，一般在1.0左右，具有垂直节理，常呈现直立的天然边坡。

(2)黄土在天然含水量时一般呈坚硬或硬塑状态，具有较高的强度和较低的压缩性，遇水浸湿后，强度迅速降低，在其自重作用下也会发生大量的沉陷，称为湿陷性。凡具有湿陷性特征的黄土称为湿陷性黄土，否则，称为非湿陷性黄土。

3. 红黏土

(1)天然含水量高，一般为40%～60%，高的可达90%。

(2)密度小，天然孔隙比一般为1.4～1.7，最高2.0，具有大孔性。

(3)高塑性，液限一般为60%～80%，高达110%；塑限一般为40%～60%，高达90%；塑性指数一般为20～50。

(4)由于塑限很高，所以尽管天然含水量高，一般仍处于坚硬或硬可塑状态，液性指数I_L一般小于0.25。但是其饱和度一般在90%以上，因此，即使是坚硬黏土也处于饱水状态。

(5)一般呈现较高的强度和较低的压缩性，固结快剪内摩擦角$\varphi=8°\sim18°$，黏聚力$c=4090$kPa。压缩系数$a_{0.2-0.3}=0.1\sim0.4\text{MPa}^{-1}$，变形模量$E_0=10\sim30$MPa，最高可达50MPa；载荷试验比例界限$P_0=200\sim300$kPa。

(6)不具有湿陷性,原状土浸水后膨胀量很小(<2%),但失水后收缩剧烈,原状土体积收缩率为25%,而扰动土可达40%~50%。

4. 膨胀土

(1)膨胀土的物理、力学及胀缩性指标。

1)黏粒含量高达35%~85%,液限一般为40%~50%,塑性指数多在22~35之间。

2)天然含水量接近或略小于塑限,不同季节变化幅度为3%~6%。故一般呈坚硬或硬塑状态。

3)天然孔隙比小,常随土体含水量的增减而变化,即增湿膨胀,孔隙比变大;失水收缩,孔隙比变小,一般在0.50~0.80之间,云南的较大一些,为0.7~1.20之间。

4)自由膨胀量一般超过40%,也有超过100%的。

(2)膨胀土的强度和压缩性。膨胀土在天然条件下一般处于硬塑或坚硬状态,强度较高,压缩性较低,但往往由于干缩而导致裂隙发育,使其整体性不好,从而承载力降低,并可能丧失稳定性。

当膨胀土的含水量剧烈增大或土的原状结构被扰动时,土体强度会骤然降低,压缩性增高。

(3)膨胀土地基上的建筑物。

1)建筑物破坏一般是在同一地貌单元的相同土层地段成群出现。

2)层次低、重量轻的房屋更容易破坏,四层以上的建筑物则基本不会受影响。

3)建筑物裂缝具有随季节变化而往复伸缩的性质。

4)山墙和内墙多出现呈“倒八字”的对称或不对称裂缝及垂直裂缝(图5-10),外纵墙下端多出现水平裂缝,房屋角端裂缝严重,地坪多出现平行于外纵墙的通长裂缝,其特点是,靠近外墙者宽,离外墙较远的变窄。

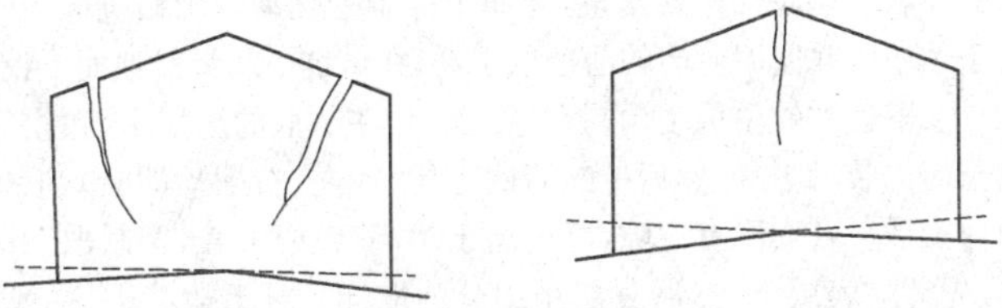

图5-10 倒“八”字形裂缝和垂直裂缝

5. 填土

(1)素填土。把利用素土进行回填的填方地段作为建筑场地,可以节约用地,降低工程造价。

(2)杂填土。以生活垃圾和腐蚀性及易变性工业废料为主要成分的杂填土，一般不宜作为建筑物地基；对以建筑垃圾或一般工业废料为主要成分的杂填土，采用适当的措施进行处理后可作为一般建筑物地基；当其均匀性和密实度较好，能满足建筑物对地基承载力要求时，可不做处理直接利用。

(3)冲填土。

1)冲填土的颗粒组成和分布规律与所冲填泥砂的来源及冲填时的水力条件有着密切的关系。在冲填的入口处，沉积的土粒较粗，顺出口处方向则逐渐变细。

2)冲填土的含水量大，透水性弱，排水固结差，一般呈软塑或流塑状态。冲填土多属未完成自重固结的高压缩性的软土。而在愈近于外围方向，组成土粒愈细，排水固结愈差。

3)冲填土一般比成分相同的自然沉积饱和土的强度低，压缩性高。冲填土的工程性质与其颗粒组成、均匀性、排水固结条件以及冲填形成的时间均有密切关系。对于含砂量较多的冲填土，它的固结情况和力学性质较好；对于含黏土颗粒较多的冲填土，评估其地基的变形和承载力时，应考虑欠固结的影响，对于桩基则应考虑桩侧负摩擦力的影响。

第四节　土样的采集、运输与保管

一、土样要求

(1)采取原状土或扰动土视工程对象而定。凡属桥梁、涵洞、隧道、挡土墙、房屋建筑物的天然地基以及挖方边坡、渠道等，应采取原状土样；如为填土路基、堤坝、取土坑(场)或只要求土的分类试验者，可采取扰动土样。冻土采取原状土样时，应保持原土样温度，保持土样结构和含水率不变。

(2)土样可在试坑、平洞、竖井、天然地面及钻孔中采取。取原状土样时，必须保持土样的原状结构及天然含水量，并使土样不受扰动。用钻机取土时，土样直径不得小于10cm，并使用专门的薄壁取土器；在试坑中或天然地面下挖取原状土时，可用有上、下盖的铁壁取土筒，打开下盖，扣在欲取的土层上，边挖筒周围土，边压土筒至筒内装满土样，然后挖断筒底土层(或左、右摆动即断)，取出土筒，翻转削平筒内土样。若周围有空隙，可用原土填满，盖好下盖，密封取土筒；采取扰动土时，应先清除表层土，然后分层用四分法取样。对于盐渍土，一般应分别在0～0.05m、0.05～0.25m、0.25～0.50m、0.50～0.75m、0.75～1.0m垂直深度处，分层取样。同时，应测记采样季节、时间和气温。

(3)土样数量按相应试验项目规定采取。

(4)取土记录和编号。无论采用什么方法取样，均应用“取样记录簿”记录并扯下其一半作为标签，贴在取土筒上(原状土)或折叠后放入取土袋内。“取样记录簿”宜用韧质纸并必须用铅笔填写各项记录。取样记录簿记录内容应包含工程名称、路线里程(或地点)、记录开始日期、记录完毕日期、取样单位、采取土样的特征、试坑号、取样深度、土样号、取土袋号、土样名、用途、要求试验项目或取样说明、取样者、取样日期等。对取样方法、扰动或原状、取样方向以及取土过程中出现的现象等,应记入取样说明栏内。

二、土样包装和运输

(1)原状土或需要保持天然含水量的扰动土,在取样之后,应立即密封取土筒,即先用胶布贴封取土筒上的所有缝隙,在两端盖上用红油漆写明“上、下”字样,以示土样层位。在筒壁贴上“取样记录簿”中扯下的标签,然后用纱布包裹,再浇注融蜡,以防水分散失。原状土样应保持土样结构不变;对于冻土,原状土样还应保持温度不变。

(2)密封后的原状土在装箱之前应放于阴凉处,不需保持天然含水量的扰动土,最好风干稍加粉碎后装入袋中。

(3)土样装箱时,应与“取样记录簿”对照清点,无误后再装入,并在记录簿存根上注明装入箱号。对原状土应按上、下部位将筒立放,木箱中筒间空隙宜以稻(麦)草或软物填紧,以免在运输过程中受振、受冻。木箱上应编号并写明“小心轻放”、“切勿倒置”、“上”、“下”等字样。对已取好的扰动土样的土袋,在对照清点后可以装入麻袋内,扎紧袋口,麻袋上写明编号并拴上标签(如同行李签),签上注明麻袋号数、袋内共装的土袋数和土袋号。

(4)盐渍土的扰动土样宜用塑料袋装。为防取样记录标签在袋内湿烂,可用另一小塑料袋装标签,再放入土袋中;或将标签折叠后放在盛土的塑料袋口,并将塑料袋折叠收口,用橡皮圈绕扎袋口标签以下,再将放标签的袋口向下折叠,然后再以未绕完的橡皮圈绕扎系紧。每一盐渍土剖面所取的5个塑料袋土,可以合装于一个稍大的布袋内。同样在装入布袋前要与记录簿存根清点对照,并将布袋号补记在原始记录簿中。

三、土样的验收与管理

(1)土样运到试验单位,应主动附送“试验委托书”,委托书内各栏根据“取样记录簿”的存根填写清楚,若还有其他试验要求,可在委托书内注明。土样试验委托书应包括试验室名称、委托日期、土样编号、试验室编号、土样编号(野外鉴别)、取样地点或里程桩号、孔(坑)号、取样深度、试验目的、试验项目等,以及责任人(如主管、主管工程师审核、委托单位及联系人等)。

(2)试验单位在接到土样之后,即按照“试验委托书”清点土样,核对编号并检查所送土样是否满足试验项目的需要等。同时,每清点一个土样,即在委托书中的试验室编号栏内进行统一编号,并将此编号记入原标签上,以免与其他工程所送土样编号相重而发生错误。

(3)土样清点验收后,即根据“试验委托书”登记于“土样收发登记簿”内,并将土样交负责试验人员妥善保存,按要求逐项进行试验。土样试验完毕,将余土仍装入原装内,待试验结果发出,并在委托单位收到报告书一个月后,仍无人查询,即可将土样处理。若有疑问,尚可用余土复试。试验结果报告书发出时,即在原来“土样收发登记簿”内注明发出日期。

第五节　岩　石

一、岩石的分类、结构及构造

岩石的分类、结构及构造见表 5-24。

表 5-24　　岩石结构和构造

分类	结构	构造
岩浆岩	在地壳运动的过程中,岩浆沿着地壳的软弱带或断裂带不断向地壳压力低的地方移动,侵入到地壳的不同部位,岩浆在侵入的过程中,上升到一定高度,温度、压力都要减低。当岩浆的内部压力小于上部岩层压力时,岩浆将停留下来不再流动,冷凝后形成的岩石就叫岩浆岩 岩浆岩的结构,是指组成岩石的矿物结晶程度、晶粒的大小和形状及晶粒之间相互结合的状况。岩浆岩的结构可分为以下几种 (1)全晶质结构。岩石全部由结晶的矿物颗粒组成(图 1)。如果同一种矿物的结晶颗粒大小近似,称为等粒结构;如大小悬殊,称为似斑状结构;如颗粒粗大,晶形完好,则称为斑状结构。等粒结构按结晶颗粒的绝对大小,又可以分为: 粗粒结构:矿物的结晶颗粒大于 5mm 中粒结构:矿物的结晶颗粒介于 2～5mm 细粒结构:矿物的结晶颗粒介于 0.2～2mm	岩浆岩的构造,是指岩石中矿物或矿物集合体之间的相互关系特征。岩石的构造决定了岩石的外貌特点,其最常见的构造有: (1)块状构造。矿物在岩石中呈无规律的致密状分布。花岗岩、花岗斑岩等侵入岩具有这类构造 (2)流纹状构造。岩石中存在的一些杂色条纹和拉长的气孔等构造。这种构造是由于熔岩流动而造成的,只出现于喷出岩中,如流纹岩的构造

续表

分类	结　　构	构　　造
岩浆岩	全晶质结构主要为深成岩和浅成岩的结构，部分喷出岩有时也具有这种结构 (2)半晶质结构。岩石一部分为结晶的矿物颗粒，一部分为未结晶的玻璃质(图 1)。半晶质结构主要为浅成岩的结构，部分喷出岩中有时也能看到这种结构 (3)非晶质结构。又称为玻璃质结构。岩石全部由熔岩冷凝的玻璃质组成(图 1)。非晶质结构为部分喷出岩具有的结构  **图 1　岩浆岩的三种结构** 1—全晶质结构；2—半晶质结构； 3—非晶质结构(玻璃质结构)	(3)气孔状构造。岩浆凝固时，由于一些挥发性气体未能及时逸出，而导致在岩石中留下了许多圆形、椭圆形或长管形的孔洞，称为气孔状构造，常见于喷出岩中的玄武岩等，且多分布于熔岩的表层 (4)杏仁状构造。岩石中的气孔为后期的方解石、石英等矿物充填所形成的一种形似杏仁的构造。杏仁状构造常见于某些玄武岩和安山岩等，多分布于熔岩的表层
沉积岩	露出地表的各种先成岩石，经过长期的风化破坏，逐渐松散分解成为岩石碎屑或细粒黏土矿物等风化产物，这些产物被流水等运动介质搬运到河、湖、海洋等低洼的地方沉积下来，再经过长期的压密、胶结、重结晶等复杂的地质过程，就形成了沉积岩	沉积岩的构造，是指其组成部分的相互空间关系特征。它最主要的构造是层理构造，此外还有沉积层面上的波痕石、结核等构造特征 常见的层理构造有水平层理[图 2(a)]、斜层理[图 2(b)]和交错层理[图 2(c)]等

续表

分类	结　　构	构　　造
沉积岩	沉积岩的结构是指岩石组成部分的颗粒大小、形状、物质成分及胶结物等方面的特点。一般分为碎屑结构、泥质结构、结晶结构及生物结构4种 (1)碎屑结构。由碎屑物质被胶结物胶结而成。按碎屑粒径的大小，又可分为 1)砾状结构。碎屑粒径大于2mm 2)砂质结构。碎屑粒径介于0.05～2mm之间 3)粉砂质结构。碎屑粒径介于0.005～0.05mm之间 其胶结物的成分主要有硅质胶结、铁质胶结、钙质胶结、泥质胶结 (2)泥质结构。由50%以上的粒径小于0.005mm的细小碎屑物质和黏土矿物组成的结构。质地均一、致密而性软，也称“黏土结构” (3)结晶结构。由化学沉积物质的结晶颗粒组成的结构。按晶粒大小，可以分为粗粒(＞2mm)、中粒(2～0.5mm)、细粒(0.5～0.01mm)和隐晶质(＜0.01mm)结构。结晶结构为石灰岩、白云岩等化学岩的主要结构 (4)生物结构。由30%以上的生物遗骸碎片组成的岩石结构，如贝壳结构、珊瑚结构	层与层之间的界面叫层面。上下两个层面间成分基本均匀一致的岩石，称为岩层。一个岩层上下层面之间的垂直距离称为岩层的厚度。岩层厚度变薄以至消失称为尖灭；两端尖灭就成为透镜体；厚岩层中所夹的薄层，称为夹层(图3) 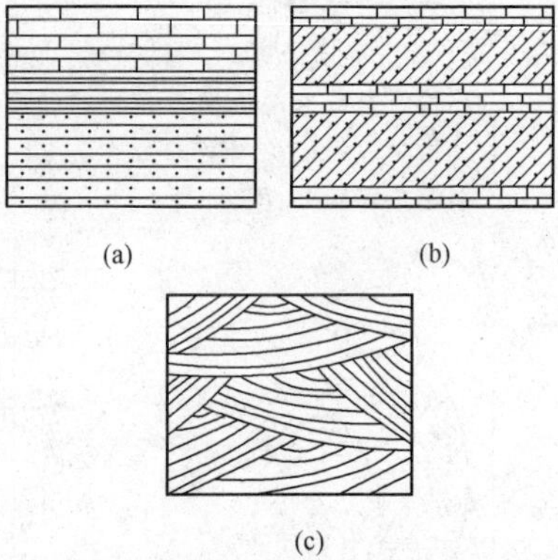 **图2　层理类型** (a)水平层理；(b)斜层理；(c)交错层理 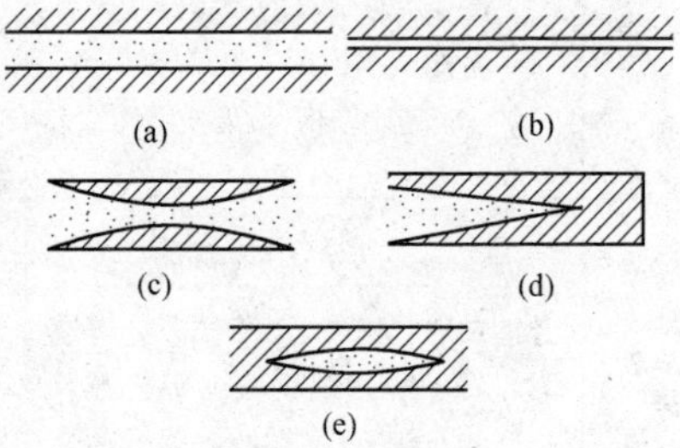 **图3　岩层的几种形态** (a)正常层；(b)夹层；(c)变薄；(d)尖灭；(e)透镜体

续表

分类	结　　构	构　　造
变质岩	变质岩是地壳中原有的岩浆岩、沉积岩和变质岩，经高温、高压及化学成分的加入等变质作用使岩石在固体状态下发生成分、结构、构造等变化而形成的新的岩石 (1)变余结构。由于原岩矿物变质作用进行得不彻底，使形成的变质岩中仍残留有原岩的结构特征，故亦称残留结构。如沉积岩中的砾状、砂状结构可变质成变余砾状结构、变余砂状结构等 (2)变晶结构。变质作用过程中，原岩在固态条件下经重结晶作用而形成的新的结晶质结构。由于与岩浆岩的结构名称相似，故一般加上"变晶"二字以示区别。如"粗粒变晶结构"、"斑状变晶结构"等 (3)碎裂结构。岩石的矿物颗粒在应力作用下被破碎成不规则的碎屑，甚至细小的矿物碎屑粉末，又被胶结而形成新的结构，称为碎裂结构。碎裂结构是动力变质岩具有的结构特征	(1)片麻状构造。岩石主要由条带状分布的长石、石英等粒状矿物组成，以及一定数量的断续定向排列的片状或柱状矿物。颗粒粗大，片理不规则，外表有深浅色泽相同的断续状条带，是片麻岩特有的构造 (2)片状构造。岩石中大量片状矿物（如云母、绿泥石、滑石、石墨等）平行排列所形成的薄层状构造，是各种片岩所具有的特征构造 (3)千枚状构造。岩石中的鳞片状矿物成定向排列，颗粒细密，片理薄，片理面具有较强的丝绢光泽，是千枚岩的特有构造 (4)板状构造。岩石中由显微片状矿物平行排列形成的具有平行板状劈理的构造。岩石沿板理极易劈成薄板状，板面微具光泽，是板岩的特有构造 (5)块状构造。岩石中矿物颗粒致密、坚硬，定向排列，大理岩和石英岩具有此种构造。它与岩浆岩的块状构造相似，但又不完全一样

二、岩石的基本性质

1. 物理性质

常见岩石的物理性质指标见表 5-25。

表 5-25　　常见岩石的主要物理性质指标

岩石名称	比　重	天然重度		孔隙度(%)	吸水率(%)	软化系数
		kN/m^3	g/cm^3			
花岗岩	2.50～2.84	22.56～7.47	2.30～2.80	0.04～2.80	0.10～0.70	0.75～0.97
闪长岩	2.60～3.10	24.72～9.04	2.52～2.96	0.25左右	0.30～0.38	0.60～0.84

续表

岩石名称	比　重	天然重度		孔隙度(%)	吸水率(%)	软化系数
		kN/m³	g/cm³			
辉长岩	2.70～3.20	25.02～9.23	2.55～2.98	0.28～1.13	—	0.44～0.90
辉绿岩	2.60～3.10	24.82～9.14	2.53～2.97	0.29～1.13	0.80～5.00	0.44～0.90
玄武岩	2.60～3.30	24.92～9.41	2.54～3.10	1.28左右	0.30左右	0.71～0.92
砂　岩	2.50～2.75	21.58～26.49	2.20～2.70	1.60～28.30	0.20～7.00	0.44～0.97
页　岩	2.57～2.77	22.56～25.70	2.30～2.62	0.40～10.00	0.51～1.4	0.24～0.55
泥灰岩	2.70～2.75	24.04～26.00	2.45～2.65	1.00～10.00	1.00～3.00	0.44～0.54
石灰岩	2.48～2.76	22.56～26.49	2.30～2.70	0.53～27.00	0.10～4.45	0.58～0.94
片麻岩	2.63～3.01	25.51～29.43	2.60～3.00	0.30～2.40	0.10～3.20	0.91～0.97
片　岩	2.75～3.02	26.39～28.65	2.69～2.92	0.02～1.85	0.10～0.20	0.49～0.80
板　岩	2.84～2.86	26.49～27.27	2.70～2.78	0.45左右	0.10～0.30	0.52～0.82
大理岩	2.70～2.87	25.80～26.98	2.63～2.75	0.10～6.00	0.10～0.80	—
石英岩	2.63～2.84	25.51～27.47	2.60～2.80	0.00～8.70	0.10～1.45	0.96

2. 力学性质

岩石的力学性能指标见表5-26。

表5-26　岩石的力学性质

性　质	说　明
变　形	岩石受力作用后产生的弹性变形性能，一般用弹性模量和泊松比两个指标表示。岩石的弹性模量是岩石内应力及其应变之比。岩石的弹性模量越大，变形越小，说明岩石抵抗变形的能力越高。岩石在轴向压力作用下，除产生纵向压缩外，还会产生横向拉伸。这种横向应变与纵向应变的比，称为岩石的泊松比，用小数表示。泊松比越大，表示岩石越容易产生横向变形。岩石的泊松比一般在0.2～0.4之间。弹性模量的国际制单位为“帕斯卡”，用符号Pa表示(1Pa=1N/m²)
抗压强度	是指岩石在轴向压力作用下抵抗压碎破坏的能力。在数值上等于岩石受压破坏时的极限应力。岩石的抗压强度和岩石的结构构造、矿物成分及岩石的形成条件等因素有关

续表

性　质	说　　　　　　　　　　明
抗剪强度	是指岩石在各向应力作用下抵抗剪切破坏的能力。在数值上等于岩石受剪破坏时的极限剪应力。在某一应力状态下,岩石剪断时,剪切面上的最大剪应力称为抗剪断强度;沿岩石裂隙面或软弱面等发生剪切滑动时,滑移面上的最大剪应力称为抗剪强度,抗剪强度大大低于抗剪断强度
抗拉强度	是指岩石在单向应力作用下抵抗拉断破坏的能力,在数值上等于岩石单向拉伸时,拉断破坏时的最大拉应力。岩石的抗拉强度远小于抗压强度

第六章　钢　　材

钢是含碳量小于2%的铁碳合金(含碳量大于2%时为生铁),水利水电工程中所用的钢板、钢筋、钢管、型钢、角钢等通称为钢材。作为重要的工程材料,钢材在水利水电工程建设中有着广泛的应用。

钢材的主要优点如下。

强度高。表现为抗拉、抗压、抗弯及抗剪强度都很高。在工程中可用作各种构件和零部件。在钢筋混凝土中,能弥补混凝土抗拉、抗弯、抗剪和抗裂性能较低的缺点。

塑性和韧性较好。在常温下钢材能承受较大的塑性变形,可以进行冷弯、冷拉、冷拔、冷轧、冷冲压等各种冷加工。

此外,钢材的韧性高,能经受冲击作用;可以焊接或铆接,便于装配;能进行切削、热轧和锻造;通过热处理方法,可在相当大的程度上改变或控制钢材的性能。

钢材的主要缺点是容易生锈、维护费用大、防火性能较差、能耗及成本较高。

第一节　钢材的分类与性能

一、钢材的分类

钢材的分类方法很多,目前最常见和最常用的分类方法主要有以下几种。

1. 按用途分类

钢材按用途分类可分为碳素结构钢、焊接结构耐候钢、高耐候性结构钢和桥梁用结构钢等专用结构钢。在水利水电工程中,较为常用的是碳素结构钢和桥梁用结构钢。

2. 按化学成分分类

按照化学成分的不同,还可以把钢分为碳素钢和合金钢两大类。

(1)碳素钢。碳素钢是指含碳量在0.02%~2.11%的铁碳合金。根据钢材含碳量的不同,可把钢划分为以下三种。

低碳钢——碳的质量分数小于0.25%的钢。

中碳钢——碳的质量分数在0.25%~0.60%之间的钢。

高碳钢——碳的质量分数大于0.60%的钢。

水利水电工程中大量应用的是碳素结构钢。

(2)合金钢。在碳素钢中加入一定量的合金元素以提高钢材性能的钢,称为合金钢。根据钢中合金元素含量的多少,可分以下三种。

低合金钢——合金元素总的质量分数小于5%的钢。

中合金钢——合金元素总的质量分数在5%～10%之间的钢。

高合金钢——合金元素总的质量分数大于10%的钢。

根据钢中所含合金元素的种类的多少，又可分为二元合金钢、三元合金钢以及多元合金钢等钢种，如锰钢、铬钢、硅锰钢、铬锰钢、铬钼钢、钒钢等。

3. 按品质分类

根据钢中所含有害杂质的多少，工业用钢通常分为普通钢、优质钢和高级优质钢三大类。

(1)普通钢。一般含硫量不超过0.050%，但对酸性转炉钢的含硫量允许适当放宽，属于这类的如普通碳素钢。普通碳素钢按技术条件又可分为以下三种。

甲类钢——只保证力学性能的钢。

乙类钢——只保证化学成分，但不必保证力学性能的钢。

特类钢——既保证化学成分，又保证力学性能的钢。

(2)优质钢。在结构钢中，含硫量不超过0.045%，含碳量不超过0.040%；在工具钢中，含硫量不超过0.030%，含碳量不超过0.035%。对于其他杂质，如铬、镍、铜等的含量都有一定的限制。

(3)高级优质钢。属于这一类的一般都是合金钢。钢中含硫量不超过0.020%，含碳量不超过0.030%，对其他杂质的含量要求更加严格。

除以上三种外，对于具有特殊要求的钢，还可列为特级优质钢，从而形成四大类。

4. 按冶炼方法分类

按照冶炼方法和设备的不同，工业用钢可分为平炉钢、转炉钢和电炉钢三大类，每一大类还可按其炉衬材料的不同，又可分为酸性和碱性两类。

(1)平炉钢。一般属碱性钢，只有在特殊情况下，才在酸性平炉里炼制。

(2)转炉钢。除可分为酸性和碱性转炉钢外，还可分为底吹、侧吹、顶吹转炉钢。而这两种分类方法，又经常混用。

(3)电炉钢。分为电弧炉钢、感应电炉钢、真空感应电炉钢和钢电渣电炉钢等。工业上大量生产的主要是碱性电弧炉钢。

5. 按浇注脱氧程度分类

按脱氧程度和浇注制度的不同，还可分为沸腾钢、镇静钢、半镇静钢三类。

(1)沸腾钢。沸腾钢是在钢液中仅用锰铁弱脱氧剂进行脱氧。钢液在铸锭时有相当多的氧化铁，它与碳等化合生成一氧化碳等气体，使钢液沸腾。铸锭后冷却快，气体不能全部逸出，因而有下列缺陷。

1)钢锭内存在气泡，轧制时虽容易闭合，但晶粒粗细不匀。

2)硫磷等杂质分布不匀，局部比较集中。

3)气泡及杂质不匀，使钢材质量不匀，尤其是使轧制的钢材产生分层。当厚钢板在垂直厚度方向产生拉力时，钢板产生层状撕裂。

(2)镇静钢。镇静钢是在钢液中添加适量的硅和锰等强脱氧剂进行较彻底的脱氧而成。铸锭时不发生沸腾现象,浇注时钢液表面平静,冷却速度很慢。

(3)半镇静钢。半镇静钢的脱氧程度介于沸腾钢和镇静钢之间,可用较少的硅脱氧,铸锭时还有一些沸腾现象。半镇静钢的性能优于沸腾钢,接近镇静钢。

上述几种分类方法是较为常用的,另外还有其他的分类方法,在有些情况下,这几种分类方法往往混合使用。

二、钢材的牌号

钢的分类方法只是简单地把具有共同特征的钢种划分或归纳为同一类型,而不是某一钢种具体特性的反映。为了把某一钢种的特性很好地反映出来,人们便创建了一种具体反映钢材本身特性的简单易懂的符号,这就是所谓的钢的牌号。

钢有了自己的牌号,就如同贴了标签一般,人们对某一种钢的了解也就有了共同的概念,这就给生产、使用、设计、供销和科学技术交流等方面带来了极大的方便。

1. 牌号的表示方法

钢铁牌号表示方法采取汉字牌号和汉语拼音字母牌号同时并用的方法。汉字牌号易识别和记忆,汉语拼音字母牌号便于书写和标记。钢的牌号表示方法的原则是:

(1)牌号中化学元素采用汉字或国际化学符号表示。例如:“碳”或“C”、“锰”或“Mn”、“铬”或“Cr”。

(2)钢材的产品用途、冶炼方法和浇注方法,也采用汉字或汉语标音表示,其表示方法一般采用缩写。原则上只用一个字母,并且应尽可能地取第一个字,一般不超过两个汉字或字母,见表 6-1。

表 6-1　　产品名称浇注方法缩写

名　称	采用汉字及拼音		采用符号	字　体
	汉　字	拼　音		
甲类钢	甲	—	A	大　写
乙类钢	乙	—	B	
特类钢	特	—	C	
酸性侧吹转炉钢	酸	Suan	S	
沸腾钢	沸	Fei	F	
半镇静钢	半	Ban	b	小　写

2. 碳素结构钢的牌号

根据《碳素结构钢》(GB/T 700—2006)的规定,碳素结构钢牌号的表示方式是由代表屈服点的字母、屈服强度数值、质量等级符号、脱氧方法符号等四个部分按顺序组成。所采用的符号分别用下列字母表示。

Q——钢材屈服点“屈”字汉语拼音首位字母；

A、B、C、D——质量等级；

F——沸腾钢“沸”字汉语拼音首位字母；

Z——镇静钢“镇”字汉语拼音首位字母；

TZ——特殊镇静钢“特镇”两字汉语拼音首位字母。

在牌号组成表示方法中，“Z”与“TZ”符号予以省略。

《碳素结构钢》(GB/T 700—2006)对碳素结构钢的牌号共分四种，即 Q195、Q215、Q235、Q275。其中 Q215 的质量等级分为 A、B 两级，Q235(即 HPB235)钢、Q275 钢的质量等级分为 A、B、C、D 四级。

三、钢材的力学性能

1. 力学性能的种类

(1)屈服强度。对于不可逆(塑性)变形开始出现时金属单位截面上的最低作用外力，定义为屈服强度或屈服点。它标志着金属对初始塑性变形的抗力。

钢材在单向均匀拉力作用下，根据应力-应变(σ-ε)曲线图(图 6-1)，可分为弹性、弹塑性、屈服、强化四个阶段。

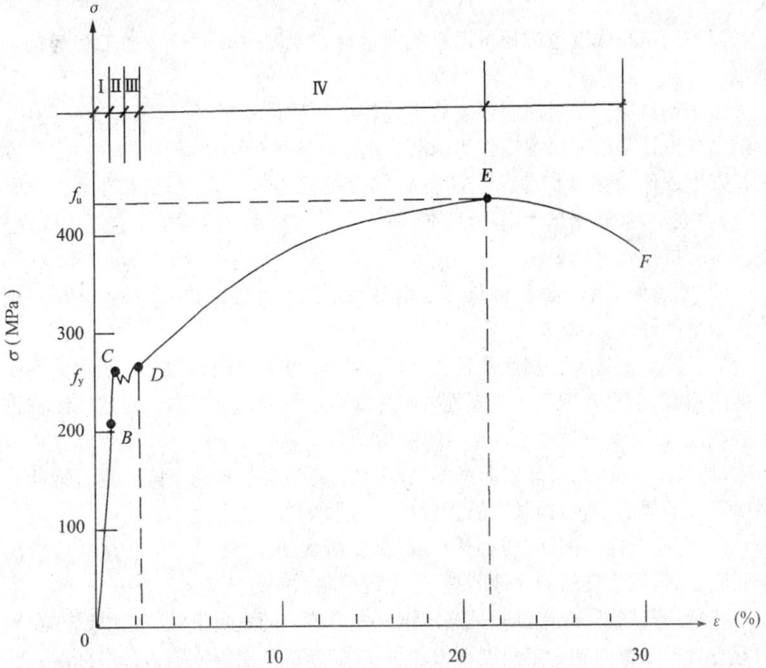

图 6-1　低碳钢的应力-应变(σ-ε)曲线

钢结构强度校核时根据荷载算得的应力小于材料的容许应力$[\sigma_s]$时结构是安全的。

容许应力$[\sigma_s]$可用下式计算：

$$[\sigma_s]=\frac{\sigma_s}{K} \tag{6-1}$$

式中　σ_s——材料屈服强度；

K——安全系数。

屈服强度是作为强度计算和确定结构尺寸的最基本参数。

(2)抗拉强度。钢材的抗拉强度表示能承受的最大拉应力值(图 6-1 中的 E 点)。在建筑钢结构中，以规定抗拉强度的上、下限作为控制钢材冶金质量的一个手段。

1)如抗拉强度太低，意味着钢的生产工艺不正常，冶金质量不良(钢中气体、非金属夹杂物过多等)；抗拉强度过高则反映轧钢工艺不当，终轧温度太低，使钢材过分硬化，从而引起钢材塑性、韧性的下降。

2)规定了钢材强度的上下限就可以使钢材与钢材之间，钢材与焊缝之间的强度较为接近，使结构具有等强度的要求，避免因材料强度不均而产生过度的应力集中。

3)控制抗拉强度范围还可以避免因钢材的强度过高而给冷加工和焊接带来困难。

由于钢材应力超过屈服强度后出现较大的残余变形，结构不能正常使用，因此钢结构设计是以屈服强度作为承载力极限状态的标志值，相应的在一定程度上抗拉强度即作为强度储备。其储备率可以抗拉强度与屈服强度的比值强屈比(f_u/f_y)表示，强屈比越大则强度储备越大。所以对钢材除要求符合屈服强度外，尚应符合抗拉强度的要求。

(3)断后伸长率。断后伸长率是钢材加工工艺性能的重要指标，并显示钢材冶金质量的好坏。

伸长率是衡量钢材塑性及延性性能的指标。断后伸长率越大，表示塑性及延性性能越好，钢材断裂前永久塑性变形和吸收能量的能力越强。对建筑结构钢的 δ_5 要求应在 16%～23%之间。钢的断后伸长率太低，可能是钢的冶金质量不好所致；伸长率太高，则可能引起钢的强度、韧性等其他性能的下降。随着钢的屈服强度等级的提高，断后伸长率的指标可以有少许降低。

(4)耐疲劳性。钢筋混凝土构件在交变荷载的反复作用下，往往在应力远小于屈服点时，发生突然的脆性断裂，这种现象叫做疲劳破坏。

(5)冷弯试验。冷弯试验是测定钢材变形能力的重要手段。它以试件在规定的弯心直径下弯曲到一定角度不出现裂纹、裂断或分层等缺陷为合格标准。在试验钢材冷弯性能的同时，也可以检验钢的冶金质量。在冷弯试验中，钢材开始出现裂纹时的弯曲角度及裂纹的扩展情况显示了钢的抗裂能力，在一定程度上反映出钢的韧性。

(6)冲击韧性。钢材的冲击韧性是衡量钢材断裂时所做功的指标，以及在低温、应力集中、冲击荷载等作用下，衡量抵抗脆性断裂的能力。钢材中非金属夹杂物、脱氧不良等都将影响其冲击韧性。为了保证钢结构建筑物的安全，防止低应力脆性断裂，建筑结构钢还必须具有良好的韧性。目前关于钢材脆性破坏的试验方法较多，冲击试验是最简便的检验钢材缺口韧性的试验方法，也是作为建筑结构钢的验收试验项目之一。

钢材的冲击韧性采用V形缺口的标准试件，如图6-2所示。冲击韧性指标以冲击荷载使试件断裂时所吸收的冲击功 A_{KV} 表示，单位为J。

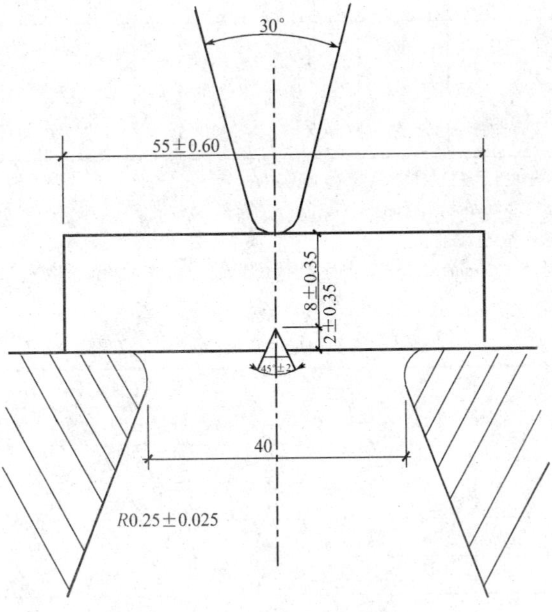

图6-2　冲击试验示意图(cm)

2. 常用钢材的力学性能

在建筑钢材中各牌号钢的力学性能应符合表6-2的规定，冷弯性能应符合表6-3的规定。

表 6-2　　钢材的力学性能

牌号	等级	屈服强度①R_{eH}(N/mm²),≥						抗拉强度② R_m (N/mm²)	断后伸长率 A(%),≥					冲击试验(V形缺口)	
		厚度(或直径)(mm)							厚度(或直径)(mm)					温度(℃)	冲击吸收功(纵向)(J),≥
		≤16	16~40	40~60	60~100	100~150	150~200		≤40	40~60	60~100	100~150	150~200		
Q195	—	195	185	—	—	—	—	315~430	33	—	—	—	—	—	—
Q215	A	215	205	195	185	175	165	335~450	31	30	29	27	26	—	—
	B													+20	27
Q235	A	235	225	215	215	195	185	370~500	26	25	24	22	21	—	—
	B													+20	27③
	C													0	
	D													−20	
Q275	A	275	265	255	245	225	215	410~540	22	21	20	18	17	—	—
	B													+20	27
	C													0	
	D													−20	

注:①Q195 的屈服强度值仅供参考,不作交货条件。

②厚度大于 100mm 的钢材,抗拉强度下限允许降低 20N/mm²。宽带钢(包括剪切钢板)抗拉强度上限不作交货条件。

③厚度小于 25mm 的 Q235B 级钢材,如供方能保证冲击吸收功值合格,经需方同意,可不做检验。

表 6-3　　钢材的冷弯性能

牌号	试样方向	冷弯试验 180°　$B=2a$①	
		钢材厚度(或直径)②(mm)	
		≤60	>60~100
		弯心直径 d	
Q195	纵	0	—
	横	0.5a	
Q215	纵	0.5a	1.5a
	横	a	2a
Q235	纵	a	2a
	横	1.5a	2.5a
Q275	纵	1.5a	2.5a
	横	2a	3a

注:①B 为试样宽度,a 为试样厚度(或直径)。

②钢材厚度(或直径)大于 100mm 时,弯曲试验由双方协商确定。

四、钢材的化学成分

钢是含碳量小于 2.11%的铁碳合金，钢中除了铁和碳以外，还含有硅(Si)、锰(Mn)、硫(S)、磷(P)、氮(N)、氧(O)、氢(H)等元素，这些元素是原料或冶炼过程中带入的，叫做常存元素。为了适应某些使用要求，特意提高硅(Si)、锰(Mn)的含量或特意加进铬(Cr)、镍(Ni)、钨(W)、钼(Mo)、钒(V)等元素，这些特意加进的或提高含量的元素叫做合金元素。

1. 常用钢材的化学成分

在建筑钢结构中，碳素结构钢的化学成分见表 6-4。

表 6-4　　碳素结构钢的化学成分

<table>
<tr><th rowspan="2">牌号</th><th rowspan="2">统一数字代号①</th><th rowspan="2">等级</th><th rowspan="2">厚度(或直径)(mm)</th><th rowspan="2">脱氧方法</th><th colspan="5">化学成分(质量分数)(%)，≤</th></tr>
<tr><th>C</th><th>Si</th><th>Mn</th><th>P</th><th>S</th></tr>
<tr><td>Q195</td><td>U11952</td><td>—</td><td>—</td><td>F、Z</td><td>0.12</td><td>0.30</td><td>0.50</td><td>0.035</td><td>0.040</td></tr>
<tr><td rowspan="2">Q215</td><td>U12152</td><td>A</td><td rowspan="2">—</td><td rowspan="2">F、Z</td><td rowspan="2">0.15</td><td rowspan="2">0.35</td><td rowspan="2">1.20</td><td rowspan="2">0.045</td><td>0.050</td></tr>
<tr><td>U12155</td><td>B</td><td>0.045</td></tr>
<tr><td rowspan="4">Q235</td><td>U12352</td><td>A</td><td rowspan="4">—</td><td rowspan="2">F、Z</td><td>0.22</td><td rowspan="4">0.35</td><td rowspan="4">1.40</td><td rowspan="2">0.045</td><td>0.050</td></tr>
<tr><td>U12355</td><td>B</td><td>0.20②</td><td>0.045</td></tr>
<tr><td>U12358</td><td>C</td><td>Z</td><td rowspan="2">0.17</td><td>0.040</td><td>0.040</td></tr>
<tr><td>U12359</td><td>D</td><td>TZ</td><td>0.035</td><td>0.035</td></tr>
<tr><td rowspan="5">Q275</td><td>U12752</td><td>A</td><td>—</td><td>F、Z</td><td>0.24</td><td rowspan="5">0.35</td><td rowspan="5">1.50</td><td>0.045</td><td>0.050</td></tr>
<tr><td rowspan="2">U12755</td><td rowspan="2">B</td><td>≤40</td><td rowspan="2">Z</td><td>0.21</td><td rowspan="2">0.045</td><td rowspan="2">0.045</td></tr>
<tr><td>>40</td><td>0.22</td></tr>
<tr><td>U12758</td><td>C</td><td rowspan="2">—</td><td>Z</td><td rowspan="2">0.20</td><td>0.040</td><td>0.040</td></tr>
<tr><td>U12759</td><td>D</td><td>TZ</td><td>0.035</td><td>0.035</td></tr>
</table>

注：①表中为镇静钢、特殊镇静钢牌号的统一数字，沸腾钢牌号的统一数字代号如下：

Q195F——U11950；

Q215AF——U12150，Q215BF——U12153；

Q235AF——U12350，Q235BF——U12353；

Q275AF——U12750。

②经需方同意，Q235B 的碳含量可不大于 0.22%。

2. 各化学成分对钢材性能的影响

(1)碳可提高钢的强度，但却导致钢材塑性和韧性降低，而且焊接性也随之降低。建筑结构钢的含碳量不宜太高，一般不应超过 0.22%，在焊接性能要求高的结构钢中，含碳量则应控制在0.2%以内。

(2)硫(S)和磷(P)是钢中极有害的杂质元素，硫(S)在钢中形成低熔点(1190℃)的FeS，而FeS与Fe又形成低熔点(985℃)的共晶体分布在晶界上。当钢在1000～1200℃进行焊接或热加工时，这些低熔点的共晶体先熔化导致钢断裂，出现热脆性。磷(P)能增加钢的强度，其强化能力是碳(C)的1/2，但又能使钢的塑性和韧性显著降低，尤其在低温下使钢严重变脆，发生冷脆性。因此建筑结构钢对磷(P)、硫(S)含量必须严格控制。

(3)建筑结构钢材中，各种化学成分对钢材性能的影响，见表6-5。

表6-5　化学成分对钢材性能的影响

名　称	在钢材中的作用	对钢材性能的影响
碳(C)	决定强度的主要因素。碳素钢含量应在0.04%～1.7%之间，合金钢含量大于0.5%～0.7%	含量增高，强度和硬度增高，塑性和冲击韧性下降，脆性增大，冷弯性能、焊接性能变差
硅(Si)	加入少量能提高钢的强度、硬度和弹性，能使钢脱氧，有较好的耐热性、耐酸性。在碳素钢中含量不超过0.5%，超过限值则成为合金钢的合金元素	含量超过1%时，则使钢的塑性和冲击韧性下降，冷脆性增大，可焊性、抗腐蚀性变差
锰(Mn)	提高钢强度和硬度，可使钢脱氧去硫。含量在1%以下；合金钢含量大于1%时即成为合金元素	少量锰可降低脆性，改善塑性、韧性，热加工性和焊接性能，含量较高时，会使钢塑性和韧性下降，脆性增大，焊接性能变坏
磷(P)	是有害元素，降低钢的塑性和韧性，出现冷脆性，能使钢的强度显著提高，同时提高大气腐蚀稳定性，含量应限制在0.05%以下	含量提高，在低温下使钢变脆，在高温下使钢缺乏塑性和韧性，焊接及冷弯性能变坏，其危害与含碳量有关，在低碳钢中影响较少
硫(S)	是有害元素，使钢热脆性大，含量限制在0.05%以下	含量高时，焊接性能、韧性和抗蚀性将变坏；在高温热加工时，容易产生断裂，形成热脆性

续表

名 称	在钢材中的作用	对钢材性能的影响
钒、铌(V、Nb)	使钢脱氧除气，显著提高强度。合金钢含量应小于0.5%	少量可提高低温韧性，改善可焊性；含量多时，会降低焊接性能
(钛)(Ti)	钢的强脱氧剂和除气剂，可显著提高强度，能与碳和氮作用生成碳化钛(TiC)和氮化钛(TiN)。低合金钢含量在0.06%～0.12%之间	少量可改善塑性、韧性和焊接性能，降低热敏感性
铜(Cu)	含少量铜对钢不起显著变化，可提高抗大气腐蚀性	含量增到0.25%～0.3%时，焊接性能变坏，增到0.4%时，发生热脆现象

第二节 钢 筋

一、钢筋的分类

钢筋混凝土结构中常用的钢材有钢筋和钢丝(包括钢绞线)两类。直径在6mm以上者称为钢筋，直径在5mm以内者称为钢丝。

1. 按屈服强度划分

按屈服强度可分为HPB235级、HRB335级、HRB400级及HRB500级钢筋、RRB400级钢筋，其中HPB235级～HRB500级为热轧钢筋，RRB400级钢筋为余热处理钢筋，它们的屈服强度分别为：

HPB235级，屈服点为235MPa，抗拉强度为370MPa。

HRB335级，屈服点为335MPa，抗拉强度为490MPa。

HRB400级，屈服点为400MPa，抗拉强度为570MPa。

HRB500级，屈服点为500MPa，抗拉强度为630MPa。

RRB400级，屈服点为440MPa，抗拉强度为600MPa。

2. 按外形划分

按钢筋外形可分为：

光圆钢筋：断面为圆形，表面无刻纹，使用时需加弯钩。

螺纹钢筋：表面轧制成螺旋纹、人字纹，以增大与混凝土的粘结力。

精轧螺纹钢筋：新近开发的用作预应力钢筋的新品种，钢号为40Si2MnV。

此外，还有刻痕钢丝、压波钢线等。

3. 按生产工艺划分

按钢筋生产工艺，混凝土结构用的普通钢筋，可分为两类：热轧钢筋和冷加工钢筋（冷轧带肋钢筋、冷轧扭钢筋、冷拔螺旋钢筋）。冷拉钢筋与冷拔低碳钢丝已逐渐淘汰。余热处理钢筋属于热轧钢筋一类。

4. 按供货方式划分

按钢筋供货方式可分为盘圆钢筋（直径≤10mm）和直条钢筋（长度6～12m，根据需方要求，也可按其他定尺供应）。

5. 按在结构中的作用和形状划分

(1)受拉钢筋。这类钢筋配置在钢筋混凝土构件中的受拉区，主要承受拉力。工程上常见的简支梁、简支板等构件的受拉区都在构件的下部，受拉钢筋也就配置在构件的下部。但有些构件，受力正好相反，受拉区在构件的上部，受拉钢筋也就配置在构件的上部，如挑檐梁、雨篷等。

受拉钢筋在构件中的位置如图 6-3 所示。

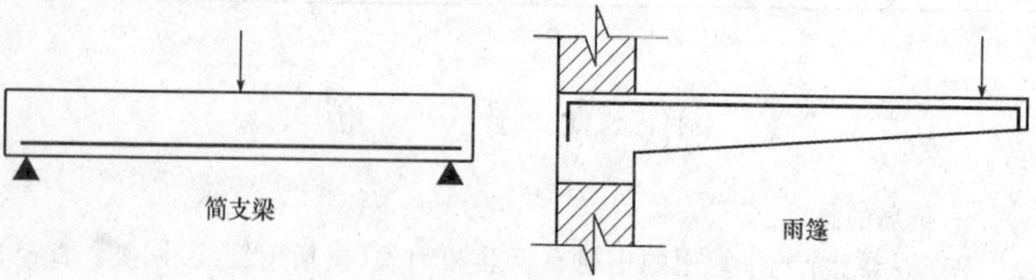

图 6-3　受拉钢筋在构件中的位置

(2)弯起钢筋。它是受拉钢筋的一种变化形式。在简支梁中，为抵抗支座附近由于受弯和受剪而产生的斜向拉力，就将受拉钢筋的两端弯起来，承受这部分斜拉力，称为弯起钢筋。但在连续梁和连续板中，受拉区是变化的：跨中受拉区的连续梁、板的下部；到接近支座的部位，受拉区便移到梁、板的上部。为了适应这种受力情况，则受拉钢筋到一定位置就须弯起。

弯起钢筋在构件中的位置如图 6-4 所示。

(3)受压钢筋。受压钢筋是通过计算用以承受压力的钢筋，一般配置在受压构件中，例如各种柱子、桩或屋架的受压腹杆内，还有受弯构件的受压区内也需配置受压钢筋。虽然混凝土的抗压强度较大，然而钢筋的抗压强度远大于混凝土的抗压强度，在构件的受压区配置受压钢筋，帮助混凝土承受压力，就可以减小受压构件或受压区的截面尺寸。

受压钢筋在构件中的位置如图 6-5 所示。

(4)分布钢筋。这些钢筋常用在墙、板或环形构件中。分布钢筋的作用有三个：其一是将荷载均匀地分布给受力钢筋；其次是在浇捣混凝土时可固定受力钢筋的位置；第三是还可抵抗混凝土凝固收缩时及温度变化时产生的拉力作用。

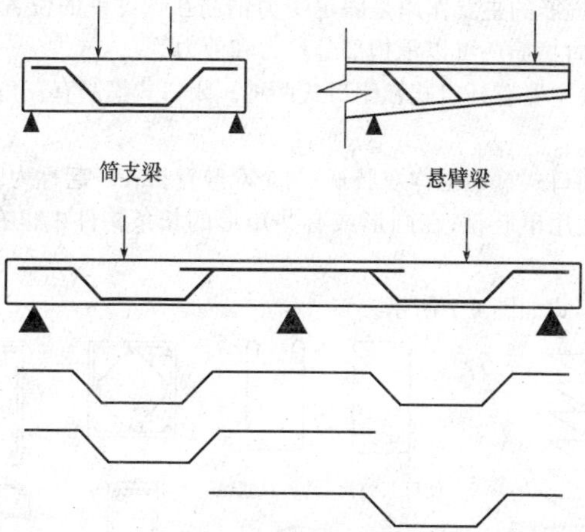

图 6-4 弯起钢筋在构件中的位置

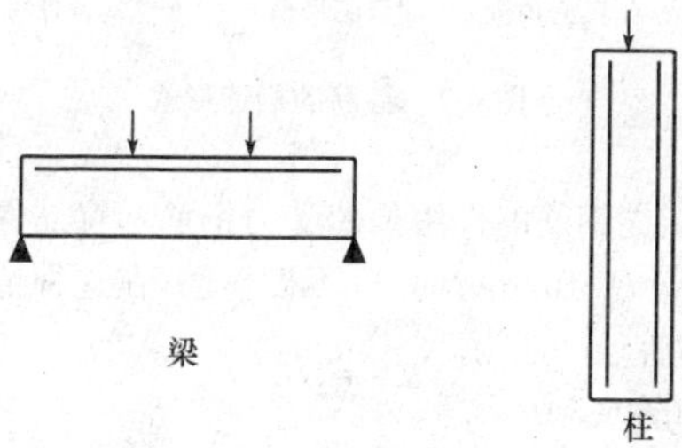

图 6-5 受压钢筋在构件中的位置

分布钢筋在构件中的位置如图 6-6 所示。

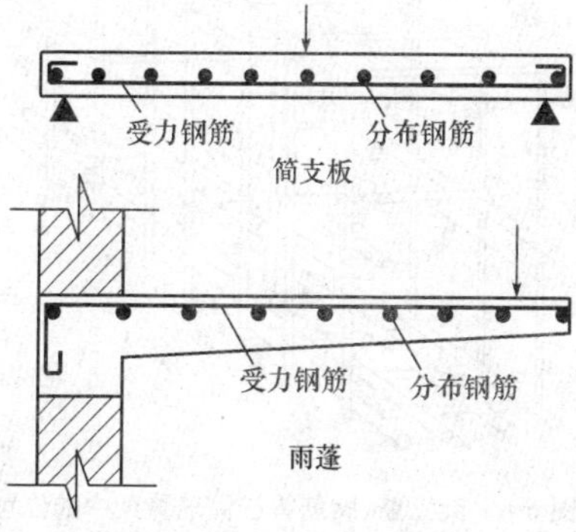

图 6-6 分布钢筋在构件中的位置

(5)箍筋。箍筋的主要作用是固定受力钢筋在构件中的位置,并使钢筋形成坚固的骨架,同时箍筋还可以承担部分拉力和剪力等。

箍筋的形式主要有开口式和闭口式两种。闭口式箍筋有三角形、圆形和矩形等多种形式。

单个矩形闭口式箍筋也称双肢箍;两个双肢箍拼在一起称为四肢箍。在截面较小的梁中可使用单肢箍;在圆形或有些矩形的长条构件中也有使用螺旋形箍筋的。

箍筋构造形式如图 6-7 所示。

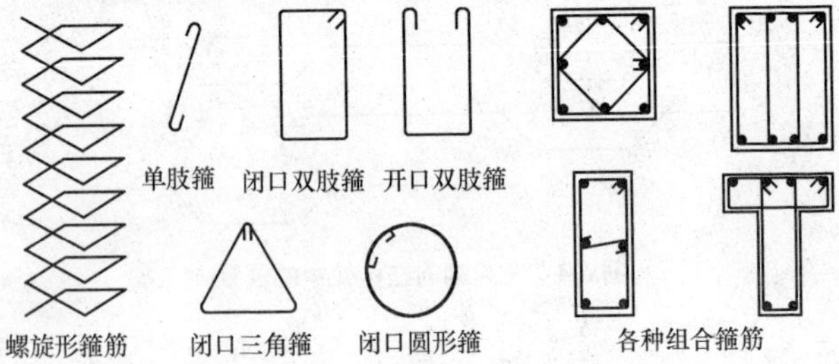

图 6-7　箍筋的构造形式

(6)架立钢筋。架立钢筋的作用是使受力钢筋和箍筋保持正确位置,以形成骨架。但当梁的高度小于 150mm 时,可不设箍筋,在这种情况下,梁内也不设架立钢筋。架立钢筋的直径一般为 8~12mm。

架立钢筋位置如图 6-8 所示。

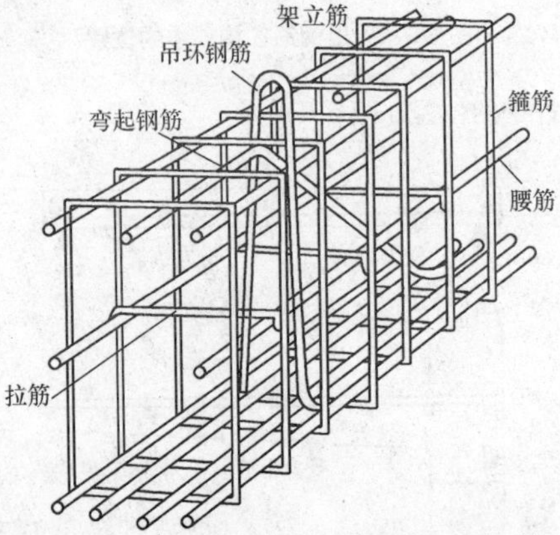

图 6-8　架立筋、腰筋等在钢筋骨架中的位置

(7)腰筋及其他。当梁的截面高度超过700mm时,为了保证受力钢筋与箍筋整体骨架的稳定,以及承受构件中部混凝土收缩或温度变化所产生的拉力,在梁的两侧面沿高度每隔300～400mm设置一根直径不小于10mm的纵向构造钢筋,称为腰筋。腰筋要用拉筋联系,拉筋直径采用6～8mm。

由于安装钢筋混凝土构件的需要,在预制构件中,根据构件体形和重量,在一定位置设置有吊环钢筋。在构件和墙体连接处,部分还预埋有锚固筋等。

腰筋、拉筋、吊环钢筋在钢筋骨架中的位置如图6-8所示。

二、钢筋的品种和规格

1. 热轧带肋钢筋

根据《钢筋混凝土用钢 第2部分:热轧带肋钢筋》(GB 1499.2—2007)的规定,热轧带肋钢筋的规格见图6-9和表6-6。其技术性能见表6-7和表6-8。

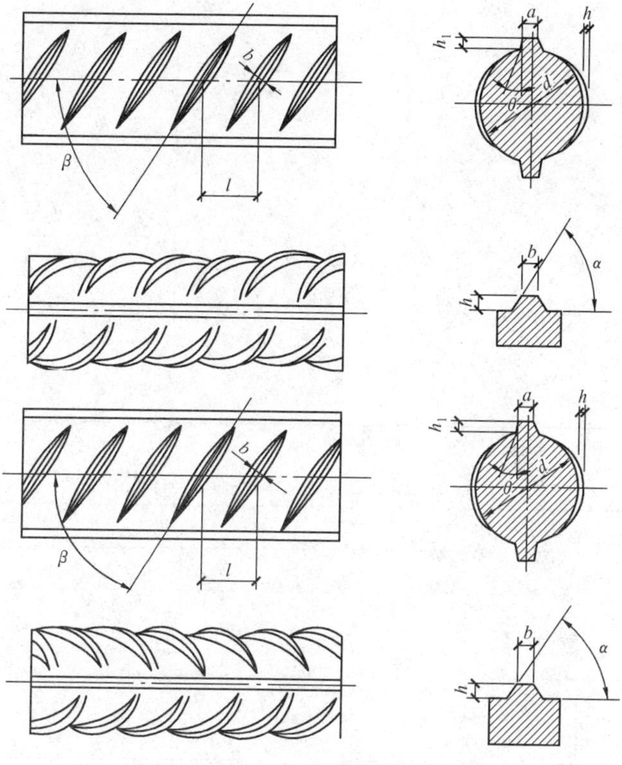

图6-9 月牙肋钢筋表面及截面形状

d—钢筋内径;α—横肋斜角;h—横肋高度;β—横肋与轴线夹角;h_1—纵肋高度;θ—纵肋斜角;a—纵肋顶宽;l—横肋间距;b—横肋顶宽

表 6-6　钢筋公称横截面面积与理论重量

公称直径(mm)	公称横截面面积(mm^2)	理论重量(kg/m)
6	28.27	0.222
8	50.27	0.395
10	78.54	0.617
12	113.1	0.888
14	153.9	1.21
16	201.1	1.58
18	254.5	2.00
20	314.2	2.47
22	380.1	2.98
25	490.9	3.85
28	615.8	4.83
32	804.2	6.31
36	1018	7.99
40	1257	9.87
50	1964	15.42

注:表中理论重量按密度为 7.85g/cm^3 计算。

表 6-7　热轧带肋钢筋的化学成分和碳当量

牌　号	化学成分(%)					
	C	Si	Mn	P	S	C_{eq}
HRB335 HRBF335	0.25	0.80	1.60	0.045	0.045	0.52
HRB400 HRBF400	0.25	0.80	1.60	0.045	0.045	0.54
HRB500 HRBF500	0.25	0.80	1.60	0.045	0.045	0.55

表 6-8 热轧带肋钢筋力学性能

牌号	公称直径 d(mm)	屈服强度 R_{cL} (MPa)	抗拉强度 R_m (MPa)	断后伸长率 A (%)	最大力总伸长率 A_{gt}(%)	冷弯 180° 弯心直径 d
		不小于				
HRB335 HRBF335	6~25	335	455	17	7.5	3
	28~40					4
	>40~50					5
HRB400 HRBF400	6~25	400	540	16	7.5	4
	28~40					5
	>40~50					6
HRB500 HRBF500	6~25	500	630	15	7.5	6
	28~40					7
	>40~50					8

2. 冷轧带肋钢筋

冷轧带肋钢筋是采用普通低碳钢或低合金钢热轧圆盘条为母材，经冷轧或冷拔减径后在其表面冷轧成具有三面或二面月牙形横肋的钢筋。它的生产和使用应符合《冷轧带肋钢筋》(GB 13788—2008)和《冷轧带肋钢筋混凝土结构技术规程》(JGJ 95—2003)的规定。

冷轧带肋钢筋按抗拉强度分为 5 级：CRB550、CRB650、CRB800、CRB970。

CRB550 钢筋的公称直径范围为 4～12mm，CRB650 及以上牌号钢筋公称直径为 4mm、5mm、6mm。

(1)技术性能。550 级钢筋宜用作钢筋混凝土结构构件中的受力主筋、架立筋、箍筋和构造钢筋；650 级和 800 级钢筋宜用作中小型预应力混凝土结构构件中的受力主筋。

1)冷轧带肋钢筋的力学性能及工艺性能，见表 6-9。

表 6-9　　冷轧带肋钢筋的力学性能和工艺性能

牌号	$R_{p0.2}$(MPa)不小于	R_m(MPa)不小于	伸长率/$\frac{1}{4}$不小于		弯曲试验180°	反复弯曲次数	应力松驰初始应力应相当于公称抗拉强度的70%
			$A_{11.3}$	A_{100}			1000h 松驰率(%)不大于
CRB550	500	550	8.0	—	$D=3d$	—	—
CRB650	585	650	—	4.0	—	3	8
CRB800	720	800	—	4.0	—	3	8
CRB979	875	970	—	4.0	—	3	8

注：表中 D 为弯心直径，d 为钢筋公称直径。

2)冷轧带肋钢筋用盘条的化学成分，见表 6-10。

表 6-10　　冷轧带肋钢筋用盘条的参考牌号和化学成分

钢筋牌号	盘条牌号	化学成分(质量分数)(%)					
		C	Si	Mn	V、Ti	S	P
CRB550 CRB650	Q215	0.09～0.15	≤0.30	0.25～0.55	—	≤0.050	≤0.045
	Q235	0.14～0.22	≤0.30	0.30～0.65	—	≤0.050	≤0.045
CRB800	24MnTi	0.19～0.27	0.17～0.37	1.20～1.60	Ti:0.01～0.05	≤0.045	≤0.045
	20MnTi	0.17～0.25	0.40～0.80	1.20～1.60	—	≤0.045	≤0.045
CRB970	41MnSiV	0.37～0.45	0.60～1.10	1.00～1.40	V:0.05～0.12	≤0.045	≤0.045
	60	0.57～0.65	0.17～0.37	0.50～0.80	—	≤0.035	≤0.035

(2)强度取值。

1)冷轧带肋钢筋的抗拉强度标准值 f_{stk} 或 f_{ptk} 应按表 6-11 采用。

表 6-11　　冷轧带肋钢筋及预应力冷轧带肋钢筋的抗拉强度标准值(单位:MPa)

钢筋级别	钢筋直径(mm)	f_{stk} 或 f_{ptk}
550 级	(4)、5、6、7、8、9、10、12	550
650 级	(4)、5、6	650
800 级	5	800

注：表中括号内的直径，不宜用作受力主筋。

2)冷轧带肋钢筋的抗拉强度设计值 f_y 或 f_{py} 及抗压强度设计值 f'_y 或 f'_{py}，应按表 6-12 采用。

表 6-12　冷轧带肋钢筋及预应力冷轧带肋钢筋的强度设计值　(单位:MPa)

钢筋级别	f_y 或 f_{py}	f'_y 或 f'_{py}
550 级	360	360
650 级	430	380
800 级	530	380

注:1. 成盘供应的 550 级冷轧带肋钢筋经机械调直后,抗拉强度设计值应降低 20MPa,但抗压强度设计值应不大于相应的抗拉强度设计值。
2. 在钢筋混凝土结构中,轴心受拉和小偏心受拉构件的钢筋抗拉强度设计值应按 310MPa 取用。

3)冷轧带肋钢筋弹性模量 E_s 取 1.9×10^5MPa。

4)冷轧带肋钢筋混凝土结构的混凝土强度等级不宜低于 C20;预应力冷轧带肋混凝土结构构件的混凝土强度等级不宜低于 C25。

处于室内高湿度或露天环境的结构构件,其混凝土强度等级不得低于 C30。

(3)使用要求。

1)冷轧带肋钢筋可用于没有振动荷载和重复荷载的水利水电工程的钢筋混凝土结构和先张法预应力混凝土中小型结构构件的设计与施工。

2)冷轧带肋钢筋混凝土构件不宜在环境温度低于－30℃时使用。

3)550 级钢筋不得采用冷拉方法调直,用机械调直对钢筋表面不得有明显擦伤。

4)为了满足冷轧带肋钢筋的强度和伸长率要求,按一定量的面缩率选择盘条直径,可使钢筋具有较合适的强塑性指标。根据国内生产经验,一般采用表 6-13 的对应直径关系。

表 6-13　盘条直径与钢筋直径对应关系

盘条直径(mm)	冷轧钢筋直径(mm)	面缩率 ψ (%)	盘条直径(mm)	冷轧钢筋直径(mm)	面缩率 ψ (%)
12	10.5	23.4	11.5	10	24.4
11	9.5	25.4	10.5	9	26.5
10	8.5	27.8	9.5	8	29.1
9	7.5	30.6	8.5	7	32.2
8	6.5	34.0	7.5	6	36.0
6.5	5.0	40.8	6.5	5	40.8
5.5	4.0	47.1	5.5	4	47.1

(4)钢筋的检验要求。

1)冷轧带肋钢筋应符合国家标准《冷轧带肋钢筋》(GB 13788—2008)的规定。

2)650 级和 800 级钢筋应成盘供应,成盘供应的钢筋每盘应由一根组成;550 级钢筋可成盘或成捆供应,直条成捆供应的钢筋每捆应由同一炉罐号组成,且每捆重量不宜大于 500kg。

注:成捆钢筋的长度,可根据工程需要确定。

3)对进厂(场)的冷轧带肋钢筋应按钢号、级别、规格分别堆放和使用,并应有明显的标志。不得在室外储存。

4)进厂(场)的冷轧带肋钢筋应按下列规定进行检查和验收:

①钢筋应成批验收。每批由同一钢号、同一规格和同一级别的钢筋组成,每批不大于 50t。每批钢筋应有出厂质量合格证明书,每盘或捆均应有标牌。

②每批抽取 5%(但不少于 5 盘或 5 捆)进行外形尺寸、表面质量和重量偏差的检查。检查结果应符合表 6-14 的要求,如其中有一盘或一捆不合格,则应对该批钢筋逐盘或逐捆检查。

表 6-14　　三面肋和二面肋钢筋的尺寸、重量及允许偏差

公称直径 d(mm)	公称横截面积(mm^2)	重量		横肋中点高		横肋 1/4 处高 $h_{1/4}$(mm)	横肋顶宽 b(mm)	横肋间隙		相对肋面积 f_t 不小于
		理论重量(kg/m)	允许偏差(%)	h(mm)	允许偏差(mm)			l(mm)	允许偏差(%)	
4	12.6	0.099	±4	0.30	+0.10 −0.05	0.24	−0.2d	4.0	±15	0.035
4.5	15.9	0.125		0.32		0.26		4.0		0.039
5	19.6	0.154		0.32		0.26		4.0		0.039
5.5	23.7	0.186		0.40		0.32		5.0		0.039
6	28.3	0.222		0.40		0.32		5.0		0.039
6.5	33.2	0.261		0.46		0.37		5.0		0.045
7	38.5	0.302		0.46		0.37		5.0		0.045
7.5	44.2	0.347		0.55		0.44		6.0		0.045
8	50.3	0.395		0.55		0.44		6.0		0.045
8.5	56.7	0.445		0.55	±0.10	0.44		7.0		0.045
9	63.6	0.490		0.75		0.60		7.0		0.052
9.5	70.8	9.556		0.75		0.60		7.0		0.052
10	78.5	0.617		0.75		0.60		7.0		0.052
10.5	86.5	0.679		0.75		0.60		7.4		0.052

续表

公称直径 d (mm)	公称横截面积 (mm^2)	重量		横肋中点高		横肋 1/4 处高 $h_{1/4}$ (mm)	横肋顶宽 b(mm)	横肋间隙		相对肋面积 f_1 不小于
		理论重量 (kg/m)	允许偏差(%)	h (mm)	允许偏差(mm)			l(mm)	允许偏差 (%)	
11	96.0	0.745		0.80		0.68		7.4		0.056
11.5	103.8	0.845	±4	0.95	±0.10	0.76	−0.2d	8.4	±15	0.056
12	113.1	0.888		0.95		0.76		8.4		0.056

注：1. 肋 1/4 处高、肋顶宽供孔型设计用。

2. 其他规格钢筋尺寸及允许偏差可参考相邻尺寸的参数确定。

③钢筋的力学性能和工艺性能应逐盘进行检查，从每盘任一端截去 500mm 以后取两个试样，一个做抗拉强度和伸长率试验，另一个做冷弯试验。检查结果如有一项指标不符合表 6-9 的规定，则判该盘钢筋不合格。

④对成捆供应的 550 级钢筋应逐捆检验，从每捆中同一根钢筋上截取两个试样，一个做抗拉强度和伸长率试验，另一个做冷弯试验。检查结果如有一项指标不符合表 6-9 的规定，应从该捆钢筋中取双倍数量的试件进行复验，复验结果如仍有一个试样不合格，则判该捆钢筋不合格。

(5)钢筋的加工要求。

1)经调直机调直的钢筋，表面不得有明显擦伤；钢筋调直后，不应有局部曲折，每米长度的弯曲度不应大于 4mm，总弯曲度不大于钢筋总长度的 4‰。

2)冷轧带肋钢筋末端可不制作弯钩。当钢筋末端需制作 90°或 135°弯折时，钢筋的弯曲直径不宜小于钢筋直径的 5 倍。

3)用冷轧带肋钢筋制作的箍筋，其末端弯钩的弯曲直径应大于受力钢筋直径，且不应小于箍筋直径的 3 倍。

4)钢筋加工的形状、尺寸应符合设计要求。钢筋加工的允许偏差，应符合表 6-15的规定。

表 6-15　　　　钢筋加工的允许偏差　　　　(单位：mm)

项　　目	允许偏差
受力钢筋顺长度方向全长的净尺寸	±10
弯起钢筋的弯折位置	±20
箍筋内净尺寸	±5

(6)钢筋骨架的制作与安装。

1)钢筋的绑扎应符合下列规定：

①钢筋的交叉点应采用铁丝扎牢。

②板和墙的钢筋网,除靠近外围两行钢筋的相交点全部扎牢外,中间部分的相交点可间隔交错扎牢,但必须保证受力钢筋不位移;双向受力的钢筋,须全部扎牢。

2)绑扎网和绑扎骨架外形尺寸的允许偏差,应符合表 6-16 的规定。

表 6-16　　绑扎网和绑扎骨架的允许偏差　　(单位:mm)

项　目		允许偏差
网的长、宽		±10
网眼尺寸		±20
骨架的宽及高		±5
骨架的长		±10
箍筋间距		±20
受力钢筋	间　距	±10
	排　距	±5

3)钢筋的绑扎接头应符合下列规定:

①搭接长度的末端与钢筋弯曲处的距离,不得小于钢筋直径的 10 倍。

②钢筋搭接处,应在中心和两端用铁丝扎牢。

③受拉钢筋绑扎接头的搭接长度,应符合表 6-17 的规定。受压钢筋绑扎接头的搭接长度,应取受拉钢筋绑扎接头搭接长度的 0.7 倍。

表 6-17　　受拉钢筋绑扎接头的搭接长度

钢筋级别	混凝土强度等级		
	C20	C25	≥C30
550 级	50d	45d	40d

注:1. d 为钢筋直径。

2. 两根直径不同的钢筋的搭接长度,以较细钢筋的直径计算。

3. 两根并筋的搭接长度应按表中数值乘以系数 1.4 后取用。

4)钢筋绑扎接头位置的要求以及钢筋位置的允许偏差应符合国家现行《混凝土结构工程施工质量验收规范》(GB 50204—2002)的规定。

5)冷轧带肋钢筋为冷加工钢筋不能经受高温回火,故严禁采用焊接接头。冷轧带肋钢筋可制成点焊网片。

3. 冷轧扭钢筋

冷轧扭钢筋，又称冷轧变形钢筋，是以Q235、Q215热轧圆盘条钢筋和普通低碳钢无扭控冷热轧盘条（高速线材）为原料，通过冷轧专用设备进行调直、轧扁、扭曲、定尺切断等工序，一次加工成形，达到一定的工业标准，供水利水电工程现浇结构或预制构件直接使用的钢筋混凝土所用新型钢筋。

该新型钢筋外观呈连续均匀的螺旋状，表面光滑无裂痕，性能与其母材相比，极限抗拉强度与混凝土的握裹力分别提高了1.67倍和1.59倍。

冷轧扭钢筋比采用普通热轧圆盘条钢筋节省钢材36%～40%，节省工时1/3，节省运费1/3，降低施工直接费用15%左右，经济效益明显。

(1)技术要求。

1)冷轧扭钢筋的规格及截面参数应按表6-18采用。

表6-18　　　　　　冷轧扭钢筋规格及截面参数

强度级别	型　号	标志直径 d(mm)	公称截面面积 A_s(mm^2)	理论重量 G(kg/m)
CTB550	Ⅰ	6.5	29.50	0.232
		8	45.30	0.356
		10	68.30	0.536
		12	96.14	0.755
	Ⅱ	6.5	29.20	0.229
		8	42.30	0.332
		10	66.10	0.519
		12	92.74	0.728
	Ⅲ	6.5	29.86	0.234
		8	45.24	0.355
		10	70.69	0.555
CTB650	Ⅲ	6.5	28.20	0.221
		8	42.73	0.335
		10	66.76	0.524

注：Ⅰ型为矩形截面，Ⅱ型为方形截面，Ⅲ型为圆形截面。

2)冷轧扭钢筋的外形尺寸应符合表6-19的规定。

表 6-19　　冷轧扭钢筋外形尺寸

强度级别	型号	标志直径 d(mm)	截面控制尺寸不小于(mm)				节距 l_1 不大于 (mm)
			轧扁厚度 t_1	方形边长 a_1	外圆直径 d_1	内圆直径 d_2	
CTB550	Ⅰ	6.5	3.7	—	—	—	75
		8	4.2	—	—	—	95
		10	5.3	—	—	—	110
		12	6.2	—	—	—	150
	Ⅱ	6.5	—	5.4	—	—	30
		8	—	6.5	—	—	40
		10	—	8.1	—	—	50
		12	—	9.6	—	—	80
	Ⅲ	6.5	—	—	6.17	5.67	40
		8	—	—	7.59	7.09	60
		10	—	—	9.49	8.89	70
CTB650	Ⅲ	6.5	—	—	6.00	5.50	30
		8	—	—	7.38	6.88	50
		10	—	—	9.22	8.67	70

3)冷轧扭钢筋的力学性能应符合表 6-20 的规定。

表 6-20　　冷轧扭钢筋力学性能指标

级别	型号	抗拉强度 f_{yk} (N/mm^2)	伸长率 A (%)	180°弯曲 (弯心直径＝$3d$)
GTB550	Ⅰ	≥550	$A_{11.3}$≥4.5	受弯曲部位钢筋表面不得产生裂纹
	Ⅱ	≥550	A≥10	
	Ⅲ	≥550	A≥12	
CTB650	Ⅲ	≥650	A_{100}≥4	

注:1. d 为冷轧扭钢筋标志直径;

2. A、$A_{11.3}$分别表示以标距 $5.65\sqrt{S_0}$ 或 $11.3\sqrt{S_0}$(S_0 为试样原始截面面积)的试样拉断伸长率,A_{100}表示标距为 100mm 的试样拉断伸长率。

4)冷轧扭钢筋表面不应有裂纹、折叠、结疤、压痕、机械损伤或其他影响使用的缺陷。

(2)混凝土保护层要求。

1)纵向受力的冷轧扭钢筋及预应力冷轧扭钢筋,其混凝土保护层厚度(钢筋外边缘至最近混凝土表面的距离)不应小于钢筋的公称直径,且应符合表 6-21 的规定。

表 6-21 纵向受力的冷轧扭钢筋及预应力冷轧扭钢筋的混凝土保护层最小厚度 (单位:mm)

环境类别		构件类别	混凝土强度等级		
			C20	C25～C45	≥C50
一		板、墙	20	15	15
		梁	30	25	25
二	a	板、墙	—	20	20
		梁	—	30	30
	b	板、墙	—	25	20
		梁	—	35	30
三		板、墙	—	30	25
		梁	—	40	35

注:1. 基础中纵向受力的冷轧扭钢筋的混凝土保护层厚度不应小于 40mm;当无垫层时不应小于 70mm;

2. 处于一类环境且由工厂生产的预制构件,当混凝土强度等级不低于 C20 时,其保护层厚度可按表中规定减少 5mm,但预制构件中预应力钢筋的保护层厚度不应小于 15mm,处于二类环境且由工厂生产的预制构件,当表面采取有效保护措施时,保护层厚度可按表中一类环境值取用;

3. 有防火要求的工程,其保护层厚度尚应符合国家现行有关防火规范的规定。

2)板中分布钢筋的保护层厚度应符合国家标准《混凝土结构设计规范》(GB 50010—2002)第 9.2.3 条的规定。属于二、三类环境中的悬臂板,其上表面应采取有效的保护措施。

3)对有防火要求和处于四、五类环境的工程,其混凝土保护层厚度尚应符合国家有关标准的要求。

(3)冷轧扭钢筋的锚固及接头要求。

1)当计算中充分利用钢筋的抗拉强度时,冷轧扭受拉钢筋的锚固长度应按表 6-22取用,在任何情况下,纵向受拉钢筋的锚固长度不应小于 200mm。

表 6-22 冷轧扭钢筋最小锚固长度 l_a (单位:mm)

钢筋级别	混凝土强度等级				
	C20	C25	C30	C35	≥C40
CTB550	$45d(50d)$	$40d(45d)$	$35d(40d)$	$35d(40d)$	$30d(35d)$
CTB650	—	—	$50d$	$45d$	$40d$

注:1. d 为冷轧扭钢筋标志直径;

2. 两根并筋的锚固长度按上表数值乘以 1.4 后取用;

3. 括号内数字用于Ⅱ型冷轧扭钢筋;

4. 预应力钢筋的锚固算起点可按《冷轧扭钢筋混凝土构件技术规程》(JGJ 115—2006)附录 A 确定。

2)纵向受力冷轧扭钢筋不得采用焊接接头。

3)纵向受拉冷轧扭钢筋搭接长度 l_l 不应小于最小锚固长度 l_a 的 1.2 倍，且不应小于 300mm。

4)纵向受拉冷轧扭钢筋不宜在受拉区截断；当必须截断时，接头位置宜设在受力较小处，并相互错开。在规定的搭接长度区段内，有接头的受力钢筋截面面积不应大于总钢筋截面面积的 25%。设置在受压区的接头不受此限。

5)预制构件的吊环严禁采用冷轧扭钢筋制作。

(4)冷轧扭钢筋施工要求。

1)冷轧扭钢筋成品应有出厂合格证书或试验合格报告单。进入现场时应分批分规格捆扎，用垫木架空码放，并应采取防雨措施。每捆均应挂标牌，注明钢筋的规格、数量、生产日期、生产厂家，并应对标牌进行核实，分批验收。

2)在现场抽检冷轧扭钢筋过程中，发现力学性能有明显异常时，应对原材料的化学成分重新复检。

3)冷轧扭钢筋混凝土构件的模板工程、混凝土工程，应符合现行国家标准《混凝土结构工程施工质量验收规范》(GB 50204—2002)的规定。

4)严禁采用对冷轧扭钢筋有腐蚀作用的外加剂。

5)冷轧扭钢筋的铺设应平直，其规格、长度、间距和根数应符合设计要求，并应采取措施控制混凝土保护层厚度。

6)钢筋网片、骨架应绑扎牢固。双向受力网片每个交叉点均应绑扎；单向受力网片除外边缘网片应逐点绑扎外，中间可隔点交错绑扎。绑扎网片和骨架的外形尺寸允许偏差应符合表 6-23 的规定。

表 6-23　　绑扎网片和绑扎骨架外形尺寸允许偏差　　(单位：mm)

项　目	允 许 偏 差
网片的长、宽	±25
网眼尺寸	±15
骨架高、宽	±10
骨 架 长	±10

7)叠合薄板构件脱模时混凝土强度等级应达到设计强度的 100%。起吊时应先消除吸附力，然后平衡起吊。

8)预制构件堆放场地应平整坚实，不积水。板类构件可叠层堆放，用于两端支承的垫木应上下对齐。

9)Ⅲ型冷轧扭钢筋(CTB550 级)可用于焊接网。

4. 无粘结拌和预应力钢筋

无粘结拌和预应力筋是以专用防腐润滑脂作涂料层，由聚乙烯(或聚丙烯)塑料作护套的钢绞线或碳素钢丝束制作而成的。

无粘结拌和预应力筋按钢筋种类和直径分类有三种：$\phi12$ 的钢绞线、$\phi15$ 的钢绞线和 $7\phi5$ 的碳素钢丝束，形状如图 6-10 所示，技术指标及工艺参数见表 6-24。

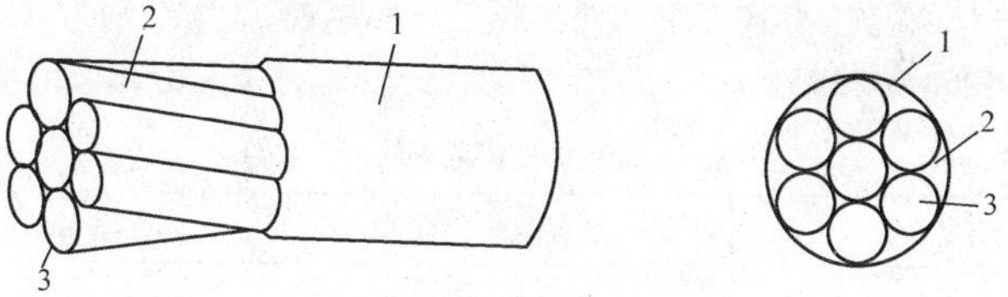

图 6-10　无粘结拌和束预应力筋

1—塑料护套；2—防腐润滑脂；3—钢绞线（或高强钢丝束）

表 6-24　　无粘结拌和预应力筋技术参数

名称	项　目	碳素钢丝束 $7\phi5$	钢绞线	
			d=12.70（$7\phi4$）	d=15.20（$7\phi5$）
钢材	抗拉强度(MPa)	1470～1770	1860	1720.1860
钢材	弹性模量(MPa)	2.05×10^5	1.95×10^5	1.95×10^5
钢材	伸长率(%)	4	3.5	3.5
钢材	截面积(mm^2)	137.47	89.45	139.98
钢材	重量(kg/m)	1.08	0.7	1.09
油脂	无粘结拌和预应力筋专用防腐润滑脂重量(g/m)	50	43	50
塑料	聚乙烯或聚丙烯护套厚度(mm)	0.8～1.2	0.8～1.2	0.8～1.2
μ	无粘结拌和预应力筋与壁之间的摩擦系数	0.1	0.12	0.12
g	考虑无粘结拌和预应力筋壁（每米）局部偏差对摩擦的影响系数	0.0035	0.004	0.004

注：1. 无粘结拌和预应力钢丝束规格为 $7\phi5$，中心丝应加粗，比周边钢丝直径大 5%～7%。

2. 对无粘结拌和预应力钢丝束，钢绞线设计值 f_{py} 取 $0.8\times0.8f_{ptk}$。

5. 余热处理钢筋

余热处理钢筋是经热轧后立即穿水，进行表面控制冷却，然后利用芯部余热自身完成回火处理所得的成品钢筋。根据《钢筋混凝土用余热处理钢筋》(GB 13014—1991)的规定，其表面形状同热轧月牙肋钢筋，强度级别为 RRB400 级。余热处理钢筋的规格化学成分与力学性能，见表 6-25～表 6-27。

表 6-25　余热处理钢筋规格

公称直径(mm)	公称横截面面积(mm^2)	公称重量(kg/m)
8	50.27	0.395
10	78.54	0.617
12	113.1	0.888
14	153.9	1.21
16	201.1	1.58
18	254.5	2.00
20	314.2	2.47
22	380.1	2.98
25	490.9	3.85
28	615.8	4.83
32	804.2	6.31
36	1018	7.99
40	1257	9.87

注：表中公称重量按密度为 7.85g/cm^3 计算。

表 6-26　余热处理钢筋的化学成分

表面形状	钢筋级别	强度代号	牌号	化学成分(%)				
				C	Si	Mn	P	S
							不大于	
月牙肋	RRB400	KL400	20MnSi	0.17～0.25	0.40～0.80	1.20～1.60	0.045	0.045

表 6-27　余热处理钢筋力学性能

表面形状	钢筋级别	强度等级代号	公称直径(mm)	屈服点(MPa)	抗拉强度(MPa)	伸长率 δ_5(%)	冷弯 d-弯曲直径 a-钢筋公称直径
				不小于			
月牙肋	RRB400	KL400	8～25 28～40	440	600	14	90° $d=3a$ 90° $d=4a$

6. 钢筋焊接网

钢筋焊接网技术是以冷轧带肋钢筋或冷拔钢筋为材料，在工厂的专用焊接设备上生产和加工而成的网片或网卷，用于钢筋混凝土结构，以取代传统的人工绑扎。钢筋焊接网被认为是一种新型、高效、优质的混凝土结构用钢材。

(1)常见品种。焊接网就钢筋直径和网孔尺寸而言变化范围较大，钢筋直径在 0.5～25mm 之间，网孔尺寸大约在 6～300mm(个别达 400mm)之间。

(2)规格。

1)钢筋焊接网宜采用 CRB550 级冷轧带肋钢筋制作，也可采用 LG510 级冷拔光圆钢筋制作。一片焊接网宜采用同一类型的钢筋焊成。

2)钢筋焊接网可按形状、规格分为定型焊接网和定制焊接网两种。

①定型焊接网在两个方向上的钢筋间距和直径可以不同，但在同一个方向上的钢筋应具有相同的直径、间距和长度。

《钢筋混凝土用钢筋焊接网》(GB/T 1499.3—2002)推荐采用的定型钢筋网型号见表 6-28。

表 6-28 定型钢筋焊接网型号

钢筋焊接网型号	纵向钢筋			横向钢筋			重量(kg/m²)
	公称直径(mm)	间距(mm)	每延米面积(mm²/m)	公称直径(mm)	间距(mm)	每延米面积(mm²/m)	
A16	16	200	1006	12	200	566	12.34
A14	14		770	12		566	10.49
A12	12		566	12		566	8.88
A11	11		475	11		475	7.46
A10	10		393	10		393	6.16
A9	9		318	9		318	4.99
A8	8		252	8		252	3.95
A7	7		193	7		193	3.02
A6	6		142	6		142	2.22
A5	5		98	5		98	1.54

续表

钢筋焊接网型号	纵向钢筋			横向钢筋			重量(kg/m²)
	公称直径(mm)	间距(mm)	每延米面积(mm²/m)	公称直径(mm)	间距(mm)	每延米面积(mm²/m)	
B16	16	100	2001	10	200	393	18.89
B14	14		1539	10		393	15.19
B12	12		1131	8		252	10.90
B11	11		950	8		252	9.43
B10	10		785	8		252	8.14
B9	9		635	8		252	6.97
B8	8		503	8		252	5.93
B7	7		385	7		193	4.53
B6	6		283	7		193	3.73
B5	5		196	7		193	3.05
C16	16	150	1341	12	200	566	14.98
C14	14		1027	12		566	12.51
C12	12		754	12		566	10.36
C11	11		634	11		475	8.70
C10	10		523	10		393	7.19
C9	9		423	9		318	5.82
C8	8		335	8		252	4.61
C7	7		257	7		193	3.53
C6	6		189	6		142	2.60
C5	5		131	5		98	1.80
D16	16	100	2011	12	100	1131	24.68
D14	14		1539	12		1131	20.98
D12	12		1131	12		1131	17.75
D11	11		950	11		950	14.92
D10	10		785	10		785	12.33
D9	9		635	9		635	9.98
D8	8		503	8		503	7.90
D7	7		385	7		385	6.04
D6	6		283	6		283	4.44
D5	5		196	5		196	3.08

续表

钢筋焊接网型号	纵向钢筋			横向钢筋			重量(kg/m²)
	公称直径(mm)	间距(mm)	每延米面积(mm²/m)	公称直径(mm)	间距(mm)	每延米面积(mm²/m)	
E16	16	150	1341	12	150	754	16.46
E14	14		1027	12		754	13.99
E12	12		754	12		754	11.84
E11	11		634	11		634	9.95
E10	10		523	10		523	8.22
E9	9		423	9		423	6.66
E8	8		335	8		335	5.26
E7	7		257	7		257	4.03
E6	6		189	6		189	2.96
E5	5		131	9		131	2.05

②定制焊接网的形状、尺寸应根据设计和施工要求,由供需双方协商确定。

3)钢筋焊接网的规格宜符合下列规定:

①钢筋直径宜为 4～12mm。

②焊接网长度不宜超过 12mm,宽度不宜超过 3.4mm。

③焊接网制作方向的钢筋间距宜为 100mm、150mm、200mm,与制作方向垂直的钢筋间距宜为 100～400mm,且应为 10mm 的整倍数。

(3)性能要求。

1)焊接网钢筋的强度标准值 f_{ptk} 应按表 6-29 采用。

表 6-29　　焊接网钢筋强度标准值 f_{ptk}　　(单位:MPa)

焊接网钢筋	钢筋直径(mm)	f_{ptk}
冷轧带肋钢筋	4、5、6、7、8、9、10、11、12	550
冷拔光面钢筋	4、5、6、7、8、9、10、11、12	510

注:1. 经设计单位与生产厂家协商同意,根据材料实际情况,钢筋直径在 4～12mm 范围内可采用 0.5mm 进级。

2. 冷拔光面钢筋伸长率应满足 $\delta_{10} \geqslant 8\%$。

2)焊接网钢筋的抗拉强度设计值 f_y 和抗压强度设计值 f'_y 应按表 6-30 采用。

表 6-30　　焊接网钢筋强度设计值　　(单位:MPa)

焊接网钢筋	f_y	f'_y
冷轧带肋钢筋	360	360
冷拔光面钢筋	320	320

3)焊接网钢筋的弹性模量,应按表 6-31 采用。

表 6-31　　焊接网钢筋弹性模量　　(单位:MPa)

焊接网钢筋	E_x
冷轧带肋钢筋	1.9×10^5
冷拔光面钢筋	2.0×10^5

4)钢筋焊接网混凝土结构的混凝土强度等级不应低于 C20。处于室内高湿度或露天环境的结构构件,其混凝土强度等级不宜低于 C30。

(4)安装要求。

1)钢筋焊接网运输时应捆扎整齐、牢固,每捆重量不应超过 2t,必要时应加刚性支撑或支架。

2)进场的钢筋焊接网宜按施工吊装顺序要求堆放,并应有明显的标志。

3)附加钢筋宜在现场绑扎,并应符合现行国家标准《混凝土结构工程施工质量验收规范》(GB 50204—2002)的有关规定。

4)对两端须插入梁内锚固的焊接网,当网片纵向钢筋较细时,可利用网片的弯曲变形性能,先将焊接网中部向上弯曲,使两端能先后插入梁内,然后铺平网片;当钢筋较粗,焊接网不能弯曲时,可将焊接网的一端少焊 1～2 根横向钢筋,先插入该端,然后退插另一端,必要时可采用绑扎方法补回所减少的横向钢筋。

5)钢筋焊接网的搭接、构造,应符合《钢筋焊接网混凝土结构技术规程》中有关构造的规定。两张网片搭接时,在搭接区中心及两端应采用铁丝绑扎牢固。在附加钢筋与焊接网连接的每个节点处均应采用铁丝绑扎。

6)钢筋焊接网安装时,下部网片应设置与保护层厚度相当的水泥砂浆垫块或塑料卡;板的上部网片应在短向钢筋两端,沿长向钢筋方向每隔 600～900mm 设一钢筋支墩,见图 6-11。

7. 预应力混凝土用钢丝

预应力混凝土用钢丝的分类按交货状态,可分为冷拉钢丝和消除应力钢丝两种;按外形分为光圆钢丝、刻痕钢丝、螺旋肋钢丝三种。

预应力螺旋肋钢丝及三面刻痕钢丝外形分别如图 6-12 及图 6-13 所示。常用预应力混凝土用钢丝的尺寸规格及力学性能见表 6-32～表 6-37 所示。

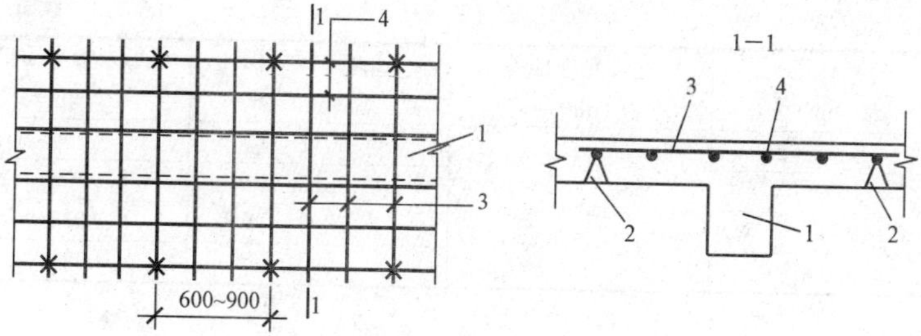

图 6-11 上部钢筋焊接网的支墩

1—梁；2—支墩；3—短向钢筋；4—长向钢筋

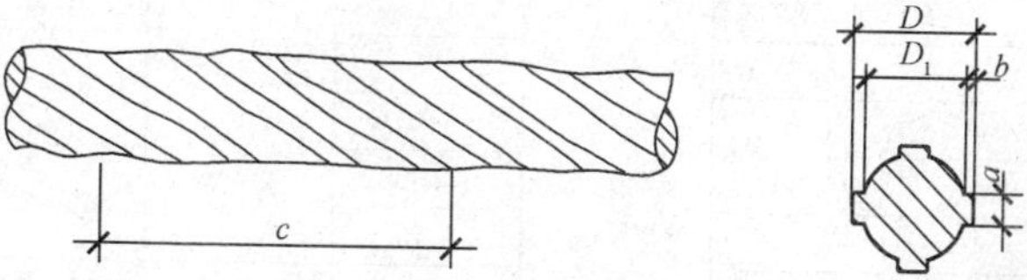

图 6-12 预应力螺旋肋钢丝外形图

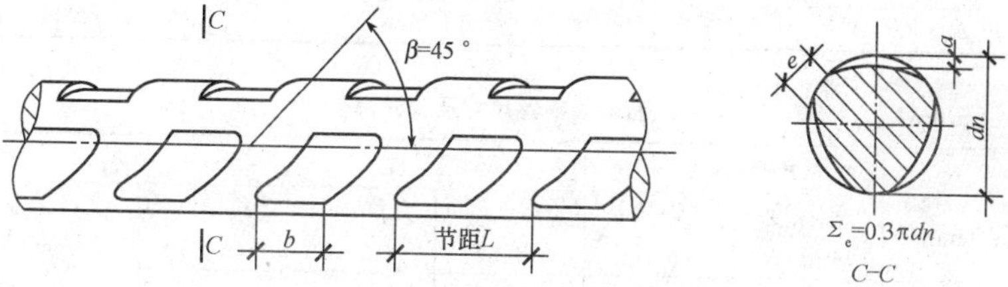

图 6-13 三面刻痕钢丝外形图

表 6-32 光圆钢丝尺寸及允许偏差、每米参考质量

公称直径 d_n(mm)	直径允许偏差 (mm)	公称横截面积 S_n(mm^2)	每米参考质量 (g/m)
3.00	±0.04	7.07	55.5
4.00		12.57	98.6
5.00	±0.05	19.63	154
6.00		28.27	222
6.25		30.68	241
7.00		38.48	302

续表

公称直径 d_n(mm)	直径允许偏差(mm)	公称横截面积 S_n(mm^2)	每米参考质量(g/m)
8.00	±0.06	50.26	394
9.00		63.62	499
10.00		78.54	616
12.00		113.1	888

表 6-33　螺旋肋钢丝的尺寸及允许偏差

公称直径 d_n(mm)	螺旋肋数量(条)	基圆尺寸		外轮廓尺寸		单肋尺寸	螺旋肋导程 C(mm)
		基圆直径 D_1(mm)	允许偏差(mm)	外轮廓直径 D(mm)	允许偏差(mm)	宽度 a(mm)	
4.00	4	3.85	±0.05	4.25	±0.05	0.90～1.30	24～30
4.80	4	4.60		5.10		1.30～1.70	28～36
5.00	4	4.80		5.30			
6.00	4	5.80		6.30		1.60～2.00	30～38
6.25	4	6.00		6.70			30～40
7.00	4	6.73		7.46	±0.10	1.80～2.20	35～45
8.00	4	7.75		8.45		2.00～2.40	40～50
9.00	4	8.75		9.45		2.10～2.70	42～52
10.00	4	9.75		10.45		2.50～3.00	45～58

表 6-34　三面刻痕钢丝尺寸及允许偏差

公称直径 d_n(mm)	刻痕深度		刻痕长度		节距	
	公称深度 a(mm)	允许偏差(mm)	公称长度 b(mm)	允许偏差(mm)	公称节距 L(mm)	允许偏差(mm)
≤5.00	0.12	±0.05	3.5	±0.05	5.5	±0.05
>5.00	0.15		5.0		8.0	

注：公称直径指横截面积等同于光圆钢丝横截面积时所对应的直径。

表 6-35　冷拉钢丝的力学性能

公称直径 d_n(mm)	抗拉强度 σ_b(MPa) 不小于	规定非比例伸长应力 $\sigma_{P0.2}$(MPa) 不小于	最大力下总伸长率(L_0=200mm) δ_{gt}(%) 不小于	弯曲次数(次/180°) 不小于	弯曲半径 R(mm)	断面收缩率 ψ(%) 不小于	每 210mm 扭距的扭转次数 n 不小于	初始应力相当于 70% 公称抗拉强度时，1000h 后应力松弛率 r(%) 不大于
3.00	1470	1100	1.5	4	7.5	—	—	8
4.00	1570 1670	1180 1250		4	10	35	8	
5.00	1770	1330		4	15		8	

续表

公称直径 d_n(mm)	抗拉强度 σ_b(MPa) 不小于	规定非比例伸长应力 $\sigma_{P0.2}$ (MPa) 不小于	最大力下总伸长率 (L_0=200mm) δ_{gt}(%) 不小于	弯曲次数 (次/180°) 不小于	弯曲半径 R(mm)	断面收缩率 ψ(%) 不小于	每 210mm 扭距的扭转次数 n 不小于	初始应力相当于 70% 公称抗拉强度时，1000h 后应力松弛率 r(%) 不大于
6.00	1470	1100	1.5	5	15	30	7	8
7.00	1570 1670	1180 1250		5	20		6	
8.00	1770	1330		5	20		5	

表 6-36　　　　消除应力光圆及螺旋肋钢丝的力学性能

公称直径 d_n(mm)	抗拉强度 σ_b(MPa) 不小于	规定非比例伸长应力 $\sigma_{P0.2}$(MPa) 不小于		最大力下总伸长率 (L_0=200mm) δ_{gt}(%) 不小于	弯曲次数 (次/180°) 不小于	弯曲半径 R(mm)	应力松弛性能		
							初始应力相当于公称抗拉强度的百分数(%)	1000h 后应力松弛率 r(%) 不大于	
		WLR	WNR					WLR	WNR
							对所有规格		
4.00	1470 1570	1290 1380	1250 1330	3.5	3	10	60	1.0	4.5
4.80	1670	1470	1410		4	15			
5.00	1770 1860	1560 1640	1500 1580						
6.00	1470	1290	1250		4	15	70	2.0	8
6.25	1570 1670	1380 1470	1330 1410		4	20			
7.00	1770	1560	1500		4	20			
8.00	1470	1290	1250		4	20	80	4.5	12
9.00	1570	1380	1330		4	25			
10.00	1470	1290	1250		4	25			
12.00					4	30			

注：表中 WLR 指低松弛钢丝，WNR 指普通松弛钢丝。

表 6-37　**消除应力的刻痕钢丝的力学性能**

公称直径 d_n(mm)	抗拉强度 σ_b(MPa) 不小于	规定非比例伸长应力 $\sigma_{P0.2}$(MPa) 不小于		最大力下总伸长率 (L_0=200mm) δ_{gt}(%) 不小于	弯曲次数 (次/180°) 不小于	弯曲半径 R(mm)	应力松弛性能		
							初始应力相当于公称抗拉强度的百分数(%)	1000h 后应力松弛率 r(%) 不大于	
		WLR	WNR					WLR	WNR
							对所有规格		
≤5.0	1470	1290	1250	3.5	3	15	60	1.5	4.5
	1570	1380	1330				70	2.5	8
	1670	1470	1410				80	4.5	12
	1770	1560	1500						
	1860	1640	1580						
>5.0	1470	1290	1250			20			
	1570	1380	1330						
	1670	1470	1410						
	1770	1560	1500						

注：表中 WLR 指低松弛钢丝，WNR 指普通松弛钢丝。

8. 钢绞线

钢绞线是由 2、3、7 根高强钢丝扭结而成的一种高强预应力钢材。1×2 及 1×3结构预应力钢绞线截面见图 6-14 和图 6-15。

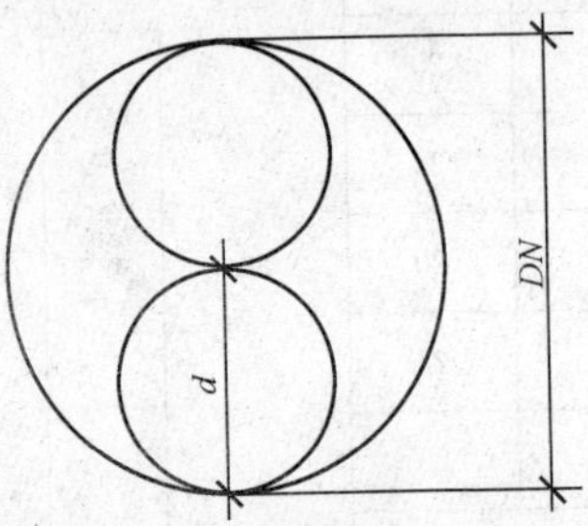

图 6-14　1×2 结构钢绞线

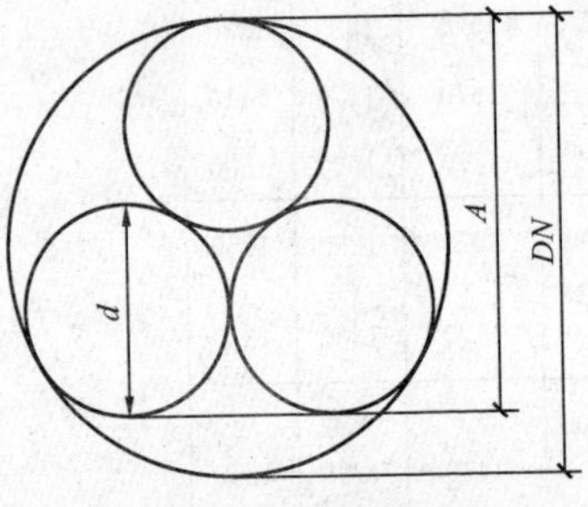

图 6-15　1×3 结构钢绞线

工程中用得最多的是由 6 根钢丝围绕着一根芯丝顺一个方向扭结而成的股钢绞线。芯丝直径常比外围钢丝直径大 5%～7%，使各根钢丝紧密接触，钢丝的扭距一般为(12～16)d。常用的钢绞线为 7ϕ4 和 7ϕ5 两种，见图 6-16。

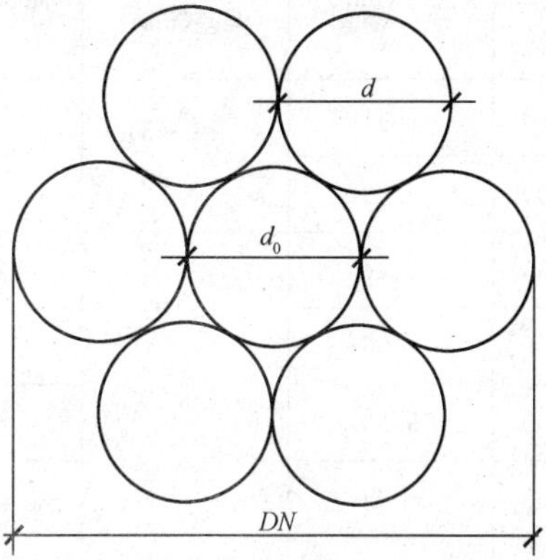

图 6-16　1×7 结构钢绞线

DN—钢绞线直径(mm)；d_0—中心钢丝直径(mm)；

d—外层钢丝直径(mm)；

A—1×3 结构钢绞线测量尺寸(mm)

7 股钢绞线由于面积较大，比较柔软，操作方便，既适用于先张法又适用于后张法施工，目前已成为应用最广的一种预应力钢材。它既可以在先张法预应力混凝土中使用，也可用于后张法有黏结拌和和无粘结拌和工艺。

预应力钢绞线的外形尺寸与允许偏差见表 6-38～表 6-40。预应力钢绞线力学性能见表 6-41～表 6-43。

表 6-38　　　　1×2 结构钢绞线尺寸及允许偏差

钢绞线结构	公称直径(mm)		钢绞线参考允许偏差(mm)	钢绞线公称截面积(mm^2)	每米钢绞线参考质量(g/m)
	钢绞线	钢丝			
1×2	5.00	2.50	+0.15 −0.05	9.82	77.1
	5.80	2.90		13.2	104
	8.00	4.00	+0.25 −0.10	25.1	197
	10.00	5.00		39.3	309
	12.00	6.00		56.5	444

表 6-39　　1×3 结构钢绞线尺寸及允许偏差

钢绞线结构	公称直径(mm)		钢绞线测量尺寸(mm)	钢绞线测量尺寸允许偏差(mm)	钢绞线参考截面积(mm^2)	每米钢绞线参考质量(g/m)
	钢绞线	钢丝				
1×3	6.20	2.90	5.41	+0.15 −0.05	19.8	155
	6.50	3.00	5.60		21.2	166
	8.60	4.00	7.46	+0.20 −0.10	37.7	296
	8.74	4.05	7.56		38.6	303
	10.80	5.00	9.33		58.9	462
	12.90	6.00	11.20		84.8	666
1×3 Ⅰ	8.74	4.05	7.56		38.6	303

注：1×3 代表用三根钢丝捻制的钢绞线；1×3 Ⅰ 代表用三根刻痕钢丝捻制的钢绞线。

表 6-40　　1×7 结构钢绞线尺寸及允许偏差

钢绞线结构	公称直径 D_n(mm)	直径允许偏差(mm)	钢绞线参考截面积 S_n(mm^2)	每米钢绞线参考质量(g/m)	中心钢丝直径 d_0 加大范围(%)不小于
1×7	9.50	+0.30 −0.15	54.8	430	2.5
	11.10		74.2	582	
	12.70	+0.40 −0.20	98.7	775	
	15.20		140	1101	
	15.70		150	1178	
	17.80		191	1500	
	21.60		285	2237	
(1×7)C	12.70	+0.40 −0.20	112	890	
	15.20		165	1295	
	18.00		223	1750	

表 6-41 **1×2 结构钢绞线力学性能**

钢绞线结构	钢绞线公称直径 D_n(mm)	抗拉强度 R_m(MPa)不小于	整根钢绞线的最大力 F_m(kN)不小于	规定非比例延伸力 $F_{p0.2}$(kN)不小于	最大力总伸长率(L_0≥400mm) A_{gt}(%)不小于	应力松弛性能	
						初始负荷相当于公称最大力的百分数(%)	1000h 后应力松弛率 r(%)不大于
1×2	5.00	1570	15.4	13.9	对所有规格	对所有规格	对所有规格
		1720	16.9	15.2			
		1860	18.3	16.5			
		1960	19.2	17.3			
	5.80	1570	20.7	18.6		60	1.0
		1720	22.7	20.4			
		1860	24.6	22.1			
		1960	25.9	23.3	3.5	70	2.5
	8.00	1470	36.9	33.2			
		1570	39.4	35.5			
		1720	43.2	38.9		80	4.5
		1860	46.7	42.0			
		1960	49.2	44.3			
	10.00	1470	57.8	52.0			
		1570	61.7	55.5			
		1720	67.6	60.8			
		1860	73.1	65.8			
		1960	77.0	69.3			
	12.00	1470	83.1	74.8			
		1570	88.7	79.8			
		1720	97.2	87.5			
		1860	105	94.5			

注：规定非比例延伸力 $F_{p0.2}$ 值不小于整根钢绞线公称最大力 F_m 的 90%。

表 6-42　　1×3 结构钢绞线力学性能

钢绞线结构	钢绞线公称直径 D_n(mm)	抗拉强度 R_m(MPa) 不小于	整根钢绞线的最大力 F_m(kN) 不小于	规定非比例延伸力 $F_{p0.2}$(kN) 不小于	最大力总伸长率 (L_0 ≥400mm) A_{gt}(%) 不小于	应力松弛性能 初始负荷相当于公称最大力的百分数(%)	应力松弛性能 1000h 后应力松弛率 r(%) 不大于
1×3	6.20	1570	31.1	28.0	对所有规格	对所有规格	对所有规格
		1720	34.1	30.7			
		1860	36.8	33.1			
		1960	38.8	34.9			
	6.50	1570	33.3	30.0			
		1720	36.5	32.9		60	1.0
		1860	39.4	35.5			
		1960	41.6	37.4			
	8.60	1470	55.4	49.9			
		1570	59.2	53.3			
		1720	64.8	58.3	3.5	70	2.5
		1860	70.1	63.1			
		1960	73.9	66.5			
	8.74	1570	60.6	54.5			
		1670	64.5	58.1			
		1860	71.8	64.6			
	10.80	1470	86.6	77.9			
		1570	92.5	83.3		80	4.5
		1720	101	90.9			
		1860	110	99.0			
		1960	115	104			
	12.90	1470	125	113			
		1570	133	120			
		1720	146	131			
		1860	158	142			
		1960	166	149			
1×3I	8.74	1570	60.6	54.5			
		1670	64.5	58.1			
		1860	71.8	64.6			

注：规定非比例延伸力 $F_{p0.2}$ 值不小于整根钢绞线公称最大力 F_m 的 90%。

表 6-43　　1×7 结构钢绞线力学性能

钢绞线结构	钢绞线公称直径 D_n(mm)	抗拉强度 R_m(MPa) 不小于	整根钢绞线的最大力 F_m(kN) 不小于	规定非比例延伸力 $F_{p0.2}$(kN) 不小于	最大力总伸长率 (L_0 ≥400mm) A_{gt}(%) 不小于	应力松弛性能：初始负荷相当于公称最大力的百分数(%)	应力松弛性能：1000h 后应力松弛率 r(%) 不大于
1×7	9.50	1720	94.3	84.9	对所有规格	对所有规格	对所有规格
		1860	102	91.8			
		1960	107	96.3			
	11.10	1720	128	115			
		1860	138	124		60	1.0
		1960	145	131			
	12.70	1720	170	153			
		1860	184	166			
		1960	193	174			
	15.20	1470	206	185	3.5	70	2.5
		1570	220	198			
		1670	234	211			
		1720	241	217			
		1860	260	234			
		1960	274	247			
	15.70	1770	266	239		80	4.5
		1860	279	251			
	17.80	1720	327	294			
		1860	353	318			
	12.70	1860	208	187			
	15.20	1820	300	270			
	21.60	1770	504	454			
		1860	530	477			
(1×7)C	18.00	1720	384	346			

注：规定非比例延伸力 $F_{p0.2}$ 值不小于整根钢绞线公称最大力 F_m 的 90%。

9. 进口热轧变形钢筋

进口热轧变形钢筋机械性能和化学成分见表 6-44。

表 6-44　　进口热轧变形钢筋机械性能和化学成分

国别		日本	阿根廷	日本		
材料标准		JISG3112	JISG3112	JISG3112	JISG3112	JISG3112
钢筋代号		SD30	SD35	SD40	SD50	特殊 SD35
屈服点(MPa)		300	350	400	500	350
抗拉强度(MPa)		490～600	500	570	630	500
断裂伸长率 δ_5(%)	$d<25$	>14	>18	>16	>12	>18
	$d\geqslant25$	>18	>20	>18	>14	>20
冷弯弯曲角		180°	180°	180°	90°	180°
冷弯弯心直径		$4d$	$d\leqslant41$　$3d$ $d>41$　$5d$	$5d$	$d\leqslant25$　$5d$ $d>25$　$6d$	$d\leqslant41$　$4d$ $d>41$　$5d$
化学成分(%)	C	—	<0.27	<0.29	<0.32	0.12～0.22
	Mn	—	<1.60	<1.80	<1.80	1.20～1.60
	P	<0.05	<0.05	<0.05	<0.05	<0.50
	S	<0.05	<0.05	<0.05	<0.50	<0.50
	$C+\frac{Mn}{6}$	—	<0.50	<0.55	<0.60	—

国别		墨西哥	巴西
材料标准		ASTM A615	ASTM A615
钢筋代号		60 级	60 级
屈服点(MPa)		420	420
抗拉强度(MPa)		630	630
断裂伸长率(%)	$d\leqslant19$	9	9
	$d=22\sim25$	8	8
	$d=28\sim32$	7	7
冷弯弯曲角		180°	180°
冷弯弯心直径	$d<16$	$4d$	$4d$
	$d=16\sim25$	$6d$	$6d$
	$d=28\sim32$	$8d$	$8d$
化学成分(%)	C	0.35～0.44	0.25～0.35
	Mn	>1.0	>1.0
	P	0.03	0.05
	S	0.044	0.05

10. 冷拔螺旋钢筋

冷拔螺旋钢筋是热轧圆盘条经冷拔后在表面形成连续螺旋槽的钢筋。山东省地方标准《冷拔螺旋钢筋混凝土中小型受弯构件设计与施工暂行规定》(DBJ 14—BG 3—96),可供参考。

冷拔螺旋钢筋的外形见图 6-17,其规格与力学性能分别见表 6-45 与表 6-46。

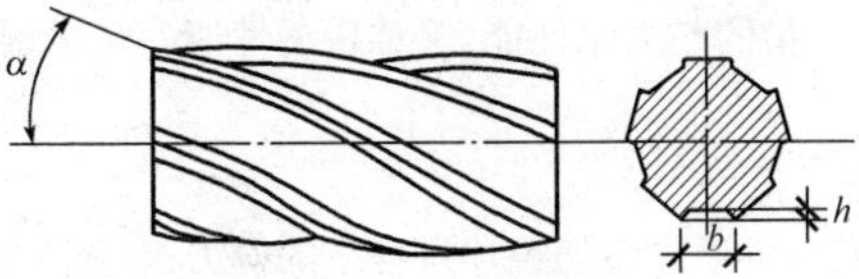

图 6-17 冷拔螺旋钢筋

表 6-45 冷拔螺旋钢筋的尺寸、重量及允许偏差

公称直径 D(mm)	公称横截面面积 (mm^2)	重量		槽深		槽宽	螺旋角	
		理论重量 (kg/m)	允许偏差 (%)	h (mm)	允许偏差 (mm)	b(mm)	α	允许偏差
4	12.56	0.0986	±4	0.12	−0.05～+0.10	0.2D～0.3D	72°	±5°
5	19.63	0.1541		0.15				
6	28.27	0.2219		0.18				
7	38.48	0.3021		0.21				
8	50.27	0.3946		0.24				
9	63.62	0.4994		0.27				
10	78.54	0.6165		0.30				

表 6-46 冷拔螺旋钢筋力学性能

级别代号	屈服强度 $\sigma_{0.2}$(MPa)	抗拉强度 σ_b(MPa)	伸长率不小于(%)		冷弯 180° D 为弯心直径 d 为钢筋公称直径	应力松弛 $\sigma=0.7\sigma_b$	
			δ_{10}	δ_{100}		1000h(%)	10h(%)
LX550	≥500	≥550	8	—	D=3d	—	—
LX650	≥520	≥650	—	4	D=4d	<8	<5
LX800	≥640	≥800	—	4	D=5d	<8	<5

冷拔螺旋钢筋生产，可利用原有的冷拔设备，只需增加一个专用螺旋装置与陶瓷模具。该钢筋具有强度适中、握裹力强、塑性好、成本低等优点，可用于钢筋混凝土构件中的受力钢筋，以节约钢材；用于预应力空心板可提高延性，改善构件使用性能。

三、钢筋的性能

钢筋的性能主要指的是力学性能，又称机械性能。是指钢筋在外力作用下所表现出的各种性质。

1. 抗拉性

钢筋的力学性能，可通过钢筋拉伸过程中的应力-应变图加以说明。

热轧钢筋具有软钢性质，有明显的屈服点，其应力-应变图见图 6-18。从图中可以看出，在应力达到 a 点之前，应力与应变成正比，呈弹性工作状态，a 点的应力值 σ_p 称为比例极限；在应力超过 a 点之后，应力与应变不成比例，有塑性变形；当应力达到 b 点，钢筋到达了屈服阶段，应力值保持在某一数值附近上下波动而应变继续增加，取该阶段最低点 c 点的应力值称为屈服点 σ_s；超过屈服阶段后，应力与应变又呈上升状态，直至最高点 d，称为强化阶段，d 点的应力值称为抗拉强度(强度极限)σ_b；从最高点 d 至断裂点 e' 钢筋产生颈缩现象，荷载下降，伸长增长，很快被拉断。

冷轧带肋钢筋的应力-应变图(图 6-19)，呈硬钢性质，无明显屈服点。一般将对应于塑性应变为 0.2%时的应力定为屈服强度，并以 $\sigma_{0.2}$ 表示。

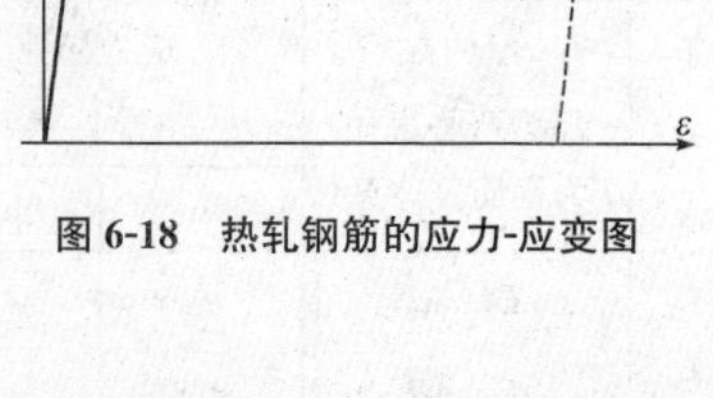

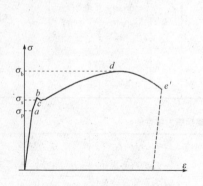

图 6-18　热轧钢筋的应力-应变图

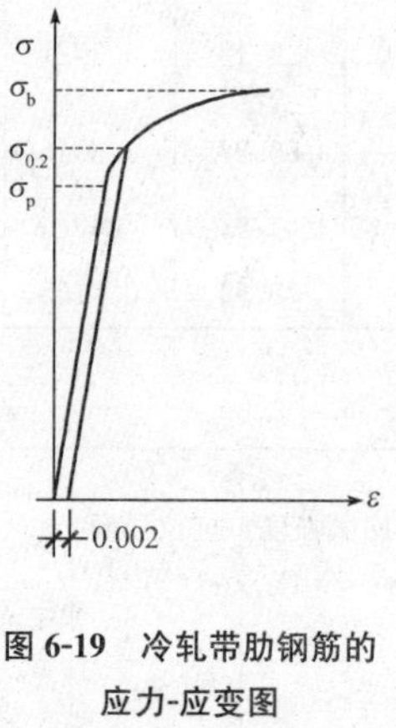

图 6-19　冷轧带肋钢筋的应力-应变图

提高钢筋强度，可减少用钢量，降低成本，但并非强度越高越好。高强钢筋在高应力下往往引起构件过大的变形和裂缝。因此，对普通混凝土结构，设计强度限值为 360MPa。

2. 延性

钢筋的延性通常用拉伸试验测得的伸长率和断面收缩率表示。影响延性的主要因素是钢筋材质。热轧低碳钢筋强度虽低，但延性好。随着加入合金元素和碳当量加大，强度提高但延性减小。对钢筋进行热处理和冷加工同样可提高强度，但延性降低。

(1)伸长率。用δ表示，它的计算式为：

$$\delta=\frac{\text{标距长度内总伸长值}}{\text{标距长度 }L}\times 100\% \tag{6-2}$$

由于试件标距的长度不同，故伸长率的表示方法也不一样。一般热轧钢筋的标距取10倍钢筋直径长和5倍钢筋直径长，其伸长率分别用δ_{10}和δ_5表示。钢丝的标距取100倍直径长，用δ_{100}表示。钢绞线标距取200倍直径长，用δ_{200}来表示。

伸长率是衡量钢筋（钢丝）塑性性能的重要指标，伸长率愈大，钢筋的塑性愈好。这是钢筋冷加工的保证条件。

(2)断面收缩率。其计算公式为：

$$\text{断面收缩率}=\frac{\text{试件的原始截面面积}-\text{试件拉断时断口截面面积}}{\text{试件的原始截面面积}}\times 100\% \tag{6-3}$$

3. 冲击韧性

冲击韧性是指钢材抵抗冲击荷载的能力。其指标是通过标准试件的弯曲冲击韧性试验确定的。

钢材的冲击韧性是衡量钢材质量的一项指标。特别对经常承受冲击荷载作用的构件，要经过冲击韧性的鉴定，如重量级的吊车梁等。冲击韧性越大，表明钢材的冲击韧性越好。

4. 耐疲劳性

钢筋混凝土构件在交变荷载的反复作用下，往往在应力远小于屈服点时，发生突然的脆性断裂，这种现象叫做疲劳破坏。

5. 冷弯性能

冷弯性能是指钢筋在常温(20℃±3℃)条件下承受弯曲变形的能力。冷弯是检验钢筋原材料质量和钢筋焊接接头质量的重要项目之一；通过冷弯试验拉应力试验更容易暴露钢材内部存在的夹渣、气孔、裂纹等缺陷；特别是焊接接头如有缺陷时，在进行冷弯试验过程中能够敏感地暴露出来。

冷弯性能指标通过冷弯试验确定，常用弯曲角度(α)和弯心直径(d)对试件的厚度或直径(a)的比值来表示。弯曲角度愈大，弯心直径对试件厚度或直径的比值愈小，表明钢筋的冷弯性能越好，如图6-20所示。

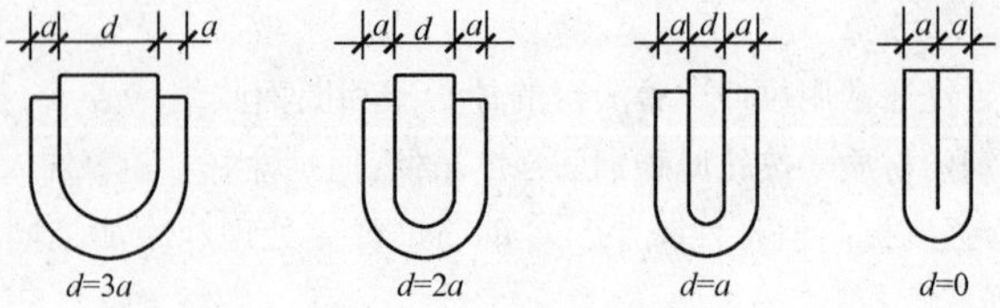

图 6-20　钢筋的冷弯图

四、钢筋质量检验

在钢筋混凝土结构中所使用的钢筋是否符合标准，直接关系着工程的质量。因此，在使用前，必须对钢筋进行一系列的检查与试验。力学性能试验就是其中的一个重要检验项目，是评估钢筋能否满足设计要求，检验钢筋质量及划分钢筋等级的重要依据之一。

1. 检查项目和方法

(1)主控项目。

1)钢筋进场时，应按现行国家标准的规定抽取试件作为力学性能检验，其质量必须符合有关标准的规定。

检查数量：按进场的批次和产品的抽样检验方案确定。

检验方法：检查产品合格证、出厂检验报告和进场复验报告。

2)对有抗震设防要求的框架结构，其纵向受力钢筋的强度应满足设计要求；当设计无具体要求时，对一、二级抗震等级，检验所得的强度实测值应符合下列规定：

①钢筋的抗拉强度实测值与屈服强度实测值的比值不应小于 1.25。

②钢筋的屈服强度实测值与强度标准值的比值不应大于 1.3。

检查数量与方法同 1)。

3)当发现钢筋脆断、焊接性能不良或力学性能显著不正常等现象时，应对该批钢筋进行化学成分检验或其他专项检验。

(2)一般项目。

钢筋应平直、无损伤，表面不得有裂纹、油污、颗粒状或片状老锈。

检查数量：进场时和使用前全数检查。

检查方法：观察。

2. 热轧钢筋检验

热轧钢筋进场时，应按批进行检查和验收。每批由同一牌号、同一炉罐号、同一规格的钢筋组成，重量不大于 60t。允许由同一牌号、同一冶炼方法、同一浇注方法的不同炉罐号组成混合批，但各炉罐号含碳量之差不得大于 0.02%，含锰量之差不大于 0.15%。

(1)外观检查。从每批钢筋中抽取 5%进行外观检查。钢筋表面不得有裂纹、结疤和折叠。钢筋表面允许有凸块，但不得超过横肋的高度，钢筋表面上其他缺陷的深度和高度不得大于所在部位尺寸的允许偏差。

钢筋可按实际重量或公称重量交货。当钢筋按实际重量交货时，应随机抽取10根(6m长)钢筋称重，如重量偏差大于允许偏差，则应与生产厂交涉，以免损害用户利益。

(2)力学性能试验。从每批钢筋中任选两根钢筋，每根取两个试件分别进行拉伸试验(包括屈服点、抗拉强度和伸长率)和冷弯试验。

拉伸、冷弯、反弯试验试件不允许进行车削加工。计算钢筋强度时，采用公称横截面面积。反弯试验时，经正向弯曲后的试件应在100℃温度下保温不少于30min，经自然冷却后再进行反向弯曲。当供方能保证钢筋的反弯性能时，正弯后的试件也可在室温下直接进行反向弯曲。

如有一项试验结果不符合设计或供货合同要求，则从同一批中另取双倍数量的试件重做各项试验。如仍有一个试件不合格，则该批钢筋为不合格品。

对热轧钢筋的质量有疑问或类别不明时，在使用前应做拉伸和冷弯试验。根据试验结果确定钢筋的类别后，才允许使用。抽样数量应根据实际情况确定。这种钢筋不宜用于主要承重结构的重要部位。

余热处理钢筋的检验同热轧钢筋。

3. 冷轧带肋钢筋检验

冷轧带肋钢筋进场时，应按批进行检查和验收。每批由同一钢号、同一规格和同一级别的钢筋组成，重量不大于60t。

(1)每批抽取5%(但不少于5盘或5捆)进行外形尺寸、表面质量和重量偏差的检查。检查结果应符合设计或供货合同的要求，如其中一盘(捆)不合格，则应对该批钢筋逐盘或逐捆检查。

(2)钢筋的力学性能应逐盘、逐捆进行检验。从每盘或每捆取二个试件，一个做拉伸试验，一个做冷弯试验。试验结果如有一项指标不符合设计或供货合同的要求，则该盘钢筋判为不合格；对每捆钢筋，尚可加倍取样复验判定。

4. 冷轧扭钢筋检验

冷轧扭钢筋进场时，应分批进行检查和验收。每批由同一钢厂、同一牌号、同一规格的钢筋组成，重量不大于20t。当连续检验20批均为合格时检验批重量可扩大一倍。

(1)外观检查。从每批钢筋中抽取5%进行外形尺寸、表面质量和重量偏差的检查。钢筋表面不应有影响钢筋力学性能的裂纹、折叠、结疤、压痕、机械损伤或其他影响使用的缺陷。钢筋的压扁厚度和节距、重量等应符合设计或供货合同的要求。当重量负偏差大于5%时，该批钢筋判定为不合格。当仅轧扁厚度小于或节距大于规定值时，仍可判为合格，但需降直径规格使用，例如公称直径为$\phi^{t}14$降为$\phi^{t}12$。

(2)力学性能试验。从每批钢筋中随机抽取3根钢筋,各取一个试件。其中,二个试件做拉伸试验,一个试件做冷弯试验。试件长度宜取偶数倍节距,且不应小于4倍节距,同时不小于500mm。

当全部试验项目均符合设计或供货合同的要求,则该批钢筋判为合格。如有一项试验结果不符合设计或供货合同的要求,则应加倍取样复检判定。

五、钢筋的保管

钢筋运到使用地点后,必须妥善保存和加强管理,否则会造成极大的浪费和损失。

钢筋入库时,材料管理人员要详细检查和验收,在分捆发料时,一定要防止钢筋窜捆。分捆后应随时复制标牌并及时捆扎牢固,以避免使用时错用。

钢筋在贮存时应做好保管工作,并注意以下几点:

(1)钢筋入库要点数验收,要认真检查钢筋的规格等级和牌号。库内划分不同品种、规格的钢筋堆放区域。每垛钢筋应立标标签,每捆钢筋上应挂标牌,标牌和标签应标明钢筋的品种、等级、直径、技术证明书编号及数量等。

(2)钢筋应尽量放在仓库或料棚内。当条件不具备时,应选择地势较高、土质坚实、较为平坦的露天场地堆放。在仓库、料棚或场地周围,应有一定的排水设施,以利排水。钢筋垛下要垫以枕木,使钢筋离地不小于20cm。也可用钢筋存放架存放。

(3)钢筋不得和酸、盐、油等类物品存放在一起。存放地点应远离产生有害气体的车间,以防止钢筋被腐蚀。

(4)钢筋存储量应和当地钢材供应情况、钢筋加工能力以及使用量相适应,周转期应尽量缩短,避免存储期过长,否则,既占压资金,又易使钢筋发生锈蚀。

第三节 型 钢

水利水电工程施工中的主要承重结构,常使用各种规格的型钢来组成各种形式的钢结构。钢结构常用的型钢有圆钢、方钢、扁钢、工字钢、槽钢、角钢等。型钢由于截面形式合理,材料在截面上的分布对受力有利,且构件间的连接方便,所以型钢是钢结构中采用的主要钢材。钢结构用钢的钢种和牌号,主要根据结构的重要性、荷载特征、结构形式、应力状态、连接方法、钢材厚度和工作环境等因素选择。对于承受动力荷载或振动荷载的结构、处于低温环境的结构,应选择韧性好、脆性临界温度低的钢材。对于焊接结构应选择焊接性能好的钢材。我国钢结构用热轧型钢主要采用的是碳素结构钢和低合金结构钢。

一、热轧圆钢和方钢

(1)热轧圆钢和方钢的尺寸规格和理论质量见表6-47。

表 6-47　　热轧圆钢和方钢的尺寸规格和理论质量

圆钢直径 d 方钢边长 a(mm)	理论质量(kg/m)		圆钢直径 d 方钢边长 a(mm)	理论质量(kg/m)	
	圆　钢	方　钢		圆　钢	方　钢
5.5	0.186	0.237	56	19.3	24.6
6	0.222	0.283	58	20.7	26.4
6.5	0.260	0.332	60	22.2	28.3
7	0.302	0.385	63	24.5	31.2
8	0.395	0.502	65	26.0	33.2
9	0.499	0.636	68	28.5	36.3
10	0.617	0.785	70	30.2	38.5
11	0.746	0.950	75	34.7	44.2
12	0.888	1.13	80	39.5	50.2
13	1.04	1.33	85	44.5	56.7
14	1.21	1.54	90	49.9	63.6
15	1.39	1.77	95	55.6	70.8
16	1.58	2.01	100	61.7	78.5
17	1.78	2.27	105	68.0	86.5
18	2.00	2.54	110	74.6	95.0
19	2.23	2.83	115	81.5	104
20	2.47	3.14	120	88.8	113
21	2.72	3.46	125	96.3	123
22	2.98	3.80	130	104	133
23	3.26	4.15	135	112	143
24	3.55	4.52	140	121	154
25	3.85	4.91	145	130	165
26	4.17	5.31	150	139	177
27	4.49	5.72	155	148	189
28	4.83	6.15	160	158	201
29	5.18	6.60	165	168	214
30	5.55	7.06	170	178	227
31	5.92	7.54	180	200	254
32	6.31	8.04	190	223	283
33	6.71	8.55	200	247	314
34	7.13	9.07	210	272	—
35	7.55	9.62	220	298	—
36	7.99	10.2	230	326	—
38	8.90	11.3	240	355	—
40	9.86	12.6	250	385	—
42	10.9	13.8	260	417	—
45	12.5	15.9	270	449	—
48	14.2	18.1	280	483	—
50	15.4	19.6	290	518	—
53	17.3	22.0	300	555	—
55	18.6	23.7	310	592	—

注:表中的理论质量按密度为 7.85g/cm^3 计算。

(2)热轧圆钢和方钢的尺寸允许偏差见表 6-48。

表 6-48 热轧圆钢和方钢的尺寸允许偏差

圆钢直径 d 方钢边长 a (mm)	允许偏差(mm)		
	1 组	2 组	3 组
5.5～7	±0.20	±0.30	±0.40
>7～20	±0.25	±0.35	±0.40
>20～30	±0.30	±0.40	±0.50
>30～50	±0.40	±0.50	±0.60
>50～80	±0.60	±0.70	±0.80
>80～110	±0.90	±1.00	±1.10
>110～150	±1.20	±1.30	±1.40
>150～200	±1.60	±1.80	±2.00
>200～280	±2.00	±2.50	±3.00
>280～310	—	—	±5.00

(3)热轧圆钢和方钢的通常长度及短尺长度应符合表 6-49 的规定。

表 6-49 热轧圆钢和方钢通常长度及短尺长度

<table>
<tr><th rowspan="2">钢　类</th><th colspan="3">通常长度</th><th rowspan="2">短尺长度(m)不小于</th></tr>
<tr><th colspan="2">截面公称尺寸(mm)</th><th>钢棒长度(m)</th></tr>
<tr><td rowspan="2">普通质量钢</td><td colspan="2">≤25</td><td>4～12</td><td rowspan="2">2.5</td></tr>
<tr><td colspan="2">>25</td><td>3～12</td></tr>
<tr><td rowspan="3">优质及特殊质量钢</td><td colspan="2">全部规格</td><td>2～12</td><td>1.5</td></tr>
<tr><td rowspan="2">碳素和合金工具钢</td><td>≤75</td><td>2～12</td><td>1.0</td></tr>
<tr><td>>75</td><td>1～8</td><td>0.5(包括高速工具钢全部规格)</td></tr>
</table>

(4)直条圆钢和方钢的弯曲度见表 6-50。

表 6-50 弯　曲　度

组　别	弯曲度(mm)　不大于	
	每米弯曲度	总　弯　曲　度
1	2.5	钢材长度的 0.25%

续表

组　别	弯曲度(mm)　不大于	
	每米弯曲度	总　弯　曲　度
2	4	钢材长度的 0.4%

注:1. 圆钢和方钢以直条交货。

2. 定尺或倍尺应在合同中注明,其允许偏差为+50mm。

3. 弯曲率组别应在相应产品标准或订货合同中注明,未注明者按第 2 组执行。

4. 圆钢和方钢两端切斜度不大于其公称尺寸的 30%。

二、热轧扁钢

热轧扁钢在水利水电工程中多用作一般结构构件,如连接板、栅栏等。

(1)扁钢的截面图及标注符号,如图 6-21 所示。

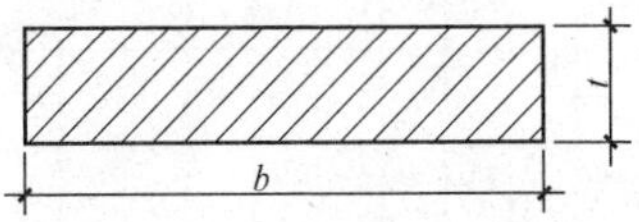

图 6-21　扁钢的截面图

t—扁钢厚度;b—扁钢宽度

(2)热轧扁钢的尺寸允许偏差见表 6-51。

表 6-51　　执轧扁钢的尺寸允许偏差

宽　度			厚　度		
公称尺寸	允许偏差		尺　寸	允许偏差	
	1 组	2 组		1 组	2 组
10～50	+0.3 −0.9	+0.5 −1.0	3～16	+0.3 −0.5	+0.2 −0.4
>50～75	+0.4 −1.2	+0.6 −1.3			
>75～100	+0.7 −1.7	+0.9 −1.8	>16～60	+1.5% −3.0%	+1.0% −2.5%
>100～150	+0.8% −1.8%	+1.0% −2.0%			
>150～200	供需双方协商				

注:在同一截面任意两点测量的厚度差不得大于厚度公差的 50%。

(3)热轧扁钢的理论质量见表 6-52。

表 6-52 热轧扁钢的理论质量

宽度(mm)	理论质量(kg/cm) 厚度(mm)																								
	3	4	5	6	7	8	9	10	11	12	14	16	18	20	22	25	28	30	32	36	40	45	50	56	60
10	0.24	0.31	0.39	0.47	0.55	0.63																			
12	0.28	0.38	0.47	0.57	0.66	0.75																			
14	0.33	0.44	0.55	0.66	0.77	0.88																			
16	0.38	0.50	0.63	0.75	0.88	1.00	1.15	1.26																	
18	0.42	0.57	0.71	0.85	0.99	1.13	1.27	1.41																	
20	0.47	0.63	0.78	0.94	1.10	1.26	1.41	1.57	1.73	1.88															
22	0.52	0.69	0.86	1.04	1.21	1.38	1.55	1.73	1.90	2.07															
25	0.59	0.78	0.98	1.18	1.37	1.57	1.77	1.96	2.16	2.36	2.75	3.14													
28	0.66	0.88	1.10	1.32	1.54	1.76	1.98	2.20	2.42	2.64	3.08	3.53													
30	0.71	0.94	1.18	1.41	1.65	1.88	2.12	2.36	2.59	2.83	3.30	3.77	4.24	4.71											
32	0.75	1.00	1.26	1.51	1.76	2.01	2.26	2.55	2.76	3.01	3.52	4.02	4.52	5.02											
35	0.82	1.10	1.37	1.65	1.92	2.20	2.47	2.75	3.02	3.30	3.85	4.40	4.95	5.50	6.04	6.87	7.69								
40	0.94	1.26	1.57	1.88	2.20	2.51	2.83	3.14	3.45	3.77	4.40	5.02	5.65	6.28	6.91	7.85	8.79								
45	1.06	1.41	1.77	2.12	2.47	2.83	3.18	3.53	3.89	4.24	4.95	5.65	6.36	7.07	7.77	8.83	9.89	10.60	11.30	12.72					
50	1.18	1.57	1.96	2.36	2.75	3.14	3.53	3.93	4.32	4.71	5.50	6.28	7.06	7.85	8.64	9.81	10.99	11.78	12.56	14.13					
55		1.73	2.16	2.59	3.02	3.45	3.89	4.32	4.75	5.18	6.04	6.91	7.77	8.64	9.50	10.79	12.09	12.95	13.82	15.54					
60		1.88	2.36	2.83	3.30	3.77	4.24	4.71	5.18	5.65	6.59	7.54	8.48	9.42	10.36	11.78	13.19	14.13	14.57	16.96	18.84	21.20			
65		2.04	2.55	3.06	3.57	4.08	4.59	5.10	5.61	6.12	7.14	8.16	9.18	10.20	11.23	12.76	14.29	15.31	16.33	18.37	20.41	22.96			
70		2.20	2.75	3.30	3.85	4.40	4.95	5.50	6.04	6.59	7.69	8.79	9.89	10.99	12.09	13.74	15.39	16.49	17.58	19.78	21.98	24.73			
75		2.36	2.94	3.53	4.12	4.71	5.30	5.89	6.48	7.07	8.24	9.42	10.60	11.78	12.95	14.72	16.48	17.66	18.84	21.20	23.55	26.49			

续表

宽度(mm)	理论质量(kg/cm)																								
	厚度(mm)																								
	3	4	5	6	7	8	9	10	11	12	14	16	18	20	22	25	28	30	32	36	40	45	50	56	60
80		2.51	3.14	3.77	4.40	5.02	5.65	6.28	6.91	7.54	8.79	10.05	11.30	12.56	13.82	15.70	17.58	18.84	20.10	22.61	25.12	28.26	31.40	35.17	
85			3.34	4.00	4.67	5.34	6.01	6.67	7.34	8.01	9.34	10.68	12.01	13.34	14.68	16.68	18.68	20.02	21.35	24.02	26.69	30.03	33.36	37.37	40.04
90			3.53	4.24	4.95	5.65	6.36	7.07	7.77	8.48	9.89	11.30	12.72	14.13	15.54	17.66	19.78	21.20	22.61	25.43	28.26	31.79	35.32	39.56	42.39
95			3.73	4.47	5.22	5.97	6.71	7.46	8.20	8.95	10.44	11.93	13.42	14.92	16.41	18.64	20.88	22.37	23.86	26.85	29.85	33.56	37.29	41.46	44.74
100			3.92	4.71	5.50	6.28	7.06	7.85	8.64	9.42	10.99	12.56	14.13	15.70	17.27	19.62	21.98	23.55	25.12	28.26	31.40	35.32	39.25	43.96	47.10
105			4.12	4.95	5.77	6.59	7.42	8.24	9.07	9.89	11.54	13.19	14.84	16.48	18.13	20.61	23.08	24.73	26.38	29.67	32.97	37.09	41.21	46.16	49.46
110			4.32	5.18	6.04	6.91	7.77	8.64	9.50	10.36	12.09	13.82	15.54	17.27	19.00	21.59	24.18	25.90	27.63	31.09	34.54	38.86	43.18	48.36	51.81
120			4.71	5.65	6.59	7.54	8.48	9.42	10.36	11.30	13.19	15.07	16.96	18.84	20.72	23.55	26.38	28.26	30.14	33.91	37.68	42.39	47.10	52.75	56.52
125				5.89	6.87	7.85	8.83	9.81	10.79	11.78	13.74	15.70	17.66	19.62	21.58	24.53	27.48	29.44	31.40	35.32	39.25	44.16	49.06	54.95	58.88
130				6.12	7.14	8.16	9.18	10.20	11.23	12.25	14.29	16.33	18.37	20.41	22.45	25.51	28.57	30.62	32.66	36.74	40.82	45.92	51.02	57.15	61.23
140					7.69	8.79	9.89	10.99	12.09	13.19	15.39	17.58	19.78	21.98	24.18	27.48	30.77	32.97	35.17	39.56	43.96	49.46	54.95	61.54	65.94
150					8.24	9.42	10.60	11.78	12.95	14.13	16.48	18.84	21.20	23.55	25.90	29.44	32.97	35.32	37.68	42.39	47.10	52.99	58.88	65.94	70.65
160					8.79	10.05	11.30	12.56	13.82	15.07	17.58	20.10	22.61	25.12	27.63	31.40	35.17	37.68	40.19	45.22	50.24	56.52	62.80	70.34	75.36
180					9.89	11.30	12.72	14.13	15.54	16.96	19.78	22.61	25.43	28.26	31.09	35.32	39.56	42.39	45.22	50.87	56.52	63.58	70.65	79.13	84.78
200					10.99	12.56	14.13	15.70	17.27	18.84	21.98	25.12	28.26	31.40	34.54	39.25	43.96	47.10	50.24	56.52	62.80	70.65	78.50	87.96	94.20

注:1. 表中的粗线用以划分扁钢的组别。

第 1 组:理论质量≤19kg/m;

第 2 组:理论质量>19kg/m。

2. 表中的理论质量按密度为 7.85g/cm^3 计算。

三、热轧角钢

(1)热轧角钢分为等边角钢和不等边角钢两种,其尺寸、外形允许偏差见表 6-53。

表 6-53　　角钢尺寸、外形允许偏差　　(单位:mm)

项目		允许偏差		图示
		等边角钢	不等边角钢	
边宽度 (*B*,*b*)	边宽度 * ≤56	±0.8	±0.8	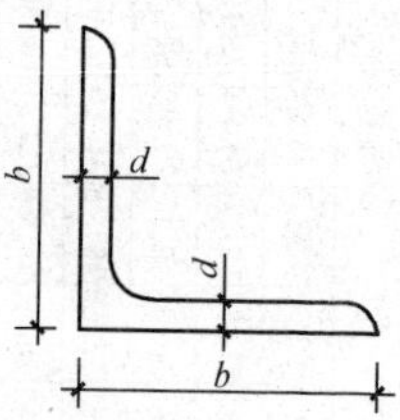
	>56~90	±1.2	±1.5	
	>90~140	±1.8	±2.0	
	>140~200	±2.5	±2.5	
	>200	±3.5	±3.5	
边厚度 (*d*)	边宽度 * ≤56	±0.4		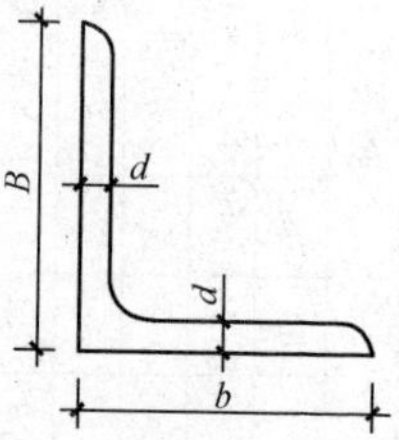
	>56~90	±0.6		
	>90~140	±0.7		
	>140~200	±1.0		
	>200	±1.4		
顶端直角		$\alpha \leqslant 50'$		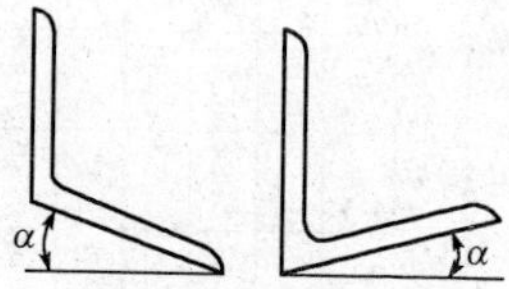
弯曲度		每米弯曲度≤3mm 总弯曲度≤总长度的 0.30%		适用于上下、左右大弯曲

注:不等边角钢按长边宽度 *B*。

(2)等边角钢尺寸规格及理论质量见表 6-54。

(3)热轧不等边角钢的尺寸及技术性能见表 6-55。

表 6-54　　等边角钢截面尺寸、截面面积、理论重量及截面特性

型号	截面尺寸 (mm)			截面面积 (cm²)	理论重量 (kg/m)	外表面积 (m²/m)	惯性距(cm⁴)				惯性半径(cm)			截面模数(cm³)			重心距离(cm)
	b	d	r				I_x	I_{x1}	I_{x0}	I_{y0}	i_x	i_{x0}	i_{y0}	W_x	W_{x0}	W_{y0}	Z_0
2	20	3	3.5	1.132	0.889	0.078	0.40	0.81	0.63	0.17	0.59	0.75	0.39	0.29	0.45	0.20	0.60
		4		1.459	1.145	0.077	0.50	1.09	0.78	0.22	0.58	0.73	0.38	0.36	0.55	0.24	0.64
2.5	25	3		1.432	1.124	0.098	0.82	1.57	1.29	0.34	0.76	0.95	0.49	0.46	0.73	0.33	0.73
		4		1.859	1.459	0.097	1.03	2.11	1.62	0.43	0.74	0.93	0.48	0.59	0.92	0.40	0.76
3.0	30	3	4.5	1.749	1.373	0.117	1.46	2.71	2.31	0.61	0.91	1.15	0.59	0.68	1.09	0.51	0.85
		4		2.276	1.786	0.117	1.84	3.63	2.92	0.77	0.90	1.13	0.58	0.87	1.37	0.62	0.89
3.6	36	3		2.109	1.656	0.141	2.58	4.68	4.09	1.07	1.11	1.39	0.71	0.99	1.61	0.76	1.00
		4		2.756	2.163	0.141	3.29	6.25	5.22	1.37	1.09	1.38	0.70	1.28	2.05	0.93	1.04
		5		3.382	2.654	0.141	3.95	7.84	6.24	1.65	1.08	1.36	0.70	1.56	2.45	1.00	1.07
4	40	3	5	2.359	1.852	0.157	3.59	6.41	5.69	1.49	1.23	1.55	0.79	1.23	2.01	0.96	1.09
		4		3.086	2.422	0.157	4.60	8.56	7.29	1.91	1.22	1.54	0.79	1.60	2.58	1.19	1.13
		5		3.791	2.976	0.156	5.53	10.74	8.76	2.30	1.21	1.52	0.78	1.96	3.10	1.39	1.17
4.5	45	3		2.659	2.088	0.177	5.17	9.12	8.20	2.14	1.40	1.76	0.89	1.58	2.58	1.24	1.22
		4		3.486	2.736	0.177	6.65	12.18	10.56	2.75	1.38	1.74	0.89	2.05	3.32	1.54	1.26
		5		4.292	3.369	0.176	8.04	15.2	12.74	3.33	1.37	1.72	0.88	2.51	4.00	1.81	1.30
		6		5.076	3.985	0.176	9.33	18.36	14.76	3.89	1.36	1.70	0.8	2.95	4.64	2.06	1.33

续表

型号	截面尺寸(mm)			截面面积(cm^2)	理论重量(kg/m)	外表面积(m^2/m)	惯性距(cm^4)				惯性半径(cm)			截面模数(cm^3)			重心距离(cm)
	b	d	r				I_x	I_{x1}	I_{x0}	I_{y0}	i_x	i_{x0}	i_{y0}	W_x	W_{x0}	W_{y0}	Z_0
5	50	3	5.5	2.971	2.332	0.197	7.18	12.5	11.37	2.98	1.55	1.96	1.00	1.96	3.22	1.57	1.34
		4		3.897	3.059	0.197	9.26	16.69	14.70	3.82	1.54	1.94	0.99	2.56	4.16	1.96	1.38
		5		4.803	3.770	0.196	11.21	20.90	17.79	4.64	1.53	1.92	0.98	3.13	5.03	2.31	1.42
		6		5.688	4.465	0.196	13.05	25.14	20.68	5.42	1.52	1.91	0.98	3.68	5.85	2.63	1.46
5.6	56	3	6	3.343	2.624	0.221	10.19	17.56	16.14	4.24	1.75	2.20	1.13	2.48	4.08	2.02	1.48
		4		4.390	3.446	0.220	13.18	23.43	20.92	5.46	1.73	2.18	1.11	3.24	5.28	2.52	1.53
		5		5.415	4.251	0.220	16.02	29.33	25.42	6.61	1.72	2.17	1.10	3.97	6.42	2.98	1.57
		6		6.420	5.040	0.220	18.69	35.26	29.66	7.73	1.71	2.15	1.10	4.68	7.49	3.40	1.61
		7		7.404	5.812	0.219	21.23	41.23	33.63	8.82	1.69	2.13	1.09	5.36	8.49	3.80	1.64
		8		8.367	6.568	0.219	23.63	47.24	37.37	8.89	1.68	2.11	1.09	6.03	9.44	4.16	1.68
6	60	5	6.5	5.829	4.576	0.236	19.89	36.05	31.57	8.21	1.85	2.33	1.19	4.59	7.44	3.48	1.67
		6		6.914	5.427	0.235	23.25	43.33	36.89	9.60	1.83	2.31	1.18	5.41	8.70	3.98	1.70
		7		7.977	6.262	0.235	26.44	50.65	41.92	10.96	1.82	2.29	1.17	6.21	9.88	4.45	1.74
		8		9.020	7.081	0.235	29.47	58.02	46.66	12.28	1.81	2.27	1.17	6.98	11.00	4.88	1.78

续表

型号	截面尺寸(mm)			截面面积	理论重量	外表面积	惯性距(cm⁴)				惯性半径(cm)			截面模数(cm³)			重心距离(cm)
	b	d	r	(cm²)	(kg/m)	(m²/m)	I_x	I_{x1}	I_{x0}	I_{y0}	i_x	i_{x0}	i_{y0}	W_x	W_{x0}	W_{y0}	Z_0
6.3	63	4	7	4.978	3.907	0.248	19.03	33.35	30.17	7.89	1.96	2.46	1.26	4.13	6.78	3.29	1.70
		5		6.143	4.822	0.248	23.17	41.73	36.77	9.57	1.94	2.45	1.25	5.08	8.25	3.90	1.74
		6		7.288	5.721	0.247	27.12	50.14	43.03	11.20	1.93	2.43	1.24	6.00	9.66	4.46	1.78
		7		8.412	6.603	0.247	30.87	58.60	48.96	12.79	1.92	2.41	1.23	6.88	10.99	4.98	1.82
		8		9.515	7.469	0.247	34.46	67.11	54.56	14.33	1.90	2.40	1.23	7.75	12.25	5.47	1.85
		10		11.657	9.151	0.246	41.09	84.31	64.85	17.33	1.88	2.36	1.22	9.39	14.56	6.36	1.93
7	70	4	8	5.570	4.372	0.275	26.39	45.74	41.80	10.99	2.18	2.74	1.40	5.14	8.44	4.17	1.86
		5		6.875	5.397	0.275	32.21	57.21	51.08	13.31	2.16	2.73	1.39	6.32	10.32	4.95	1.91
		6		8.160	6.406	0.275	37.77	68.73	59.93	15.61	2.15	2.71	1.38	7.48	12.11	5.67	1.95
		7		9.424	7.398	0.275	43.09	80.29	68.35	17.82	2.14	2.69	1.38	8.59	13.81	6.34	1.99
		8		10.667	8.373	0.274	48.17	91.92	76.37	19.98	2.12	2.68	1.37	9.68	15.43	6.98	2.03
7.5	75	5	9	7.412	5.818	0.295	39.97	70.56	63.30	16.63	2.33	2.92	1.50	7.32	11.94	5.77	2.04
		6		8.797	6.905	0.294	46.95	84.55	74.38	19.51	2.31	2.90	1.49	8.64	14.02	6.67	2.07
		7		10.160	7.976	0.294	53.57	98.71	84.96	22.18	2.30	2.89	1.48	9.93	16.02	7.44	2.11
		8		11.503	9.030	0.294	59.96	112.97	95.07	24.86	2.28	2.88	1.47	11.20	17.93	8.19	2.15
		9		12.825	10.068	0.294	66.10	127.30	104.71	27.48	2.27	2.86	1.46	12.43	19.75	8.89	2.18
		10		14.126	11.089	0.293	71.98	141.71	113.92	30.05	2.26	2.84	1.46	13.64	21.48	9.56	2.22

续表

型号	截面尺寸(mm)			截面面积(cm^2)	理论重量(kg/m)	外表面积(m^2/m)	惯性距(cm^4)				惯性半径(cm)			截面模数(cm^3)			重心距离(cm)
	b	d	r				I_x	I_{x1}	I_{x0}	I_{y0}	i_x	i_{x0}	i_{y0}	W_x	W_{x0}	W_{y0}	Z_0
8	80	5	9	7.912	6.211	0.315	48.79	85.36	77.33	20.25	2.48	3.13	1.60	8.34	13.67	6.66	2.15
		6		9.397	7.376	0.314	57.35	102.50	90.98	23.72	2.47	3.11	1.59	9.87	16.08	7.65	2.19
		7		10.860	8.525	0.314	65.58	119.70	104.07	27.09	2.46	3.10	1.58	11.37	18.40	8.58	2.23
		8		12.303	9.658	0.314	73.49	136.97	116.60	30.39	2.44	3.08	1.57	12.83	20.61	9.46	2.27
		9		13.725	10.774	0.314	81.11	154.31	128.60	33.61	2.43	3.06	1.56	14.25	22.73	10.29	2.31
		10		15.126	11.874	0.313	88.43	171.74	140.09	36.77	2.42	3.04	1.56	15.64	24.76	11.08	2.35
9	10	6	10	10.637	8.350	0.354	82.77	145.87	131.26	34.28	2.79	3.51	1.80	12.61	20.63	9.95	2.44
		7		12.301	9.656	0.354	94.83	170.30	150.47	39.18	2.78	3.50	1.78	14.54	23.64	11.19	2.48
		8		13.944	10.946	0.353	106.47	194.80	168.97	43.97	2.76	3.48	1.78	16.42	26.55	12.35	2.52
		9		15.566	12.219	0.353	117.72	219.39	186.77	48.66	2.75	3.46	1.77	18.27	29.35	13.46	2.56
		10		17.167	13.476	0.353	128.58	244.07	203.90	53.26	2.74	3.45	1.76	20.07	32.04	14.52	2.59
		12		20.306	15.940	0.352	149.22	293.76	236.21	62.22	2.71	3.41	1.75	23.57	37.12	16.49	2.67
10	100	6	12	11.932	9.366	0.393	114.95	200.07	181.98	47.92	3.10	3.90	2.00	15.68	25.74	12.69	2.67
		7		13.796	10.830	0.393	131.86	233.54	208.97	54.74	3.09	3.89	1.99	18.10	29.55	14.26	2.71
		8		15.638	12.276	0.393	148.24	267.09	235.07	61.41	3.08	3.88	1.98	20.47	33.24	15.75	2.76
		9		17.462	13.708	0.392	164.12	300.73	260.30	67.95	3.07	3.86	1.97	22.79	36.81	17.18	2.80
		10		19.261	15.120	0.392	179.51	334.48	284.68	74.35	3.05	3.84	1.96	25.06	40.26	18.54	2.84
		12		22.800	17.898	0.391	208.90	402.34	330.95	86.84	3.03	3.81	1.95	29.48	46.80	21.08	2.91
		14		26.256	20.611	0.391	236.53	470.75	374.06	99.00	3.00	3.77	1.94	33.73	52.90	23.44	2.99
		16		29.627	23.257	0.390	262.53	539.80	414.16	110.89	2.98	3.74	1.94	37.82	58.57	25.63	3.06

续表

型号	截面尺寸(mm)			截面面积	理论重量	外表面积	惯性距(cm⁴)				惯性半径(cm)			截面模数(cm³)			重心距离(cm)
	b	d	r	(cm²)	(kg/m)	(m²/m)	I_x	I_{x1}	I_{x0}	I_{y0}	i_x	i_{x0}	i_{y0}	W_x	W_{x0}	W_{y0}	Z_0
11	110	7	12	15.196	11.928	0.433	177.16	310.64	280.94	73.38	3.41	4.30	2.20	22.05	36.12	17.51	2.96
		8		17.238	13.535	0.433	199.46	355.20	316.49	82.42	3.40	4.28	2.19	24.95	40.69	19.39	3.01
		10		21.261	16.690	0.432	242.19	444.65	384.39	99.98	3.38	4.25	2.17	30.60	49.42	22.91	3.09
		12		25.200	19.782	0.431	282.55	534.60	448.17	116.93	3.35	4.22	2.15	36.05	57.62	26.15	3.16
		14		29.056	22.809	0.431	320.71	625.16	508.01	133.40	3.32	4.18	2.14	41.31	65.31	29.14	3.24
12.5	125	8	14	19.750	15.504	0.492	297.03	521.01	470.89	123.16	3.88	4.88	2.50	32.52	53.28	25.86	3.37
		10		24.373	19.133	0.491	361.67	651.93	573.89	149.46	3.85	4.85	2.48	39.97	64.93	30.62	3.45
		12		28.912	22.696	0.491	423.16	783.42	671.44	174.88	3.83	4.82	2.46	41.17	75.96	35.03	3.53
		14		33.367	26.193	0.490	481.65	915.61	763.73	199.57	3.80	4.78	2.45	54.16	86.41	39.13	3.61
		16		37.739	29.625	0.489	537.31	1048.62	850.98	223.65	3.77	4.75	2.43	60.93	96.28	42.96	3.68
14	140	10		27.373	21.488	0.551	514.65	915.11	817.27	212.04	4.34	5.46	2.78	50.58	82.56	39.20	3.82
		12		32.512	25.522	0.551	603.68	1099.28	958.79	248.57	4.31	5.43	2.76	59.80	96.85	45.02	3.90
		14		37.567	29.490	0.550	688.81	1284.22	1093.56	284.06	4.28	5.40	2.75	68.75	110.47	50.45	3.98
		16		42.539	33.393	0.549	770.24	1470.07	1221.81	318.67	4.26	5.36	2.74	77.46	123.42	55.55	4.06
15	150	8		23.750	18.644	0.592	521.37	899.55	827.49	215.25	4.69	5.90	3.01	47.36	78.02	38.14	3.99
		10		29.373	23.058	0.591	637.50	1125.09	1012.79	262.21	4.66	5.87	2.99	58.35	95.49	45.51	4.08
		12		34.912	27.406	0.591	748.85	1351.26	1189.97	307.73	4.63	5.84	2.97	69.04	112.19	52.38	4.15

续表

型号	截面尺寸(mm)			截面面积(cm²)	理论重量(kg/m)	外表面积(m²/m)	惯性距(cm^4)				惯性半径(cm)			截面模数(cm^3)			重心距离(cm)
	b	d	r				I_x	I_{x1}	I_{x0}	I_{y0}	i_x	i_{x0}	i_{y0}	W_x	W_{x0}	W_{y0}	Z_0
15	150	14	14	40.367	31.688	0.590	855.64	1578.25	1359.30	351.98	4.60	5.80	2.95	79.45	128.16	58.83	4.23
		15		43.063	33.804	0.590	907.39	1692.10	1441.09	373.69	4.59	5.78	2.95	84.56	135.87	61.90	4.27
		16		45.739	35.905	0.589	958.08	1806.21	1521.02	395.14	4.58	5.77	2.94	89.59	143.40	64.89	4.31
16	160	10	16	31.502	24.729	0.630	779.53	1365.33	1237.30	321.76	4.98	6.27	3.20	66.70	109.36	52.76	4.31
		12		37.441	29.391	0.630	916.58	1639.57	1455.68	377.49	4.95	6.24	3.18	78.98	128.67	60.74	4.39
		14		43.296	33.987	0.629	1048.36	1914.68	1665.02	431.70	4.92	6.20	3.16	90.95	147.17	68.24	4.47
		16		49.067	38.518	0.629	1175.08	2190.82	1865.57	484.59	4.89	6.17	3.14	102.63	164.89	75.31	4.55
18	180	12		42.241	33.159	0.710	1321.35	2332.80	2100.10	542.61	5.59	7.05	3.58	100.82	165.00	78.41	4.89
		14		48.896	38.383	0.709	1514.48	2723.48	2407.42	621.53	5.56	7.02	3.56	116.25	189.14	88.38	4.97
		16		55.467	43.542	0.709	1700.99	3115.29	2703.37	698.60	5.54	6.98	3.55	131.13	212.40	97.83	5.05
		18		61.055	48.634	0.708	1875.12	3502.43	2988.24	762.01	5.50	6.94	3.51	145.64	234.78	105.14	5.13
20	200	14	18	54.642	42.894	0.788	2103.55	3734.10	3343.26	863.83	6.20	7.82	3.98	144.70	236.40	111.82	5.46
		16		62.013	48.680	0.788	2366.15	4270.39	3760.89	971.41	6.18	7.79	3.96	163.65	265.93	123.96	5.54
		18		69.301	54.401	0.787	2620.64	4808.13	4164.54	1076.74	6.15	7.75	3.94	182.22	294.48	135.52	5.62
		20		76.505	60.056	0.787	2867.30	5347.51	4554.55	1180.04	6.12	7.72	3.93	200.42	322.06	146.55	5.69
		24		90.661	71.168	0.785	3338.25	6457.16	5294.97	1381.53	6.07	7.64	3.90	236.17	374.41	166.65	5.87

续表

型号	截面尺寸(mm)			截面面积	理论重量	外表面积	惯性距(cm^4)				惯性半径(cm)			截面模数(cm^3)			重心距离(cm)
	b	d	r	(cm^2)	(kg/m)	(m^2/m)	I_x	I_{x1}	I_{x0}	I_{y0}	i_x	i_{x0}	i_{y0}	W_x	W_{x0}	W_{y0}	Z_0
22	220	16	21	68.664	53.901	0.866	3187.36	5681.62	5063.73	1310.99	6.81	8.59	4.37	199.55	325.51	153.81	6.03
		18		76.752	60.250	0.866	3534.30	6395.93	5615.32	1453.27	6.79	8.55	4.35	222.37	360.97	168.29	6.11
		20		84.756	66.533	0.865	3871.49	7112.04	6150.08	1592.90	6.76	8.52	4.34	244.77	395.34	182.16	6.18
		22		92.676	72.751	0.865	4199.23	7830.19	6668.37	1730.10	6.73	8.48	4.32	266.78	428.66	195.45	6.26
		24		100.512	78.902	0.864	4517.83	8550.57	7170.55	1865.11	6.70	8.45	4.31	288.39	460.94	208.21	6.33
		26		108.264	84.987	0.864	4827.58	9273.39	7656.98	1998.17	6.68	8.41	4.30	309.62	492.21	220.49	6.41
25	250	18	24	87.842	68.956	0.985	5268.22	9379.11	8369.04	2167.41	7.74	9.76	4.97	290.12	473.42	224.03	6.84
		20		97.045	76.180	0.984	5779.34	10426.97	9181.94	2376.74	7.72	9.73	4.95	319.66	519.41	242.85	6.92
		24		115.201	90.433	0.983	6763.93	12529.74	10742.67	2785.19	7.66	9.66	4.92	377.34	607.70	278.38	7.07
		26		124.154	97.461	0.982	7238.08	13585.18	11491.33	2984.84	7.63	9.62	4.90	405.50	650.05	295.19	7.15
		28		133.022	104.422	0.982	7700.60	14643.62	12219.39	3181.81	7.61	9.58	4.89	433.22	391.23	311.42	7.22
		30		141.807	111.318	0.981	8151.80	15706.30	12927.26	3376.34	7.58	9.55	4.88	460.51	731.28	327.12	7.30
		32		150.508	118.149	0.981	8592.01	16770.41	13615.32	3568.71	7.56	9.51	4.87	487.39	770.20	342.33	7.37
		35		163.402	128.271	0.980	9232.44	18374.95	14611.16	3853.72	7.52	9.46	4.86	526.97	826.53	364.30	7.48

注:截面图中的 $r_1=1/3d$ 及表中 r 的数据用于孔型设计,不做交货条件。

表 6-55　不等边角钢截面尺寸、截面面积、理论重量及截面特性

型号	截面尺寸 (mm)				截面面积 (cm^2)	理论重量 (kg/m)	外表面积 (m^2/m)	惯性矩(cm^4)					惯性半径 (cm)			截面模数 (cm^3)			tgα	重心距离 (cm)	
	B	b	d	r				I_x	I_{x1}	I_y	I_{y1}	I_u	i_x	i_y	i_u	W_x	W_y	W_u		X_0	Y_0
2.5/1.6	25	16	3	3.5	1.162	0.912	0.080	0.70	1.56	0.22	0.43	0.14	0.78	0.44	0.34	0.43	0.19	0.16	0.392	0.42	0.86
			4		1.499	1.176	0.079	0.88	2.09	0.27	0.59	0.17	0.77	0.43	0.34	0.55	0.24	0.20	0.381	0.46	1.86
3.2/2	32	20	3		1.492	1.171	0.102	1.53	3.27	0.46	0.82	0.28	1.01	0.55	0.43	0.72	0.30	0.25	0.382	0.49	0.90
			4		1.939	1.522	0.101	1.93	4.37	0.57	1.12	0.35	1.00	0.54	0.42	0.93	0.39	0.32	0.374	0.53	1.08
4/2.5	40	25	3	4	1.890	1.484	0.127	3.08	5.39	0.93	1.59	0.56	1.28	0.70	0.54	1.15	0.49	0.40	0.385	0.59	1.12
			4		2.467	1.936	0.127	3.93	8.53	1.18	2.14	0.71	1.36	0.69	0.54	1.49	0.63	0.52	0.381	0.63	1.32
4.5/2.8	45	28	3	5	2.149	1.687	0.143	445	9.10	1.34	2.23	0.80	1.44	0.79	0.61	1.47	0.62	0.51	0.383	0.64	1.37
			4		2.806	2.203	0.143	5.69	12.13	1.70	3.00	1.02	1.42	0.78	0.60	1.91	0.80	0.66	0.380	0.68	1.47
5/3.2	50	32	3	5.5	2.431	1.908	0.161	6.24	12.49	2.02	3.31	1.20	1.60	0.91	0.70	1.84	0.82	0.68	0.404	0.73	1.51
			4		3.177	2.494	0.160	8.02	16.65	2.58	4.45	1.53	1.59	0.90	0.69	2.39	1.06	0.87	0.402	0.77	1.60
5.6/3.6	56	36	3	6	2.743	2.153	0.181	8.88	17.54	2.92	4.70	1.73	1.80	1.03	0.79	2.32	1.05	0.87	0.408	0.80	1.65
			4		3.590	2.818	0.180	11.45	23.39	3.76	6.33	2.23	1.79	1.02	0.79	3.03	1.37	1.13	0.408	0.85	1.78
			5		4.415	3.466	0.180	13.86	29.25	4.49	7.94	2.67	1.77	1.01	0.78	3.71	1.65	1.36	0.404	0.88	1.82
6.3/4	63	40	4	7	4.058	3.185	0.202	16.49	33.30	5.23	8.63	3.12	2.02	1.14	0.88	3.87	1.70	1.40	0.398	0.92	1.87
			5		4.993	3.920	0.202	20.02	41.63	6.31	10.86	3.76	2.00	1.12	0.87	4.74	2.07	1.71	0.396	0.95	2.04
			6		5.908	4.638	0.201	23.36	49.98	7.29	13.12	4.34	1.96	1.11	0.86	5.59	2.43	1.99	0.393	0.99	2.08
			7		6.802	5.339	0.201	26.53	58.07	8.24	15.47	4.97	1.98	1.10	0.86	6.40	2.78	2.29	0.389	1.03	2.12

续表

型号	截面尺寸(mm)				截面面积	理论重量	外表面积	惯性矩(cm^4)					惯性半径(cm)			截面模数(cm^3)			tgα	重心距离(cm)	
	B	b	d	r	(cm^2)	(kg/m)	(m^2/m)	I_x	I_{x1}	I_y	I_{y1}	I_u	i_x	i_y	i_u	W_x	W_y	W_u		X_0	Y_0
7/4.5	70	45	4	7.5	4.547	3.570	0.226	23.17	45.92	7.55	12.26	4.40	2.26	1.29	0.98	4.86	2.17	1.77	0.410	1.02	2.15
			5		5.609	4.403	0.225	27.95	57.10	9.13	15.39	5.40	2.23	1.28	0.98	5.92	2.65	2.19	0.407	1.06	2.24
			6		6.647	5.218	0.225	32.54	68.35	10.62	18.58	6.35	2.21	1.26	0.98	6.95	3.12	2.59	0.404	1.09	2.28
			7		7.657	6.011	0.225	37.22	79.99	12.01	21.84	7.16	2.20	1.25	0.97	8.03	3.57	2.94	0.402	1.13	2.32
7.5/5	75	50	5	8	6.125	4.808	0.245	34.86	70.00	12.61	21.04	7.41	2.39	1.44	1.10	6.83	3.30	2.74	0.435	1.17	2.36
			6		7.260	5.699	0.245	41.12	84.30	14.70	25.37	8.54	2.38	1.42	1.08	8.12	3.88	3.19	0.435	1.21	2.40
			8		9.467	7.431	0.244	52.39	112.50	18.53	34.23	10.87	2.35	1.40	1.07	10.52	4.99	4.10	0.429	1.29	2.44
			10		11.590	9.098	0.244	62.71	140.80	21.96	43.43	13.10	2.33	1.38	1.06	12.79	6.04	4.99	0.423	1.36	2.52
8/5	80	50	5		6.375	5.005	0.255	41.96	85.21	12.82	21.06	7.66	2.56	1.42	1.10	7.78	3.32	2.74	0.388	1.14	2.60
			6		7.560	5.935	0.255	49.49	102.53	14.95	25.41	8.85	2.56	1.41	1.08	9.25	3.91	3.20	0.387	1.18	2.65
			7		8.724	6.848	0.255	56.16	119.33	46.96	29.82	10.18	2.54	1.39	1.08	10.58	4.48	3.70	0.384	1.21	2.69
			8		9.867	7.745	0.254	62.83	136.41	18.85	34.32	11.38	2.52	1.38	1.07	11.92	5.03	4.16	0.381	1.25	2.73
9/5.6	90	56	5	9	7.212	5.661	0.287	60.45	121.32	18.32	29.53	10.98	2.90	1.59	1.23	9.92	4.21	3.49	0.385	1.25	2.91
			6		8.557	6.717	0.286	71.03	145.59	21.42	35.58	12.90	2.88	1.58	1.23	11.74	4.96	4.13	0.384	1.29	2.95
			7		9.880	7.756	0.286	81.01	169.60	24.36	41.71	14.67	2.86	1.57	1.22	13.49	5.70	4.72	0.382	1.33	3.00
			8		11.183	8.779	0.286	91.03	194.17	27.15	47.93	16.34	2.85	1.56	1.21	15.27	6.41	5.29	0.380	1.36	3.04
10/6.3	100	63	6	10	9.617	7.550	0.320	99.06	199.71	30.94	50.50	18.42	3.21	1.79	1.38	14.64	6.35	5.25	0.394	1.43	3.24
			7		11.111	8.722	0.320	113.45	233.00	35.26	59.14	21.00	3.20	1.78	1.38	16.88	7.29	6.02	0.394	1.47	3.28
			8		12.534	9.878	0.319	127.37	266.32	39.39	67.88	23.50	3.18	1.77	1.37	19.08	8.21	6.78	0.391	1.50	3.32
			10		15.467	12.142	0.319	153.81	333.06	47.12	85.73	28.33	3.15	1.74	1.35	23.32	9.98	8.24	0.387	1.58	3.40

续表

型号	截面尺寸(mm)				截面面积	理论重量	外表面积	惯性矩(cm^4)					惯性半径(cm)			截面模数(cm^3)			tgα	重心距离(cm)	
	B	b	d	r	(cm^2)	(kg/m)	(m^2/m)	I_x	I_{x1}	I_y	I_{y1}	I_u	i_x	i_y	i_u	W_x	W_y	W_u		X_0	Y_0
10/8	100	80	6	10	10.637	8.350	0.354	107.04	199.83	61.24	102.68	31.65	3.17	2.40	1.72	15.19	10.16	8.37	0.627	1.97	2.95
			7		12.301	9.656	0.354	122.73	233.20	70.08	119.98	36.17	3.16	2.39	1.72	17.52	11.71	9.60	0.626	2.01	3.0
			8		13.944	10.946	0.353	137.92	266.61	78.58	137.37	40.58	3.14	2.37	1.71	19.81	13.21	10.80	0.625	2.05	3.04
			10		17.167	13.476	0.353	166.87	333.63	94.65	172.48	49.10	3.12	2.35	1.69	24.24	16.12	13.12	0.622	2.13	3.12
11/7	110	70	6		10.637	8.350	0.354	133.37	265.78	42.92	69.08	25.36	3.54	2.01	1.54	17.85	7.90	6.53	0.403	1.57	3.53
			7		12.301	9.656	0.354	153.00	310.07	49.01	80.82	28.95	3.53	2.00	1.53	20.60	9.09	7.50	0.402	1.61	3.57
			8		13.944	10.946	0.353	172.04	354.39	54.87	92.70	32.45	3.51	1.98	1.53	23.30	10.25	8.45	0.401	1.65	3.62
			10		17.167	13.476	0.353	208.39	443.13	65.88	116.83	39.20	3.48	1.96	1.51	28.54	12.48	10.29	0.397	1.72	3.70
12.5/8	125	80	7	11	14.096	11.066	0.403	227.98	454.99	74.42	120.32	43.81	4.02	2.30	1.76	26.86	12.01	9.92	0.408	1.80	4.01
			8		15.989	12.551	0.403	256.77	519.99	83.49	137.85	49.15	4.01	2.28	1.75	30.41	13.56	11.18	0.407	1.84	4.06
			10		19.712	15.474	0.402	312.04	650.09	100.67	173.40	59.45	3.98	2.26	1.74	37.33	16.56	13.64	0.404	1.92	4.14
			12		23.351	18.330	0.402	364.41	780.39	116.67	209.67	69.35	3.95	2.24	1.72	44.01	19.43	16.01	0.400	2.00	4.22
14/9	140	90	8	12	18.038	14.160	0.453	365.64	730.53	120.69	195.79	70.83	4.50	2.59	1.98	38.48	17.34	14.31	0.411	2.04	4.50
			10		22.261	17.475	0.452	445.50	913.20	140.03	245.92	85.82	4.47	2.56	1.96	47.31	21.22	17.48	0.409	2.12	4.58
			12		26.400	20.724	0.451	521.59	1096.09	169.79	296.89	100.21	4.44	2.54	1.95	55.87	24.95	20.54	0.406	2.19	4.66
			14		30.456	23.908	0.451	594.10	1279.26	192.10	348.82	114.13	4.42	2.51	1.94	64.18	28.54	23.52	0.403	2.27	4.74
15/9	150	90	8		18.839	14.788	0.473	442.05	898.35	122.80	195.96	74.14	4.84	2.55	1.98	43.86	17.47	14.48	0.364	1.97	4.92
			10		23.261	18.260	0.472	539.24	1122.85	148.62	246.26	89.86	4.81	2.53	1.97	53.97	21.38	17.69	0.362	2.05	5.01

续表

型号	截面尺寸(mm)				截面面积	理论重量	外表面积	惯性矩(cm^4)					惯性半径(cm)			截面模数(cm^3)			tgα	重心距离(cm)	
	B	b	d	r	(cm^2)	(kg/m)	(m^2/m)	I_x	I_{x1}	I_y	I_{y1}	I_u	i_x	i_y	i_u	W_x	W_y	W_u		X_0	Y_0
15/9	150	90	12	12	27.600	21.666	0.471	632.08	1347.50	172.85	297.46	104.95	4.79	2.50	1.95	63.79	25.14	20.80	0.359	2.12	5.09
			14		31.856	25.007	0.471	720.77	1572.38	195.62	349.74	119.53	4.76	2.48	1.94	73.33	28.77	23.84	0.356	2.20	5.17
			15		33.952	26.652	0.471	763.62	1684.93	206.50	376.33	126.67	4.74	2.47	1.93	77.99	30.53	25.33	0.354	2.24	5.21
			16		36.027	28.281	0.470	805.51	1797.55	217.07	403.24	133.72	4.73	2.45	1.93	82.60	32.27	26.82	0.352	2.27	5.25
16/10	160	100	10	13	25.315	19.872	0.512	668.69	1362.89	205.03	336.59	121.74	5.14	2.85	2.19	62.13	26.56	21.92	0.390	2.28	5.24
			12		30.054	23.592	0.511	784.91	1635.56	239.06	405.94	142.33	5.11	2.82	2.17	73.49	31.28	25.79	0.388	2.36	5.32
			14		34.709	27.247	0.510	896.30	1908.50	271.20	476.42	162.23	5.08	2.80	2.16	84.56	35.83	29.56	0.385	0.43	5.40
			16		29.281	30.835	0.510	1003.04	2181.79	301.60	548.22	182.57	5.05	2.77	2.16	95.33	40.24	33.44	0.382	2.51	5.48
18/11	180	110	10	14	28.373	22.273	0.571	956.25	1940.40	278.11	447.22	166.50	5.80	3.13	2.42	78.96	32.49	26.88	0.376	2.44	5.89
			12		33.712	26.440	0.571	1124.72	2328.38	325.03	538.94	194.87	5.78	3.10	2.40	93.53	38.32	31.66	0.374	2.52	5.98
			14		38.967	30.589	0.570	1286.91	2716.60	369.55	631.95	222.30	5.75	3.08	2.39	107.76	43.97	36.32	0.372	2.59	6.06
			16		44.139	34.649	0.569	1443.06	3105.15	411.85	726.46	248.94	5.72	3.06	2.38	121.64	49.44	40.87	0.369	2.67	6.14
20/12.5	200	125	12		37.912	29.761	0.641	1570.90	3193.85	483.16	787.74	285.79	6.44	3.57	2.74	116.73	49.99	41.23	0.392	2.83	6.54
			14		43.687	34.436	0.640	1800.97	3726.17	550.83	922.47	326.58	6.41	3.54	2.73	134.65	57.44	47.34	0.390	2.91	6.62
			16		49.739	39.045	0.639	2023.35	4258.88	615.44	1058.86	366.21	6.38	3.52	2.71	152.18	64.89	53.32	0.388	2.99	6.70
			18		55.526	43.588	0.639	2238.30	4792.00	677.19	1197.13	404.83	6.35	3.49	2.70	169.33	71.74	59.18	0.385	3.06	6.78

注：截面图中的 $r_1=1/3d$ 及表中 r 的数据用于孔型设计，不做交货条件。

四、工字钢、槽钢

1. 尺寸及表示方法

(1)工字钢、槽钢的截面图示及标注符合见图 6-22 及图 6-23。

(2)工字钢、槽钢的截面尺寸、截面面积、理论重量及截面特性参数应分别符合表 6-56 及表 6-57 的规定。

2. 尺寸、外形及允许偏差

(1)工字钢、槽钢的尺寸、外形及允许偏差应符合表 6-58 的规定。根据需方要求，型钢的尺寸、外形及允许偏差也可按照供需双方协议。

(2)工字钢的腿端外缘钝化、槽钢的腿端外缘和肩钝化不应使直径等于 $0.18t$ 的圆棒通过，角钢的边端外角和顶角钝化不应使直径等于 $0.18d$ 的圆棒通过。

(3)工字钢、槽钢的外缘斜度和弯腰挠度、角钢的顶端直角在距端头不小于 750mm 处检查。

(4)工字钢、槽钢平均腿厚度(t)的允许偏差为 $\pm 0.06t$，在车削轧辊时在轧辊上检查。

(5)根据双方协议，相对于工字钢垂直轴的腿的不对称度，不应超过腿宽公差之半。

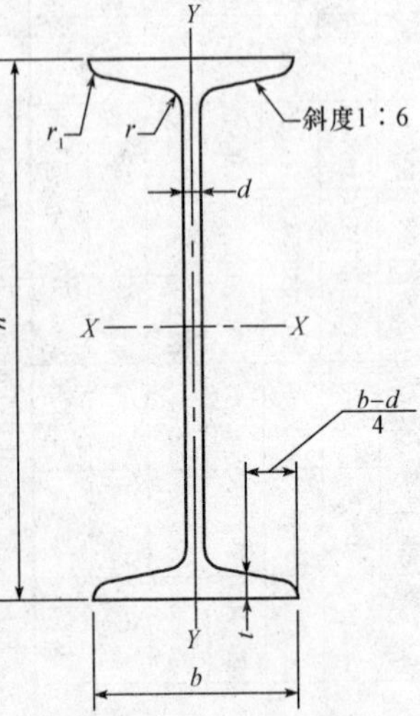

图 6-22　工字钢截面图

h—高度；b—腿宽度；d—腰宽度；
t—平均腿厚度；r—内圆弧半径；
r_1—腿端圆弧半径

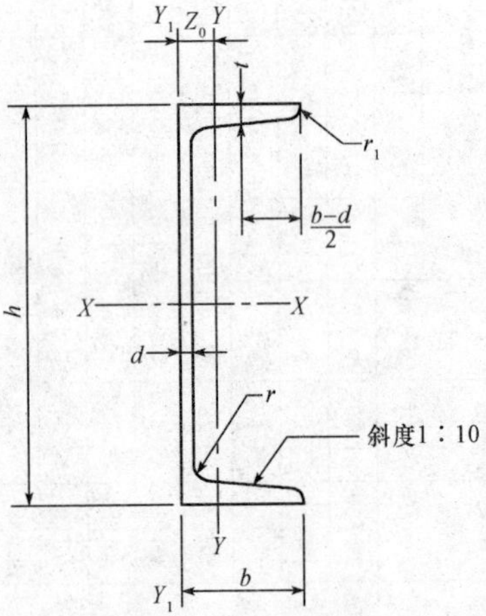

图 6-23　槽钢截面图

h—高度；b—腿宽度；d—腰宽度；
t—平均腿厚度；r—内圆弧半径；
r_1—腿端圆弧半径；
Z_0—YY 轴与 Y_1Y_1 轴间距

表 6-56　　　　工字钢截面尺寸、截面面积、理论重量及截面特性

型号	截面尺寸 (mm)						截面面积 (cm^2)	理论重量 (kg/m)	惯性矩 (cm^4)		惯性半径 (cm)		截面模数 (cm^3)	
	h	b	d	t	r	r_1			I_x	I_y	i_x	i_y	W_x	W_y
10	100	68	4.5	7.6	6.5	3.3	14.345	11.261	245	33.0	4.14	1.52	49.0	9.72
12	120	74	5.0	8.4	7.0	3.5	17.818	13.987	436	46.9	4.95	1.62	72.7	12.7
12.6	126	74	5.0	8.4	7.0	3.5	18.118	14.223	488	46.9	5.20	1.61	77.5	12.7
14	140	80	5.5	9.1	7.5	3.8	21.516	16.890	712	64.4	5.76	1.73	102	16.1
16	160	88	6.0	9.9	8.0	4.0	26.131	20.513	1130	93.1	6.58	1.89	141	21.2
18	180	94	6.5	10.7	8.5	4.3	30.756	24.143	1660	122	7.36	2.00	185	26.0
20a	200	100	7.0	11.4	9.0	4.5	35.578	27.929	2370	158	8.15	2.12	237	31.5
20b		102	9.0				39.578	31.069	2500	169	7.96	2.06	250	33.1
22a	220	110	7.5	12.3	6.5	4.8	42.128	33.070	3400	225	8.99	2.31	309	40.9
22b		112	9.5				46.528	36.524	3570	239	8.78	2.27	325	42.7
24a	240	116	8.0	13.0	10.0	5.0	47.741	37.477	4570	280	9.77	2.42	381	48.4
24b		124	10.0				52.541	41.245	4800	297	9.57	2.38	400	50.4
25a	250	116	8.0				48.541	38.105	5020	280	10.2	2.40	402	48.3
25b		118	10.0				53.541	42.030	5280	309	9.94	2.40	423	52.4
27a	270	122	8.5	13.7	10.5	5.3	54.554	42.825	6550	345	10.9	2.51	485	56.6
27b		124	10.5				59.954	47.064	6870	366	10.7	2.47	509	58.9
28a	280	122	8.5				55.404	43.492	7110	345	11.3	2.50	508	56.6
28b		124	10.5				61.004	47.888	7480	379	11.1	2.49	534	61.2
30a	300	126	9.0	14.4	11.0	5.5	61.254	48.084	8950	400	12.1	2.55	597	63.5
30b		128	11.0				67.254	52.794	9400	422	11.8	2.50	627	65.9
30c		130	13.0				73.254	57.504	9850	445	11.6	2.46	657	68.5
32a	320	130	9.5	15.0	11.5	5.8	67.156	52.717	11100	460	12.8	2.62	692	70.8
32b		132	11.5				73.556	57.741	11600	502	12.6	2.61	726	76.0
32c		134	13.5				79.956	62.765	12200	544	12.3	2.61	760	81.2
36a	360	136	10.0	15.8	12.0	6.0	76.480	60.037	15800	552	14.4	2.69	875	81.2
36b		138	12.0				83.680	65.689	16500	582	14.1	2.64	919	84.3
36c		140	14.0				90.880	71.341	17300	612	13.8	2.60	962	87.4

续表

型号	截面尺寸 (mm)						截面面积 (cm²)	理论重量 (kg/m)	惯性矩 (cm^4)		惯性半径 (cm)		截面模数 (cm^3)	
	h	b	d	t	r	r_1			I_x	I_y	i_x	i_y	W_x	W_y
40a		142	10.5				86.112	67.598	21700	660	15.9	2.77	1090	93.2
40b	400	144	12.5	16.5	12.5	6.3	94.112	73.878	22800	692	15.6	2.71	1140	96.2
40c		146	14.5				102.112	80.158	23900	727	15.2	2.65	1190	99.6
45a		150	11.5				102.446	80.420	32 200	855	17.7	2.89	1430	114
45b	450	152	13.5	18.0	13.5	6.8	111.446	87.485	33800	894	17.4	2.84	1500	118
45c		154	15.5				120.446	94.550	35300	938	17.1	2.79	1570	122
50a		158	12.0				119.304	93.654	46500	1120	19.7	3.07	1860	142
50b	500	160	14.0	20.0	14.0	7.0	129.304	101.504	48600	1170	19.4	3.01	1940	146
50c		162	16.0				139.304	109.354	50600	1220	19.0	2.96	2080	151
55a		166	12.5				134.185	105.335	62900	1370	21.6	3.19	2290	164
55b	550	168	14.5				145.185	113.970	65600	1420	21.2	3.14	2390	170
55c		170	16.5	21.0	14.5	7.3	156.185	122.605	68400	1480	20.9	3.08	2490	175
56a		166	12.5				135.435	106.316	65600	1370	22.0	3.18	2340	165
56b	560	168	14.5				146.635	115.108	68500	1490	21.6	3.16	2450	174
56c		170	16.5				157.835	123.900	71400	1560	21.3	3.16	2550	183
63a		176	13.0				154.658	121.407	93900	1700	24.5	3.31	2980	193
63b	630	178	15.0	22.0	15.0	7.5	167.258	131.298	98100	1810	24.2	3.29	3160	204
63c		180	17.0				179.858	141.189	102000	1920	23.8	3.27	3300	214

注：表中 r、r_1 的数据用于孔型设计，不做交货条件。

表 6-57　　槽钢截面尺寸、截面面积、理论重量及截面特性

型号	截面尺寸 (mm)						截面面积 (cm²)	理论重量 (kg/m)	惯性矩 (cm^4)			惯性半径 (cm)		截面模数 (cm^3)		重心距离 (cm)
	h	b	d	t	r	r_1			I_x	I_y	I_{y1}	i_x	i_y	W_x	W_y	Z_0
5	50	37	4.5	7.0	7.0	3.5	6.928	5.438	26.0	8.30	20.9	1.94	1.10	10.4	3.55	1.35
6.3	63	40	4.8	7.5	7.5	3.8	8.451	6.634	50.8	11.9	28.4	2.45	1.19	16.1	4.50	1.36
6.5	65	40	4.3	7.5	7.5	3.8	8.547	6.709	55.2	12.0	28.3	2.54	1.19	17.0	4.59	1.38
8	80	43	5.0	8.0	8.0	4.0	10.248	8.045	101	16.6	37.4	3.15	1.27	25.3	5.79	1.43

续表

型号	截面尺寸 (mm)						截面面积 (cm^2)	理论重量 (kg/m)	惯性矩 (cm^4)			惯性半径 (cm)		截面模数 (cm^3)		重心距离 (cm)
	h	b	d	t	r	r_1			I_x	I_y	I_{y1}	i_x	i_y	W_x	W_y	Z_0
10	100	48	5.3	8.5	8.5	4.2	12.748	10.007	198	25.6	54.9	3.95	1.41	39.7	7.80	1.52
12	120	53	5.5	9.0	9.0	4.5	15.362	12.059	346	37.4	77.7	4.75	1.56	57.7	10.2	1.62
12.6	126	53	5.5	9.0	9.0	4.5	15.692	12.318	391	38.0	77.1	4.95	1.57	62.1	10.2	1.59
14a	140	58	6.0	9.5	9.5	4.8	18.516	14.535	564	53.2	107	5.52	1.70	80.5	13.0	1.71
14b		60	8.0				21.316	16.733	609	61.1	121	5.35	1.69	87.1	14.1	1.67
16a	160	63	6.5	10.0	10.0	5.0	21.962	17.24	866	73.3	144	6.28	1.83	108	16.3	1.80
16b		65	8.5				25.162	19.752	935	83.4	161	6.10	1.82	117	17.6	1.75
18a	180	68	7.0	10.5	10.5	5.2	25.699	20.174	1270	98.6	190	7.04	1.96	141	20.0	1.88
18b		70	9.0				29.299	23.000	1370	111	210	6.84	1.95	152	21.5	1.84
20a	200	73	7.0	11.0	11.0	5.5	28.837	22.637	1780	128	244	7.86	2.11	178	24.2	2.01
20b		75	9.0				32.837	25.777	1910	144	268	7.64	2.09	191	25.9	1.95
22a	220	77	7.0	11.5	11.5	5.8	31.846	24.999	2390	158	298	8.67	2.23	218	28.2	2.10
22b		79	9.0				36.246	28.453	2570	176	326	8.42	2.21	234	30.1	2.03
24a	240	78	7.0	12.0	12.0	6.0	34.217	26.860	3050	174	325	9.45	2.25	254	30.5	2.10
24b		80	9.0				39.017	30.628	3280	194	355	9.17	2.23	274	32.5	2.03
24c		82	11.0				43.817	34.396	3510	213	388	8.96	2.21	293	34.4	2.00
25a	250	78	7.0				34.917	27.410	3370	176	322	9.82	2.24	270	30.6	2.07
25b		80	9.0				39.917	31.335	3530	196	353	9.41	2.22	282	32.7	1.98
25c		82	11.0				44.917	35.260	3690	218	384	9.07	2.21	295	35.9	1.92
27a	270	82	7.5	12.5	12.5	6.2	39.284	30.838	4360	216	393	10.5	2.34	323	35.5	2.13
27b		84	9.5				44.684	35.077	4690	239	428	10.3	2.31	347	37.7	2.06
27c		86	11.5				50.084	39.316	5020	261	467	10.1	2.28	372	39.8	2.03
28a	280	82	7.5				40.034	31.427	4760	218	388	10.9	2.33	340	35.7	2.10
28b		84	9.5				45.634	35.823	5130	242	428	10.6	2.30	366	37.9	2.02
28c		86	11.5				51.234	40.219	5500	268	463	10.4	2.29	393	40.3	1.95
30a	300	85	7.5	13.5	13.5	6.8	43.902	34.463	6050	260	467	11.7	2.43	403	41.1	2.17
30b		87	9.5				49.902	39.173	6500	289	515	11.4	2.41	433	44.0	2.13
30c		89	11.5				55.902	43.883	6950	316	560	11.2	2.38	463	46.4	2.09
32a	320	88	8.0	14.0	14.0	7.0	48.513	38.083	7600	305	552	12.5	2.50	475	46.5	2.24
32b		90	10.0				54.913	43.107	8140	336	593	12.2	2.47	509	49.2	2.16
32c		92	12.0				61.313	48.131	8690	374	643	11.9	2.47	543	52.6	2.09

续表

型号	截面尺寸（mm）						截面面积（cm^2）	理论重量（kg/m）	惯性矩（cm^4）			惯性半径（cm）		截面模数（cm^3）		重心距离（cm）
	h	b	d	t	r	r_1			I_x	I_y	I_{y1}	i_x	i_y	W_x	W_y	Z_0
36a	360	96	9.0	16.0	16.0	8.0	60.910	47.814	11900	455	818	14.0	2.73	660	63.5	2.44
36b		98	11.0				68.110	53.466	12700	497	880	13.6	2.70	703	66.9	2.37
36c		100	13.0				75.310	59.118	13400	536	948	13.4	2.67	746	70.0	2.34
40a	400	100	10.5	18.0	18.0	9.0	75.068	58.928	17600	592	1070	15.3	2.81	879	78.8	2.49
40b		102	12.5				83.068	65.208	18600	640	114	15.0	2.78	932	82.5	2.44
40c		104	14.5				91.068	71.488	19700	688	1220	14.7	2.75	986	86.2	2.42

注：表中 r、r_1 的数据用于孔型设计，不做交货条件。

表 6-58　　工字钢、槽钢尺寸、外形允许偏差　　（单位：mm）

	高　度	允许偏差	图　示
高度（h）	＜100	±1.5	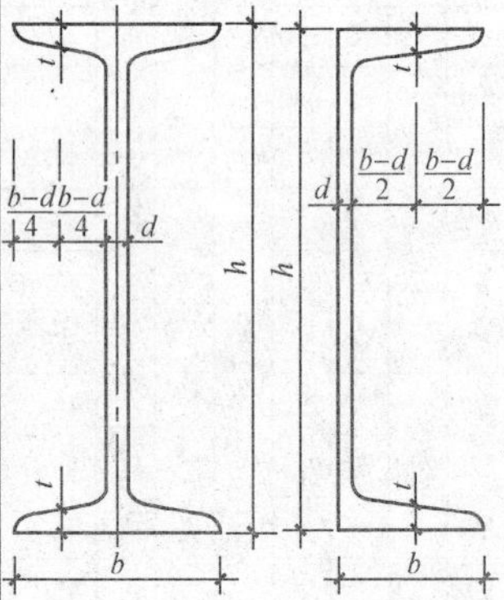
	100～＜200	±2.0	
	200～＜400	±3.0	
	≥400	±4.0	
腿宽度（b）	＜100	±1.5	
	100～＜150	±2.0	
	150～＜200	±2.5	
	200～＜300	±3.0	
	300～＜400	±3.5	
	≥400	±4.0	
腰厚度（d）	＜100	±0.4	
	100～＜200	±0.5	
	200～＜300	±0.7	
	300～＜400	±0.8	
	≥400	±0.9	

续表

外缘斜度 （T）		$T \leqslant 1.5\%b$ $2T \leqslant 2.5\%b$	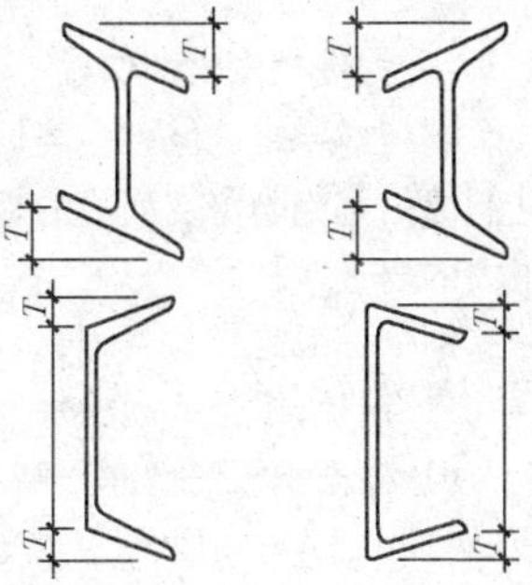
弯腰挠度 （W）		$W \leqslant 0.15d$	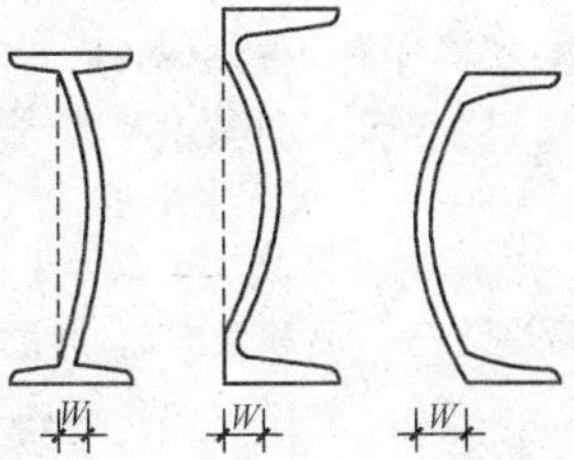
弯曲度	工字钢	每米弯曲度≤2mm 总弯曲度≤总长度的 0.20％	适用于上下、左右大弯曲
	槽钢	每米弯曲度≤3mm 总弯曲度≤总长度的 0.30％	

3. 长度及允许偏差

(1)工字钢、槽钢的通常长度为 5000mm～19000mm。根据需方要求也可供应其他长度的产品。

(2)定尺长度允许偏差按表 6-59 规定。

表 6-59　　　　工字钢、槽钢的长度允许偏差

长度(mm)	允许偏差(mm)
≤8000mm	+50 0
>8000mm	+80 0

第四节　钢板和钢带

一、钢板和钢带的区别

钢板与钢带的区别主要体现在其成品形状上。钢板是平板状、矩形的可直接轧制成由宽钢带剪切而成的板材。一般情况下，钢板是指一种宽厚比和表面积都很大的扁平钢材。

钢带一般是指长度很长，可成卷供应的钢板。

二、钢板、钢带的规格

(1)根据钢板的薄厚程度，钢板大致可分为薄钢板(厚度不大于 4mm)和厚钢板(厚度大于 4mm)两种。在实际工作中，常将厚度介于 4～20mm 的钢板称为中板；将厚度介于 20～60mm 的钢板称为厚板；将厚度大于 60mm 的钢板称为特厚板，也统称为中厚钢板。成张钢板的规格以厚度×宽度×长度的毫米数表示。

(2)钢带也可分为两种，当宽度大于或等于 600mm 时，为宽钢带；当宽度小于 600mm 时，则称为窄钢带。钢带的规格以厚度×宽度的毫米数表示。

(3)对于宽度大于或等于 600mm，厚度为 0.35～200mm 的热轧钢板，其厚度偏差见表 6-60 和表 6-61，厚度测量点位于距边缘不小于 40mm 处。

表 6-60　　较高轧制精度钢板厚度允许偏差　　(单位：mm)

公称厚度	负偏差	钢板宽度													
		1000～1200	1200～1500	1500～1700	1700～1800	1800～2000	2000～2300	2300～2500	2500～2600	2600～2800	2800～3000	3000～3200	3200～3400	3400～3600	3600～3800
13～25	0.8	0.2	0.2	0.3	0.4	0.6	0.8	0.8	1.0	1.1	1.2				
25～30	0.9	0.2	0.2	0.3	0.4	0.6	0.8	0.9	1.0	1.1	1.2				
30～34	1.0	0.2	0.3	0.3	0.4	0.6	0.8	0.9	1.0	1.1	1.2				
34～40	1.1	0.3	0.4	0.5	0.6	0.7	0.9	1.0	1.1	1.3	1.4				
40～50	1.2	0.4	0.5	0.6	0.7	0.8	1.0	1.1	1.2	1.4	1.5				
50～60	1.3	0.6	0.7	0.8	0.9	1.0	1.1	1.1	1.2	1.3	1.5				
60～80	1.8			1.0	1.0	1.0	1.0	1.1	1.2	1.3	1.3	1.3	1.3	1.4	1.4
80～100	2.0			1.2	1.2	1.2	1.2	1.3	1.3	1.3	1.4	1.4	1.4	1.4	1.4
100～150	2.2			1.3	1.3	1.3	1.4	1.5	1.5	1.6	1.6	1.6	1.6	1.6	1.6
150～200	2.6			1.5	1.5	1.5	1.6	1.7	1.7	1.7	1.8	1.8	1.8	1.8	1.8

表 6-61 普通轧制钢板厚度允许偏差 (单位:mm)

公称厚度	钢板宽度						
	0～750	750～1000	1000～1500	1500～2000	2000～2300	2300～2700	2700～3000
0.35～0.50	±0.07	±0.07					
0.50～0.60	±0.08	±0.08					
0.60～0.75	±0.09	±0.09					
0.75～0.90	±0.10	±0.10					
0.90～1.10	±0.11	±0.12					
1.10～1.20	±0.12	±0.13	±0.15				
1.20～1.30	±0.13	±0.14	±0.15				
1.30～1.40	±0.14	±0.15	±0.18				
1.40～1.60	±0.15	±0.15	±0.18				
1.60～1.80	±0.15	±0.17	±0.18				
1.80～2.00	±0.16	±0.17	±0.18	±0.20			
2.00～2.20	±0.17	±0.18	±0.19	±0.20			
2.20～2.50	±0.18	±0.19	±0.20	±0.21			
2.50～3.00	±0.19	±0.20	±0.21	±0.22	±0.25		
3.00～3.50	±0.20	±0.21	±0.22	±0.24	±0.29		
3.50～4.00	±0.23	±0.26	±0.23	±0.28	±0.33		
4.00～5.50	+0.20 −0.40	±0.30～0.40	±0.30～0.50	±0.40～0.50	+0.45 −0.50		
5.50～7.50	+0.20 −0.50	+0.20 −0.60	+0.25 −0.60	+0.40 −0.60	+0.45 −0.60		
7.50～10.00	+0.20 −0.80	+0.20 −0.80	+0.30 −0.80	+0.35 −0.80	+0.45 −0.80	+0.60 −0.80	
10.00～13.00	+0.20 −0.80	+0.20 −0.80	+0.30 −0.80	+0.40 −0.80	+0.50 −0.80	+0.70 −0.80	+1.00 −0.80

三、钢板(钢带)的选购

(1)板、带材选购前,应熟悉板、带材的规格,以利于在宽度和长度上对钢材的充分利用,提高材料的利用率。

(2)在选购板、带材时,应尽量选用为产品坯料整数倍的规格。如果属于定型产品,选用通用板、带材时,应尽可能订购定尺或倍尺的板、带材,或选用接近定尺或倍尺的板、带材。如果产品坯料的规格尺寸种类较多,则应进行合理配料,实行套裁的下料方法,尽可能提高板、带材的利用率。组织企业和企业间,行业与业间边角余料的多次利用,也是提高材料利用率、节约材料的有效方法。

四、钢板、钢带的包装

(1)包装方法。钢板与钢带进行包装时,应采用保证产品在运输和贮存期间不致松散、受潮、变形和损坏的包装方法。

各类产品的包装方法应按其相应产品标准的规定执行。当相应产品标准中无明确规定时,可按该标准的规定执行,并应在合同中注明包装种类。若未注明时,则由供方选择。需方有责任向供方提出对防护包装材料的要求以及提供其卸货方法和有关设备的资料。

供需双方协商,亦可采用其他包装方法。

(2)包装材料。包装材料应符合有关标准的规定。如果该标准中没有具体规定的材料,其质量应当与预定的用途相适应。包装材料可根据技术和经济的发展而定。

1)防护包装材料。其目的是:阻止湿气渗入,尽量减少油损和防止玷污产品。常用的防护包装材料有牛皮纸、普通纸、气相防锈纸、防油纸、塑料薄膜等。

2)保护涂层。在运输和贮存期间,为保护钢材在选用防腐剂时,应考虑到涂敷的方法、涂层厚度和容易去除。保护涂层的种类由供方确定。如需方有特殊要求时,应在合同中注明。

3)包装捆带。包装件应用包装捆带捆紧。包装捆带可以是窄钢带或钢丝等。

4)保护材料。对某些产品,为保护其不受损坏或捆带不被切断就必须使用保护材料。保护材料和捆带保护材料可以是木材、金属、纤维板、塑料或其他适宜的材料。

(3)重量和捆扎道数。包装件的最大重量应与捆扎方式和捆扎道数相匹配。经供需双方协商,可以增加包装件重量。增加包装件重量,必须相应增加捆扎道数,有时还应改变捆扎方式。当包装件重量小于 2t 时,捆扎道数可以酌减。

第五节　钢材的选用、检验、贮运及防护

一、钢材的选用

各种水利工程结构对钢材各有要求,选用时要根据要求对钢材的强度、塑性、韧性、耐疲劳性能、焊接性能、耐锈性能等进行全面考虑。对厚钢板结构、焊接结构、低温结构和采用含碳量高的钢材制作的结构,还应防止脆性破坏。

1. 钢材选用原则

对水利工程结构钢材选择时，应符合图纸设计要求的规定，表 6-62 为一般选择原则。

表 6-62 结构钢材的选择

<table>
<tr><th>项次</th><th colspan="3">结构类型</th><th>计算温度</th><th>选用牌号</th></tr>
<tr><td>1</td><td rowspan="5">焊接结构</td><td rowspan="3">直接承受动力荷载的结构</td><td>重级工作制吊车梁或类似结构</td><td>—</td><td>Q235 镇静钢或 Q345 钢</td></tr>
<tr><td>2</td><td rowspan="2">轻、中级工作制吊车梁或类似结构</td><td>等于或低于−20℃</td><td>同 1 项</td></tr>
<tr><td>3</td><td>高于−20℃</td><td>Q235 沸腾钢</td></tr>
<tr><td>4</td><td colspan="2" rowspan="2">承受静力荷载或间接承受动力荷载的结构</td><td>等于或低于−30℃</td><td>同 1 项</td></tr>
<tr><td>5</td><td>高于−30℃</td><td>同 3 项</td></tr>
<tr><td>6</td><td rowspan="4">非焊接结构</td><td rowspan="3">直接承受动力荷载的结构</td><td rowspan="2">重级工作制吊车梁或类似结构</td><td>等于或低于−20℃</td><td>同 1 项</td></tr>
<tr><td>7</td><td>高于−20℃</td><td>同 3 项</td></tr>
<tr><td>8</td><td>轻、中级工作制吊车梁或类似结构</td><td>—</td><td>同 3 项</td></tr>
<tr><td>9</td><td colspan="2">承受静力荷载或间接承受动力荷载的结构</td><td>—</td><td>同 3 项</td></tr>
</table>

表中的计算温度应按现行《采暖通风和空气调节设计规范》(GB 50019—2003)中的冬季空气调节室外计算温度确定。低温地区的露天或类似露天的焊接结构用沸腾钢时，钢材板厚不宜过大。

2. 钢材性能要求

承重结构的钢材，应保证抗拉强度(σ_b)、伸长率(δ_5、δ_{10})、屈服点(σ_s)和硫(S)、磷(P)的极限含量。焊接结构应保证碳(C)的极限含量。必要时还应有冷弯试验的合格证。

对于重级工作制以及吊车起重量不小于 50t 的中级工作制吊车梁或类似结构的钢材，应有常温冲击韧性的保证。计算温度等于或低于−20℃时，Q235 钢应具有−20℃下冲击韧性的保证。Q345 钢应具有−40℃下冲击韧性的保证。

重级工作制的非焊接吊车梁，必要时其钢材也应具有冲击韧性的保证。

根据《钢结构设计规范》(GB 50017—2003)的规定，对于高层建筑钢结构的钢材，宜采用牌号 Q235 中 B、C、D 等级的碳素结构钢和牌号 Q345 中 B、C、D 等级的低合金结构钢。承重结构的钢材一般应保证抗拉强度、伸长率、屈服点、冷弯试验、冲击韧性合格和硫、磷含量的极限值，对焊接结构尚应保证碳含量的极限值。对构件节点约束较强，以及板厚等于或大于 50mm，并承受沿板厚方向拉力作用的焊接结构，应对板厚方向的断面收缩率加以控制。

3. 钢材的代用与变通

钢结构应按照上述规定，选用钢材的钢号和提出对钢材的性能要求，施工单位不宜随意更改或代用。钢结构工程所采用的钢材必须附有钢材的质量证明书，各项指标应符合设计文件的要求和国家现行有关标准的规定。钢材代用一般须与设计单位共同研究确定，同时应注意以下几点：

(1)钢号虽然满足设计要求，但生产厂提供的材质保证书中缺少设计部门提出的部分性能要求时，应做补充试验。如Q235钢缺少冲击、低温冲击试验的保证条件时，应作补充试验，合格后才能应用。补充试验的试件数量，每炉钢材、每种型号规格一般不宜少于三个。

(2)钢材性能虽然能满足设计要求，但钢号的质量优于设计提出的要求时，应注意节约。如在普碳钢中以镇静钢代沸腾钢，优质碳素钢代普碳钢(20号钢代Q235)等都要注意节约，不要任意以优代劣，不要使质量差距过大。如采用其他专业用钢代替建筑结构钢时，最好查阅这类钢材生产的技术条件，并与《碳素结构钢》(GB/T 700—2006)相对照，以保证钢材代用的安全性和经济合理性。

普通低合金钢的相互代用，如用Q390代Q345等，要更加谨慎，除机械性能满足设计要求外，在化学成分方面还应注意可焊性。重要的结构要有可靠的试验依据。

(3)如钢材性能满足设计要求，而钢号质量低于设计要求时，一般不允许代用。如结构性质和使用条件允许，在材质相差不大的情况下，经设计单位同意亦可代用。

(4)钢材的钢号和性能都与设计提出的要求不符时，首先应检查是否合理，然后按钢材的设计强度重新计算，根据计算结果改变结构的截面、焊缝尺寸和节点构造。

在普碳钢中，以Q215代Q235是不经济的，因为Q215的设计强度低，代用后结构的截面和焊缝尺寸都要增大很多。以Q255代Q235，一般作为Q235的强度使用，但制作结构时应该注意冷作和焊接的一些不利因素。Q275钢不宜在建筑结构中使用。

(5)对于成批混合的钢材，如用于主要承重结构时，必须逐根按现行标准对其化学成分和机械性能分别进行试验，如检验不符合要求时，可根据实际情况用于非承重结构构件。

(6)钢材机械性能所需的保证项目仅有一项不合格者，可按以下原则处理。

1)当冷弯合格时，抗拉强度之上限值可以不限。

2)伸长率比设计的数值低1%时，允许使用，但不宜用于考虑塑性弯形的构件。

3)冲击功值按一组三个试样单值的算术平均值计算，允许其中一个试样单值低于规定值，但不得低于规定值的70%。

(7)采用进口钢材时,应验证其化学成分和机械性能是否满足相应钢号的标准。

(8)钢材的规格尺寸与设计要求不同时,不能随意以大代小,须经计算后才能代用。

(9)如钢材供应不全,可根据钢材选择的原则灵活调整。工程结构对材质的要求是:受拉构件高于受压构件;焊接结构高于螺栓或铆钉连接的结构;厚钢板结构高于薄钢板结构;低温结构高于常温结构;受动力荷载的结构高于受静力荷载的结构。如桁架中上、下弦可用不同的钢材。遇含碳量高或焊接困难的钢材,可改用螺栓连接,但须与设计单位商定。

二、钢材的检验

建立钢材检验制度是保证钢结构工程质量的重要环节。因此,钢材在正式入库前必须严格执行检验制度,经检验合格的钢材方可办理入库手续。

1. 钢材检验的内容

钢材检验的主要内容包括以下几方面。

(1)钢材的数量和品种应与订货合同相符。

(2)钢材的质量保证书应与钢材上打印的记号符合。每批钢材必须具备生产厂提供的材质证明书,写明钢材的炉号、钢号、化学成分和机械性能。对钢材的各项指标可根据国标的规定进行核验。

(3)核对钢材的规格尺寸。各类钢材尺寸的容许偏差,可参照有关国标或冶标中的规定进行核对。

(4)钢材表面质量检验。不论扁钢、钢板和型钢,其表面均不允许有结疤、裂纹、折叠和分层等缺陷。有上述缺陷的应另行堆放,以便研究处理。钢材表面的锈蚀深度,不得超过其厚度负偏差值的 1/2。锈蚀等级的划分和除锈等级见《涂装前钢材表面锈蚀等级和除锈等级》(GB 8923—1988)。

经检验发现"钢材质量保证书"上数据不清、不全,材质标记模糊,表面质量、外观尺寸不符合有关标准要求时,应视具体情况重新进行复核和复验鉴定。经复核复验鉴定合格的钢材方准予正式入库,不合格钢材应另作处理。

2. 钢材检验的类型

根据钢材信息和保证资料的具体情况,其质量检验程度分免检、抽检和全部检验三种。

(1)免检。免去质量检验过程。对有足够质量保证的一般材料,以及实践证明质量长期稳定、且质量保证资料齐全的材料,可予免检。

(2)抽检。按随机抽样的方法对材料进行抽样检验。当对材料的性能不清楚,或对质量保证有怀疑,或对成批生产的构配件,均应按一定比例进行抽样检验。

(3)全部检验。凡对进口的材料、设备的重要工程部位的材料,以及贵重的材料，应进行全部检验，以确保材料和工程质量。

3. 钢材检验的方法

钢材的质量检验方法有书面检验、外观检验、理化检验和无损检验等四种。

(1)书面检验。通过对提供的材料质量保证资料、试验报告等进行审核，取得认可后方能使用。

(2)外观检验。对材料从品种、规格、标志、外形尺寸等进行直观检查，看其有无质量问题。

(3)理化检验。借助试验设备和仪器对材料样品的化学成分、机械性能等进行科学的鉴定。

(4)无损检验。在不破坏材料样品的前提下，利用超声波、X 射线、表面探伤仪等进行检测。

钢材的质量检验项目要求如表 6-63 所示。

表 6-63　　钢材的质量检验项目要求

序　号	材料名称	书面检查	外观检查	理化试验	无损检测
1	钢板	必须	必须	必要时	必要时
2	型钢	必须	必须	必要时	必要时

4. 钢材检验的标准

(1)钢结构所用的钢材品种、规格、性能等应符合现行国家产品标准和设计要求。进口的钢材产品的质量应符合设计和合同规定的标准要求。所有钢材进场后，监理人员首先要进行书面检查。

检查数量：钢材的书面检查要求做到全数检查。

检验方法：主要检查钢材质量合格证明文件、中文标准及检验报告等。不论钢材的品种、规格、性能如何都要求三证齐全。为防止假冒伪劣钢材进入钢结构市场，在进行书面检查时，监理人员一定要注意仔细辨别钢材质量合格证明、中文标志及检验报告的真伪，最好要求厂家提供书面资料原件，并加盖生产厂家及销售单位的公章。

(2)对属于下列情况之一的钢材，应进行抽样复验，其复验结果应符合国家产品标准和设计要求。

1)国外进口的钢材。

2)钢材混批。

3)板厚大于或等于 40mm，且设计有双向性能要求的厚板。

4)工程结构安全等级为一级，大跨度钢结构中主要受力构件所采用的钢材。

5)设计有复检要求的钢材。

6)业主或监理人员对质量有疑义时，或当合同有特殊要求需作跟踪追溯的材料。

检查数量:全数检查。

检验方法:检查复验报告。

(3)钢板的厚度及截面尺寸偏差直接影响结构的承载能力、整体稳定性和局部稳定性,直接关系结构的安全度和可靠性,监理人员必须对钢板的截面尺寸的检查高度重视。设计文件对构件所用的钢板的厚度有明确的表示,国家钢结构有关规范对钢板的厚度允许偏差也有明确的规定,钢结构所用的钢板的厚度和允许偏差都要满足设计文件和国家标准的要求。

检查数量:每一品种、规格的钢板随机抽查 5 处。

检验方法:用游标卡尺进行量测。

(4)型钢的截面尺寸及允许偏差均要满足设计文件要求和国家标准的规定。

检查数量:每一品种、规格的钢板随机抽查 5 处。

检验方法:用游标卡尺进行量测。

(5)钢材的表面外观质量除应符合国家现行有关标准的规定外,还应符合下列规定。

1)当钢材的表面有锈蚀、麻点或划痕等缺陷时,其深度不得大于该钢材厚度负允许偏差值的 1/2。

2)钢材表面的锈蚀等级应符合现行国家标准《涂装前钢材表面锈蚀等级和除锈等级》(GB 8923—1988)规定的 C 级及 C 级以上。

3)钢材端边或断口处不应有分层、夹渣等缺陷。

检查数量:钢材进场后,监理人员要对钢材的表面外观质量进行全数检查。

检验方法:用小锤敲击,观察检查。

三、钢材的贮运

钢材由于重量大、长度大,运输前必须了解所运钢材的长度和单捆重量,以便安排运输车辆和吊车。

钢材应按不同的品种、规格分别堆放。在条件允许的情况下,钢材应尽可能存放在库房或料棚内(特别是有精度要求的冷拉、冷拔等钢材),若采用露天存放,则料场应选择地势较高而又平坦的地面,经平整、夯实、预设排水沟道、安排好垛底后方能使用。为避免因潮湿环境而引起的钢材表面锈蚀现象,雨雪季节钢材要用防雨材料覆盖。

施工现场堆放的钢材应注明“合格”、“不合格”、“在检”、“待检”等产品质量状态,注明钢材生产企业名称、品种规格、进场日期及数量等内容,并以醒目标识标明,工地应由专人负责钢材收货和发料。

四、钢材的防护

1. 防腐

钢材表面与周围介质发生作用而引起破坏的现象称作腐蚀(锈蚀)。腐蚀不仅使钢材有效截面积均匀减小，还会产生局部锈坑，引起应力集中；腐蚀也会显著降低钢的强度、塑性、韧性等力学性能。

根据钢材与环境介质的作用原理，腐蚀可分为化学腐蚀和电化学腐蚀。化学腐蚀是指钢材与周围介质（如氧气、二氧化碳、二氧化硫和水等）直接发生化学作用，生成疏松的氧化物而引起的腐蚀。钢材由不同的晶体组织构成，并含有杂质，由于这些成分的电极电位不同，当有电解质溶液（如水）存在时，就在钢材表面形成许多微小的局部原电池，形成电化学腐蚀。

钢材在大气中的腐蚀，实际上是化学腐蚀和电化学腐蚀共同作用所致，但以电化学腐蚀为主。

钢材的腐蚀既有内因（材质），又有外因（环境介质的作用），因此要防止或减少钢材的腐蚀可以从改变钢材本身的易腐蚀性，隔离环境中的侵蚀性介质或改变钢材表面的电化学过程三方面入手。

2. 防火

钢是不燃性材料，但这并不表明钢材能够抵抗火灾。耐火试验与火灾案例调查表明：以失去支持能力为标准，无保护层时钢柱和钢屋架的耐火极限只有0.25h，而裸露钢梁的耐火极限仅为0.15h。温度在200℃以内，可以认为钢材的性能基本不变；超过300℃以后，弹性模量、屈服点和极限强度均开始显著下降，应变急剧增大；到达600℃时已失去承载能力。所以，没有防火保护层的钢结构是不耐火的。

钢结构防火保护的基本原理是采用绝热或吸热材料，阻隔火焰和热量，推迟钢结构的升温速度。防火方法以包覆法为主，即以防火涂料、不燃性板材或混凝土和砂浆将钢构件包裹起来。

第七章　木　　材

第一节　木材的分类及性能

一、木材的特性与分类

1. 木材的特性

在水利水电工程建设中木材占有重要而独特的地位。即使在各种新型材料不断涌现的情况下，其地位依然不可能被取代。木材具有以下优点。

(1)强度高，具有轻质高强的特点。

(2)纹理美观、色调温和、风格典雅，极富装饰性。

(3)弹性韧性好，能承受冲击和振动作用。

(4)导热性低，具有较好的隔热、保温性能。

(5)在适当的保养条件下，有较好的耐久性。

(6)绝缘性好、无毒性。

(7)易于加工，可制成各种形状的产品。

(8)木材的弹性、绝热性和暖色调的结合，给人以温暖和亲切感。

木材的组成和构造是由树木自然生长的各种因素综合决定，因此人们在使用时必然会受到木材自然属性的限制，主要有以下几个方面。

(1)构造不均匀，呈各向异性。

(2)湿胀干缩大，处理不当易翘曲和开裂。

(3)天然缺陷较多，降低了材质和利用率。

(4)耐火性差，易着火燃烧。

(5)使用不当，易腐朽、虫蛀。

2. 木材的分类

水利水电工程用木材，通常有以下三种材型。

原木：伐倒后经修枝并截成一定长度的木材。

板材：宽度为厚度的3倍或3倍以上的型材。

方材：宽度不及厚度3倍的型材。

承重结构用材，分为原木、锯材(方木、板材、规格材)和胶合木材。用于普通木结构的原木、方木和板材的材质等级分为三级；胶合木构件的材质等级分为三级；轻型木结构用规格材的材质等级分为七级。

普通木结构构件设计时，应根据构件的主要用途按表7-1的要求选用相应的材质等级。

表 7-1 普通木结构构件的材质等级

项次	主要用途	材质等级
1	受拉或拉弯构件	$Ⅰ_a$
2	受弯或压弯构件	$Ⅱ_a$
3	受压构件及次要受弯构件(如吊顶小龙骨等)	$Ⅲ_a$

二、木材的物理性能

1. 木材的含水率及表示方法

木材的含水率及表示方法见表 7-2。

表 7-2 木材含水率及表示方法

项目	内容
概述	木材中水分的多少,对于木材的密度、强度、干缩、湿胀、耐久性、燃烧值、液力渗透性、热和电的传导性等关系很大,在木材利用上须特别注意。木材的含水状态分为以下三种。①自由水:存在于细胞间隙中的毛细管中的水分;②吸附水:包含在细胞壁中的吸着水;③化合水:构成细胞的化学成分的水。木材中的水分主要是自由水和吸附水,化合水的含量非常少 木材的含水率是指木材所含水的质量与全干木材质量之比,用百分率(%)表示。其表示方法有四种:绝对含水率、相对含水率、平衡含水率、纤维饱和点含水量
绝对含水率	绝对含水率是指木材所含水的质量与木材的干燥(恒重)质量之比,称为绝对含水率。即 $$W_j=\frac{G_q-G_h}{G_h}\times100\%$$ 式中 W_j——木材绝对含水率(%); G_q——木材的湿质量(g); G_h——木材的干燥(恒重)质量(g)
相对含水率	相对含水率是指木材所含水的质量与木材湿质量之比,称为相对含水率。即 $$W_x=\frac{G_q-G_h}{G_h}\times100\%$$ 式中 W_x——木材相对含水率(%); G_q——木材的湿质量(g); G_h——木材的干燥(恒重)质量(g)

续表

项　目	内　容
平衡含水率	潮湿的木材,会在干燥的空气中失去水分,木材蒸发水分的现象称为解湿,干燥的木材也会在空气中吸收水分,木材自外界吸收水分的现象称为吸湿 当木材的含水率与空气的相对湿度已达到平衡而不再变化时,即不吸收水分,也不散去水分,此时木材的含水率称为平衡含水率。木材平衡含水率随着各地区、各个季节温度和相对湿度的变化而变化。木材平衡含水率与空气的相对湿度关系,如图1所示。中国平衡含水率平均为15%(北方为12%,南方为18%) 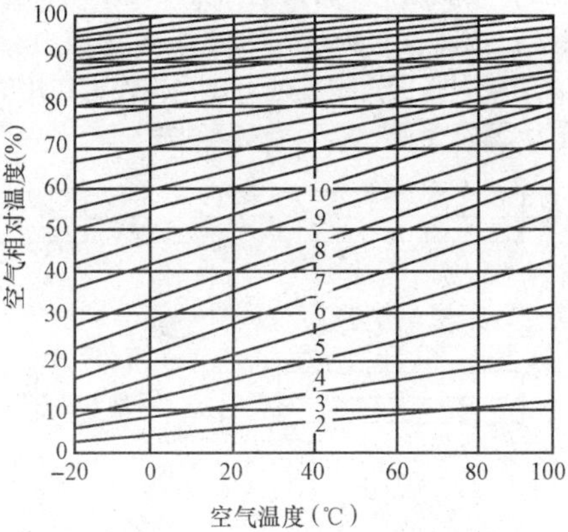 **图1　木材的平衡含水率**
纤维饱和点含水量	潮湿木材的干燥过程中,首先蒸发的是自由水,当自由水蒸发完毕而吸附水尚处于饱和状态时,或干材吸收水分后细胞壁中的吸附水达到饱和状态,这种吸附水的饱和状态,称为纤维饱和点,此时的含水量,称为纤维饱和点含水量(即吸附水的最大值)。由于木材品种不同,纤维饱和点含水量一般为23%～33%。木材纤维饱和点是所有木材材性变化的转折点。若木材含水量在纤维饱和点以上,即使含水量改变,也不会影响木材的强度,因为当含水量超过纤维饱和点,细胞腔内水分的变化与细胞壁无关。当含水量在纤维饱和点以下,其强度随含水量减少而增加,这主要是由于水分减少、细胞壁物质变干而紧密,因而强度提高。反之,细胞壁物质软化、膨胀而松散,因而强度降低

2. 湿胀干缩

木材具有显著的湿胀干缩性，这是由于细胞壁内吸附水含量的变化引起的。当木材由潮湿状态干燥到纤维饱和点时，其尺寸不变，而继续干燥到其细胞壁中的吸附水开始蒸发时，则木材开始发生体积收缩（干缩）。在逆过程中，即干燥木材吸湿时，随着吸附水的增加，木材将发生体积膨胀（湿胀），直到含水率到达纤维饱和点为止，此后，尽管木材含水量会继续增加，即自由水增加，但体积不再发生膨胀。

木材的湿胀干缩对其使用存在严重影响，干缩使木结构构件连接处产生缝隙而接合松弛，湿胀则造成凸起。防止胀缩最常用的方法是对木料预先进行干燥，达到估计的平衡含水率时再加工使用。

三、木材的力学性能

木材的力学性能是指木材抵抗外力不被破坏的能力。木构件在外力作用下，在构件内部单位截面积上所产生的内力，称为应力。木材抵抗外力破坏时的应力，称为木材的极限强度。根据外力在木构件上作用的方向、位置不同，木构件的工作状态分为受拉、受压、受弯、受剪等(图 7-1)。

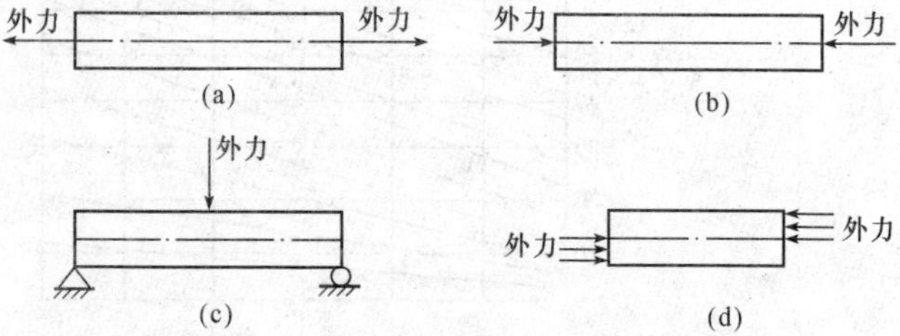

图 7-1　木构件受力状态

(a)受拉；(b)受压；(c)受弯；(d)受剪

1. 木材的抗拉强度

木材的抗拉强度有顺纹抗拉强度和横纹抗拉强度两种。

(1)顺纹抗拉强度。即外力与木材纤维方向相平行的抗拉强度。由木材标准小试件测得的顺纹抗拉强度，是所有强度中最大的。但是，节子、斜纹、裂缝等木材缺陷对抗拉强度的影响很大。因此，在实际应用中，木材的顺纹抗拉强度反而比顺纹抗压强度低。木屋架中的下弦杆、竖杆均为顺纹受拉构件。工程中，对于受拉构件应采用选材标准中的Ⅰ等材。

(2)横纹抗拉强度。即外力与木材纤维方向相垂直的抗拉强度。木材的横纹抗拉强度远远小于顺纹抗拉强度。对于一般木材，其横纹抗拉强度约为顺纹抗拉强度的 1/4～1/10。所以，在承重结构中不允许木材横纹承受拉力。

2. 木材的抗压强度

木材的抗压强度有顺纹抗压强度和横纹抗压强度两种。

(1)顺纹抗压强度。即外力与木材纤维方向相平行的抗压强度。由木材标准小试件测得的顺纹抗压强度，约为顺纹抗拉强度的40%～50%。由于木材的缺陷对顺纹抗压的影响很少，因此，木构件的受压工作要比受拉工作可靠得多。屋架中的斜腹杆、木柱、木桩等均为顺纹受压构件。

(2)横纹抗压强度。即外力与木材纤维方向相垂直的抗压强度。木材的横纹抗压强度比顺纹抗压强度低。垫木、枕木等均为横纹受压构件。

3. 木材的抗弯强度

木材的抗弯强度介于横纹抗压强度和顺纹抗压强度之间。木材受弯时，在木材的横截面上有受拉区和受压区。

梁在工作状态时，截面上部产生顺纹压应力，截面下部产生顺纹拉应力，且越靠近截面边缘，所受的压应力或拉应力也越大。由于木材的缺陷对受拉影响大，对受压影响小，因此，对大梁、搁栅、檩条等受弯构件，不允许在其受拉区内存在节子或斜纹等缺陷。

4. 木材的抗剪强度

外力作用于木材，使其一部分脱离邻近部分而滑动时，在滑动面上单位面积所能承受的外力，称为木材的抗剪强度。木材的抗剪强度有顺纹抗剪强度、横纹抗剪强度和剪断强度三种。其受力状态如图7-2所示。

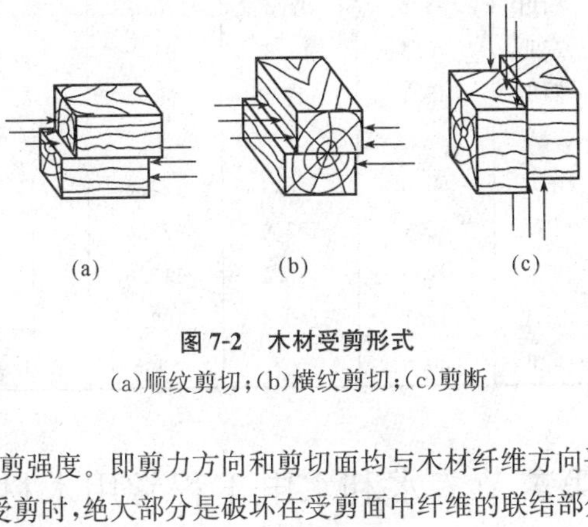

图7-2 木材受剪形式

(a)顺纹剪切；(b)横纹剪切；(c)剪断

(1)顺纹抗剪强度。即剪力方向和剪切面均与木材纤维方向平行时的抗剪强度。木材顺纹受剪时，绝大部分是破坏在受剪面中纤维的联结部分，因此，木材顺纹抗剪强度是较小的。

(2)横纹抗剪强度。即剪力方向与木材纤维方向相垂直，而剪切面与木材纤维方向平行时的抗剪强度。木材的横纹抗剪强度只有顺纹抗剪强度的1/2左右。

(3)剪断强度。即剪力方向和剪切面都与木材纤维方向相垂直时的抗剪强度。木材的剪断强度约为顺纹抗剪强度的3倍。

木材的裂缝如果与受剪面重合，将会大大降低木材的抗剪承载能力，常为构件结合破坏的主要原因。这种情况在工程中必须避免。

为了增强木材的抗剪承载能力，可以增大剪切面的长度或在剪切面上施加足够的压紧力。

常用树种的木材主要力学性能见表7-3。

表 7-3　常用树种的木材主要力学性能

树种名称	产地	顺纹抗压强度(MPa)	顺纹抗拉强度(MPa)	抗弯强度(弦向)(MPa)	顺纹抗剪强度(MPa)	
					径面	弦面
针叶树：						
杉木	湖南	38.8	77.2	63.8	4.2	4.9
	四川	39.1	93.5	68.4	6.0	5.9
红松	东北	32.8	98.1	65.3	6.3	6.9
马尾松	湖南	46.5	104.9	91.0	7.5	6.7
	江西	32.9	—	76.3	7.5	7.4
兴安落叶松	东北	55.7	129.9	109.4	8.5	6.8
鱼鳞云杉	东北	42.4	100.9	75.1	6.2	6.5
冷杉	四川	38.8	97.3	70.0	5.0	5.5
臭冷杉	东北	36.4	78.8	65.1	5.7	6.3
柏木	四川	45.1	117.8	98.0	9.4	12.2
阔叶树：						
柞栎	东北	55.6	155.4	124.0	11.8	12.9
麻栎	安徽	52.1	155.4	128.6	15.9	18.0
水曲柳	东北	52.5	138.1	118.6	11.3	10.5
榔榆	浙江	49.1	149.4	103.8	16.4	18.4
辽杨	东北	30.5	—	54.3	4.9	6.5

第二节　水利水电工程常用木材

一、特级原木

1. 种类

红松、云杉、沙松、樟子松、华山松、柏木、杉木、落叶松、马尾松、水曲柳、核桃楸、檫木、黄樟、香椿、楠木、榉木、槭木、麻栎、柞木、青冈、荷木、红锥、榆木、椴木、枫桦、西南桦、白桦等。

2. 特级原木的主要技术要求

(1)特级原木的尺寸见表 7-4。

表 7-4　　尺寸规格

树　　种	检尺长(m)	检尺径(cm)
针叶树	4～6	自 24 以上(柏木、杉木自 20 以上)
阔叶树	2～6	自 24 以上

注:1. 检尺长按 0.2m 进级;长级公差:$^{+6}_{0}$cm。

2. 检尺径按 2cm 进级。

(2)特级原木的材质指标见表 7-5。

表 7-5　　材质指标

缺陷名称	允许限度	
	针叶树	阔叶树
活节、死节	任意 1m 材长范围内,节子直径不超过检尺径 15%的允许	
	2 个	1 个
树包(隐生节)	全材长范围内凸出原木表面高度不超过 30mm 的允许:1 个	
心材腐朽	腐朽直径不得超过检尺径的: 小头　不允许 大头　10%	
边材腐朽	距大头端面 1m 范围内,大头边腐厚度不得超过检尺径的 5%,边材腐朽弧长不得超过该断面圆周的 1/4,其他部位不允许	
裂　纹	纵裂长度不得超过检尺长的: 杉木　15% 其他树种　10% 贯通断面开裂不允许 断面弧裂拱高或环裂半径不得超过检尺径的 20% 断面的环裂、弧裂的裂缝在 25cm^2 的正方形中允许有 2 条(裂纹没有起点限制)	
劈　裂	大头及小头劈裂脱落厚度不得超过同方向直径的 5%	
弯　曲	最大拱高与该段内弯曲水平长相比不得超过	
	1%	1.5%

续表

缺陷名称	允许限度	
	针叶树	阔叶树
扭转纹	小头 1m 长范围内，倾斜高度不得超过检尺径的 10%	
偏　心	小头断面中心与髓心之间距离不得超过检尺径的 10%	
外　伤	径向深度不得超过检尺径的 10%	
外夹皮	距大头端面 1m 范围内，长度不得超过检尺长的 10% 其他部位不允许	
抽　心	小头断面不允许 大头抽心直径不得超过检尺径的 10%	
虫　眼	全材长范围内及端面自 3mm 以上的均不允许	

注：除本表所列缺陷外，如漏节、树瘤、偏枯、风折木、双心，在全材长范围内均不允许，其他未列入缺陷不计。

二、针叶树锯材

1. 种类、等级

红松、马尾松、樟子松、落叶松、云杉、冷杉、铁杉、杉木、柏木、云南松、华山松及其他针叶树种。

针叶树普通锯材分一、二、三等。

2. 针叶树锯材的主要技术要求

(1)尺寸。

1)长度：1～8m。

2)长度进级：自 2m 以上按 0.2m 进级，不足 2m 的按 0.1m 进级。

3)板材、方材宽度、厚度应符合表 7-6 的规定。

表 7-6　尺　寸　(单位：mm)

分类	厚度	宽度	
		尺寸范围	进级
薄板	12,15,18,21	30～300	10
中板	25,30,35		
厚板	40,45,50,60		
方材	25×20,25×25,30×30,40×30,60×40,60×50,100×55,100×60		

注：表中未列规格尺寸由供需双方协议商定。

(2)尺寸偏差。针叶树普通锯材的尺寸允许偏差见表 7-7。

表 7-7　　尺寸允许偏差

种　类	尺寸范围	偏差(mm)	种　类	尺寸范围	偏差(mm)
长度(m)	不足 2.0	+30 −10	宽、厚度(mm)	不足 30mm	±1
	自 2.0 以上	+60 −20		自 30mm 以上	±2

(3)允许生产方材。

1)特等锯材是用于各种特殊需要的优质锯材，其长度自 2m 以上，宽、厚度和树种按需要供应。

2)普通锯材如需要表 7-6 以外规格，由供需双方商定。

3)方材具体规格按供需双方商定，尺寸允许偏差按表 7-7 相应的长、宽、厚度尺寸允许偏差执行。

4)外观要求。针叶树普通锯材的外观要求见表 7-8。

表 7-8　　外观要求

缺陷名称	检量与计算方法	允许限度			
		特等	普通锯材		
			一　等	二　等	三　等
活节及死节	最大尺寸不得超过材宽的	15%	25%	40%	不限
	任意材长 1m 范围内个数不得超过	4	8	10	
腐　朽	面积不得超过所在材面面积的	不允许	2%	10%	30%
裂纹夹皮	长度不得超过材长的	5%	10%	30%	不限
虫　眼	任意材长 1m 范围内的个数不得超过	1	4	15	不限
钝　棱	最严重缺角尺寸不得超过材宽的	5%	10%	30%	40%
弯　曲	横弯最大拱高不得超过内曲水平长的	0.3%	0.5%	2%	3%
	顺弯最大拱高不得超过内曲水平长的	1%	2%	3%	不限
斜　纹	斜纹倾斜程度不得超过	5%	10%	20%	不限

注：长度不足 1m 的锯材不分等级，其缺陷允许限度不低于三等材。

三、阔叶树锯材

1. 种类、等级

柞木、麻栎、榆木、杨木、槭木(色木)、桦木、泡桐、青冈、荷木、枫香、楮木及其他阔叶树种。

阔叶树普通锯材可分为一、二、三等。

2. 阔叶树锯材的主要技术要求

(1)尺寸。长度:1～6m。长度进级:自2m以上按0.2m进级,不足2m的按0.1m进级。板材、方材宽度、厚度规定见表7-9。

表7-9 尺寸 (单位:mm)

分类	厚度	宽度	
		尺寸范围	进级
薄板	12,15,18,21	30～300	10
中板	25,30,35		
厚板	40,45,50,60		
方材	25×20,25×25,30×30,40×30,60×40,60×50,100×55,100×60		

(2)尺寸偏差。尺寸允许偏差应符合表7-10的规定。

表7-10 尺寸偏差

种类	尺寸范围	偏差(mm)	种类	尺寸范围	偏差(mm)
长度	不足2.0m	+30 −10	宽、厚度(mm)	不足30mm	±1
	自2.0m以上	+60 −20		自30mm以上	±2

(3)允许生产方材。

1)特等锯材是用于各种特殊需要的优质锯材,其长度自2.0m以上,宽、厚度和树种按需要供应。

2)普通锯材如需其他规格,由供需双方商定。

3)方材具体规格按供需双方商定。

(4)外观要求。阔叶树普通锯材的外观要求见表7-11。

表 7-11　　　　外观要求

缺陷名称	检量与计算方法	允许限度			
		特等锯材	普通锯材		
			一等	二等	三等
死　节	最大尺寸不得超过材宽的	15%	30%	40%	不限
	任意材长 1m 范围内个数不得超过	3	6	8	
腐　朽	面积不得超过所在材面面积的	不允许	2%	10%	30%
裂纹夹皮	长度不得超过材长的	10%	15%	40%	不限
虫　眼	任意材长 1m 范围内的个数不得超过	1	2	8	不限
钝　棱	最严重缺角尺寸不得超过材宽的	5%	10%	30%	40%
弯　曲	横弯最大拱高不得超过内曲水平长的	0.5%	1%	2%	4%
	顺弯最大拱高不得超过内曲水平长的	1%	2%	3%	不限
斜　纹	斜纹倾斜程度不得超过	5%	10%	20%	不限

注：长度不足 1m 的锯材不分等级，其缺陷允许限度不低于三等材。

第八章 防水材料

第一节 防水卷材

一、沥青防水卷材

1. 石油沥青纸胎油毡

(1)分类。

油毡按卷重和物理性能分为Ⅰ型、Ⅱ型、Ⅲ型。

(2)规格。

油毡幅宽为1000mm,其他规格可由供需双方商定。

(3)标记。

按产品名称、类型和标准号顺序标记。

示例:Ⅲ型石油沥青纸胎油毡标记为:油毡Ⅲ型 GB 326—2007。

(4)用途。

Ⅰ、Ⅱ型油毡适用于辅助防水、保护隔离层、临时性建筑防水、防潮及包装等。Ⅲ型油毡适用于屋面工程的多层防水。

(5)卷重。

每卷油毡的卷重应符合表8-1的规定。

表8-1　卷　重

类　型	Ⅰ型	Ⅱ型	Ⅲ型
卷重(kg/卷) ≥	17.5	22.5	28.5

(6)外观。

1)成卷油毡应卷紧、卷齐,端面里进外出不得超过10mm。

2)成卷油毡在10～45℃任一产品温度下展开,在距卷芯1000mm长度外不应有10mm以上的裂纹或黏结拌和。

3)纸胎必须浸透,不应有未被浸透的浅色斑点,不应有胎基外露和涂油不均。

4)毡面不应有孔洞、硌伤,不应有长度20mm以上的疙瘩、浆糊状粉浆、水迹,不应有距卷芯1000mm以外长度100mm以上的折纹、折皱;20mm以内的边缘裂口或长20mm、深20mm以内的缺边不应超过4处。

5)每卷油毡中允许有一处接头,其中较短的一段长度不应少于2500mm,接头处应剪切整齐,并加长150mm,每批卷材中接头不应超过5%。

(7)物理性能。

油毡的物理性能应符合表8-2规定。

表8-2 物理性能

项目			指标		
			Ⅰ型	Ⅱ型	Ⅲ型
单位面积浸涂材料总量(g/m^2)		≥	600	750	1000
不适水性	压力(MPa)	≥	0.02	0.02	0.10
	保持时间(min)	≥	20	30	30
吸水率(%)		≥	3.0	2.0	1.0
耐热度			(85±2)℃,2 h涂盖层无滑动、流淌和集中性气泡		
拉力(纵向)(N/50 mm)		≥	240	270	340
柔度			(85±2)℃,绕ϕ20棒或弯板无裂纹		

注:本表Ⅲ型产品物理性能要求为强制性的,其余为推荐性的。

2. 石油沥青玻璃纤维胎防水卷材

(1)定义、等级、规格、品种、标号、用途见表8-3。

表8-3 定义、等级、规格、品种、标号、用途

项目	内容
定义	玻纤胎油毡系采用玻璃纤维薄毡为胎基,浸涂石油沥青,在其表面涂撒以矿物材料或覆盖聚乙烯膜等隔离材料所制成的一种防水卷材
等级	玻纤胎油毡按物理性能分为优等品(A)、一等品(B)和合格品(C)
规格	玻纤胎油毡幅度为1000mm一种规格
品种	玻纤胎油毡按上表面材料分为膜面、粉面和砂面三个品种
标号	玻纤胎油毡按每$10m^2$标称重量分为15号、25号三个标号
用途	(1)15号玻纤胎油毡适用于一般工业与民用建筑的多层防水,并用于包扎管道(热管道除外),作防腐保护层。 (2)25号玻纤胎油毡适用于屋面、地下、水利等工程的多层防水。 (3)彩砂面玻纤胎油毡适用于防水层面层和不再作表面处理的斜屋面

(2)石油沥青玻璃纤维油毡的主要技术要求。

1)重量。每卷油毡重量应符合表8-4的规定。

表 8-4　　　　单位面积质量

标号	15 号		25 号	
上表面材料	PE 膜面	砂面	PE 膜面	砂面
单位面积质量(kg/m³)　≥	1.2	1.5	2.1	2.4

2)石油沥青玻璃纤维胎防水卷材的外观应符合下列要求：

①成卷油毡应卷紧卷齐，端面里进外出不得超过 10mm。

②胎基必须均匀浸透，不应有未被浸透的浅色斑点，不应有胎基外露和涂油不均。

③油毡表面必须平整，无机械损伤、疙瘩、气泡、孔洞、粘着等可见缺陷。

④20mm 以内的边缘裂口或长 50mm、深 20mm 以内的缺边不超过四处。

⑤成卷卷材在 10℃～45℃的任一产品温度下，应易于展开，无裂纹或黏结拌和，在距卷芯 1000mm 长度外不应有 10mm 以上的裂纹或黏结拌和。

⑥每卷接头处不应超过 1 个，接头应剪切整齐，并加长 150mm 作为搭接。

3)材料性能。各标号玻纤维油毡材料性能应符合表 8-5 的规定。

表 8-5　　　　材料性能

序号	项目		指标	
			Ⅰ型	Ⅱ型
1	可溶物含量(g/m²)　≥	15 号	700	
		25 号	1200	
		试验现象	胎基不燃	
2	拉力(N/50mm)　≥	纵向	350	50c
		横向	250	40c
3	耐热性		85℃	
			无滑动、流淌、滴落	
4	低温柔性		10℃	5℃
			无裂缝	
5	不透水性		0.1MPa，30min 不透水	
6	钉杆撕裂强度(N)　≥		40	50
7	热老化	外观	无裂纹、无起泡	
		拉力保持率(%)　≥	85	
		质量损失率(%)　≤	2.0	
		低温柔性	15℃	10℃
			无裂缝	

3. 塑性体改性沥青防水卷材

(1)分类。

1)按胎基分为聚酯胎(PY)和玻纤胎(G)两类。

2)按上表面材料分为聚乙烯膜(PE)、细砂(S)与矿物粒(片)料(M)三种。

3)按物理力学性能分为Ⅰ型和Ⅱ型。

4)卷材按不同胎基、不同上表面材料分为六个品种,见表 8-6。

表 8-6　卷材品种

上表面材料	胎基	
	聚酯胎	玻纤胎
聚乙烯膜	PY-PE	G-PE
细　砂	PY-S	G-S
矿物粒(片)料	PY-M	G-M

(2)规格、标记、用途见表 8-7。

表 8-7　规格、标记、用途

项目	内容
规格	(1)卷材公称宽度为 1000mm。 (2)聚酯毡卷材公称厚度为 3mm、4mm、5mm。 (3)玻纤毡卷材公称厚度为 3mm、4mm。 (4)玻纤增强聚酯毡卷材公称厚度为 5mm。 (5)每卷卷材公称面积为 7.5m^2、10m^2、15m^2
标记	产品按名称、型号、胎基、上表面材料、下表面材料、厚度、面积和本标准编号顺序标记。 示例:10m^2 面积、3mm 厚上表面为矿物粒料,下表面为聚乙烯膜聚酯毡Ⅰ型塑性体改性沥青防水卷材标记为: APP 1 PY M PE 3 10 GB 18243—2008
用途	(1)玻纤增强聚酯毡卷材可用于机械固定单层防水,但需通过抗风荷载试验。 (2)玻纤毡卷材适用于多层防水中的底层防水。 (3)外露使用应采用上表面隔离材料为不透明的矿物粒料的防水卷材。 (4)地下工程防水应采用表面隔离材料为细砂的防水卷材

(3)塑性改性沥青防水卷材的主要技术要求。

1)单位面积质量、面积及厚度应符合表 8-8 的规定。

表 8-8 单位面积质量、面积及厚度

规格(公称厚度)(mm)		3			4			5		
上表面材料		PE	S	M	PE	S	M	PE	S	M
下表面材料		PE	PE、S		PE	PE、S		PE	PE、S	
面积 (m^2/卷)	公称面积	10、15			10、7.5			7.5		
	偏差	±0.10			±0.10			±0.10		
单位面积质量(kg/m^2) ≥		3.3	3.5	4.0	4.3	4.5	5.0	5.3	5.5	6.0
厚度 (mm)	平均值 ≥	3.0			4.0			5.0		
	最小单值	2.7			3.7			4.7		

2)外观。

①成卷卷材应卷紧、卷齐,端面里进外出不得超过 10mm。

②成卷卷材在 4～60℃任一产品温度下展开,在距卷芯 1000mm 以外不应有 10mm 以上的裂纹或黏结拌和。

③胎基应浸透,不应有未被浸渍的条纹。

④卷材表面必须平整,不允许有孔洞、缺边和裂口、疙瘩,矿物粒料粒度应均匀一致并紧密地粘附于卷材表面。

⑤每卷卷材接头处不应超过 1 个,较短的一段长度不应少于 1000mm,接头应剪切整齐,并加长 150mm。

3)材料性能。材料性能应符合表 8-9 的规定。

表 8-9 材料性能

序号	项 目		指 标				
			Ⅰ		Ⅱ		
			PY	G	PY	G	PYG
1	可溶物含量(g/m^2) ≥	3mm	2100		—		
		4mm	2900		—		
		5mm	3500				
		试验现象	—	胎基不燃	—	胎基不燃	—
2	耐热性	C	110		130		
		≤mm	2				
		试验现象	无流淌、滴落				
3	低温柔性(℃)		−7		−15		
			无裂缝				

续表

序号	项目			指标				
				I		Ⅱ		
				PY	G	PY	G	PYG
1	可溶物含量(g/m²) ≥	3mm		2100		—		
		4mm		2900		—		
		5mm		3500				
		试验现象		—	胎基不燃	—	胎基不燃	—
4	不透水性 30min			0.3MPa	0.2MPa	0.3MPa		
5	拉力	最大峰拉力(N/50mm)	≥	500	350	800	500	900
		次高峰拉力(N/50mm)	≥	—	—	—	—	800
		试验现象		拉伸过程中,试件中部无沥青涂盖层开裂或与胎基分离现象				
6	延伸率	最大峰时延伸率(%)	≥	25	—	40	—	—
		第二峰时延伸率(%)	≥	—		—		15
7	浸水后质量增加(%) ≤	PE、S		1.0				
		M		2.0				
8	热老化	拉力保持率(%)	≥	90				
		延伸率保持率(%)	≥	80				
		低温柔性(℃)		−2		−10		
				无裂缝				
		尺寸变化率(%)	≤	0.7	—	0.7	—	0.3
		质量损失(%)	≤	1.0				
9	接缝剥离强度(N/mm)		≥	1.0				
10	钉杆撕裂强度①(N)		≥	—				300
11	矿物粒料粘附性②(g)		≤	2.0				
12	卷材下表面沥青涂盖层厚度③(mm)		≥	1.0				
13	人工气候加速老化	外观		无滑动、流淌、滴落				
		拉力保持率(%)	≥	80				
		低温柔性(℃)		−2		−10		
				无裂缝				

注:①仅适用于单层机械固定施工方式卷材。

②仅适用于矿物粒料表面的卷材。

③仅适用于热熔施工的卷材。

4. 弹性体改性沥青防水材料

(1)类型。

1)按胎基分为聚酯毡(PY)、玻纤毡(G)、玻纤增强聚酯毡(PYG)。

2)按上表面隔离材料分为聚乙烯膜(PE)、细砂(S)、矿物粒料(M)。下表面隔离材料为细砂(S)、聚乙烯膜(PE)。

注:细砂为粒径不超过0.60mm的矿物颗粒。

3)按材料性能分为Ⅰ型和Ⅱ型。

(2)规格、标记、用途见表8-10。

表 8-10　规格、标记、用途

项目	内　容
规格	(1)卷材公称宽度为1000mm。 (2)聚酯毡卷材公称厚度为3mm、4mm、5mm。 (3)玻纤毡卷材公称厚度为3mm、4mm。 (4)玻纤增强聚酯毡卷材公称厚度为5mm。 (5)第卷卷材公称面积为7.5m^2、10m^2、15m^2
标记	产品按名称、型号、胎基、上表面材料、下表面材料、厚度、面积和本标准编号顺序标记。 示例:10m^2 面积、3mm厚上表面为矿物粒料、下表面为聚乙烯膜聚酯毡Ⅰ型弹性体改性沥青防水卷材标记为:SBS I PY M PE 3 10 GB 18242—2008
用途	(1)弹性体改性沥青防水卷材主要适用于工业与民用建筑的屋面和地下防水工程。 (2)玻纤增强聚酯毡卷材可用于机械固定单层防水,但需通过抗风荷载试验。 (3)玻纤毡卷材适用于多层防水中的底层防水。 (4)外露使用采用上表面隔离材料为不透明的矿物粒料的防水卷材。 (5)地下工程防水采用表面隔离材料为细砂的防水卷材

(3)弹性体改性沥青防水材料的主要技术要求。

1)单位面积质量、面积及厚度应符合表8-8的规定。

2)外观。

①成卷卷材应卷紧、卷齐,端面里进外出不得超过10mm。

②成卷卷材在4～50℃任一产品温度下展开,在距卷芯1000mm以外不应有10mm以上的裂纹或黏结拌和。

③胎基应浸透,不应有未被浸渍处。

④卷材表面必须平整,不允许有孔洞、缺边和裂口,矿物粒料粒度应均匀一致并紧密地粘附于卷材表面。

⑤每卷接头处不应超过1个,较短的一段不应少于1000mm,接头应剪切整

齐，并加长 150mm。

3)材料性能。材料性能应符合表 8-11 的规定。

表 8-11　　材料性能

序号	项目			指标 Ⅰ PY	指标 Ⅰ G	指标 Ⅱ PY	指标 Ⅱ G	指标 Ⅱ PYG
1	可溶物含量(g/m²) ≥	3mm		2100				—
		4mm		2900				—
		5mm		3500				
		试验现象		—	胎基不燃	—	胎基不燃	—
2	耐热性	C		90		105		
		≤mm		2				
		试验现象		无流淌、滴落				
3	低温柔性(℃)			−20		−15		
				无裂缝				
4	不透水性 30min			0.3MPa	0.2MPa	0.3MPa		
5	拉力	最大峰拉力(N/50mm)	≥	500	350	800	500	900
		次高峰拉力(N/50mm)	≥	—	—	—	—	800
		试验现象		拉伸过程中，试件中部无沥青涂盖层开裂或与胎基分离现象				
6	延伸率	最大峰时延伸率(%)	≥	30	—	40	—	—
		第二峰时延伸率(%)	≥	—		—		15
7	浸水后质量增加(%) ≤	PE、S		1.0				
		M		2.0				
8	热老化	拉力保持率(%)	≥	90				
		延伸率保持率(%)	≥	80				
		低温柔性(℃)		−15		−20		
				无裂缝				
		尺寸变化率(%)	≤	0.7	—	0.7	—	0.3
		质量损失(%)	≤	1.0				
9	渗油性	张数	≤	2				
10	接缝剥离强度(N/mm)		≥	1.5				
11	钉杆撕裂强度①(N)		≥	—		300		
12	矿物粒料粘附性②(g)		≤	2.0				

续表

序号	项目			指标				
				Ⅰ		Ⅱ		
				PY	G	PY	G	PYG
1	可溶物含量(g/m^2) ≥		3mm	2100				—
			4mm	2900				—
			5mm	3500				
			试验现象	—	胎基不燃	—	胎基不燃	—
13	卷材下表面沥青涂盖层厚度③(mm)		≥	1.0				
14	人工气候加速老化	外观		无滑动、流淌、滴落				
		拉力保持率(%)	≥	80				
		低温柔性(℃)		−15		−20		
				无裂缝				

注:①仅适用于单层机械固定施工方式卷材。

②仅适用于矿物粒料表面的卷材。

③仅适用于热熔施工的卷材。

5. 自粘橡胶沥青防水卷材

(1)自粘橡胶沥青的分类、规格、标记、用途见表 8-12。

表 8-12　　分类、规格、标记、用途

项目	内容
分类	按表面材料分为聚乙烯膜(PE)、铝箔(AL)与无膜(N)三种自粘卷材;按使用功能分为外露防水工程(O)与非外露防水工程(I)两种使用状况
规格	面积:$20m^2$、$10m^2$、$5m^2$;宽:920mm、1000mm;厚:1.2mm、1.5mm、2.0mm。 注:生产其他规格尺寸的防水卷材,可由供需双方协商确定
标记	(1)标记方法。按产品名称、使用功能、表面材料、卷材厚度和标准编号的顺序标记。 (2)标记示例。2mm 厚表面材料为非外露使用的聚乙烯膜自粘橡胶沥青防水卷材标记为: 自粘卷材 IP E2 JC 840—1999
用途	聚乙烯膜为表面材料的自粘卷材适用于非外露的防水工程;铝箔为表面材料的自粘卷材适用于外露的防水工程;无膜双面自粘卷材适用于辅助防水工程

(2)自粘橡胶沥青防水卷材的主要技术要求。

1)卷质量。每卷卷材的质量应符合表 8-13 的规定。

表 8-13 卷质量

项目		表面材料		
		PE	AL	N
标称卷质量(kg/10m²)	1.2m	13	14	13
	1.5m	16	17	16
	2.0m	23	24	23
最低卷质量(kg/10m²)	1.2m	12	13	12
	1.5m	15	16	15
	2.0m	22	23	22

2)尺寸允许偏差见表 8-14。

表 8-14 尺寸允许偏差

项目		尺寸允许偏差		
面积(m²/卷)		5±0.1	10±0.1	20±0.2
厚度(mm)	平均值 ≥	1.2	1.5	2.0
	最小值	1.0	1.3	1.7

3)外观质量要求。

①成卷卷材应卷紧、卷齐,端面里进外出差不得超过 20mm。

②卷材表面应平整,不允许有可见的缺陷,如孔洞、结块、裂纹、气泡、缺边与裂口等。

③成卷卷材在环境温度为柔度规定的温度以上时应易于展开。

④每卷卷材的接头不应超过 1 个。接头处应剪切整齐,并加长 150mm,一批产品中有接头卷材不应超过 3%。

4)物理力学性能见表 8-16。

表 8-15 物理力学性能

项目		指标		
		PE	AL	N
不透水性	压力	0.2MPa 时	0.2MPa 时	0.1MPa 时
	保持时间	120min,不透水		30,不透水
耐热度		—	80℃,加热 2h,无气泡、无滑动	—
拉力(N/5cm)	不小于	130	100	—
断裂延伸率(%)	不小于	450	200	450

续表

项目		指标		
		PE	AL	N
柔度		-20℃,ϕ20,3S,180°无裂纹		
剪切性能(N/mm)	卷材与卷材　不小于	2.0或黏合面外断裂		黏合面外断裂
	卷材与铝板　不小于			
剥离性能(N/mm)　不小于		1.5或黏合面外断裂		黏合面外断裂
抗穿孔性		不渗水		
人工候化处理	外观	—	无裂纹、无气泡	
	拉力保持率(%)　不小于		80	
	柔度		-10℃,ϕ20,3S,180°无裂纹	

6. 铝箔面石油沥青防水卷材

(1)分类。

产品分为30、40两个标号。

(2)规格。

卷材幅宽为1000mm。

(3)标记。

按产品名称、标号和本标准号的顺序标记。

示例:30号铝箔面石油沥青防水卷材标记为:铝箔面卷材 30 JC/T 504—2007。

(4)卷重、厚度、面积。

卷材的单位面积质量应符合表8-16规定,卷重为单位面积质量乘以面积。

表8-16　　单位面积质量

标号	30号	40号
单位面积质量(kg/m²)　≥	2.85	3.80

30号铝箔面卷材的厚度不小于2.4mm,40号铝箔面卷材的厚度不小于3.2mm。卷材的面积偏差不超过标称面积的1%。

(5)外观。

1)成卷卷材应卷紧卷齐,卷筒两端厚度差不得超过5mm,端面里进外出不超过10mm。

2)成卷卷材在10~45℃任一产品温度下展开,在距卷芯1000mm长度外不应有10mm以上的裂纹或黏结拌和。

3)胎基应浸透,不应有未被浸渍的条纹,铝箔应与涂盖材料黏结拌和牢固,不允许有分层和气泡现象,铝箔表面应花纹整齐,无污迹、折皱、裂纹等缺陷,铝箔应为轧制铝,不得采用塑料镀铝膜。

4)在卷材覆铝箔的一面沿纵向留 70～100mm 无铝箔的搭接边,在搭接边上可撒细砂或覆聚乙烯膜。

5)卷材表面平整,不允许有孔洞、缺边和裂口。

6)卷材接头不多于一处,其中较短的一段不应少于 2500mm,接头应剪切整齐,并加长 150mm。

(6)物理性能。

卷材的物理性能应符合表 8-17 的要求。

表 8-17　　　　　　　　　　物理性能

项　　目	指　　标	
	30 号	40 号
可溶物含量,g/m² ≥	1550	2050
拉力,N/50mm ≥	450	500
柔度,℃	5	
	绕半径 35mm 圆弧无裂纹	
耐热度	(90±2)℃,2h 涂盖层无滑动,无起泡、流淌	
分层	(50±2)℃,7d 无分层现象	

二、高分子防水卷材

1. 三元丁橡胶防水卷材

(1)三元丁橡胶防水卷材的定义、等级、标记、用途见表 8-18。

表 8-18　　　　　　　　定义、等级、标记、用途

项目	内　　容
定义	三元丁橡胶防水卷材是以废旧丁基橡胶为主,加入丁酯作改性剂,丁醇作促进剂加工制成的无胎卷材(简称“三元丁卷材”)
等级	产品按物理力学性能分为一等品(B)和合格品(C)
标记	产品按产品名称、厚度、等级、标准编号顺序标记。 示例:厚度为 1.2mm、一等品的三元丁橡胶防水卷材标记为: 三元丁卷材 1.2　B　JC/T 645
用途	三元丁橡胶防水卷材适用于工业与民用建筑及构筑物的防水,尤其适用于寒冷及温差变化较大地区的防水工程

(2)三元丁橡胶防水卷材的主要技术要求。

1)规格尺寸见表 8-19。

表 8-19　规格尺寸

厚度(mm)	宽度(mm)	长度(m)	厚度(mm)	宽度(mm)	长度(m)
1.2　1.5	1000	20　10	2.0	1000	10

注:其他规格尺寸由供需双方协商确定。

2)尺寸允许偏差见表 8-20。

表 8-20　尺寸允许偏差

项　目	尺寸允许偏差
厚度(mm)	±0.1
长度(m)	不允许出现负值
宽度(mm)	不允许出现负值

注:1.2mm 厚规格不允许出现负偏差。

(3)外观。

1)成卷卷材应卷紧卷齐,端面里进外出不得超过 10mm。

2)成卷卷材在环境温度为低温弯折性规定的温度以上时应易于展开。

3)卷材表面应平整,不允许有孔洞、缺边、裂口和夹杂物。

4)每卷卷材的接头不应超过一个。较短的一段不应少于 2500mm,接头处应剪整齐,并加长 150mm。一等品中,有接头的卷材不得超过批量的 3%。

(4)物理力学性能。三元丁橡胶防水卷材的物理力学性能见表 8-21。

表 8-21　物理力学性能

产　品　等　级			一等品	合格品
不透水性	压力(MPa)	≥	0.3	
	保持时间(min)	≥	90,不透水	
纵向拉伸强度(MPa)		≥	2.2	2.0
纵向断裂伸长率(%)		≥	200	150
低温弯折性(-30℃)			无裂纹	
耐碱性	纵向拉伸强度的保持率(%)	≥	80	
	纵向断裂伸长的保持率(%)	≥	80	
热老化处理	纵向拉伸强度保持率[(80±2)℃,168h](%)	≥	80	
	纵向断裂伸长保持率[(80±2)℃,168h](%)	≥	70	

续表

产品等级			一等品	合格品
热处理尺寸变化率[(80±2)℃,168h](%)		≤	-4,+2	
人工加速气候老化27周期	外观		无裂纹,无气泡,不黏结	
	纵向拉伸强度的保持率(%)	≥	80	
	纵向断裂伸长的保持率(%)	≥	70	
	低温弯折性		-20℃,无裂缝	

2. 聚氯乙烯防水卷材

(1)聚氯乙烯防水卷材的分类、规格、标记见表8-22。

表8-22 分类、规格、标记

项目	内容
分类	(1)产品按有无复合层分类。无复合层的为N类,用纤维单面复合的为L类,织物内增强的为W类。 (2)每类产品按理化性能分为Ⅰ型和Ⅱ型
规格	(1)卷材长度规格为10m、15m、20m。 (2)厚度规格为1.2mm、1.5mm、2.0mm。 (3)其他长度、厚度规格可由供需双方商定,厚度规格不得小于1.2mm
标记	(1)标记方法。按产品名称(代号PVC卷材)、外露或非外露使用、类型、厚度、长×宽和标准号顺序标记。 (2)标记示例。长度20m、宽度1.2m、厚度1.5mm的Ⅱ型L类外露使用聚氯乙烯防水卷材标记为: PVC卷材外露 L Ⅱ 1.5/20×1.2 GB 12952—2003

(2)聚氯乙烯防水卷材的主要技术要求。

1)尺寸偏差。

①长度、宽度不小于规定值的99.5%。

②厚度偏差和最小单值见表8-23。

表8-23 厚度 (单位:mm)

厚度	允许偏差	最小单值
1.2	±0.10	1.00
1.5	±0.15	1.30
2.0	±0.20	1.70

2)外观。

①卷材的接头不多于1处,其中较短的一段长度不少于1.5m,接头应剪切整齐并加长150mm。

②卷材表面应平整,边缘整齐,无裂纹、孔洞、黏结拌和、气泡和疤痕。

3)理化性能。

①N类无复合层的卷材应符合表8-24的规定。

②L类纤维单面复合及W类织物内增强的卷材应符合表8-25的规定。

表8-24　N类卷材理化性能

序号	项　目			Ⅰ 型	Ⅱ 型
1	拉伸强度(MPa)		不小于	8.0	12.0
2	断裂伸长率(%)		不小于	200	250
3	热处理尺寸变化率(%)		不大于	3.0	2.0
4	低温弯折性			-20℃无裂纹	-25℃无裂纹
5	抗穿孔性			不渗水	
6	不透水性			不透水	
7	剪切状态下的黏合性(N/mm)		不小于	3.0或卷材破坏	
8	热老化处理	外观		无起泡、裂纹、黏结和孔洞	
		拉伸强度变化率(%)		±25	±20
		断裂伸长率变化率(%)			
		低温弯折性		-15℃无裂纹	-20℃无裂纹
10	人工气候加速老化	拉伸强度变化率(%)		±25	±20
		断裂伸长率变化率(%)			
		低温弯折性		-15℃无裂纹	-20℃无裂纹

注:非外露使用可以不考核人工气候加速老化性能。

表8-25　L类及W类卷材理化性能

序号	项　目		Ⅰ型	Ⅱ型
1	拉力(N/cm)	不小于	100	160
2	断裂伸长率(%)	不小于	150	200
3	热处理尺寸变化率(%)	不大于	1.5	1.0
4	低温弯折性		-20℃无裂纹	-25℃无裂纹

续表

序号	项目		Ⅰ型	Ⅱ型
5	抗穿孔性		不渗水	
6	不透水性		不透水	
7	剪切状态下的黏合性（N/mm）　不小于	L类	3.0或卷材破坏	
		W类	6.0或卷材破坏	
8	热老化处理	外观	无起泡、裂纹、黏结拌和和孔洞	
		拉力变化率(%)	±25	±20
		断裂伸长率变化率(%)		
		低温弯折性	−15℃无裂纹	−20℃无裂纹
9	耐化学侵蚀	拉力变化率(%)	±25	±20
		断裂伸长率变化率(%)		
		低温弯折性	−15℃无裂纹	−20℃无裂纹
10	人工气候加速老化	拉力变化率(%)	±25	±20
		断裂伸长率变化率(%)		
		低温弯折性	−15℃无裂纹	−20℃无裂纹

注：非外露使用可以不考核人工气候加速老化性能。

3. 再生胶油毡

(1)规格。再生胶油毡的规格见表8-26。

表8-26　　规　格

厚度(mm)	幅度(mm)	卷长(m)
1.2±0.2	1000±10	20±0.3

注：如需特殊规格可由供需双方商定。

(2)外观质量。

1)成卷的油毡应卷紧，两端平齐。

2)表面无孔洞、皱褶或刻痕等缺陷。

3)每平方米油毡上，直径为3～5mm的疙瘩不得超过3个，直径为3～5mm的气泡或因气泡破裂而造成的痕迹不得超过3个。

4)每卷油毡接头不得超过1处，短的1块不得小于3m，并应比规格长150mm。

5)撒布材料应均匀，油毡铺开后不应有黏结拌和现象。

(3)物理性能。再生胶油毡的物理性能应符合表8-27的规定。

表8-27　物理性能

项　目		指　标
抗拉强度(20℃±2℃,纵向)(MPa)	不小于	0.784
延伸率(20℃±2℃纵向)(%)	不小于	120
低温柔性(−20℃,1h,ϕ1金属丝对折)		无裂纹
不透水性(动水压法,保持90min)(MPa)	不小于	0.294
耐热度(120℃下加热5h)		不起泡,不发粘
吸水性(18℃±2℃,24h)(%)	不大于	0.5

4. 氯化聚乙烯-橡胶共混防水卷材

(1)分类。按物理力学性能分为S型和N型。

(2)标记。

1)标记方法。产品按产品名称、类型、厚度、标准号顺序标记。

2)标记示例。厚度为1.5mm的S型氯化聚乙烯-橡胶共混防水卷材标记为:

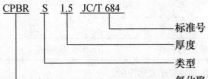

CPBR　S　1.5　JC/T 684

JC/T 684——标准号

1.5——厚度

S——类型

CPBR——氯化聚乙烯-橡胶共混防水卷材

(3)氯化聚乙烯-橡胶共混防水卷材的主要技术要求。

1)规格尺寸及允许偏差应符合表8-28和表8-29的规定。

表8-28　规格尺寸

厚度(mm)	宽度(mm)	长度(m)
1.0,1.2,1.5,2.0	1000,1100,1200	20

表8-29　尺寸偏差

厚度允许偏差(%)	宽度与长度允许偏差
+15 −10	不允许出现负值

2)外观质量。

①表面平整,边缘整齐。

②表面缺陷应不影响防水卷材使用,并符合表8-30规定。

表 8-30　　　　　　　　　　外观质量

项目	外观质量要求
折痕	每卷不超过 2 处，总长不大于 20mm
杂质	不允许有粒径大于 0.5mm 颗粒
胶块	每卷不超过 6 处，每处面积不大于 $4mm^2$
缺胶	每卷不超过 6 处，每处面积不大于 $7mm^2$，深度不超过卷材厚度的 30%
接头	每卷不超过 1 处，短段长度不得少于 3000mm，并应加长 150mm 备做搭接

3）物理力学性能见表 8-31。

表 8-31　　　　　　　　　　物理力学性能

<table>
<tr><th colspan="3" rowspan="2">项　目</th><th colspan="2">指　标</th></tr>
<tr><th>S 型</th><th>N 型</th></tr>
<tr><td colspan="2">拉伸强度（MPa）</td><td>≥</td><td>7.0</td><td>5.0</td></tr>
<tr><td colspan="2">断裂伸长率（%）</td><td>≥</td><td>400</td><td>250</td></tr>
<tr><td colspan="2">直角形撕裂强度（kN/m）</td><td>≥</td><td>24.5</td><td>20.0</td></tr>
<tr><td colspan="3">不透水性，30min</td><td>0.3MPa 不透水</td><td>0.2MPa 不透水</td></tr>
<tr><td rowspan="2">热老化保持率[（80±2）℃，168h]（%）</td><td>拉伸强度</td><td>≥</td><td colspan="2">80</td></tr>
<tr><td>断裂伸长率</td><td>≥</td><td colspan="2">70</td></tr>
<tr><td colspan="2">脆性温度</td><td>≤</td><td>−40℃</td><td>−20℃</td></tr>
<tr><td colspan="3">臭氧老化 5μg/g，168h×40℃，静态</td><td>伸长率 40%无裂纹</td><td>伸长率 20%无裂纹</td></tr>
<tr><td rowspan="2">黏结拌和剥离强度（卷材与卷材）</td><td>kN/m</td><td>≥</td><td colspan="2">2.0</td></tr>
<tr><td>浸水 168h，保持率（%）</td><td>≥</td><td colspan="2">70</td></tr>
<tr><td colspan="2" rowspan="2">热处理尺寸变化率（%）</td><td rowspan="2">≤</td><td>+1</td><td>+2</td></tr>
<tr><td>−2</td><td>−4</td></tr>
</table>

第二节　防 水 涂 料

一、聚氯乙烯弹性防水涂料

1. 聚氯乙烯弹性防水涂料的分类及标记

（1）分类。PVC 防水涂料按施工方式分为热塑型（J 型）和热熔型（G 型）两种类型。

PVC 防水涂料按耐热和低温性能分为 801 和 802 两个型号。

“80”代表耐热温度为 80℃,“1”、“2”代表低温柔性温度分别为“－10℃”、“－20℃”。

(2)产品标记。

1)标记方法。产品按下列顺序标记:名称、类型、型号、标准号。

2)标记示例。

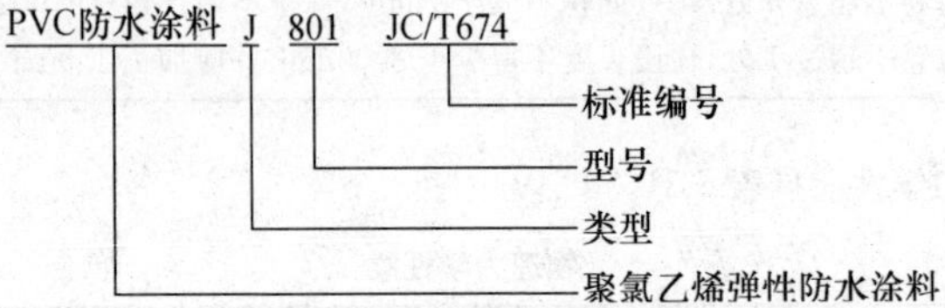

2. 聚氯乙烯弹性防水涂料的主要技术要求

(1)外观要求。

1)J 型防水涂料应为黑色均匀黏稠状物,无结块、无杂质。

2)G 型防水涂料应为黑色块状物,无焦渣等杂物,无流淌现象。

(2)性能指标。聚氯乙烯弹性防水涂料的物理力学性能应符合表 8-32的规定。

表 8-32　　PVC 防水涂料的物理力学性能

项　　目		技术指标	
		801	802
密度(g/cm^3)		规定值±0.1	
耐热性,80℃,5h		无流淌、起泡和滑动	
低温柔性(℃)(ϕ20)		－10	－20
		无裂纹	
断裂伸长率(%)　≥	无处理	350	
	加热处理	280	
	紫外线处理	280	
	碱处理	280	
恢复率(%)　≥		70	
不透水性,0.1MPa,30min		不渗水	
黏结拌和强度(MPa)　≥		0.20	

注:规定值是指企业标准或产品说明所规定的密度值。

3. 聚氯乙烯弹性防水涂料的包装、标志、运输与贮存

(1)包装。产品采用带盖的铁桶或塑料桶包装。

(2)标志。包装桶立面应涂刷牢固明显的标志,内容包括:生产厂名、厂址、产品名称、标准号、重量、商标、生产日期或生产批号、有效期限。

(3)贮存与运输。贮存温度 0～35℃,该产品从生产之日起有效贮存期不得少于半年。

贮存与运输应防止日晒、撞击、勿近热源。

二、聚氨酯防水涂料

1. 聚氨酯防水涂料的分类及标记

(1)分类:产品按组分分为单组分(S)、多组分(M)两种。产品按拉伸性能分为Ⅰ、Ⅱ两类。

(2)标记:按产品名称、组分、类和标准号顺序标记。示例:Ⅰ类单组分聚氨酯防水涂料标记为:PU 防水涂料 SI GB/T 19250—2003。

2. 外观要求

聚氨酯防水涂料产品为均匀黏稠体,无凝胶、结块。

3. 性能指标

(1)单组分聚氨酯防水涂料的物理力学性能应符合表 8-34 的规定。

表 8-34　　单组分聚氨酯防水涂料物理力学性能

<table>
<tr><th>序号</th><th colspan="3">项　　目</th><th>Ⅰ</th><th>Ⅱ</th></tr>
<tr><td>1</td><td colspan="2">拉伸强度(MPa)</td><td>≥</td><td>1.9</td><td>2.45</td></tr>
<tr><td>2</td><td colspan="2">断裂伸长率(%)</td><td>≥</td><td>550</td><td>450</td></tr>
<tr><td>3</td><td colspan="2">撕裂强度(N/mm)</td><td>≥</td><td>12</td><td>14</td></tr>
<tr><td>4</td><td colspan="2">低温弯折性(℃)</td><td>≤</td><td colspan="2">−40</td></tr>
<tr><td>5</td><td colspan="3">不透水性,0.3MPa ,30min</td><td colspan="2">不透水</td></tr>
<tr><td>6</td><td colspan="2">固体含量(%)</td><td>≥</td><td colspan="2">80</td></tr>
<tr><td>7</td><td colspan="2">表干时间(h)</td><td>≤</td><td colspan="2">12</td></tr>
<tr><td>8</td><td colspan="2">实干时间(h)</td><td>≤</td><td colspan="2">24</td></tr>
<tr><td rowspan="2">9</td><td rowspan="2">加热伸缩率(%)</td><td></td><td>≤</td><td colspan="2">1.0</td></tr>
<tr><td></td><td>≥</td><td colspan="2">−4.0</td></tr>
<tr><td>10</td><td colspan="2">潮湿基面黏结拌和强度[①](MPa)</td><td>≥</td><td colspan="2">0.50</td></tr>
<tr><td rowspan="2">11</td><td rowspan="2">定伸时老化</td><td colspan="2">加热老化</td><td colspan="2">无裂纹及变形</td></tr>
<tr><td colspan="2">人工气候老化[②]</td><td colspan="2">无裂纹及变形</td></tr>
</table>

续表

序号	项目			Ⅰ	Ⅱ
12	热处理	拉伸强度保持率(%)		80～150	
		断裂伸长率(%)	≥	500	400
		低温弯折性(℃)	≤	−35	
13	碱处理	拉伸强度保持率(%)		60～150	
		断裂伸长率(%)	≥	500	400
		低温弯折性(℃)	≤	−35	
14	酸处理	拉伸强度保持率(%)		80～150	
		断裂伸长率(%)	≥	500	400
		低温弯折性(℃)	≤	−35	
15	人工气候老化②	拉伸强度保持率(%)		80～150	
		断裂伸长率(%)	≥	500	400
		低温弯折性(℃)	≤	−35	

注:①仅用于地下工程潮湿基面时要求。
②仅用于外露使用的产品。

(2)多组分聚氨酯防水涂料物理力学性能见表8-34。

表8-34　多组分聚氨酯防水涂料物理力学性能

序号	项目			Ⅰ	Ⅱ
1	拉伸强度(MPa)		≥	1.9	2.45
2	断裂伸长率(%)		≥	450	450
3	撕裂强度(N/mm)		≥	12	14
4	低温弯折性(℃)		≤	−35	
5	不透水性,0.3MPa,30min			不透水	
6	固体含量(%)		≥	92	
7	表干时间(h)		≤	8	
8	实干时间(h)		≤	24	
9	加热伸缩率(%)		≤	1.0	
			≥	−4.0	
10	潮湿基面黏结拌和强度①(MPa)		≥	0.50	

续表

序号	项目			Ⅰ	Ⅱ
11	定伸时老化	加热老化		无裂纹及变形	
		人工气候老化②		无裂纹及变形	
12	热处理	拉伸强度保持率(%)		80～150	
		断裂伸长率(%)	≥	400	
		低温弯折性(℃)	≤	−30	
13	碱处理	拉伸强度保持率(%)		60～150	
		断裂伸长率(%)	≥	400	
		低温弯折性(℃)	≤	−30	
14	酸处理	拉伸强度保持率(%)		80～150	
		断裂伸长率(%)	≥	400	
		低温弯折性(℃)	≤	−30	
15	人工气候老化②	拉伸强度保持率(%)		80～150	
		断裂伸长率(%)	≥	400	
		低温弯折性(℃)	≤	−30	

注:①仅用于地下工程潮湿基面时要求。

②仅用于外露使用的产品。

三、聚合物水泥防水涂料

1. 聚合物水泥防水涂料的分类、产品标记及用途

(1)分类。产品分为Ⅰ型和Ⅱ型。

1)Ⅰ型:以聚合物为主的防水涂料。

2)Ⅱ型:以水泥为主的防水涂料。

(2)用途。Ⅰ型产品主要用于非长期浸水环境下的防水工程;Ⅱ型产品适用于长期浸水环境下的防水工程。

(3)产品标记。

1)标记方法。产品按名称、类型、标准号顺序标记。

2)标记示例。Ⅰ型聚合物水泥防水涂料标记为:

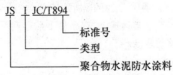

JS Ⅰ JC/T894

标准号

类型

聚合物水泥防水涂料

2. 聚合物水泥防水涂料的主要技术要求

(1)外观要求。产品的两组分经分别搅拌后,其液体组分应为无杂质、无凝胶的均匀乳液;固体组分应为无杂质、无结块的粉末。

(2)性能指标。聚合物水泥防水涂料的物理力学性能应符合表 8-35 的规定。

表 8-35　　物理力学性能

试验项目			技术指标	
			Ⅰ型	Ⅱ型
固体含量(%)		≥	65	
干燥时间	表干时间(h)	≤	4	
	实干时间(h)	≤	8	
拉伸强度	无处理(MPa)	≥	1.2	1.8
	加热处理后保持率(%)	≥	80	80
	碱处理后保持率(%)	≥	70	80
	紫外线处理后保持率(%)	≥	80	80①
断裂伸长率	无处理(%)	≥	200	80
	加热处理(%)	≥	150	65
	碱处理(%)	≥	140	65
	紫外线处理(%)	≥	150	65①
低温柔性,ϕ10 棒			−10℃无裂纹	—
不透水性,0.3MPa,30min			不透水	不透水①
潮湿基面黏结拌和强度(MPa)		≥	0.5	1.0
抗渗性(背水面)②(MPa)		≥	—	0.6

注:①如产品用于地下工程,该项目可不测试。

②如产品用于地下防水工程,该项目必须测试。

3. 聚合物水泥防水涂料的运输及贮运

(1)运输:本产品为非易燃易爆材料,可按一般货物运输。运输时应防止雨淋、曝晒、受冻,避免挤压、碰撞,保持包装完好无损。

(2)贮存:产品应在干燥、通风、阴凉的场所贮存,液体组分贮存温度不应低于5℃。产品自生产之日起,在正常运输、贮存条件下贮存期不少于 6 个月。

四、聚合物乳液建筑防水涂料

1. 聚合物乳液建筑防水涂料的分类、标记

(1)分类。按物理力学性能分为Ⅰ类和Ⅱ类,其中Ⅰ类产品不用于外露场合。

(2)标记。

1)标记方法。产品按产品代号、类型、标准号顺序标记。

2)标记示例。Ⅰ类聚合物乳液建筑防水涂料标记为：

PEW-I-JC/T864

- JC/T864——标准号
- I——类型
- PEW——聚合物乳液建筑防水涂料

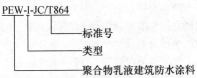

2. 聚合物乳液建筑防水涂料的主要技术要求

(1)外观要求。产品经搅拌后无结块，呈均匀状态。

(2)性能指标。聚合物乳液建筑防水涂料的物理力学性能应符合表 8-36 的规定。

表 8-36　　物理力学性能

试验项目		指标 Ⅰ类	指标 Ⅱ类
拉伸强度(MPa)	≥	1.0	1.5
断裂伸长率(%)	≥	300	300
低温柔性，绕 ϕ10 棒弯 180°		－10℃，无裂纹	－20℃，无裂纹
不透水性，0.3MPa，30min		不透水	
固体含量(%)	≥	65	
干燥时间(h)	表干时间 ≤	4	
	实干时间 ≤	8	
处理后的拉伸强度保持率(%)	加热处理 ≥	80	
	碱处理 ≥	60	
	酸处理 ≥	40	
	人工气候老压处理*	—	80～150
老化处理后的断裂伸长率(%)	加热处理 ≥	200	
	碱处理 ≥	200	
	酸处理 ≥	200	
	人工气候老压处理*	—	200
加热伸缩率(%)	伸长 ≤	1.0	
	缩短 ≤	1.0	

注：仅用于外露使用产品。

3. 聚合物乳液建筑防水涂料的包装、标志、贮存及运输

(1)包装：

1)产品应贮存于清洁、干燥、密闭的塑料桶或内衬塑料袋的铁桶中。

2)产品出厂应附有产品合格证和产品使用说明书。

(2)标志：包装桶的立面应有明显的标志，内容包括：生产厂名、厂址、产品名称、标记、净质量、商标、生产日期或生产批号、有效日期、运输和贮存条件。

(3)运输：本产品为非易燃易爆材料，可按一般货物运输。运输时，应防冻，防止雨淋、曝晒、挤压、碰撞，保持包装完好无损。

(4)贮存：

1)产品在存放时应保证通风、干燥、防止日光直接照射，贮存温度不应低于0℃。

2)产品在符合上述1)的存放条件下，自生产之日起，贮存期为6个月。超过贮存期，可按标准规定的项目进行检验，结果符合标准仍可使用。

五、溶剂型橡胶沥青防水涂料

1. 外观要求

黑色、黏稠状、细腻、均匀胶状液体。

2. 溶剂型橡胶沥青防水涂料的主要技术要求

溶剂型橡胶沥青防水涂料的物量力学性能应符合表8-37的规定。

表8-37　　　　物理力学性能

项目		技术指标	
		一等品	合格品
固体含量(%)　≥		48	
抗裂性	基层裂缝(mm)	0.3	0.2
	涂膜状态	无裂纹	
低温柔性，ϕ10，2h		−15℃	−10℃
		无裂纹	
黏结拌和性(MPa)　≥		0.20	
耐热性(80℃，5h)		无流淌、鼓泡、滑动	
不透水性(0.2MPa，30min)		不渗水	

3. 溶剂型橡胶沥青防水涂料的标志、包装、贮存及运输

(1)标志：出厂产品应标有生产厂名称、厂址、产品名称、标记、生产日期、净质量、并附产品合格证和产品使用说明书。

(2)包装：溶剂型橡胶沥青防水涂料应用带盖的铁桶(内有塑料袋)或塑料桶

包装，每桶净质量为200kg、50kg或25kg规格。

(3)运输：本产品系易燃品，在运输过程中应不得接触明火和曝晒，不得碰撞和扔、摔。

(4)贮存：产品应贮存于干燥、通风及阴凉的仓库内。在正常贮存条件下，自生产之日起贮存期为1年。

六、建筑表面用有机硅防水剂

1. 分类与标记

(1)分类。产品分为水性(W)和溶剂型(S)两种。

(2)标记。

1)标记方法。按产品名称、类型、标准编号顺序标记。

2)标记示例。水性建筑表面用有机硅防水剂标记为：

建筑表面用有机硅防水剂 W JC/T 902—2002

2. 建筑表面用有机硅防水剂的主要技术要求

(1)外观要求。产品无沉淀及漂浮物，呈均匀状态。

(2)性能指标。建筑表面用有机硅防水剂的理化性能应符合表8-38的规定。

表8-38　　理化性能

序号	项目			指标	
				W	S
1	pH值			规定值±1	
2	固体含量(%)	不小于		20	5
3	稳定性			无分层、无漂油、无明显沉淀	
4	吸水率比(%)	不大于		20	
5	渗透性	不大于	标准状态	2mm，无水迹、无变色	
			热处理	2mm，无水迹、无变色	
			低温处理	2mm，无水迹、无变色	
			紫外线处理	2mm，无水迹、无变色	
			酸处理	2mm，无水迹、无变色	
			碱处理	2mm，无水迹、无变色	

注：1、2、3项为未稀释的产品性能，规定值在生产企业说明书中告知用户。

第三节　刚性防水材料

刚性防水材料通常指防水砂浆与防水混凝土，俗称刚性防水。它是以水泥、砂、石为原料或掺入少量外加剂(防水剂)、高分子聚合物等材料,通过调整配合比,抑制或减少孔隙率,改变孔隙特征,增加各原材料界面间的密实性等方法配制成的具有一定抗渗能力的水泥砂浆、混凝土类防水材料。随着科学技术的发展,又生产出多种无机防水剂和灌浆堵漏材料,使刚性防水出现了多样化,防水防渗效果更好。

防水混凝土和防水砂浆除起防水作用外,更主要的是防渗,因此无论是国内和国外,都大量用于地下工程的防水与防渗。在大多数情况下,地下防水工程除采用防水混凝土与防水砂浆外,还要与柔性防水材料结合使用。

一、防水混凝土

防水混凝土是以调整混凝土的配合比、掺外加剂或使用新品种水泥等方法提高自身的密实性、憎水性和抗渗性,使其满足抗渗压力大于 0.6MPa 的不透水性混凝土。

防水混凝土兼有结构层和防水层的双重功效。其防水机理是依靠结构构件(如梁、板、柱、墙体等)混凝土自身的密实性,再加上一些构造措施(如设置坡度、变形缝或者使用嵌缝膏、止水环等),达到防水的目的。

用防水混凝土与采用卷材防水等相比较,防水混凝土具有以下特点。

(1)兼有防水和承重两种功能,能节约材料,加快施工速度。

(2)材料来源广泛,成本低廉。

(3)在结构物造型复杂的情况下,施工简便、防水性能可靠。

(4)渗漏水时易于检查,便于修补。

(5)耐久性好。

(6)可改善劳动条件。

防水混凝土一般包括普通防水混凝土、外加剂防水混凝土和膨胀剂防水混凝土三大类。其最大抗渗压力、技术要求和适用范围,见表 8-39。

表 8-39　防水混凝土的最大抗渗压力、技术要求和适用范围

种类	最大抗渗压力(MPa)	技术要求	特点	适用范围
普通防水混凝土	>3.0	水灰比 0.5~0.6 坍落度 30~50mm(掺外加剂或采用泵送时不受此限) 水泥用量≥320kg/m^3 灰砂比(1∶2)~(1∶2.5) 含砂率≥35% 粗骨料粒径≤40mm 细骨料为中砂或细砂	施工简便,材料来源广泛	适用于一般工业、民用及公共建筑的地下防水工程

续表

种类		最大抗渗压力(MPa)	技术要求	特点	适用范围
外加剂防水混凝土	引气剂防水混凝土	>2.2	含气量3%～6% 水泥用量250～300kg/m³ 水灰比0.5～0.6 含砂率28%～35% 砂石级配、坍落度与普通混凝土相同	抗冻性好	适用于北方高寒地区对抗冻性要求较高的地下防水工程及一般的地下防水工程，不适用于抗压强度大于20MPa或耐磨性要求较高的地下防水工程
	减水剂防水混凝土	>2.2	选用加气型减水剂。根据施工需要分别选用缓凝型、促凝型、普通型的减水剂	拌和物流动性好	钢筋密集或薄壁型防水构筑物，对混凝土凝结时间和流动性有特殊要求的地下防水工程(如泵送混凝土)
	三乙醇胺防水混凝土	>3.8	可单独掺用(1号)，也可与氯化钠复合掺用(2号)，也能与氯化钠、亚硝酸钠三种材料复合使用(3号)，对重要的地下防水工程以1号和3号配方为宜	早期强度高、抗渗强度等级高	工期紧迫、要求早强及抗渗性较高的地下防水工程
	氯化铁防水混凝土	>3.8	液体密度大于1.4g/cm³ $FeCl_2$ + $FeCl_3$ 含量≥0.4kg/L， $FeCl_2$：$FeCl_3$ 为1：(1～1.3) pH值1～2 硫酸铝含量为氯化铁的5% 氯化铁掺量一般为水泥的3%		水中结构、无筋少筋、厚大防水混凝土工程及一般地下防水工程，砂浆修补抹面工程。薄壁结构不宜使用

续表

种类	最大抗渗压力(MPa)	技术要求	特点	适用范围
明矾石膨胀剂防水混凝土	＞3.8	必须掺入国产32.5级以上的矿渣、火山灰和粉煤灰水泥中共同使用，不得单独代替水泥。一般外掺量占水泥用量的20%。掺入国外水泥时，其掺量应经试验后确定	密实性好、抗裂性好	地下工程及其后浇缝

注：表中1号、2号、3号配方见表8-40。

表 8-40　　三乙醇胺防水剂配料表

配方 \ 配比		1号配方		2号配方			3号配方			
		三乙醇胺0.05%		三乙醇胺0.05%＋氯化钠0.5%			三乙醇胺0.05%＋氯化钠0.5%＋亚硝酸钠1%			
		水	三乙醇胺	水	三乙醇胺	氯化钠	水	三乙醇胺	氯化钠	亚硝酸钠
三乙醇胺纯度	100%	98.75	1.25	86.25	1.25	12.5	61.25	1.25	12.5	25
	75%	98.33	1.67	85.83	1.67	12.5	60.83	1.67	12.5	25

注：1. 配方中百分数为水泥的质量分数。

2. 1号配方适用于常温和夏期施工；2、3号配方适用于冬期施工。

3. 三乙醇胺为橙黄色透明黏稠状的吸水性液体，无臭、不燃、呈碱性，相对密度为1.12～1.13，pH值为8～9。工业品，纯度为70%～80%。

4. 氯化钠和亚硝酸钠均为工业品，严禁食用。

二、防水砂浆

防水砂浆是通过严格的操作技术或掺入适量的防水剂、高分子聚合物等材料，提高砂浆的密实性，以达到抗渗防水目的的一种刚性防水材料。

防水砂浆其配制，水泥要求采用强度等级不小于42.5级的普通硅酸盐水泥、膨胀水泥或矿渣硅酸盐水泥；砂宜采用中砂；水则应采用不含有害物质的洁净水。防水层加筋，当采用有膨胀性自应力水泥时，应增加金属网。

砂浆防水通常称为防水抹面。根据防水砂浆施工方法的不同可分为两种：一种是利用高压喷枪机械施工的防水砂浆，这种砂浆具有较高的密实性，能够增强防水效果；另一种是大量应用人工抹压的防水砂浆，这种砂浆主要依靠特定的某种外加剂，如防水剂、膨胀剂、聚合物等，以提高水泥砂浆的密实性或改善砂浆的抗裂性，从而达到防水抗渗的目的。

采用防水砂浆时，其基层要求须为混凝土或砖石砌体墙面；混凝土强度不小于C10；砖石结构的砌筑砂浆不小于M5；基层应保持湿润、清洁、平整、坚实、粗糙。其变形缝的设置，当年平均温差不大于15℃时，一般建筑物的纵向变形缝间距应小于30m。

水泥砂浆防水与卷材、金属、混凝土等几种其他防水材料相比较，虽具有一定防水功能和施工操作简便、造价便宜、容易修补等优点，但由于其韧性差、较脆、极限拉伸强度较低，易随基层开裂而开裂，故难以满足防水工程越来越高的要求。为了克服这些缺点，近年来，利用高分子聚合物材料制成聚合物改性砂浆来提高材料的拉伸强度和韧性，成为一个重要的途径。

水泥砂浆防水层按其材料成分的不同，分为刚性多层普通水泥砂浆防水、聚合物水泥砂浆防水和掺外加剂水泥砂浆防水三大类，其做法及特点，见表8-41。

表8-41　　水泥砂浆防水层常用做法及特点

分　类	常用做法或名称	特　点
刚性多层普通水泥砂浆防水	五层或四层抹面做法	价廉、施工简单、工期短，抗裂、抗震性较差
聚合物水泥砂浆防水	氯丁胶乳水泥砂浆	施工方便，抗折、抗压、抗振、抗冲击性能较好，收缩性大
掺外加剂水泥砂浆防水	明矾石膨胀剂水泥砂浆	抗裂、抗渗性好，后期强度稳定
	氯化铁水泥砂浆	抗渗性能好，有增强、早强作用，抗油浸性能好

水泥砂浆防水仅适用于结构刚度大、建筑物变形小、基础埋深小、抗渗要求不高的工程，不适用于有剧烈振动、处于侵蚀性介质及环境温度高于100℃的工程。

第四节　密封材料

密封材料是指能承受接缝位移以达到气密、水密目的而嵌入建筑物接缝中的定形和非定形的材料。

密封材料可分为定形密封材料和非定形密封材料两大类，非定形密封材料又称密封胶（膏）、密封剂，是溶剂型、水乳型、化学反应型等黏稠状的密封材料，中国已发布非定型密封材料的国家和行业标准。

一、改性沥青密封材料

1. 建筑防水沥青嵌缝油膏（JC/T 207—1996）

(1)分类。油膏按耐热性和低温柔性分为702和801两个标号。

(2)外观。油膏应为黑色均匀膏状,无结块和未浸透的填料。

(3)物理力学性能。油膏的各项物理力学性能应符合表 8-42 的规定。

表 8-42　油膏的各项物理力学性能

项目			技术指标	
			702	801
密度(g/cm³)			规定值±0.1	
施工度(mm)		≥	22.0	20.0
耐热性	温度(℃)		70	80
	下垂值(mm)	≤	4.0	
低温柔性	温度(℃)		−20	−10
	黏结拌和状况		无裂纹和剥离现象	
拉伸黏结拌和性(%)		≥	125	
浸水后拉伸黏结拌和性(%)		≥	125	
渗出性	渗出幅度(mm)	≤	5	
	渗出张数(张)	≤	4	
挥发性(%)		≤	2.8	

注:规定值由厂方提供或供需双方商定。

2. 聚氯乙烯建筑防水接缝材料(JC/T 798—1997)

聚氯乙烯建筑防水接缝材料是指以聚氯乙烯为基料,加入改性材料及其他助剂配制而成的聚氯乙烯建筑防水接缝材料(以下简称 PVC 接缝材料)。

(1)分类。PVC 接缝材料按施工工艺分为两种类型。

1)J 型是指用热塑法施工的产品,俗称聚氯乙烯胶泥。

2)G 型是指用热熔法施工的产品,俗称塑料油膏。

(2)型号。PVC 接缝材料分为两个型号,耐热性 80℃和低温柔性−10℃为 801,耐热性 80℃和低温柔性−20℃为 802。

(3)标记。产品按下列顺序标记:名称、类型、型号、标准号。

标记示例。

(4)外观。

1)J 型 PVC 接缝材料为均匀黏稠状物,无结块、无杂质。

2)G 型 PVC 接缝材料为黑色块状物,无焦渣等杂物、无流淌现象。

(5)物理力学性能。产品物理力学性能符合表 8-43 的规定。

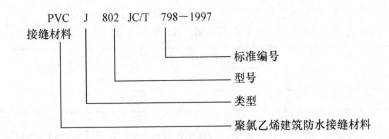

PVC　J　802　JC/T　798—1997

接缝材料 —— 聚氯乙烯建筑防水接缝材料

J —— 类型

802 —— 型号

JC/T 798—1997 —— 标准编号

表 8-43　　产品物理力学性能

项目			技术要求 801	技术要求 802
密度(g/cm³)①			规定值±0.1①	
下垂度(80℃)(mm)		≤	4	
低温柔性	温度(℃)		−10	−20
	柔性		无裂缝	
拉伸黏结拌和性	最大拉伸强度(MPa)		0.02～0.15	
	最大伸长率(%)	≥	300	
浸水拉伸性	最大拉伸强度(MPa)		0.02～0.15	
	最大伸长率(%)	≥	250	
恢复率(%)		≥	80	
挥发率(%)②		≤	3	

注：①规定值是指企业标准或产品说明书所规定的密度值。

②挥发率仅限于G型PVC接缝材料。

二、合成高分子密封材料

1. 硅酮建筑密封胶(GB/T 14683—2003)

(1)种类。

1)硅酮建筑密封胶按固化机理分为两种类型：

A型——脱酸(酸性)；

B型——脱醇(中性)。

2)硅酮建筑密封胶按用途分为两种类别：

G类——镶装玻璃用；

F类——建筑接缝用。

(2)级别。产品按位移能力分为25、20两个级别,见表8-44。

表8-44　密封胶级别　(单位:%)

级　别	试验拉压幅度	位移能力
25	±25	25
20	±20	20

(3)次级别。产品按拉伸模量分为高模量(HM)和低模量(LM)两个次级别。

(4)产品标记。产品按下列顺序标记:名称、类型、类别、级别、次级别、标准号。

(5)外观。

1)产品应为细腻、均匀膏状物,不应有气泡、结皮和凝胶。

2)产品的颜色与供需双方商定的样品相比,不得有明显差异。

(6)理化性能。硅酮建筑密封胶的理化性能应符合表8-45的规定。

表8-45　理化性能

序号	项目		技术指标			
			25HM	20HM	25LM	20LM
1	密度(g/cm³)		规定值±0.1			
2	下垂度(mm)	垂直	≤3			
		水平	无变形			
3	表干时间(h)		≤3①			
4	挤出性(mL/min)		≥80			
5	弹性恢复率(%)		≥80			
6	拉伸模量(MPa)	23℃	>0.4 或>0.6		≤0.4 和≤0.6	
		−20℃				
7	定伸黏结拌和性		无破坏			
8	紫外线辐照后黏结拌和性②		无破坏			
9	冷拉一热压后黏结拌和性		无破坏			
10	浸水后定伸黏结拌和性		无破坏			
11	质量损失率(%)		≤10			

注:①允许采用供需双方商定的其他指标值。

②此项仅适用于G类产品。

2. 聚硫建筑密封胶(JC/T 483—2006)

聚硫建筑密封膏是指以液态聚硫橡胶为基料的常温硫化双组分建筑密封膏。

(1)分类、级别。

产品按流动性分为非下垂型(N)和自流平型(L)两个类型。按位移能力分为25、20两个级别,见表8-46、表8-47。产品按拉伸模量分为高模量(HM)和低模量(LM)两个次级别。

表 8-46 理化性能

<table>
<tr><th rowspan="2">序号</th><th rowspan="2" colspan="2">项 目</th><th colspan="4">技 术 指 标</th></tr>
<tr><th>25HM</th><th>20HM</th><th>25LM</th><th>20LM</th></tr>
<tr><td>1</td><td colspan="2">密度(g/cm³)</td><td colspan="4">规定值±0.1</td></tr>
<tr><td rowspan="2">2</td><td colspan="2" rowspan="2">下垂度(mm)</td><td colspan="2">垂直</td><td colspan="2">≤3</td></tr>
<tr><td colspan="2">水平</td><td colspan="2">无变形</td></tr>
<tr><td>3</td><td colspan="2">表干时间(h)</td><td colspan="4">≤3①</td></tr>
<tr><td>4</td><td colspan="2">挤出性(mL/min)</td><td colspan="4">≥80</td></tr>
<tr><td>5</td><td colspan="2">弹性恢复率(%)</td><td colspan="4">≥80</td></tr>
<tr><td rowspan="2">6</td><td rowspan="2">拉伸模量(MPa)</td><td>23℃</td><td colspan="2" rowspan="2">>0.4
或>0.6</td><td colspan="2" rowspan="2">≤0.4
和≤0.6</td></tr>
<tr><td>−20℃</td></tr>
<tr><td>7</td><td colspan="2">定伸黏结拌和性</td><td colspan="4">无破坏</td></tr>
<tr><td>8</td><td colspan="2">紫外线辐照后黏结拌和性②</td><td colspan="4">无破坏</td></tr>
<tr><td>9</td><td colspan="2">冷拉−热压后黏结拌和性</td><td colspan="4">无破坏</td></tr>
<tr><td>10</td><td colspan="2">浸水后定伸黏结拌和性</td><td colspan="4">无破坏</td></tr>
<tr><td>11</td><td colspan="2">质量损失率(%)</td><td colspan="4">≤10</td></tr>
</table>

注:①允许采用供需双方商定的其他指标值。

②此项仅适用于G类产品。

表 8-47 级别

级 别	试验拉压幅度(%)	位移能力(%)
25	±25	25
20	±20	20

(2)产品标记。

产品按下列顺序标记:名称、类型、级别、次级别、标准号。

示例:25级低模量非下垂型聚硫建筑密封胶的标记为:聚硫建筑密封胶 H25

LM JC/T 483—2006。

(3)外观。

1)产品应为均匀膏状物、无结皮结块,组分同颜色应有明显差别。

2)产品的颜色与供需双方商定的样品相比,不得有明显差异。

(4)物理力学性能。

聚硫建筑密封胶的物理力学性能应符合表 8-48 的规定。

表 8-48　物理力学性能

序号	项目		技术指标		
			20HM	25LM	20LM
1	密度 g/cm^3		规定值±0.1		
2	流动性	下垂度(N 型)(mm)	≤3		
		自流平性(L 型)	光滑平整		
3	表干时间(h)		≤24		
4	适用期(h)		≥3		
5	弹性恢复率(%)		≥70		
6	拉伸模量(MPa)	23℃	>0.4 或>0.6	≤0.4 和≤0.6	
		−20℃			
7	定伸黏结拌和性		无破坏		
8	浸水后定伸黏结拌和性		无破坏		
9	冷拉—热压后黏结拌和性		无破坏		
10	质量损失率(%)		≤5		

注:适用期允许采用供需双方商定的其他指标值。

第五节　堵漏材料

堵漏材料包括抹面防水工程渗漏水堵漏材料和灌浆堵漏材料等,其产品包括止水材料、封缝材料、密封材料、抹面材料等。

一、高分子防水材料止水带(GB 18173.2—2000)

高分子防水材料止水带是指全部或部分浇捣于混凝土中的橡胶密封止水带和具有钢边的橡胶密封止水带(以下简称止水带)。

(1)分类。止水带按其用途分为以下三类。

1)适用于变形缝用止水带，用 B 表示。

2)适用于施工缝用止水带，用 S 表示。

3)适用于有特殊耐老化要求的接缝用止水带，用 J 表示。

(2)产品标记。

1)产品的永久性标记应按下列顺序标记：类型、规格(长度×宽度×厚度)。

2)标记示例。长度为 12000mm，宽度为 380mm，公称厚度为 8mm 的 B 类具有钢边的止水带标记为：BG－12000mm×380mm×8mm。

(3)尺寸公差。止水带的结构示意图如图 8-1 所示，其尺寸公差如表 8-49 所示。

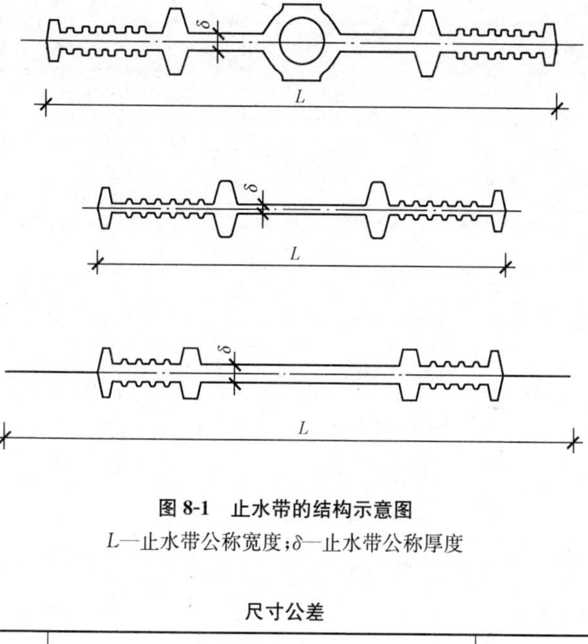

图 8-1　止水带的结构示意图

L—止水带公称宽度；δ—止水带公称厚度

表 8-49　　尺寸公差

项　　目	公称厚度 δ(mm)			宽度 *L*(%)
	4～6	6～10	10～20	
极限偏差	$^{+1}_{0}$	$^{+1.3}_{0}$	$^{+2}_{0}$	±3

(4)外观质量。

1)止水带表面不允许有开裂、缺胶、海绵状等影响使用的缺陷，中心孔偏心不允许超过管状断面厚度的1/3。

2)止水带表面允许有深度不大于2mm、面积不大于16mm² 的凹痕、气泡、杂质、明疤等缺陷不超过4处;但设计工作面仅允许有深度不大于1mm、面积不大于10mm² 的缺陷不超过3处。

(5)物理性能。止水带的物理性能应符合表8-50的规定。

表8-50　　止水带的物理性能

项目				指标		
				B	S	J
硬度(邵尔A)				60±5	60±5	60±5
拉伸强度(MPa)			≥	15	12	10
扯断伸长率(%)			≥	380	380	300
压缩永久变形	70℃×24h(%)		≤	35	35	35
	23℃×168h(%)		≤	20	20	20
撕裂强度(kN/m)			≥	30	25	25
脆性温度(℃)			≤	−45	−40	−40
热空气老化	70℃×168h	硬度变化(邵尔A)	≤	+8	+8	
		拉伸强度(MPa)	≥	12	10	—
		扯断伸长率(%)	≥	300	300	
	100℃×168h	硬度变化(邵尔A)	≤			+8
		拉伸强度(MPa)	≥	—	—	9
		扯断伸长率(%)	≥			250
臭氧老化 0.5μg/g:20%,48h				2级	2级	0级
橡胶与金属黏合				断面在弹性体内		

注:1. 橡胶与金属黏合项仅适用于具有钢边的止水带。

2. 若有其他特殊需要时,可由供需双方协议适当增加检验项目,如根据需求酌情考核霉菌试验,但其防霉性能应等于或高于2级。

二、高分子防水材料遇水膨胀橡胶(GB/T 18173.3—2002)

高分子防水材料遇水膨胀橡胶是以水溶性聚氨酯预聚体、丙烯酸钠高分子吸水性树脂等吸水性材料与天然橡胶、氯丁橡胶等合成橡胶制得的遇水膨胀性防水橡胶,主要用于各种顶管、地下工程、基础工程的接缝、防水密封和船舶等工业设备的防水密封。

(1)分类。

1)产品按工艺可分为制品型(PZ)和腻子型(PN)。

2)产品按其在静态蒸馏水中的体积膨胀倍率(%)可分为制品型:150%~250%(包括150%),250%~400%(包括250%),400%~600%(包括400%),≥600%等几类;腻子型≥150%,≥220%,≥300%等几类。

(2)产品标记。

1)产品应按下列顺序标记。类型、体积膨胀倍率、规格(宽度×厚度)。

2)标记示例。宽度为30mm、厚度为20mm的制品型膨胀橡胶,体积膨胀倍率≥400%,标记为:PZ－400型30mm×20mm。

长轴30mm、短轴20mm的椭圆形膨胀橡胶,体积膨胀倍率≥250%,标记为:PZ－250型*R*15mm×*R*10mm。

宽度为200mm,厚度为6mm施工缝(S)用止水带,复合两条体积膨胀倍率≥400%的制品型膨胀橡胶,标记为:S－200mm×6mm/PZ－400×2型。

(3)制品型尺寸公差。膨胀橡胶的断面结构示意图,如图8-2所示。

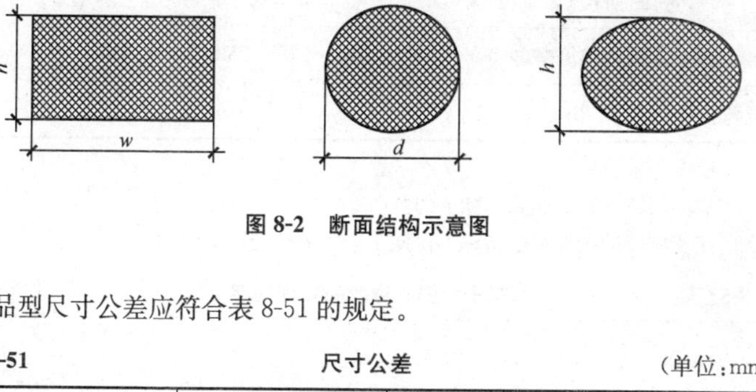

图8-2　断面结构示意图

制品型尺寸公差应符合表8-51的规定。

表8-51　　尺寸公差　　(单位:mm)

项目	厚度 h			直径 d			椭圆(以短径 h 为主)			宽度 w		
	≤10	>10~30	>30	≤30	>30~60	>60	<20	20~30	>30	≤50	>50~100	>100
极限偏差	±1.0	+1.5 −1.0	+2 −1	±1	±1.5	±2	±1	±1.5	±2	+2 −1	+3 −1	+4 −1

注:其他规格及异形制品尺寸公差由供需双方商定,异形制品的厚度为其最大工作面厚度。

(4)制品型外观质量。

1)膨胀橡胶表面不允许有开裂、缺胶等影响使用的缺陷。

2)每米膨胀橡胶表面不允许有深度大于2mm、面积大于16mm^{2}的凹痕、气泡、杂质、明疤等缺陷不允许超过4处。

3)有特殊要求者，由供需双方商定。

(5)物理性能。膨胀橡胶的物理性能见表8-52及表8-53，如有体积膨胀倍率大于600%要求者，由供需双方商定。

表8-52　　制品型膨胀橡胶的物理性能

项目		指标			
		PZ－150	PZ－250	PZ－400	PZ－600
硬度(邵尔A)		42±7		45±7	48±7
拉伸强度(MPa)	≥	3.5		3	
扯断伸长率(%)	≥	450		350	
体积膨胀倍率(%)	≥	150	250	400	600
反复浸水试验 拉伸强度(MPa)	≥	3		2	
反复浸水试验 拉断伸长率(%)	≥	350		250	
反复浸水试验 体积膨胀倍率(%)	≥	150	250	300	500
低温弯折(－20℃×2h)		无裂纹			

注：1. 硬度为推荐项目。

2. 成品切片测试应达到本标准的80%。

3. 接头部位的拉伸强度指标不得低于本表中标准性能的50%。

表8-53　　腻子型膨胀橡胶的物理性能

项目		指标		
		PN－150	PN－220	PN－300
体积膨胀倍率*(%)	≥	150	220	300
高温流淌性(80℃×5h)		无流淌	无流淌	无流淌
低温试验(－20℃×2h)		无脆裂	无脆裂	无脆裂

注：检验结果应注明试验方法。

三、无机防水堵漏材料(JC 900—2002)

无机防水堵漏材料系指以水泥及添加剂经一定工艺加工而成的粉状防水堵漏材料。

(1)类别。产品根据凝结时间和用途分为缓凝型(Ⅰ型)和速凝型(Ⅱ型)。

1)缓凝型主要用于潮湿和微渗基层上做防水抗渗工程。

2)速凝型主要用于渗漏或涌水基体上做防水堵漏工程。

(2)产品标记。

1)标记方法:产品按名称、类别、标准号顺序标记。

2)标记示例:缓凝型无机防水堵漏材料标记为:FD I JC 900—2002。

(3)外观。产品外观为均匀、无杂质、无结块的粉末。

(4)物理力学性能。产品物理力学性能应符合表 8-54 的要求。

表 8-54　物理力学性能

项目		缓凝型	速凝型
		Ⅰ型	Ⅱ型
凝结时间	初凝(min)	≥10	2～10
	终凝(min) ≤	360	15
抗压强度(MPa)	1h ≥	—	4.5
	3d ≥	13.0	15.0
抗折强度(MPa)	1h ≥	—	1.5
	3d ≥	3.0	4.0
抗渗压力差值(7d)(MPa)≥	涂层	0.4	—
抗渗压力(7d)(MPa) ≥	试件	1.5	1.5
黏结拌和强度(7d)(MPa) ≥		1.4	1.2
耐热性(100℃,5h)		无开裂、起皮、脱落	
冻融循环(—15～20℃,20 次)		无开裂、起皮、脱落	

四、膨润土橡胶遇水膨胀止水条(JG/T 141—2001)

膨润土橡胶遇水膨胀止水条是以膨润土为主要原料,添加橡胶及其他助剂加工而成的遇水膨胀止水条。它主要应用于各种建筑物、构筑物、隧道、地下工程及水利工程的缝隙止水防渗。

(1)分类。膨润土橡胶遇水膨胀止水条根据产品特性可分为普通型及缓膨型。

(2)型号。

1)代号。

①名称代号:

膨润土　B(Bentonite)

止水　W(Waterstops)

②特性代号：

普通型　C(Common)

缓膨型　S(Slow-swelling)

③主参数代号。以吸水膨胀倍率达 200%～250%时所需不同时间为主参数，见表 8-55。

表 8-55　主参数代号

主参数代号	4	24	48	72	96	120	144
吸水膨胀倍率达 200%～250%时所需时间(h)	4	24	48	72	96	120	144

2)标记。

①标记方法。

②标记示例。

a. 普通型膨润土橡胶遇水膨胀止水条，吸水膨胀倍率达 200%～250%时所需时间为 4h。标记为：BW－C4。

b. 缓膨型膨润土橡胶遇水膨胀止水条，吸水膨胀倍率达 200%～250%时所需时间为 120h。标记为：BW－S120。

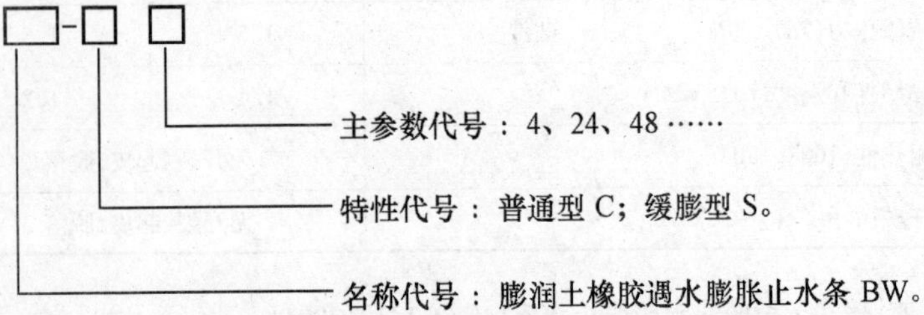

(3)外观。为柔软有一定弹性匀质的条状物，色泽均匀，无明显凹凸等缺陷。

(4)规格尺寸。常用规格尺寸见表 8-56。

表 8-56　常用规格尺寸　　(单位：mm)

长度	宽度	厚度	长度	宽度	厚度
10000	20	10	5000	30	20
10000	30	10			

规格尺寸偏差。长度为规定值的±1%；宽度及厚度为规定值的±10%。

其他特殊规格尺寸由供需双方商定。

(5)技术指标。产品应符合表8-57规定的技术指标。

表8-57 膨润土橡胶遇水膨胀止水条技术指标

<table>
<tr><td colspan="3" rowspan="2">项目</td><td colspan="2">技术指标</td></tr>
<tr><td>普通型C</td><td>缓膨型S</td></tr>
<tr><td colspan="2">抗水压力(MPa)</td><td>≥</td><td>1.5</td><td>2.5</td></tr>
<tr><td colspan="2" rowspan="7">规定时间吸水膨胀倍率(%)</td><td>4h</td><td>200～250</td><td>—</td></tr>
<tr><td>24h</td><td rowspan="6">—</td><td rowspan="6">200～250</td></tr>
<tr><td>48h</td></tr>
<tr><td>72h</td></tr>
<tr><td>96h</td></tr>
<tr><td>120h</td></tr>
<tr><td>144h</td></tr>
<tr><td colspan="2">最大吸水膨胀倍率(%)</td><td>≥</td><td>400</td><td>300</td></tr>
<tr><td colspan="3">密度(g/cm^3)</td><td>1.6±0.1</td><td>1.4±0.1</td></tr>
<tr><td>耐热性</td><td colspan="2">80℃,2h</td><td colspan="2">无流淌</td></tr>
<tr><td>低温柔性</td><td colspan="2">-20℃,2h绕ϕ20圆棒</td><td colspan="2">无裂纹</td></tr>
<tr><td colspan="2" rowspan="2">耐水性</td><td>浸泡24h</td><td>不呈泥浆状</td><td>—</td></tr>
<tr><td>浸泡240h</td><td>—</td><td>整体膨胀无碎块</td></tr>
</table>

第九章　电 气 材 料

在水利水电工程中，电气材料是工程建设的一个重要组成部分，一般由电线导管、导体材料和照明灯具等组成。

第一节　电 线 导 管

电线导管分三种：绝缘导管、金属导管和柔性导管。

一、绝缘导管

绝缘导管又称 PVC 电气导管，有三种规格：轻型管、中型管和重型管。由于轻型管不适用于水利水电工程，根据规范要求，目前常使用中型管、重型管，见表9-1。

表 9-1　　中型管、重型管的产品规格

序号	公称口径		外径尺寸	壁　厚		极限偏差
	mm	in	mm	中型管(mm)	重型管(mm)	mm
1	16	5/8	16	1.5	1.9	−0.3
2	20	3/4	20	1.57	2.1	−0.3
3	25	1	25	1.8	2.2	−0.4
4	32	5/4	32	2.1	2.7	−0.4
5	40	1	40	2.3	2.8	−0.4
6	50	2	50	2.85	3.4	−0.5
7	63	5/2	63	3.3	4.1	−0.6

二、金属导管

金属导管分为薄壁钢管和厚壁钢管两种。

(1)薄壁钢管又分为非镀锌薄壁钢管(俗称电线管)和镀锌薄壁钢管(俗称镀锌电线管)两种，见表9-2、表9-3。

表 9-2　　非镀锌薄壁钢管的产品规格

序　号	公称口径		外径尺寸	壁　厚	理论质量
	mm	in	mm	mm	kg/m
1	16	5/8	15.88	1.6	0.581
2	20	3/4	19.05	1.8	0.766

续表

序　号	公称口径		外径尺寸	壁　厚	理论质量
	mm	in	mm	mm	kg/m
3	25	1	25.40	1.8	1.048
4	32	5/4	31.75	1.8	1.329
5	40	3/2	38.10	1.8	1.611
6	50	2	63.5	2.0	2.407
7	63	5/2	76.2	2.5	3.76

表 9-3　　镀锌薄壁钢管的产品规格

序　号	公称口径		外径尺寸	壁　厚	理论质量
	mm	in	mm	mm	kg/m
1	16	5/8	15.88	1.6	0.605
2	20	3/4	19.05	1.8	0.796
3	25	1	25.40	1.8	1.089
4	32	5/4	31.75	1.8	1.382
5	40	3/2	38.10	1.8	1.675
6	50	2	63.5	2.0	2.503
7	63	5/2	76.2	2.5	3.991

(2)厚壁钢管又分为焊接钢管(俗称“黑铁管”)和镀锌焊接钢管(俗称“白铁管”)两种,见表 9-4、表 9-5。

表 9-4　　焊接钢管的产品规格

序　号	公称口径		外径尺寸	壁　厚	理论质量
	mm	in	mm	mm	kg/m
1	15	1/2	21.3	2.75	1.26
2	20	3/4	26.8	2.75	1.63
3	25	1	33.5	3.25	2.42
4	32	5/4	42.3	3.25	3.13
5	40	3/2	48.0	3.50	3.84
6	50	2	60.0	3.50	4.88

续表

序号	公称口径		外径尺寸	壁厚	理论质量
	mm	in	mm	mm	kg/m
7	65	5/2	77.5	7.75	6.64
8	80	3	88.5	4.0	8.34
9	100	4	114.0	4.00	10.85

表 9-5 镀锌焊接钢管的产品规格

序号	公称口径		外径尺寸	壁厚	理论质量
	mm	in	mm	mm	kg/m
1	15	1/2	21.3	2.75	1.34
2	20	3/4	26.8	2.75	1.73
3	25	1	33.5	3.25	2.57
4	32	5/4	42.3	3.25	3.32
5	40	3/2	48.0	3.50	4.07
6	50	2	60.0	3.50	5.17
7	65	5/2	77.5	7.75	7.04
8	80	3	88.5	4.0	8.84
9	100	4	114.0	4.00	11.50

三、柔性导管

柔性导管又分为绝缘柔性导管、金属柔性导管和镀塑金属柔性导管三种，它的产品、规格应与电线导管相匹配。

第二节 导体材料

导体材料是用于输送和传导电流的一种金属，它具有电阻低、熔点高、机械性能好、密度小的特点，工程中通常是选用铜质或铝质做导体。

一、电线

(一)裸电线

1. 裸电线型号组成及含义

裸电线型号按类别、用途以汉语拼音字母表示，见表 9-6。

表 9-6 裸电线型号及字母代号含义表

类别、用途（或以导体区分）	特征			派生
	形状	加工	软、硬	
T—铜线 L—铝线 T—天线 M—母线 G—电车用	Y—圆形 G—沟形	J—绞制 X—镀锡 N—镀镍 K—扩径	R—柔软 Y—硬 F—防腐 G—钢芯 G—光亮铜杆 W—无氧铜杆	A 或 1—第一种(或 1 级) B 或 2—第二种(或 2 级) 3—第三种(或 3 级) 630—标称截面(mm^2) 800—标称截面(mm^2)

2. 钢芯铝绞线

钢芯铝绞线常见规格及技术参数见表 9-7。

表 9-7 钢芯铝绞线常用规格及技术参数表

标称截面(mm^2)(铝/钢)	结构/根数直径(mm)		计算截面(mm^2)			外径(mm)	直流电阻(Ω/km)(≤)	计算拉断力(N)	计算质量(kg/km)
	铝	钢	铝	钢	总计				
10/2	6/1.50	1/1.50	10.60	1.77	12.37	4.50	2.706	4120	42.9
16/3	6/1.85	1/1.85	16.13	2.69	18.82	5.55	1.779	6130	65.2
25/4	6/2.32	1/2.32	25.36	4.23	29.59	6.96	1.131	9290	102.6
35/6	6/2.72	1/2.72	34.86	5.81	40.67	8.16	0.8230	12630	141.0
50/8	6/3.20	1/3.20	48.25	8.04	56.29	9.60	0.5946	16870	195.1
50/30	12/2.32	7/2.32	50.73	29.59	80.32	11.60	0.5692	42620	372.0
70/10	6/3.80	1/3.80	68.05	11.34	79.39	11.40	0.4217	23390	275.2
70/40	12/2.72	7/2.72	69.73	40.67	110.40	13.60	0.4141	58300	511.3
95/50	26/2.15	7/1.67	94.39	15.33	109.72	13.61	0.3058	35000	380.8
95/20	7/4.16	7/1.85	95.14	18.82	113.96	13.87	0.3019	37200	408.9
95/55	12/3.20	7/3.20	96.51	56.30	152.81	16.00	0.2992	78110	707.7
120/7	18/2.90	1/2.90	118.89	6.61	125.50	14.50	0.2422	27570	379.0
120/20	26/2.38	7/1.85	115.67	18.82	134.49	15.07	0.2496	41000	466.8
120/25	7/4.72	7/2.10	122.48	24.25	146.73	15.74	0.2345	47880	526.6
120/70	12/3.60	7/3.60	122.15	71.25	193.40	18.00	0.2364	98370	895.6
150/8	18/3.20	1/3.20	144.76	8.04	152.80	16.00	0.1989	32860	461.4
150/20	24/2.78	7/1.85	145.68	18.82	164.50	16.67	0.1980	46630	549.4
150/25	26/2.70	7/2.10	148.86	24.25	173.11	17.10	0.1939	54110	601.0

续表

标称截面 (mm^2) (铝/钢)	结构/根数直径(mm)		计算截面(mm^2)			外径 (mm)	直流电阻 (Ω/km) (≤)	计算拉断力(N)	计算质量 (kg/km)
	铝	钢	铝	钢	总计				
150/35	30/2.50	7/2.50	147.26	34.26	181.62	17.50	0.1962	65020	676.2
185/10	18/3.60	1/3.60	183.22	10.18	193.40	18.00	0.1572	40880	584.0
185/25	24/3.15	7/2.10	187.04	24.25	211.29	18.90	0.1542	59420	706.1
185/30	26/2.98	7/2.32	181.34	29.59	210.93	18.88	0.1592	64320	732.6
185/45	20/2.80	7/2.80	184.73	43.10	227.83	19.60	0.1564	80190	848.2
210/10	18/3.80	1/3.80	204.14	11.34	215.48	19.00	0.1411	45140	650.7
210/25	24/3.33	7/2.22	209.02	27.10	236.12	19.98	0.1380	65990	789.1
210/35	26/3.22	7/2.50	211.73	34.36	246.09	20.38	0.1363	74250	853.9
210/50	30/2.98	7/2.98	209.24	48.82	258.06	20.86	0.1381	90830	960.8
240/30	24/3.60	7/2.40	244.29	31.67	275.96	21.60	0.1181	75620	922.2
240/40	26/3.42	7/2.66	238.85	38.90	277.75	21.66	0.1209	83370	964.3
240/55	30/3.20	7/3.20	241.27	56.30	297.57	22.40	0.1198	102100	1108
300/15	42/3.00	7/1.67	296.88	15.33	312.21	23.01	0.09724	68060	939.8
300/20	45/2.93	7/1.95	303.42	20.91	324.33	23.43	0.09520	75680	1002
300/25	48/2.85	7/2.22	306.21	27.10	333.31	23.76	0.09433	83410	1058
300/40	24/3.99	7/2.66	300.09	38.90	338.99	23.94	0.09614	92220	1133
300/50	26/3.83	7/2.98	299.54	48.82	348.36	24.26	0.09636	103400	1210
300/70	30/3.60	7/3.60	305.36	71.25	376.61	25.20	0.09463	128000	1402
400/20	42/3.51	7/1.95	406.40	20.91	427.31	26.91	0.07104	88850	1286
400/25	45/3.33	7/2.22	391.91	27.10	419.01	26.64	0.07370	95940	1295
400/35	48/3.22	7/2.50	390.88	34.36	425.24	26.82	0.07389	103900	1349
400/50	54/3.07	7/3.07	399.73	51.82	451.55	27.63	0.07232	123400	1511
400/65	26/4.42	7/3.44	398.94	65.06	464.00	28.00	0.07236	135200	1611
400/95	30/4.16	19/2.50	407.75	93.27	501.02	29.14	0.07087	171300	1860
500/35	45/3.75	7/2.50	497.01	34.36	531.37	30.00	0.05812	119500	1642
500/45	48/3.60	7/2.80	488.58	43.10	531.68	30.00	0.05912	128100	1688
500/65	54/3.44	7/3.44	501.88	65.06	566.94	30.96	0.05760	154000	1897
630/45	45/4.20	7/2.80	623.45	43.10	666.55	33.60	0.04633	148700	2060
630/55	48/4.12	7/3.20	639.92	56.30	696.22	34.32	0.04514	164400	2209
630/80	54/3.87	19/2.32	635.19	80.32	715.51	34.82	0.04551	192900	2388
800/55	45/4.80	7/3.20	814.30	56.30	870.60	38.40	0.03547	191500	2690
800/70	48/4.63	7/3.60	808.15	71.25	879.40	38.58	0.03574	207000	2791
800/100	54/4.33	19/2.60	795.17	100.88	896.05	38.98	0.03635	241100	2991

注：LGJF 型的计算质量应在表中规定值中增加防腐涂料的质量，其增值为：钢芯涂防腐涂料者增加 2%，内部铝钢各层间涂防腐涂料者增加 5%。

3. 铝绞线

铝绞线的常用规格及技术参数见表 9-8。

表 9-8　　铝绞线常用规格及技术参数表

标称截面 (mm²)	结构 根数/直径 (mm)	计算截面 (mm²)	外径 (mm)	直流电阻 (Ω/km) (≤)	计算 拉断力 (N)	计算 质量 (kg/km)
16	7/1.70	15.89	5.10	1.802	2840	43.5
25	7/2.15	25.41	6.45	1.127	4355	69.6
35	7/2.50	34.36	7.50	0.8332	5760	94.1
50	7/3.00	49.48	9.00	0.5786	7930	135.5
70	7/3.60	71.25	10.80	0.4018	10950	195.1
95	7/4.16	95.14	12.48	0.3009	14450	260.5
120	19/2.85	121.21	14.25	0.2373	19420	333.5
150	19/3.15	148.07	15.75	0.1943	23310	407.4
185	19/3.50	182.80	17.50	0.1574	28440	503.0
210	19/3.75	209.85	18.75	0.1371	32260	577.4
240	19/4.00	238.76	20.00	0.1205	36260	656.9
300	37/3.20	297.57	22.40	0.09689	46850	820.4
400	37/3.70	397.83	25.90	0.07247	61150	1097
500	37/4.16	502.90	29.12	0.05733	76370	1387
630	61/3.63	631.30	32.67	0.04577	91940	1744
800	61/4.10	805.36	36.90	0.03588	115900	2225

4. 硬铜绞线

硬铜绞线的常用规格及技术参数见表 9-9。

表 9-9　　硬铜绞线规格及技术参数表

标称截面 (mm²)	结构 根数/直径 (mm)	铜截面积 (mm²)	截面直径 (mm)	20℃时直流电阻 20℃ (Ω/km)	计算拉断力 (N)	弹性系数 (MPa)	热膨胀系数 (10⁻⁶/℃)	单位质量 (kg/km)
16	7/1.70	15.89	5.10	1.140	5746.7	114737	17.0	143
25	7/2.12	24.71	6.36	0.733	8727.9	114737	17.0	222
35	7/2.50	34.36	7.50	0.527	12130.8	114737	17.0	309
50	7/3.00	49.48	9.00	0.366	17465.6	114737	17.0	445
70	19/2.12	67.07	10.60	0.273	23683.1	114737	17.0	609
95	19/2.50	93.27	12.50	0.196	32930.7	114737	17.0	847

续表

标称截面(mm²)	结构根数/直径(mm)	铜截面积(mm²)	截面直径(mm)	20℃时直流电阻20℃(Ω/km)	计算拉断力(N)	弹性系数(MPa)	热膨胀系数(10^{-6}/℃)	单位质量(kg/km)
120	19/2.80	116.99	14.00	0.156	41305.6	114737	17.0	1062
150	19/3.15	148.07	15.75	0.123	50965.2	114737	17.0	1344
185	37/2.50	182.62	17.50	0.101	64125.7	114737	17.0	1650
240	37/2.85	236.04	19.95	0.078	83327.1	114737	17.0	2145
300	37/3.15	288.35	22.05	0.063	99253.1	114737	17.0	2620
400	61/2.85	389.14	25.65	0.047	137381	114737	17.0	3540

5. 架空铝镁硅合金绞线

架空铝镁硅合金绞线常用规格及技术参数见表9-10。

表9-10　　架空铝镁硅合金绞线常用规格及技术参数

标称截面(mm²)	计算截面(mm²)	结构根数/直径(mm)	外径(mm)	计算拉断力(kN)	20℃时直流电阻(Ω/km)(≤)	载流量(A)	弹性系数(kgf/mm²)	线膨胀系数(10^{-6}/℃)	近似质量(kg/km)
10	10.10	3/2.07	4.46	2.82	3.275	81	6000	23.0	27.6
16	15.89	7/1.7	5.10	4.44	2.089	106	6000	23.0	43.5
25	24.71	7/2.12	6.36	6.77	1.344	139	6000	23.0	67.6
35	34.36	7/2.50	7.50	9.60	0.966	172	6000	23.0	94.0
50	49.48	7/3.00	9.00	13.82	0.671	216	6000	23.0	135
70	69.29	7/3.55	10.65	18.38	0.480	267	6000	23.0	190
95	93.27	19/2.50	12.50	26.05	0.359	322	5700	23.0	257
95	94.23	7/4.14	12.42	26.05	0.352	325	6000	23.0	258
120	116.99	19/2.80	14.00	32.68	0.286	372	5700	23.0	323
150	148.07	19/3.15	15.75	41.09	0.226	432	5700	23.0	409
185	182.8	19/3.50	17.50	50.73	0.183	494	5700	23.0	504
240	236.38	19/3.98	19.90	67.74	0.141	581	5700	23.0	652
300	297.57	37/3.20	22.40	83.63	0.113	673	5700	23.0	822
400	397.83	37/3.7	25.90	111.76	0.0843	809	5700	23.0	1099
500	498.07	37/4.14	28.98	139.6	0.0673	935	5700	23.0	1376
600	603.78	61/3.55	31.95	170.2	0.0555	1060	5500	23.0	1669

6. 铝合金绞线及钢芯铝合金绞线

铝合金绞线及钢芯铝合金绞线的型号见表9-11所示。

表 9-11　　铝合金绞线及钢芯铝合金绞线主要型号表

型　号	名　　称
LHAJ	热处理铝镁硅合金绞线
LHBJ	热处理铝镁硅稀土合金绞线
LHAGJ	钢芯热处理铝镁硅合金绞线
LHBGJ	钢芯热处理铝镁硅稀土合金绞线
LHAGJF1	轻防腐钢芯热处理铝镁硅合金绞线
LHBGJF1	轻防腐钢芯热处理铝镁硅稀土合金绞线
LHAGJF2	中防腐钢芯热处理铝镁硅合金绞线
LHBGJF2	中防腐钢芯热处理铝镁硅稀土合金绞线

铝合金绞线及钢芯铝合金绞线的常用规格及技术参数见表 9-12 和表 9-13。

表 9-12　　铝合金绞线规格及技术参数表

型　号	标称截面 (mm^2)	结构根数/直径 (mm)	计算截面 (mm^2)	外径 (mm)	计算质量 (kg/km)	计算拉断力 (kN)	20℃直流电阻(Ω/km) (≤)
LHAJ LHBJ	10	7/1.35	10.02	4.05	27.4	2.80	3.31596
	16	7/1.71	16.08	5.13	44.0	4.49	2.06673
	25	7/2.13	24.94	6.39	68.2	6.97	1.33204
	35	7/2.52	34.91	7.56	95.5	9.75	0.95165
	50	7/3.02	50.14	9.06	137.1	14.00	0.66262
	70	7/3.57	70.07	10.71	191.6	19.57	0.47418
	95	7/4.16	95.14	12.48	260.2	26.57	0.34921
	120	19/2.84	120.36	14.20	330.9	33.62	0.27745
	150	19/3.17	149.96	15.85	412.2	41.88	0.22269
	185	19/3.52	184.90	17.60	508.3	51.64	0.18061
	210	19/3.75	209.85	18.75	576.8	58.61	0.15913
	240	19/4.01	239.96	20.05	659.6	67.02	0.13917
	300	37/3.21	299.43	22.47	825.2	83.63	0.11181
	400	37/3.71	399.98	25.97	1102.3	111.71	0.08370
	500	37/4.15	500.48	29.05	1379.2	139.78	0.06689
	630	61/3.63	631.30	32.67	1742.2	176.32	0.05310
	800	61/4.09	801.43	36.81	2211.7	223.84	0.04183
	1000	61/4.57	1000.58	41.13	2761.3	279.46	0.03351

表 9-13　　钢芯铝合金绞线规格及技术参数表

型　号	标称截面(mm^2)	结构 根数/直径(mm)		计算截面(mm^2)			外径(mm)
		铝合金	钢	铝合金	钢	总计	
LHAGJ	10/2	6/1.50	1/1.50	10.60	1.76	12.37	4.50
	16/3	6/1.85	1/1.85	16.12	2.68	18.81	5.55
LHBGJ	25/4	6/2.32	1/2.32	25.36	4.22	29.59	6.96
	35/6	6/2.72	1/2.72	34.86	5.81	40.67	8.16
LHAGJF1							
	50/8	6/3.20	1/3.20	48.25	8.04	56.29	9.60
LHBGJF1	50/30	12/2.32	7/2.32	50.72	29.59	80.31	11.60
	70/10	6/3.80	1/3.80	68.04	11.34	79.38	11.40
LHAGJF2	70/40	12/2.72	7/2.72	69.72	40.67	110.40	13.60
LHBGJF2	95/15	26/2.15	7/1.67	94.39	15.33	109.72	13.61
	95/55	12/3.20	7/3.20	96.50	56.29	152.80	16.00
	120/7	18/2.90	1/2.90	118.89	6.60	125.49	14.50
	120/20	26/2.38	7/1.85	115.66	18.81	134.48	15.07
	120/70	12/3.60	7/3.60	122.14	71.25	193.39	18.00
	150/8	18/3.20	1/3.20	144.76	8.04	152.80	16.00
	150/25	26/2.70	7/2.10	148.86	24.24	173.10	17.10
	185/10	18/3.60	1/3.60	183.21	10.17	193.39	18.00
	185/30	26/2.98	7/2.32	181.34	29.59	210.93	18.88
	210/10	18/3.80	1/3.80	204.14	11.34	215.48	19.00
	210/35	26/3.22	7/2.50	211.72	34.36	246.08	20.38
	240/30	24/3.60	7/2.40	244.29	31.66	275.95	21.60
	240/40	26/3.42	7/2.66	238.84	38.90	277.74	21.66
	300/20	45/2.93	7/1.95	303.41	20.90	324.32	23.43
	300/50	26/3.83	7/2.98	299.54	48.82	348.36	24.26
	300/70	30/3.60	7/3.60	305.36	71.25	376.61	25.20
	400/25	45/3.33	7/2.22	391.91	27.09	419.00	26.64
	400/50	54/3.07	7/3.07	399.72	51.81	451.54	27.63
	400/95	30/4.16	19/2.50	407.75	93.26	501.01	29.14
	500/35	45/3.75	7/2.50	497.00	34.36	531.37	30.00
	500/65	54/3.44	7/3.44	501.88	65.05	566.93	30.96

续表

型　号	标称截面 (mm^2)	结构根数/直径(mm)		计算截面 (mm^2)			外径(mm)
		铝合金	钢	铝合金	钢	总计	
	630/45	45/4.20	7/2.80	623.44	43.10	666.55	33.60
	630/80	54/3.87	19/2.32	635.19	80.31	715.51	34.82
	800/55	45/4.80	7/3.20	814.30	56.29	870.59	38.40
	800/100	54/4.33	19/2.60	795.16	100.87	896.04	38.98
	1000/45	72/4.21	7/2.80	1002.27	43.10	1045.37	42.08
	1000/125	54/4.84	19/2.90	993.51	125.49	1119.01	43.54

型　号	计算质量(kg/km)					计算拉断力(kN)	20℃直流电阻(Ω/km)(≤)
	铝合金	钢	LHAGJ LHBGJ	LHAGJF1 LHBGJF1	LHAGJF2 LHBGJF2		
LHAGJ	29.0	13.7	42.8	42.8	42.8	5.18	3.14026
	44.2	20.9	65.1	65.1	65.1	7.89	2.06445
LHBGJ	69.5	32.8	102.4	102.4	102.4	12.26	1.31272
	95.5	45.2	140.7	140.7	140.7	16.86	0.95501
LHAGJF1							
	132.2	62.5	194.8	194.7	194.8	23.05	0.68999
LHBGJF1	139.9	231.2	371.1	378.7	382.6	48.58	0.66059
	186.5	88.2	274.7	274.7	274.7	32.51	0.48930
LHAGJF2	192.3	317.7	510.1	520.6	525.9	66.78	0.48058
LHBGJF2	260.4	119.7	380.2	384.1	400.8	45.72	0.35508
	266.2	439.8	706.0	720.6	728.0	90.46	0.34722
	327.1	51.3	378.5	378.5	396.7	42.47	0.28114
	319.1	147.0	466.1	471.0	491.4	56.05	0.28977
	336.9	556.6	893.6	912.0	921.3	114.50	0.27435
	398.3	62.5	460.9	460.9	483.0	51.43	0.23090
	410.7	189.4	600.1	606.4	632.7	72.18	0.22515
	504.1	79.1	583.3	583.3	611.3	65.09	0.18244
	500.3	231.2	731.5	739.1	771.3	86.98	0.18483
	561.7	88.2	649.9	649.9	681.1	72.52	0.16374
	584.1	268.4	852.5	861.5	898.7	101.35	0.15830
	673.6	247.4	921.0	929.2	971.3	107.85	0.13712

续表

型　号	计算质量(kg/km)					计算拉断力(kN)	20℃直流电阻(Ω/km)(⩽)
	铝合金	钢	LHAGJ LHBGJ	LHAGJF1 LHBGJF1	LHAGJF2 LHBGJF2		
	658.9	303.9	962.9	972.9	1015.2	114.48	0.14033
	837.7	163.3	1001.0	1006.4	1071.3	113.70	0.11054
	826.4	381.4	1207.9	1220.5	1273.5	143.62	0.11189
	843.3	556.6	1400.0	1418.4	1474.7	168.36	0.10987
	1082.0	211.6	1293.7	1300.7	1384.9	146.97	0.08558
	1104.7	404.8	1509.6	1522.9	1611.6	174.67	0.08399
	1126.1	731.2	1857.4	1884.1	1959.6	226.01	0.08228
	1372.2	268.4	1640.6	1649.5	1756.2	185.22	0.06748
	1387.0	508.3	1895.4	1912.2	2023.5	219.31	0.06689
	1721.3	336.7	2058.0	2069.2	2203.0	232.34	0.05379
	1755.5	629.7	2385.2	2408.2	2548.8	278.14	0.05285
	2248.2	439.8	2688.1	2702.6	2877.5	301.50	0.04118
	2197.6	790.8	2988.5	3017.4	3194.1	348.57	0.04222
	2769.2	336.7	3105.9	3117.1	3353.3	343.71	0.03348
	2745.8	983.9	3729.8	3765.7	3985.2	434.91	0.03379

(二)绝缘电线

1. 绝缘电线型号组成及含义

绝缘电线型号的组成如下图所示：

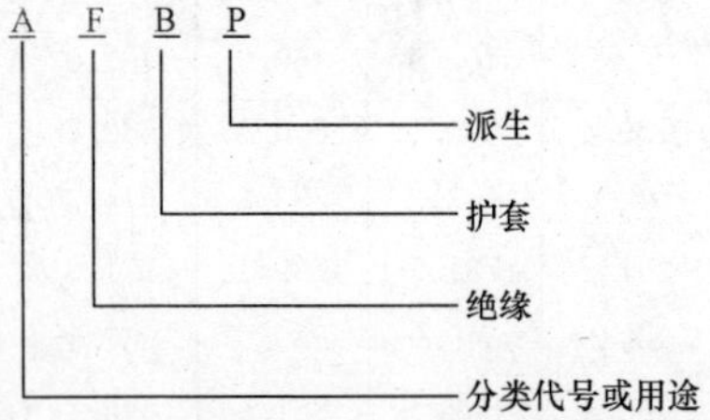

字母代号及其含义见表 9-14。

表 9-14　　绝缘电线型号中字母代号及其含义表

分类代号或用途		绝　缘		护　套		派生	
符号	意义	符号	意义	符号	意义	符号	意义
A	安装线缆	V	聚氯乙烯	V	聚氯乙烯	P	屏蔽
B	布电线	F	氟塑料	H	橡套	R	软
F	飞机用低压线	Y	聚乙烯	B	编织套	S	双绞
Y	一般工业移动电器用线	X	橡皮	L	蜡克	B	平行
T	天线	ST	天然丝	N	尼龙套	D	带形
HR	电话软线	SE	双丝包	SK	尼龙丝	T	特种
HP	配线	VZ	阻燃聚氯乙烯	VZ	阻燃聚氯乙烯	P_1	缠绕屏蔽
I	电影用电缆	R	辐照聚乙烯	ZR	具有阻燃性	W	耐气候　耐油
SB	无线电装置用电缆	B	聚丙烯				

2. 聚氯乙烯绝缘电线

聚氯乙烯绝缘电线主要用于交流额定电压 450/750V 及以下的动力装置的固定敷设。其主要型号为：

BV——铜芯聚氯乙烯绝缘电线；

BLV——铝芯聚氯乙烯绝缘电线；

BVR——铜芯聚氯乙烯绝缘软电线；

BVV——铜芯聚氯乙烯绝缘聚氯乙烯护套圆型电线；

BLVV——铝芯聚氯乙烯绝缘聚氯乙烯护套圆型电线；

BVVB——铜芯聚氯乙烯绝缘聚氯乙烯护套平型电线；

BLVVB——铝芯聚氯乙烯绝缘聚氯乙烯护套平型电线；

BV－105——铜芯耐热 105℃聚氯乙烯绝缘电线。

聚氯乙烯绝缘电线的常用规格及技术参数见表 9-15 至表 9-23。

表 9-15　　BV300/500V 规格及技术参数

标称截面 (mm^2)	线芯结构 根数/直径(mm)	最大外径 (mm)	20℃时导体电阻 (Ω/km),(≤)	质量(kg/km)
0.5	1/0.80	2.4	36.0	8.5
0.75	1/0.97	2.6	24.5	11.1
0.75	7/0.37	2.8	24.5	12.0
1.0	1/1.13	2.8	18.1	13.9
1.0	7/0.43	3.0	18.1	15.0

表 9-16 **BV450/750V 规格及技术参数**

标称截面 (mm^2)	线芯结构 根数/直径(mm)	最大外径 (mm)	20℃时导体电阻 (Ω/km),(≤)	质量(kg/km)
1.5	1/1.38	3.3	12.1	20.3
1.5	7/0.52	3.5	12.1	21.6
2.5	1/1.78	3.9	7.41	31.6
2.5	7/0.68	4.2	7.41	34.8
4	1/2.25	4.4	4.61	47.1
4	7/0.85	4.8	4.61	50.3
6	1/2.76	4.9	3.08	67.1
6	7/1.04	5.4	3.08	71.2
10	7/1.35	7.0	1.83	119
16	7/1.70	8.0	1.15	179
25	7/2.14	10.0	0.727	281
35	7/2.52	11.5	0.524	381
50	19/1.78	13.0	0.387	521
70	19/2.14	15.0	0.268	734
95	19/2.52	17.5	0.193	962
120	37/2.03	19.0	0.153	1180
150	37/2.25	21.0	0.124	1470
185	37/2.52	23.5	0.0991	1810
240	61/2.25	26.5	0.0754	2350
300	61/2.52	29.5	0.0601	2930
400	61/2.85	33.0	0.0470	3870

表 9-17 **BLV450/750V 规格及技术参数**

标称截面 (mm^2)	线芯结构 根数/直径(mm)	最大外径 (mm)	20℃时导体电阻 (Ω/km),(≤)	质量(kg/km)
2.5	1/1.78	3.9	11.80	17
4	1/2.25	4.4	7.39	22
6	1/2.76	4.9	4.91	29
10	7/1.35	7.0	3.08	62
16	7/1.70	8.0	1.91	78

续表

标称截面 (mm^2)	线芯结构 根数/直径(mm)	最大外径 (mm)	20℃时导体电阻 (Ω/km),(≤)	质量(kg/km)
25	7/2.14	10.0	1.20	118
35	7/2.52	11.5	0.868	156
50	19/1.78	13.0	0.641	215
70	19/2.14	15.0	0.443	282
95	19/2.52	17.5	0.320	385
120	37/2.03	19.0	0.253	431
150	37/2.25	21.0	0.206	539
185	37/2.52	23.5	0.164	666
240	61/2.25	26.5	0.125	857
300	61/2.52	29.5	0.100	1070
400	61/2.85	33.0	0.0778	1390

表 9-18　　BVR450/750V 规格及技术参数

标称截面 (mm^2)	线芯结构 根数/直径(mm)	最大外径 (mm)	20℃时导体电阻 (Ω/km),(≤)	质量(kg/km)
2.5	19/0.41	4.2	7.41	34.7
4	19/0.52	4.8	4.61	51.4
6	19/0.64	5.6	3.08	73.6
10	49/0.52	7.6	1.83	129
16	49/0.64	8.8	1.15	186
25	98/0.58	11.0	0.727	306
35	133/0.58	12.5	0.524	403
50	133/0.68	14.5	0.387	553
70	189/0.68	16.5	0.268	764

表 9-19　　BVV300/500V 规格及技术参数

标称截面芯×面积(mm^2)	线芯结构 芯×根/直径(mm)	外径(mm)		20℃时导体电阻 (Ω/km),(≤)	质量(kg/km)
		下限	上限		
1×0.75	1×1/0.97	3.6	4.3	24.5	23
1×1.0	1×1/1.13	3.8	4.5	18.1	26.4

续表

标称截面芯×面积(mm^2)	线芯结构 芯×根/直径(mm)	外径(mm)		20℃时导体电阻(Ω/km),(≤)	质量(kg/km)
		下限	上限		
1×1.5	1×1/1.38	4.2	4.9	12.1	34.6
1×1.5	1×7/0.52	4.3	5.2	12.1	36.5
1×2.5	1×1/1.78	4.8	5.8	7.41	46.4
1×2.5	1×7/0.68	4.9	6.0	7.41	51.5
1×4	1×1/2.25	5.4	6.4	4.61	65.9
1×4	1×7/0.85	5.4	6.8	4.61	73.3
1×6	1×1/2.76	5.8	7.0	3.08	91.6
1×6	1×7/1.04	6.0	7.4	3.08	97.6
1×10	1×7/1.35	7.2	8.8	1.83	152.0
2×1.5	2×1/1.38	8.4	9.8	12.1	109
2×1.5	2×7/0.52	8.6	10.5	12.1	123
2×2.5	2×1/1.78	9.6	11.5	7.41	157
2×2.5	2×7/0.68	9.8	12.0	7.41	172
2×4	2×1/2.25	10.5	12.5	4.61	205
2×4	2×7/0.85	10.5	13.0	4.61	222
2×6	2×1/2.76	11.5	13.5	3.08	265
2×6	2×7/1.04	11.5	14.5	3.08	286
2×10	2×7/1.35	15.0	18.0	1.83	471
3×1.5	3×1/1.38	8.8	10.5	12.1	136
3×1.5	3×7/0.52	9.0	11.0	12.1	146
3×2.5	3×1/1.78	10.0	12.0	7.41	190
3×2.5	3×7/0.68	10.0	12.5	7.41	207
3×4	3×1/2.25	11.0	13.0	4.61	252
3×4	3×7/0.85	11.0	14.0	4.61	272
3×6	3×1/2.76	12.5	14.5	3.08	344
3×6	3×7/1.04	12.5	15.5	3.08	369
3×10	3×7/1.35	15.5	19.0	1.83	574
4×1.5	4×1/1.38	9.6	11.5	12.1	164
4×1.5	4×7/0.52	9.6	12.0	12.1	174

续表

标称截面芯×面积(mm^2)	线芯结构 芯×根/直径(mm)	外径(mm) 下限	外径(mm) 上限	20℃时导体电阻 (Ω/km),(≤)	质量(kg/km)
4×2.5	4×1/1.78	11.0	13.0	7.41	228
4×2.5	4×7/0.68	11.0	13.5	7.41	252
4×4	4×1/2.25	12.5	14.5	4.61	321
4×4	4×7/0.85	12.5	15.5	4.61	346
4×6	4×1/2.76	14.0	16.0	3.08	439
4×6	4×7/1.04	14.0	17.5	3.08	470
5×1.5	5×1/1.38	10.0	12.0	12.1	192
5×1.5	5×7/0.52	10.5	12.5	12.1	205
5×2.5	5×1/1.78	11.5	14.0	7.41	272
5×2.5	5×7/0.68	12.0	14.5	7.41	292
5×4	5×1/2.25	13.5	16.0	4.61	379
5×4	5×7/0.85	14.0	17.0	4.61	418
5×6	5×1/2.76	15.0	17.5	3.08	518
5×6	5×7/1.04	15.5	18.5	3.08	550

表 9-20　　BLVV300/500V 规格及技术参数

标称截面(mm^2)	线芯结构 根数/直径(mm)	外径(mm) 下限	外径(mm) 上限	20℃时导体电阻 (Ω/km),(≤)	质量(kg/km)
2.5	1/1.78	4.8	5.8	11.8	31.1
4	1/2.25	5.4	6.4	7.39	41.0
6	1/2.76	5.8	7.0	4.91	50.6
10	1/1.35	7.2	8.8	3.08	81.1

表 9-21　　BVVB300/500V 规格及技术参数

标称截面芯×面积(mm^2)	线芯结构 芯×根数 直径(mm)	外径(mm) 下限	外径(mm) 上限	20℃时导体电阻 (Ω/km) (≤)	质量(kg/km)
2×0.75	2×1/0.97	3.8×5.8	4.6×7.0	24.5	43.7
2×1.0	2×1/1.13	4.0×6.2	4.8×7.4	18.1	51.0
2×1.5	2×1/1.38	4.4×7.0	5.4×8.4	12.1	65.9
2×2.5	2×1/1.78	5.2×8.4	6.2×9.8	7.41	95.7

续表

标称截面芯×面积(mm^2)	线芯结构芯×根数直径(mm)	外径(mm)		20℃时导体电阻(Ω/km)(≤)	质量(kg/km)
		下限	上限		
2×4	2×7/0.85	5.6×9.6	7.2×11.5	4.61	146.0
2×6	2×7/1.04	6.4×10.5	8.0×13.0	3.08	200.0
2×10	2×7/1.35	7.8×13.0	9.6×16.0	1.83	323.0
2×0.75	3×1/0.97	3.8×8.0	4.6×9.4	24.50	62.6
2×1.0	3×1/1.13	4.0×8.4	4.8×9.8	18.10	74.3
2×1.5	3×1/1.38	4.4×9.8	5.4×11.5	12.10	95.6
2×2.5	3×1/1.78	5.2×11.5	6.2×13.5	7.41	140
2×4	3×7/0.85	5.8×13.5	7.4×16.5	4.61	220
2×6	3×7/1.04	6.4×15.0	8.0×18.0	3.08	295
2×10	3×7/1.35	7.8×19.0	9.6×22.5	1.83	485

表 9-22　　BLVVB300/500V 规格及技术参数

标称截面芯×面积(mm^2)	线芯结构芯×根数直径(mm)	外径(mm)		20℃时导体电阻(Ω/km)(≤)	质量(kg/km)
		下限	上限		
2×2.5	2×1/1.78	5.2×8.4	6.2×9.8	11.8	64.9
2×4	2×1/2.25	5.6×9.4	6.8×11.0	7.39	80.7
2×6	2×1/2.76	6.2×10.5	7.4×12.0	4.91	104
2×10	2×7/1.35	7.8×13.0	9.6×16.0	3.08	177
3×2.5	3×1/1.78	5.2×11.5	6.2×13.5	11.8	93.9
3×4	3×1/2.25	5.8×13.0	7.0×15.0	7.39	123
3×6	3×1/2.76	6.2×14.5	7.4×17.0	4.91	153
3×10	3×7/1.35	7.8×19.0	9.6×22.5	3.08	261

表 9-23　　BV－105 450/750V 规格及技术参数

标称截面(mm^2)	线芯结构芯×根/直径(mm)	最大外径(mm)	20℃时导体电阻(Ω/km)(≤)	质量(kg/km)
0.5	1/0.80	2.7	36	9.5
0.75	1/0.97	2.8	24.5	12.2
1.0	1/1.13	3.0	18.1	15.1

续表

标称截面 (mm^2)	线芯结构 芯×根/直径 (mm)	最大外径 (mm)	20℃时导体电阻 (Ω/km) (≤)	质量(kg/km)
1.5	1/1.38	3.3	12.1	20.3
2.5	1/1.78	3.9	7.41	32.0
4	1/2.25	4.4	4.60	47.1
6	1/2.76	4.9	3.08	67.1

3. 铜芯聚氯乙烯绝缘安装电线

铜芯聚氯乙烯绝缘安装电线主要用于交流额定电压300/300V及以下电器、仪表、电子设备及自动化装置。其主要型号为：

AV——铜芯聚氯乙烯绝缘安装电线；

AV－105——铜芯耐热105℃聚氯乙烯绝缘安装电线；

AVR——铜芯聚氯乙烯绝缘安装软电线；

AVR－105——铜芯耐热105℃聚氯乙烯绝缘安装软电线；

AVRB——铜芯聚氯乙烯绝缘安装平型软电线；

AVRS——铜芯聚氯乙烯绝缘安装绞型软电线；

AVVR——铜芯聚氯乙烯绝缘聚氯乙烯护套安装软电线。

铜芯聚氯乙烯绝缘安装电线的常用规格及技术参数见表9-24至表9-30。

表9-24　　AV、AV－105 300/300V规格及技术参数

标称截面 (mm^2)	线芯结构 根数/直径(mm)	最大外径 (mm)	20℃时导体电阻 (Ω/km) (≤)	质量(kg/km)
0.06	1/0.30	1.0	261.2	1.5
0.08	1/0.32	1.1	225.2	1.6
0.12	1/0.40	1.1	144.1	2.1
0.2	1/0.50	1.5	92.3	3.5
0.3	1/0.60	1.6	64.1	4.4
0.4	1/0.70	1.7	47.1	5.5

表 9-25　AVR、AVR－105 300/300V 规格及技术参数

标称截面 (mm^2)	线芯结构 根数/直径(mm)	最大外径 (mm)	20℃时导体电阻 (Ω/km),(≤)	质量(kg/km)
0.035	7/0.08	1.0	572	1.1
0.06	7/0.10	1.1	366	1.4
0.08	7/0.12	1.3	247	2.2
0.12	7/0.15	1.4	158	2.8
0.2	12/0.15	1.6	92.3	4.0
0.3	16/0.15	1.9	69.2	5.6
0.4	23/0.15	2.1	48.2	7.2

表 9-26　AVRB300/300V 规格及技术参数

标称截面芯×面积(mm^2)	线芯结构 芯数×根数/直径 (mm)	最大外径 (mm)	20℃时导体电阻 (Ω/km) (≤)	质量(kg/km)
2×0.12	2×7/0.15	1.9×3.4	158.0	6.9
2×0.2	2×12/0.15	2.2×4.1	92.3	11.0

表 9-27　AVRS300/300V 规格及技术参数

标称截面芯×面积(mm^2)	线芯结构 芯数×根数/直径 (mm)	最大外径 (mm)	20℃时导体电阻 (Ω/km) (≤)	质量(kg/km)
2×0.12	2×7/0.15	3.5	158	7.1
2×0.2	2×12/0.15	4.2	92.3	11.3

表 9-28　AVVR(椭圆形)300/300V 规格及技术参数

标称截面芯×面积(mm^2)	线芯结构 芯数×根数/直径 (mm)	最大外径 (mm)	20℃时导体电阻 (Ω/km) (≤)	质量(kg/km)
2×0.08	2×7/0.12	2.7×4.1	247	10.5
2×0.12	2×7/0.15	2.9×4.3	158	12.2
2×0.2	2×12/0.15	3.1×4.6	92.3	15.3
2×0.3	2×16/0.15	3.4×5.2	69.2	19.7
2×0.4	2×23/0.15	3.5×5.6	48.2	23.8

表 9-29　　**AVVR(圆型)300/300V 规格及技术参数**

标称截面芯×面积(mm^2)	线芯结构 芯数×根数/直径(mm)	最大外径(mm)	20℃时导体电阻(Ω/km)(≤)	质量(kg/km)
2×0.08	2×7/0.12	4.2	247	11.9
2×0.12	2×7/0.15	4.4	158	15.0
2×0.2	2×12/0.15	4.7	92.3	18.4
2×0.3	2×16/0.15	5.4	69.2	23.4
2×0.4	2×23/0.15	5.6	48.2	28.0
3×0.12	3×7/0.15	4.6	158.0	18.4
3×0.2	3×12/0.15	4.9	92.3	23.1
3×0.3	3×16/0.15	5.6	69.2	29.9
3×0.4	3×23/0.15	6.0	48.2	36.2
4×0.12	4×7/0.15	4.9	158.0	22.3
4×0.2	4×12/0.15	5.4	92.3	28.4
4×0.3	4×16/0.15	6.2	69.2	37.0
4×0.4	4×23/0.15	6.6	48.2	45.2
5×0.12	5×7/0.15	5.4	158.0	26.2
5×0.2	5×12/0.15	5.8	92.3	34.5
5×0.3	5×16/0.15	6.6	69.2	43.7
5×0.4	5×23/0.15	7.0	48.2	53.7
6×0.12	6×7/0.15	5.8	158.0	30.2
6×0.2	6×12/0.15	6.2	92.3	39.0
6×0.3	6×16/0.15	7.2	69.2	51.4
6×0.4	6×23/0.15	7.6	48.2	63.4
7×0.12	7×7/0.15	5.8	158.0	33.1
7×0.2	7×12/0.15	6.2	92.3	43.1
7×0.3	7×16/0.15	7.2	69.2	57.1
7×0.4	7×23/0.15	7.6	48.2	70.8

表 9-30　　AVVR(普通型)300/300V 规格及技术参数

标称截面芯×面积(mm^2)	线芯结构 芯数×根数/直径(mm)	最大外径(mm)	20℃时导体电阻(Ω/km)(≤)	质量(kg/km)
10×0.12	10×7/0.15	7.2	158	45.5
10×0.2	10×12/0.15	7.8	92.3	59.6
10×0.3	10×16/0.15	9.4	69.2	80.2
10×0.4	10×23/0.15	10.0	48.2	99.8
12×0.12	12×7/0.15	7.4	158.0	51.8
12×0.2	12×12/0.15	8.0	92.3	68.5
12×0.3	12×16/0.15	9.8	69.2	101.0
12×0.4	12×23/0.15	10.5	48.2	125.0
14×0.12	14×7/0.15	7.8	158.0	58.6
14×0.2	14×12/0.15	8.8	92.3	86.0
14×0.3	14×16/0.15	10.5	69.2	114.0
14×0.4	14×23/0.15	11.0	48.2	143.0
16×0.12	16×7/0.15	8.0	158	65.4
16×0.2	16×12/0.15	9.2	92.3	95.8
16×0.3	16×16/0.15	11.0	69.2	128.0
16×0.4	16×23/0.15	11.5	48.2	158.0
19×0.12	19×7/0.15	9.0	158.0	74.5
19×0.2	19×12/0.15	9.6	92.3	100
19×0.3	19×16/0.15	11.5	69.2	146
19×0.4	19×23/0.15	12.0	48.2	181
24×0.12	24×7/0.15	10.5	158.0	103
24×0.2	24×12/0.15	11.5	92.3	137
24×0.3	24×16/0.15	13.5	69.2	197
24×0.4	24×23/0.15	14.5	48.2	244

4. 聚氯乙烯绝缘软导线

聚氯乙烯绝缘软导线主要用于交流额定电压 450/750V 及以下小型电动工具、仪器仪表、动力照明及常用电器的连接。其主要型号为：

RV——铜芯聚氯乙烯绝缘连接软电线；

RVB——铜芯聚氯乙烯绝缘平型连接软电线；

RVS——铜芯聚氯乙烯绝缘绞型连接软电线；
RVV——铜芯聚氯乙烯绝缘聚氯乙烯护套圆型连接软电线；
RVVB——铜芯聚氯乙烯绝缘聚氯乙烯护套平型连接软电线；
RV－105——铜芯耐热105℃聚氯乙烯绝缘连接软电线。

聚氯乙烯绝缘软电线的常用规格及技术参数见表9-31至表9-39。

表9-31 RV300/500V规格及技术参数

标称截面(mm^2)	线芯结构 根数/直径(mm)	最大外径(mm)	20℃时导体电阻(Ω/km),(≤)	质量(kg/km)
0.3	16/0.15	2.3	69.2	6.4
0.4	23/0.15	2.5	48.2	8.1
0.5	16/0.2	2.6	39.0	9.1
0.75	24/0.2	2.8	26.0	12.2
1.0	32/0.2	3.0	19.5	15.1

表9-32 RV450/750V规格及技术参数

标称截面(mm^2)	线芯结构 根数/直径(mm)	最大外径(mm)	20℃时导体电阻(Ω/km),(≤)	质量(kg/km)
1.5	30/0.25	3.5	13.3	21.4
2.5	49/0.25	4.2	7.98	24.5
4	56/0.30	4.8	4.95	51.8
6	84/0.30	6.4	3.30	74.1
10	84/0.40	8.0	1.91	124

表9-33 RVB300/300V规格及技术参数

标称截面芯×面积(mm^2)	线芯结构 芯×根数/直径(mm)	外径(mm)		20℃时导体电阻(Ω/km)(≤)	质量(kg/km)
		下限	上限		
2×0.3	2×16/0.15	1.8×3.6	2.3×4.3	69.2	12.5
2×0.4	2×23/0.15	1.9×3.9	2.5×4.6	48.2	15.5
2×0.5	2×28/0.15	2.4×4.8	3.0×5.8	39.0	22.3
2×0.75	2×42/0.15	2.6×5.2	3.2×6.2	26.0	28.9
2×1.0	2×32/0.20	2.8×5.6	3.4×6.6	19.5	34.7

表 9-34　RVS300/300V 规格及技术参数

标称截面芯×面积(mm^2)	线芯结构 芯×根数/直径(mm)	外径(mm)		20℃时导体电阻(Ω/km)(≤)	质量(kg/km)
		下限	上限		
2×0.3	2×16/0.15	3.6	4.3	69.2	12.8
2×0.4	2×23/0.15	3.9	4.6	48.2	16.2
2×0.5	2×28/0.15	4.8	5.8	39.0	22.9
2×0.75	2×42/0.15	5.2	6.2	26.0	29.6

表 9-35　RVV300/300V 规格及技术参数

标称截面芯×面积(mm^2)	线芯结构 芯×根数/直径(mm)	外径(mm)		20℃时导体电阻(Ω/km)(≤)	质量(kg/km)
		下限	上限		
2×0.5	2×16/0.2	4.8	6.2	39	31.5
2×0.75	2×24/0.2	5.2	6.6	26	40.0
3×0.5	3×16/0.2	5.0	6.6	39	40.6
3×0.75	3×24/0.2	5.6	7.0	26	51.8

表 9-36　RVV300/500V 规格及技术参数

标称截面芯×面积(mm^2)	线芯结构 芯×根数/直径(mm)	外径(mm)		20℃时导体电阻(Ω/km)(≤)	质量(kg/km)
		下限	上限		
2×0.75	2×24/0.2	6.0	7.6	26	50
2×1.0	2×32/0.2	6.4	7.8	19.5	57.8
2×1.5	2×30/0.25	7.2	8.8	13.3	74.7
2×2.5	2×49/0.25	8.8	11.0	7.98	120
3×0.75	3×24/0.2	6.4	8.0	26.0	63.1
3×1.0	3×32/0.2	6.8	8.4	19.5	74.0
3×1.5	3×30/0.25	7.8	9.6	13.3	102.0
3×2.5	3×49/0.25	9.6	11.5	7.98	162.0
4×0.75	4×24/0.2	7.0	8.6	26.0	78.5
4×1.0	4×32/0.2	7.6	9.2	19.5	97.2
4×1.5	4×30/0.25	8.8	11.0	13.3	133.0
4×2.5	4×49/0.25	10.5	12.5	7.98	204.0

续表

标称截面芯×面积(mm^2)	线芯结构 芯×根数/直径(mm)	外径(mm)		20℃时导体电阻(Ω/km)(≤)	质量(kg/km)
		下限	上限		
5×0.75	5×24/0.2	7.8	9.4	26	96.9
5×1.0	5×32/0.2	8.2	11.0	19.5	115
5×1.5	5×30/0.25	9.8	12.0	13.3	158
5×2.5	5×49/0.25	11.5	14.0	7.98	249

表 9-37　　RVVB300/300V 规格及技术参数

标称截面芯×面积(mm^2)	线芯结构 芯×根数/直径(mm)	外径(mm)		20℃时导体电阻(Ω/km)(≤)	质量(kg/km)
		下限	上限		
2×0.5	2×16/0.2	3.0×4.8	3.8×6.0	39	27.7
2×0.75	2×24/0.2	3.2×5.2	3.9×6.4	26	34.5

表 9-38　　RVVB300/500V 规格及技术参数

标称截面芯×面积(mm^2)	线芯结构 芯×根数/直径(mm)	外径(mm)		20℃时导体电阻(Ω/km)(≤)	质量(kg/km)
		下限	上限		
2×0.75	2×24/0.2	3.8×6.0	5.0×7.6	26	43.3

表 9-39　　RV-105 450/750V 规格及技术参数

标称截面(mm^2)	线芯结构 根数/直径(mm)	最大外径(mm)	20℃时导体电阻(Ω/km),(≤)	质量(kg/km)
0.5	16/0.2	2.8	39.0	10.2
0.75	24/0.2	3.0	26.0	13.5
1.0	32/0.2	3.2	19.5	16.4
1.5	30/0.25	3.5	13.3	21.4
2.5	49/0.25	4.2	7.98	34.5
4	56/0.30	4.8	4.95	51.8
6	84/0.30	6.4	3.30	74.1

二、电缆

(一)控制电缆

1. 塑料绝缘控制电缆

塑料绝缘控制电缆主要用于直流和交流 50～60Hz,额定电压 600/1000V 及其以下的控制、信号、保护及测量线路。其常用型号及名称见表 9-40。

表 9-40　塑料绝缘控制电缆型号和名称

型　号	名　　称	主要用途
KYV	铜芯聚乙烯绝缘聚乙烯护套控制电缆	固定敷设
KYYP	铜芯聚乙烯绝缘铜丝编织总屏蔽聚乙烯护套控制电缆	固定敷设
$KYYP_1$	铜芯聚乙烯绝缘铜丝缠绕总屏蔽聚乙烯护套控制电缆	固定敷设
$KYYP_2$	铜芯聚乙烯绝缘铜带绕包总屏蔽聚乙烯护套控制电缆	固定敷设
KY_{23}	铜芯聚乙烯绝缘钢带铠装聚乙烯护套控制电缆	固定敷设
KYY_{30}	铜芯聚乙烯绝缘聚乙烯护套裸细铜丝铠装控制电缆	固定敷设
KY_{33}	铜芯聚乙烯绝缘细钢丝铠装聚乙烯护套控制电缆	固定敷设
KYP_{233}	铜芯聚乙烯绝缘铜带绕包总屏蔽细钢丝铠装聚乙烯护套控制电缆	固定敷设
KYV	铜芯聚乙烯绝缘聚氯乙烯护套控制电缆	固定敷设
KYVP	铜芯聚乙烯绝缘铜丝编织总屏蔽聚氯乙烯护套控制电缆	固定敷设
$KYVP_1$	铜芯聚乙烯绝缘铜丝缠绕总屏蔽聚氯乙烯护套控制电缆	固定敷设
$KYVP_2$	铜芯聚乙烯绝缘铜带绕包总屏蔽聚氯乙烯护套控制电缆	固定敷设
KY_{22}	铜芯聚乙烯绝缘钢带铠装聚氯乙烯护套控制电缆	固定敷设
KY_{32}	铜芯聚乙烯绝缘细钢丝铠装聚氯乙烯护套控制电缆	固定敷设
KYP_{232}	铜芯聚乙烯绝缘铜带绕包总屏蔽细钢丝铠装聚乙烯护套控制电缆	固定敷设
KVY	铜芯聚氯乙烯绝缘聚乙烯护套控制电缆	固定敷设
KVYP	铜芯聚氯乙烯绝缘铜丝编织总屏蔽聚乙烯护套控制电缆	固定敷设
$KVYP_1$	铜芯聚氯乙烯绝缘铜丝缠绕总屏蔽聚乙烯护套控制电缆	固定敷设
$KVYP_2$	铜芯聚氯乙烯绝缘铜带绕包总屏蔽聚乙烯护套控制电缆	固定敷设

2. 橡胶绝缘控制电缆

橡胶绝缘控制电缆主要用于直流和交流 50～60Hz,额定电压 600/1000kV 及其以下的控制、信号及保护测量线路中。其常用型号及名称见表 9-41。

表 9-41　　橡胶绝缘控制电缆型号

型　号	名　　称	主要用途
KXV	铜芯橡胶绝缘聚氯乙烯护套控制电缆	固定敷设
KX_{22}	铜芯橡胶绝缘钢带铠装聚氯乙烯护套控制电缆	固定敷设
KX_{23}	铜芯橡胶绝缘钢带铠装聚乙烯护套控制电缆	固定敷设
KXF	铜芯橡胶绝缘氯丁橡套控制电缆	固定敷设
KXQ	铜芯橡胶绝缘裸铅包控制电缆	固定敷设
KXQ_{02}	铜芯橡胶绝缘铅包聚氯乙烯护套控制电缆	固定敷设
KXQ_{03}	铜芯橡胶绝缘铅包聚乙烯护套控制电缆	固定敷设
KXQ_{20}	铜芯橡胶绝缘铅包裸钢带铠装控制电缆	固定敷设
KXQ_{22}	铜芯橡胶绝缘铅包钢带铠装聚氯乙烯护套控制电缆	固定敷设
KXQ_{23}	铜芯橡胶绝缘铅包铜带铠装聚乙烯护套控制电缆	固定敷设
KXQ_{30}	铜芯橡胶绝缘铅包裸细钢丝铠装控制电缆	固定敷设

3. 聚氯乙烯绝缘聚氯乙烯护套控制电缆

聚氯乙烯绝缘聚氯乙烯护套控制电缆主要用于交流额定电压 450/750V 及其以下的配电装置中电器仪表的接线。其型号、名称和使用范围见表 9-42。

表 9-42　　聚氯乙烯绝缘聚氯乙烯护套控制电缆型号、名称和使用范围

型　号	名　　称	使　用　范　围
KVV	铜芯聚氯乙烯绝缘聚氯乙烯护套控制电缆	敷设在室内、电缆沟、管道固定场合
KVVP	铜芯聚氯乙烯绝缘聚氯乙烯护套编织屏蔽控制电缆	敷设在室内、电缆沟、管道等要求屏蔽的固定场合
$KVVP_2$	铜芯聚氯乙烯绝缘聚氯乙烯护套铜带屏蔽控制电缆	敷设在室内、电缆沟、管道等要求屏蔽的固定场合
KVV_{22}	铜芯聚氯乙烯绝缘聚氯乙烯护套铜带铠装控制电缆	敷设在室内、电缆沟、管道、直埋等能承受较大机械外力的固定场合
KVV_{32}	铜芯聚氯乙烯绝缘聚氯乙烯护套细钢丝铠装控制电缆	敷设在室内、电缆沟、管道、竖井等能承受较大机械拉力的固定场合
KVVR	铜芯聚氯乙烯绝缘聚氯乙烯护套控制软电缆	敷设在室内、要求屏蔽等场合
KVVRP	铜芯聚氯乙烯绝缘聚氯乙烯护套编织控制软电缆	敷设在室内、要求柔软、屏蔽等场合

聚氯乙烯绝缘聚氯乙烯护套控制电缆的常用规格见表 9-43。

表 9-43　　聚氯乙烯绝缘聚氯乙烯护套控制电缆规格

<table>
<tr><th rowspan="3">型　号</th><th rowspan="3">额定电压
(V)</th><th colspan="8">标　称　截　面(mm^2)</th></tr>
<tr><th>0.5</th><th>0.75</th><th>1.0</th><th>1.5</th><th>2.5</th><th>4</th><th>6</th><th>10</th></tr>
<tr><th colspan="8">芯　数</th></tr>
<tr><td>KVV KVVP</td><td rowspan="6">450/750</td><td>—</td><td colspan="4">2～61</td><td colspan="2">2～14</td><td>2～10</td></tr>
<tr><td>$KVVP_2$</td><td>—</td><td colspan="4">4～61</td><td colspan="2">4～14</td><td>4～10</td></tr>
<tr><td>KVV_{22}</td><td>—</td><td colspan="3">7～61</td><td>4～61</td><td colspan="2">4～14</td><td>4～10</td></tr>
<tr><td>KVV_{32}</td><td>—</td><td colspan="2">19～61</td><td colspan="2">7～61</td><td colspan="2">4～14</td><td>4～10</td></tr>
<tr><td>KVVR</td><td colspan="5">4～61</td><td colspan="2">—</td><td>—</td></tr>
<tr><td>KVVRP</td><td colspan="3">4～61</td><td colspan="2">4～48</td><td colspan="2">—</td><td>—</td></tr>
</table>

注：推荐的芯数系列为：2、3、4、5、7、8、10、12、14、16、19、24、27、30、37、44、48、52 和 61 芯。

(二)电力电缆

1. 聚氯乙烯绝缘电力电缆

聚氯乙烯绝缘电力电缆主要固定敷设在交流 50Hz、额定电压 10kV 及其以下的输配电线路上作输送电能用。其型号和名称见表 9-44。

表 9-44　　聚氯乙烯绝缘电力电缆型号和名称

型号 铜芯	型号 铝芯	名　称
VV	VLV	聚氯乙烯绝缘聚氯乙烯护套电力电缆
VY	VLY	聚氯乙烯绝缘聚乙烯护套电力电缆
VV_{22}	VLV_{22}	聚氯乙烯绝缘钢带铠装聚氯乙烯护套电力电缆
VV_{28}	VLV_{28}	聚氯乙烯绝缘钢带铠装聚乙烯护套电力电缆
VV_{32}	VLV_{32}	聚氯乙烯绝缘细钢丝铠装聚氯乙烯护套电力电缆
VV_{33}	VLV_{33}	聚氯乙烯绝缘细钢丝铠装聚乙烯护套电力电缆
VV_{42}	VLV_{42}	聚氯乙烯绝缘粗钢丝铠装聚氯乙烯护套电力电缆
VV_{48}	VLV_{43}	聚氯乙烯绝缘粗钢丝铠装聚乙烯护套电力电缆

聚氯乙烯绝缘电力电缆的常用规格型号及其参数见表 9-45。

表 9-45　　聚氯乙烯绝缘电力电缆型号、规格和重量　　（单位：kg/km）

型号 芯数×截面(mm²)	0.6/1kV					
	VV	VLV	VV_{22}	VLV_{22}	VY	VLY
1×1.5	50.7	43.1	—	—	—	—
1×2.5	63.5	47.9	—	—	—	—
1×4	87.7	63.0	—	—	—	—
1×6	111	75.9	—	—	—	—
1×10	166.6	93.0	347.6	265.4	—	—
1×16	233.3	132.2	432.4	331.3	—	—
1×25	344.9	185.4	574.3	414.8	333	175
1×35	449.8	228.7	698.9	477.8	438	218
1×50	590.5	289.8	870.1	569.4	599	284
1×70	807.3	374.2	1118	685.0	798	356
1×95	1102	501.4	1444	843.6	1072	472
1×120	1349	590.3	1719	959.8	1322	565
1×150	1654	721.3	2046	1113	1644	697
1×185	2060	891.6	2672	1503	2023	854
1×240	2651	1114	3353	1816	2597	1082
1×300	3323	1396	4072	2145	3223	1329
1×400	4205	1742	5033	2570	4533	1708
1×500	5359	2181	6277	3099	5243	2087
1×630	6367	2558	—	—	—	—

型号 芯数×截面(mm²)	0.6/1kV			
	VV	VLV	VV_{22}	VLV_{22}
2×1.5	118.6	99.5	—	—
2×2.5	150.1	118.4	—	—
2×4	210.3	159.9	424.3	373.9
2×6	263.7	192.0	493.9	425.0
2×10	393.1	241.6	663.9	496.7
2×16	540.5	334.1	844.4	638.0

续表

芯数×截面(mm²) \ 型号	0.6/1kV			
	VV	VLV	VV_{22}	VLV_{22}
2×25	794.2	468.5	1154	827.2
2×35	1037	585.3	1431	979.9
2×50	1227	682	1589	945.0
2×70	1650	747	2243	1340
2×95	2213	988	2909	1684
2×120	2733	1186	3475	1928
2×150	3396	1462	4250	2316
3×1.5	142.1	113.2	—	—
3×2.5	186.5	138.9		
3×4	264.5	189.0	489.1	413.6
3×6	335.1	226.8	577.1	471.8
3×10	514.0	290.1	799.7	558.9
3×16	728.1	418.5	1050	739.9
3×25	1084	595.9	1465	976.3
3×35	1422	744.5	2149	1372
3×50	1801	834	2453	1486
3×70	2415	1061	3116	1763
3×95	3255	1418	4053	2216
3×120	4037	1716	4930	2609
3×150	5028	2127	6075	3174
3×185	6180	2602	7299	3721
3×240	7949	3308	9231	4590
3×4	797.5	722.0	—	—
3×6	907.5	798.8	—	—
3×10	1186	964.6	—	—
3×16	1658	1349	—	—
3×25	2190	1701	—	—
3×35	2635	1957	—	—
3×50	3050	2083	4544	3577
3×70	3755	2401	5338	3985
3×95	5162	3324	6585	4747
3×120	6143	3822	7646	5325
3×150	8025	5124	9045	6144
3×185	9428	5850	10520	6942
3×240	11612	6971	12777	8136

续表

芯数×截面(mm^2) \ 型号	0.6/1kV			
	VV	VLV	VV_{22}	VLV_{22}
3×4+1×2.5	303.6	211.3	537.9	445.6
3×6+1×4	399.8	265.0	656.6	524.3
3×10+1×6	594.5	333.9	893.7	618.8
3×16+1×10	853.2	467.3	1194	804.1
3×25+1×16	1267	671.4	1668	1072
3×35+1×16	1591	806.2	2243	1458
3×50+1×25	2124	996.0	2852	1723
3×70+1×35	2851	1271	3657	2077
3×95+1×50	3844	1684	4796	2636
3×120+1×70	4833	2060	5912	3139
3×150+1×70	5841	2488	7025	3673
3×185+1×95	7246	3056	8598	4408
3×240+1×120	9216	3801	10631	5216
4×4	322.4	221.4	564.9	463.9
4×6	422.9	270.8	684.7	532.6
4×10	648.6	387.8	959.6	698.8
4×16	921.8	508.9	1273	859.6
4×25	1373	721.9	1998	1347
4×35	1802	899.1	2505	1602
4×50	2380	1091	3122	1832
4×70	3202	1398	4025	2220
4×95	4315	1866	5291	2842
4×120	5359	2265	6464	3370
4×150	6679	2811	7866	3998
4×185	8190	3420	9542	4772
4×240	10494	4305	11916	5727

2. 橡胶绝缘电子电缆

橡胶绝缘电力电缆用于额定电压 6kV 及以下的输配电线路固定敷设，其型号和名称见表 9-46。

表 9-46　　橡胶绝缘电子电缆型号和名称

型号（铝）	型号（铜）	名称	主要用途
XLV	XV	橡胶绝缘聚氯乙烯护套电力电缆	敷设在室内、电缆沟内、管道中。电缆不能承受机械外力作用
XLF	XF	橡胶绝缘氯丁护套电力电缆	同 XLV 型
XLV_{29}	XV_{29}	橡胶绝缘聚氯乙烯护套内钢带铠装电力电缆	敷设在地下。电缆能承受一定机械外力作用，但不能承受大的拉力
XLQ	XQ	橡胶绝缘裸铅包电力电缆	敷设在室内、电缆沟内、管道中。电缆不能承受振动和机械外力作用，且对铅应有中性的环境
XLQ_2	XQ_2	橡胶绝缘铅包钢带铠装电力电缆	同 XLV_{29} 型
XLQ_{20}	XQ_{20}	橡胶绝缘铅包裸钢带铠装电力电缆	敷设在室内、电缆沟内、管道中。电缆不能承受大的拉力

橡胶绝缘电力电缆的常用规格型号及其技术参数见表 9-47。

表 9-47　　橡胶绝缘电力电缆型号、规格和质量　　(kg/km)

型号 / 标称截面(mm^2)	XLV(500V)				XV(500V)				XLF(500V)			
	一芯	二芯	三芯	四芯	一芯	二芯	三芯	四芯	一芯	二芯	三芯	四芯
1	—	—	—	—	51	98	126	154	—	—	—	—
1.5	—	—	—	—	58	113	148	179	—	—	—	—
2.5	56	111	141	159	71	141	187	230	52	84	127	154
4	65	134	169	196	90	183	242	285	61	102	158	206
6	77	160	205	237	113	233	314	371	72	123	214	247
10	104	235	291	330	174	380	503	562	99	245	300	341
16	146	356	440	473	244	553	736	789	140	351	436	468
25	200	489	637	692	354	799	1102	1228	190	483	655	711
35	245	620	785	836	460	1052	1432	1554	266	640	806	856

续表

型号 / 标称截面(mm^2)	XLV(500V)				XV(500V)				XLF(500V)			
	一芯	二芯	三芯	四芯	一芯	二芯	三芯	四芯	一芯	二芯	三芯	四芯
50	324	849	1079	1152	636	1476	2020	2193	348	901	1135	1216
70	395	1024	1378	1509	820	1878	2659	2947	422	1083	1446	1581
95	535	1409	1801	1974	1118	2580	3558	3949	548	1482	1878	2054
120	628	1646	2119	2247	1344	3085	4278	4623	642	1725	2201	2329
150	764	1996	2664	2895	1676	3826	5406	5958	780	2084	2774	2996
185	948	2495	3208	3430	2083	4775	6631	7169	987	2687	3331	3562
240	1197	3240	4181	4474	2700	—	—	—	1251	3366	4314	4563
300	1475	—	—	—	—	—	—	—	1578	—	—	—
400	1904	—	—	—	—	—	—	—	2035	—	—	—
500	2314	—	—	—	—	—	—	—	2457	—	—	—
630	2841	—	—	—	—	—	—	—	2998	—	—	—

型号 / 标称截面(mm^2)	XF(500V)				XLV_{20}(500V)			XV_{20}(500V)			XLQ_2(500V)		
	一芯	二芯	三芯	四芯	二芯	三芯	四芯	二芯	三芯	四芯	二芯	三芯	四芯
1	48	76	114	141	—	—	—	—	—	—	—	—	—
1.5	54	90	135	166	—	—	—	—	—	—	—	—	—
2.5	67	115	173	205	—	—	—	—	—	—	—	—	—
4	86	151	231	295	379	419	456	428	493	545	822	861	933
6	109	196	323	281	423	483	537	496	593	671	880	1094	1178
10	169	391	514	573	549	761	824	852	1038	1078	1222	1333	1429
16	239	549	732	785	890	1000	1049	1087	1296	1365	1521	1674	1733
25	245	793	1121	1284	1089	1301	1380	1399	1767	2226	1852	2155	2249
35	481	1071	1453	1575	1304	1515	1571	1735	2162	2296	2192	2456	2590
50	660	1529	2077	2256	1675	1895	2048	2302	2836	3089	2759	3223	3334
70	847	1937	2727	3019	1926	2278	2436	2780	3560	3874	3171	3680	3888
95	1131	2652	3635	4028	2371	2954	3109	3541	4711	5084	3593	4632	5058
120	1359	3164	4360	4704	2765	3309	3434	4204	5468	5811	4535	5357	5494
150	1512	3914	5516	6019	3229	3899	4152	5059	6646	7215	5353	6369	6653
185	2133	4967	6753	7281	3761	4670	4899	6041	7092	8637	6291	7243	7580
240	2754	—	—	—	4664	5717	6243	—	—	—	7387	8636	8874

型号 / 标称截面(mm^2)	XLQ					XQ				
	一芯		二芯	三芯	四芯	一芯		二芯	三芯	四芯
	500V	6000V	500V	500V	500V	500V	6000V	500V	500V	500V
1	—	—	—	—	—	157	—	241	340	392
1.5	—	—	—	—	—	170	—	267	379	432
2.5	178	—	—	—	—	194	469	309	440	496
4	201	480	318	450	500	226	504	367	524	589
6	226	512	361	515	571	262	548	435	624	706

续表

标称截面(mm²) \ 型号	XLQ					XQ				
	一芯		二芯	三芯	四芯	一芯		二芯	三芯	四芯
	500V	6000V	500V	500V	500V	500V	6000V	500V	500V	500V
10	285	586	590	669	735	405	679	763	910	989
16	370	691	780	895	938	469	789	977	1191	1254
25	469	781	999	1246	1318	624	935	1310	1711	1868
35	546	866	1254	1464	1578	761	1081	1685	2110	2340
50	479	1033	1673	2166	2153	991	1345	2300	3007	3193
70	791	1154	1979	2416	2587	1217	1579	2833	3698	4025
95	975	1419	2532	3209	3565	1558	2010	3703	4966	5540
120	1108	1570	3045	3794	3932	1824	2286	4514	5953	6308
150	1298	1888	3741	4649	4890	2210	2797	5571	7391	7953
185	1603	2101	4511	5353	5623	2738	3236	6791	8775	3362
240	2036	2608	5430	6531	6749	3539	4111	—	—	—
300	2482	2903	—	—	—	—	1785	—	—	—
400	2977	3647	—	—	—	—	6080	—	—	—
500	3711	4323	—	—	—	—	—	—	—	—
630	4543	—	—	—	—	—	—	—	—	—

标称截面(mm²) \ 型号	XQ_2(500V)			XLQ_{20}(500V)			XQ_{20}(500V)		
	二芯	三芯	四芯	二芯	三芯	四芯	二芯	三芯	四芯
4	871	935	1022	628	755	822	677	829	909
6	953	1203	1312	719	977	1054	792	1086	1188
10	1427	1673	1762	1094	1210	1290	1291	1518	1567
16	1718	1970	2049	1377	1520	1575	1574	1816	1891
25	2162	2620	2807	1582	1976	2065	1892	2442	2621
35	2623	3104	3361	2006	2261	2393	2437	2908	3161
50	3386	4164	4375	2728	2997	3104	3175	3938	4145
70	4015	4962	5327	2934	3435	3636	3788	4717	5074
95	4763	6389	7032	3620	4344	4776	4791	6101	6744
120	5973	7515	7870	4254	5057	5194	5692	7216	7570
150	7183	9116	9716	5041	6040	6315	6871	8782	9198
185	8571	10665	11319	5771	6876	7164	8101	10298	11173
240	—	—	—	7012	8232	8467	—	—	—

三、母线

(一)封闭母线

1. QLFM 型全连式离相封闭母线

QLFM 型全连式离相封闭母线主要用于发电厂的发电机至主变压器、厂用变压器以及配套设备柜三相电气回路的连接。其型号的含义为：

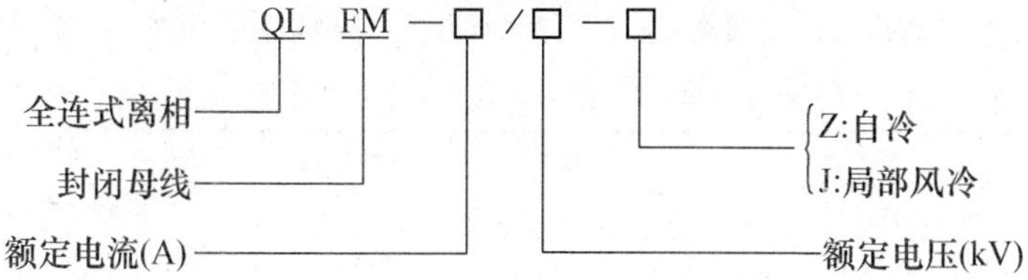

QLFM 型全连式离相封闭母线的常用型号规格及技术参数见表 9-48。

表 9-48　QLFM 型全连式离相封闭母线常用型号规格及其技术参数表

产品型号	技术参数		外形尺寸(mm)		质量(kg/m)
	额定电压(kV)	额定电流(A)	外　壳	导体	
QLFM—6000/15.75—Z	15.75	6000	ϕ750	ϕ300	120
QLFM—8000/15.75—Z	15.75	8000	ϕ850	ϕ400	140
QLFM—10000/15.75—Z	15.75	10000	ϕ850～ϕ900	ϕ400	140
QLFM—12000/18—Z	18	12000	ϕ1000	ϕ500	172
QLFM—12500/18—Z	18	12500	ϕ1000	ϕ500	172
QLFM—15000/20—Z	20	15000	ϕ1100	ϕ600	190
QLFM—22000/20—J	20	22000	ϕ1400	ϕ900	265
QLFM—12000/20—Z—J	20	12000	ϕ1000	ϕ500	172

2. FQFM 型分段全连式离相封闭母线

FQFM 型分段全连式离相封闭母线主要用于发电厂的发电机至主变压器，厂用变压器以及配套设备柜三相电气回路的连接。其型号含义为：

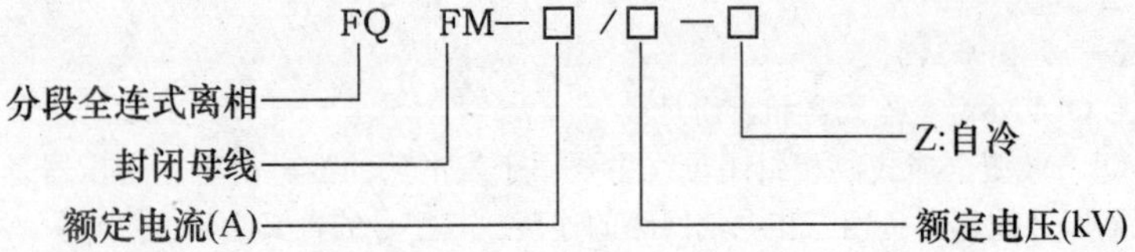

FQFM 型分段全连式离相封闭母线的常用型号规格及技术参数见表 9-49。

表 9-49　FQFM 型分段全连式离相封闭母线常用型号规格及其技术参数

产品型号	技术参数		外形尺寸(mm)		质量(kg/m)
	额定电压(kV)	额定电流(A)	外　壳	导体	
FQFM—12000/18—Z	18	12000	ϕ1000	ϕ500	172

3. GXFM 型共箱母线

GXFM 型共箱母线主要用于发电厂的厂用变压器〈启动变压器〉至开关柜及配套设备柜电气回路的连接。其型号含义为：

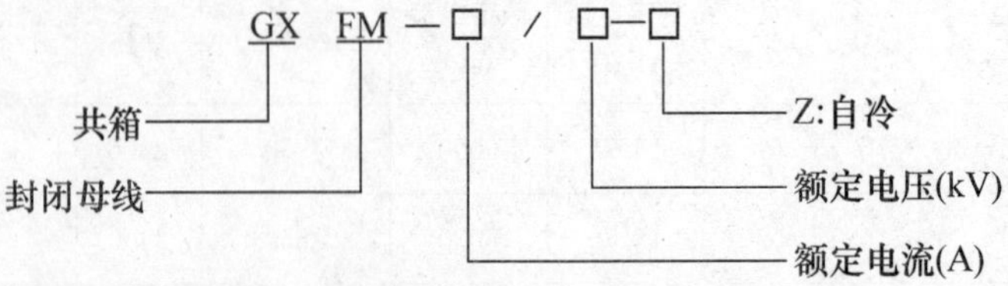

GXFM 型共箱母线的常用型号规格及技术参数见表 9-50。

表 9-50　GXFM 型共箱母线常用型号规格及其技术参数

产品型号	技术参数		外形尺寸(mm)		质量(kg/m)
	额定电压(kV)	额定电流(A)	外　壳	导体	
GXFM—1000/10—Z	6.3～10	1000	870	550	86
GXFM—1600/10—Z	6.3～10	1600	870	550	95
GXFM—2000/10—Z	6.3～10	2000	870	550	100
GXFM—2500/10—Z	6.3～10	2500	950	650	118
GXFM—3150/10—Z	6.3～10	3150	950	650	132

4. GGFM 型共箱隔相母线

GGFM 型共箱隔相母线主要用于发电厂的厂用变压器〈启动变压器〉至开关柜及配套设备柜电气回路的连接。其型号含义为：

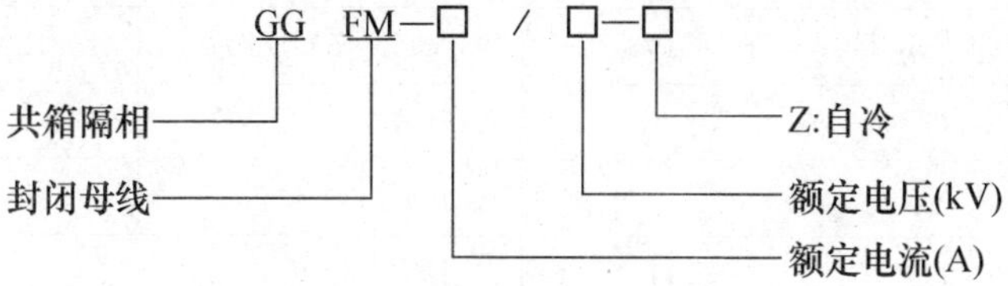

GGFM 型共箱隔相母线的常用型号规格及技术参数见表 9-51。

表 9-51　　GGFM 型共箱隔相母线常用型号规格及其技术参数

产品型号	技术参数		外形尺寸(mm)		质量(kg/m)
	额定电压(kV)	额定电流(A)	外　壳	导体	
GGFM—2000/15.75—Z	10～15.75	2000	1200	600	148
GGFM—2500/15.75—Z	10～15.75	2500	1200	600	152

(二)硬母线

1. 管形母线

管形母线的规格型号及参数见表 9-52。

表 9-52　　管形母线(铝锰合金管)规格型号及参数

规格型号	质量(kg/m)	规格型号	质量(kg/m)
ϕ30/ϕ25	1.1	ϕ80/ϕ72	5.07
ϕ40/ϕ35	1.54	ϕ100/ϕ90	7.92
ϕ50/ϕ45	1.98	ϕ120/ϕ110	9.68
ϕ60/ϕ54	2.85	ϕ130/ϕ116	14.29
ϕ70/ϕ64	3.38	ϕ150/ϕ136	16.75

2. 槽形母线

槽形母线的规格型号及参数见表 9-53。

表 9-53　槽形母线规格型号及参数

规格型号	质量(kg/m)	规格型号	质量(kg/m)
A －175×80×8	6.62	A －125×55×5.5	3.3
A －250×115×10.5	15.37	A －150×65×7	4.99
A －100×45×5	24.1	A 75×35×4	1.47
A 100×45×6	2.9	A 100×45×4.5	2.19
A －200×90×12	11.45	A 125×55×6.5	3.9
A 75×35×5.5	2.01	A 200×90×10	9.66
A －200×100×10	10.26	A 225×105×12.5	14.88
A －75×35×3.5	1.29	A 250×115×12.5	15.97

3. 铜母线

铜母线主要用于配电系统。其主要型号见表 9-54。

表 9-54　铜母线型号及其名称

型　号	状　态	名　称
TMR	O—退火的	软铜母线
TMY	H—硬的	硬铜母线

铜母线常用的规格型号及参数见表 9-55。

表 9-55　常用铜母线规格型号及参数

规格型号	质量(kg/m)	规格型号	质量(kg/m)	规格型号	质量(kg/m)
TMY－30×4	1.07	TMY－50×5	2.22	TMY－100×8	7.10
TMY－30×5	1.33	TMY－50×6	2.66	TMY－100×100	8.88
TMY－30×6	1.59	TMY－60×6	3.19	TMY－120×8	8.53
TMY－40×4	1.42	TMY－60×8	4.26	TMY－120×10	10.66
TMY－40×5	1.78	TMY－80×8	5.68		
TMY－40×6	2.13	TMY－80×10	7.10		

4. 铝母线

铝母线主要用于配电系统。其主要型号见表 9-56。

表 9-56　　铝母线主要型号表

型　号	状　态	名　称
LMR	O—退火的	软铝母线
LMY	H—硬的	硬铝母线

铝母线常见的规格型号及参数见表 9-57。

表 9-57　　常用铝母线规格型号及参数

规格型号	质量(kg/m)	规格型号	质量(kg/m)	规格型号	质量(kg/m)
LMY－20×3	0.16	LMY－50×5	0.68	LMY－80×10	2.16
LMY－20×4	0.22	LMY－50×6	0.81	LMY－100×6	1.62
LMY－30×3	0.24	LMY－60×5	0.81	LMY－100×8	2.16
LMY－30×4	0.32	LMY－60×6	0.97	LMY－100×10	2.7
LMY－40×4	0.43	LMY－80×6	1.3	LMY－120×8	2.59
LMY－40×5	0.54	LMY－80×8	1.73	LMY－120×10	3.24

5. 钢母线

钢母线主要用于配电系统，其常用规格型号及参数见表 9-58。

表 9-58　　常用钢母线规格型号及参数

规格型号	质量(kg/m)	规格型号	质量(kg/m)	规格型号	质量(kg/m)
CT－6×70	3.3	CT－6×100	4.71	CT－8×80	5.02
CT－6×80	3.77	CT－8×60	3.77	CT－8×90	5.65
CT－6×90	4.24	CT－8×70	4.4	CT－8×100	6.28
CT－10×70	5.5	CT－4×40	1.26	CT－12×80	7.54
CT－10×80	6.28	CT－4×50	1.57	CT－12×90	8.48
CT－10×90	7.07	CT－5×40	1.57	CT－12×100	9.42
CT－10×100	7.85	CT－5×50	1.96	CT－12×120	11.3
CT－10×120	9.42	CT－5×60	2.36	CT－12×150	14.13
CT－3×20	0.47	CT－5×70	2.75	CT－14×90	9.89
CT－3×25	0.59	CT－6×50	2.36	CT－14×100	10.99
CT－3×30	0.71	CT－6×55	2.59	CT－16×90	11.3
CT－4×30	0.94	CT－6×60	2.83	CT－16×100	12.56
CT－4×35	1.1	CT－10×140	10.99	CT－16×150	18.84

(三)扩径导线

1. LGJK 型软母线

LGJK 型软母线的常用型号规格及参数见表 9-59。

表 9-59　LGJK 型规格及技术参数表

型　号		LGJK－630	LGJK－800	LGJK－1000	LGJK－1250	LGJK－1400
导线外径(mm)		48	49	51	52	51
标称截面积(mm^2)		630	800	1000	1250	1400
计算截面积(mm^2)	铝	635.43	813.42	1001.40	1259.14	1399.6
	钢	152.81	152.81	152.81	152.81	134.3
	总计	788.24	966.23	1154.21	1411.95	1533.9
结构根数/直径(mm)	中心钢丝	19/3.2	19/3.2	19/3.2	19/3.2	19/3.0
	内层铝(支撑层)	4/4.55	4/4.60	4/4.55	4/4.60	13/4.5
	次内层铝(支撑层)	4/4.55	4/4.60	4/4.55	18/4.47	19/4.5
	次外层铝	11/3.70	24/3.80	27/4.30	26/4.47	25/4.5
	最外层铝	36/3.70	36/3.80	33/4.30	32/4.47	31/4.5
计算总拉断力(kN)		228	253	278	313	329
弹性系数(kN/mm^2)		67.8	64.2	61.5	59.0	53.6
线胀系数/(10^{-6}/℃)		15.5	16.2	17.7	21.5	20.4
20℃时直流电阻(Ω/km)		0.046433	0.036179	0.029314	0.023161	0.02138
单位质量(kg/km)		2994	3491	4013	4713	4962

2. LGKK 型扩径导线

LGKK 型扩径导线主要供 330～500kV 度电所作母线用。其常用型号规格及参数见表 9-60。

表 9-60　LGKK 型规格及技术参数表

型　号		LGKK－587	LGKK－900	LGKK－1400
导线外径(mm)		51	49	57
计算截面积(mm^2)	铝	586.7	906.4	1387.8
	钢	49.5	84.83	106.0
	总计	636.2	991.23	1493.8

续表

型号			LGKK－587	LGKK－900	LGKK－1400
导线结构根数/直径(mm)	中芯支撑层金属软管外径		39.0	27.0	27.0
	内层	铝	35/3.0	18/3.0	15/3.0
		钢	7/3.0	12/3.0	15/3.0
	次内层,铝		48/3.0	28/4.0	28/4.0
	次外层,铝			34/4.0	34/4.0
	最外层,铝				40/4.0
计算总拉断力(kN)			137	205	289
弹性系数(kN/mm^2)			71.54	58.7	58.02
线胀系数/(10^{-6}/℃)			20.6	20.4	20.8
20℃时直流电阻(Ω/km)			0.0514	0.03317	0.02163
单位质量(kg/km)			2711	3650	5159

第三节　照明光源与灯具

一、照明光源

1. 白炽灯

白炽灯是第一代电光源的代表作。它主要由灯丝、灯头和玻璃灯泡等组成,如图 9-1 所示。灯丝是由高熔点的钨丝绕制而成,并被封入抽成真空状的玻璃泡内。为了提高灯泡的使用寿命,一般在玻璃泡内再充入惰性气体氩或氮。应用在照度和光色要求不高,频繁开关的室内外照明。除普通灯泡外,还有低压灯泡6～36V,用作局部安全照明和携带式照明。

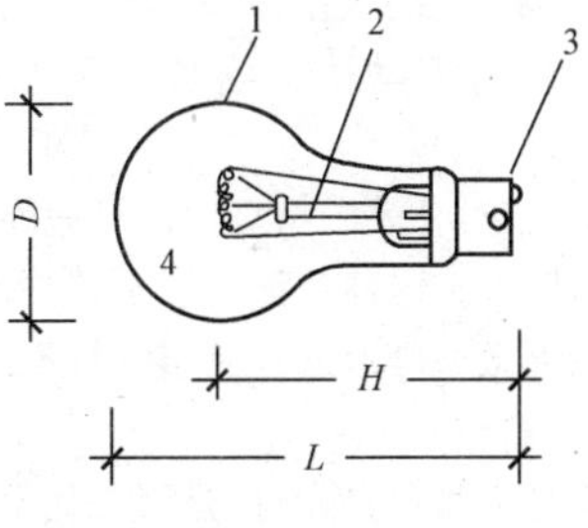

图 9-1　白炽灯的构造

1—玻壳;2—玻璃支柱;3—灯头;4—灯丝

当电流通过白炽灯的灯丝时,由于电流的热效应,使灯丝达到白炽状(钨丝的温度可达到 2400～2500℃)而发光。它的优点是构造简单,价格低,安装方便，便于控制和启动迅速，所以直到现在仍被广泛应用，但因白炽灯吸收的电能只有不到20%被转变换成了光能，其余的均被转换为红外线辐能和热能浪费了，所以它的发光效率较低。

白炽灯灯泡有以下一些形式。

(1)普通型。为透明玻璃壳灯泡，有功率为 10W、15W、20W、25W、40～1000W 等多种规格。40W 以下是真空灯泡，40W 以上则充以惰性气体，如氩、氮气体或氩氮的混合气体。

(2)反射型。在灯泡玻璃壳内的上部涂以反射膜，使光线向一定方向投射，光线的方向性较强；功率常见有 40～500W。

(3)漫射型。采用乳白玻璃壳或在玻璃壳内表面涂以扩散性良好的白色无机粉末，使灯光具有柔和的漫射特性，常见有 25～250W 等多种规格。

(4)装饰型。用彩色玻璃壳或在玻璃壳上涂以各种颜色，使灯光成为不同颜色的色光；其功率一般为 15～40W。

(5)水下型。水下灯泡一般用特殊的彩色玻璃壳制成，在水下能承受 25atm (2 531 125Pa)，功率为 1000W 和 1500W。这种灯泡主要用在涌泉、喷泉、瀑布水池中作水下灯光造景。

2. 微型白炽灯

这类光源虽属白炽灯系列，但由于它功率小、所用电压低，因而照明效果不好，在市政工程建设中主要是作为图案、文字等艺术装饰使用，如可塑霓虹灯、美耐灯、带灯、满天星灯等。微型灯泡的寿命一般在 5000～10 000h 以上，其常见的规格有 6.5V/0.46W、13V/0.48W、28V/0.84W 等几种，体积最小的其直径只有 3mm，高度只有 7mm。特种微型白灯炽灯泡主要有以下三种形式。

(1)一般微型灯泡。这种灯泡主要是体积小、功耗小，只起着通发光装饰作用。

(2)断丝自动通路微型灯泡。这种灯泡可以在多灯串联电路中某一个灯泡的灯丝烧断后，自动接通灯泡两端电路，从而使串联电路上的其他灯泡能够继续发光。

(3)定时亮灭微型灯泡。灯泡能够在一定时间中自动发光，又能在一定时间中自动熄灭。这种灯泡一般不单独使用，而是在多灯泡串联的电路中，使用一个定时亮灭微型灯泡来控制整个灯泡组的定时亮灭。

3. 荧光灯

荧光灯又称日光灯，是第二代电光源的代表作。它主要由荧光灯管、镇流器和启辉器等组成，如图 9-2 所示。

一般荧光灯有多种颜色：日光色、白色、冷白色和暖白色以及各种彩色。灯管外形有直管形、U 形、圆形、平板形等多种，常用的是 YZ 系列日光白荧光灯，属日光灯。

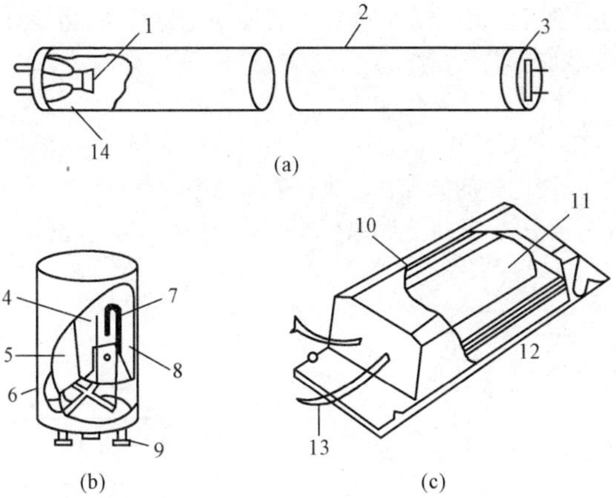

图 9-2　荧光灯

(a)荧光灯管;(b)启辉器;(c)镇流器

1—阴极;2—玻璃管;3—灯头;4—静触头;5—电容器;6—外壳;
7—双金属片;8—玻璃壳内充惰性气体;9—电极;10—外壳;
11—线圈;12—铁芯;13—引线;14—水银

荧光灯优点多,如光色好,特别是日光灯接近天然光;发光效率高,比白炽灯高 2～3 倍;在不频繁启燃工作状态下,其寿命较长,可达 3000h 以上。所以荧光灯的应用非常普及。但荧光灯带有镇流器,其对环境的适应性较差,如温度过高或过低会造成启辉困难;电压影响,会造成荧光灯启燃困难甚至不能启燃;同时,普通荧光灯点燃需一定的时间,所以不适用于要求照明不间断的场所。

4. 卤钨灯

卤钨灯是卤钨循环白灯泡的简称,是一种较新型的热辐射光源。它是由具有钨丝的石英灯管内充入微量的卤化物(碘化物或溴化物)和电极组成,如图 9-3 所示。其发光效率高、光色好,适合大面积、高空间场所照明。

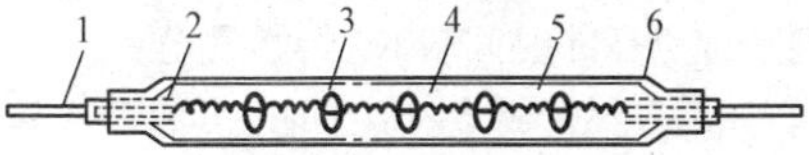

图 9-3　卤钨灯

1—电极;2—封套;3—支架;4—灯丝;5—石英管;6—碘蒸气

卤钨灯的安装必须保持水平,倾斜角不得超过±4°,否则会缩短灯管寿命;灯架距可燃物的净距不得小于 1m,离地垂直高度不宜少于 6m。它的耐震性较差,不易在有震动的场所使用，也不宜做移动式照明电器使用；卤钨灯需配专用的照明灯具，室外安装应有防雨措施。

5. 高压汞灯

高压汞灯又称高压水银灯，是一种较新型的电光源，它主要由涂有荧光粉的玻璃泡和装有主、辅电极的放电管组成。玻璃泡内装有与放电管内辅助电极串联的附加电阻及电极引线，并将玻璃泡与放电管间抽成真空，充入少量惰性气体，如图 9-4 所示。

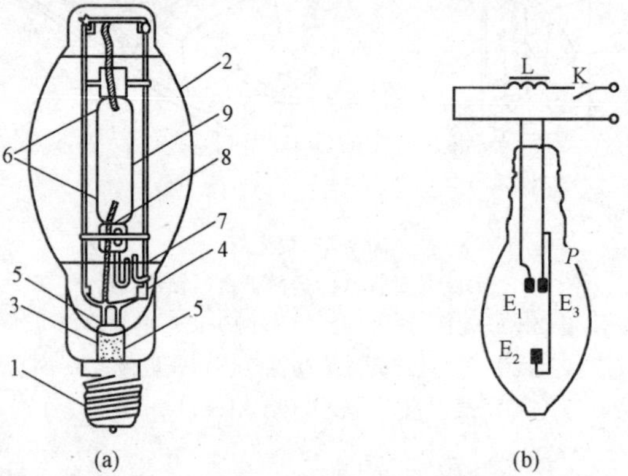

图 9-4　高压汞灯

(a)高压汞灯的构造；(b)高压汞灯的工作电路图

1—灯头；2—玻璃壳；3—抽气管；4—支架；5—导线；

6—主电板 E_1、E_2；7—启动电阻；8—辅助电极 E_3；9—石英放电管

高压汞灯分为普通高压汞灯和自镇流式高压汞灯两类。自镇流式高压汞灯的结构与普通汞灯基本一致，只是在石英管的外面绕了一根钨丝，与放电管串联，起到镇流器的作用。自镇流式高压汞灯具有发光效率高、寿命长、省电，耐震的优点，且对安装无特殊要求，所以被广泛用于施工现场、广场、车站等大面积场所的照明。缺点是启动到正常点亮的时间较长，约需几分钟。而且，高压汞灯对电源电压的波动要求较高，如果突然降低 5%以上时，可能造成高压汞灯的自行熄灭，且再启动点亮也需 5～10s 的时间。

6. 高压钠灯

与高压汞灯相似，在放电发光管内除充有适量的汞和惰性气体（氩或氙）以外，并加入足够的钠，由于钠的激发电位比汞低得多，故放电管内以钠的放电放光为主，提高钠蒸汽的压力即为高压钠灯。

高压钠灯具有光效高、紫外线辐射小、透雾性能好、可以任意位置点燃、抗震

性能好等优点。缺点是发光强度受电源电压波动影响较大,约为电压变化率的2倍。如果电压降低5%以上时,可能造成高压钠灯的自行熄灭,电源电压恢复后,再启动时间较长,约为10～15s。

7. 金属卤化物灯

金属卤化物灯是近年发展起来的新型光源。与高压汞灯类似,在放电管内除充有汞和惰性气体外,还加入发光的金属卤化物(以碘化物为主)。当放电管工作而产生弧光放电时,金属卤化物被气化并向电弧中心扩散,在电弧中心处,卤化物被分离成金属的卤素原子。由于金属原子被激发,极大地提高了发光效率。因此,与高压汞灯相比,金属卤化物灯的发光效率更高,而且紫外辐射弱,但其寿命较高压汞灯短。

目前生产的金属卤化物灯,多为镝灯和钠铊铟灯。使用中应配用专用镇流器或采用触发器启动点燃灯管。

8. 氙灯

氙灯灯管内充有高压的惰性气体,为惰性气体放电弧灯,其光色接近太阳光,具有耐低温、耐高温、抗震性能好、能瞬时启动、功率大等特点。启动方式为触发器启动,缺点为光效没有其他气体放电灯高、寿命短、价格高,在启动时有较多的紫外线辐射,人不能长时间靠近。

9. H 形节能灯

H 形节能荧光灯具有光色柔和、显色性好、体积小、造型别致等特点。发光效率比普通荧光灯提高30%左右,是白炽灯的5～7倍。

H 形灯与电感式镇流器配套使用时,将启辉器装在灯头塑料外壳内并与灯丝连接好,另两根灯丝引线由灯脚引出。其结构如图9-5所示。电感镇流器装在一塑料外壳内,外壳一端是灯插孔内,再将整个灯装在螺丝灯座上即可。H 形灯的接线与普通型日光灯完全相同。

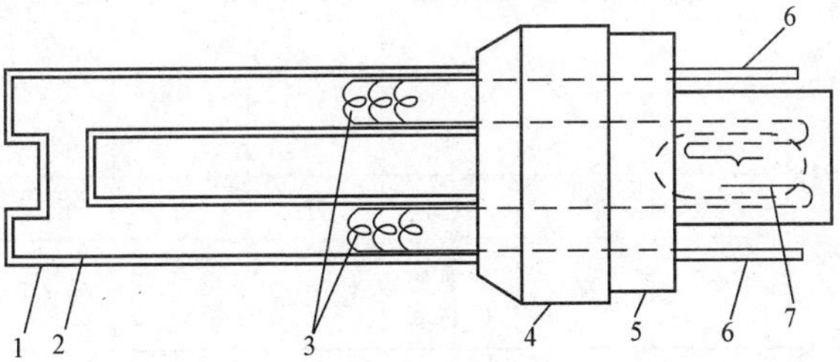

图 9-5　H 形灯结构

1—玻璃管;2—三基色荧光粉;3—三螺旋状阴极;
4—铝壳;5—塑料壳;6—灯脚;7—启辉器

水利电力工程照明的常用光源的特性比较可见表 9-61。

表 9-61　　　　常用照明光源的特性比较表

项　目	普　通白炽灯	卤钨灯	荧光灯	荧光高压汞灯	管形氙灯	高压钠灯	金　属卤化物灯
额定功率(W)	10～1000	500～2000	6～125	50～1000	1500～100000	250～400	400～1000
光效(lm/W)	6.5～19	19.5～21	25～67	30～50	20～37	90～100	60～80
平均寿命(h)	1000	1500	2000～3000	2500～5000	500～1000	3000	2000
黑色指数(Ra)	95～99	95～99	70～80	30～40	90～94	20～25	65～85
色温(K)	2700～2900	2900～3200	2700～6500	6500	5500～6000	2000～2400	5000～3500
启动稳定时间	瞬时	瞬时	1～3s	4～8min	1～2s	4～8min	4～8min
再启动时间	瞬时	瞬时	瞬时	4～10min	瞬时	10～20min	10～150min
功率因数($\cos\varphi$)	1	1	0.33～0.7	0.44～0.7	0.4～0.9	0.44	0.4～0.61
频闪效应	不明显	不明显	明显	明显	明显	明显	明显
表面亮度	大	大	小	较大	大	较大	大
电压变化对光通的影响	小	小	大	较小	小	较小	较小
耐震性能	较差	差	较好	好	好	较好	好
所需附件	无	无	镇流器 启辉器	镇流器	镇流器 触发器	镇流器	镇流器 触发器

二、照明灯具

水利水电工程灯具由于要受日晒、雨淋、刮风、下雪等外界不利因素的影响，必须具备防水、防喷、防滴等性能，其灯具的电器部分应该防潮，对灯具外壳的表面处理见表 9-62 及图 9-6。

表 9-62　　防水型灯具的种类

类　别	Dp(防滴水型)	Rp(防雨型)	Jp(防喷流型)	W_T(防浸泡型)	Mp(防潮形)
现　象	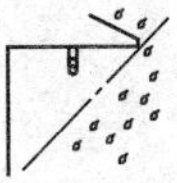			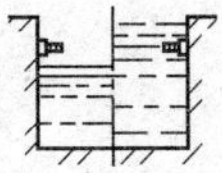	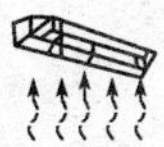
用　途	地下室 地下道 房屋的侧面 屋檐下 不淋雨的地方	室外 房屋的侧面 风吹雨打的地方	隧道 洗车场 定期用水冲洗的地方	游泳池旁边 水淹没的地方	浴室 厨房 有水蒸气的地方
一般采用的灯具			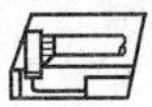	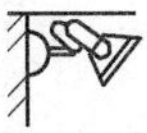	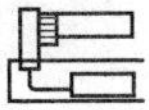

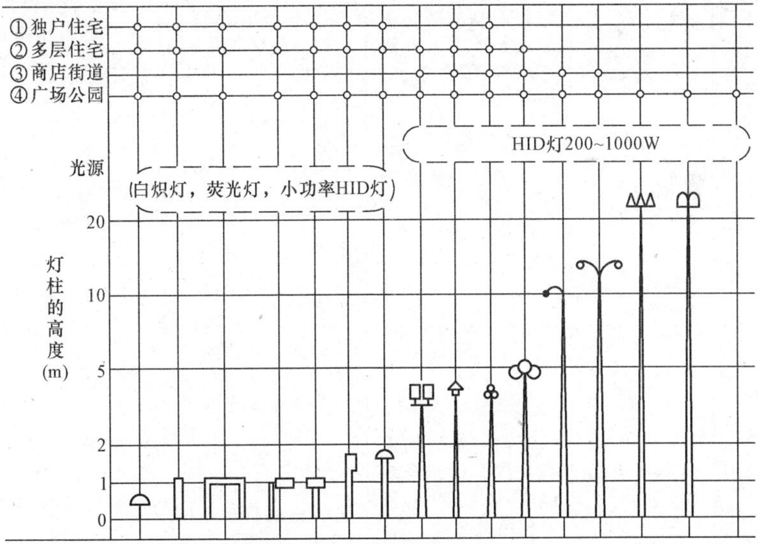

图 9-6　外部照明灯具的种类

第十章 耐火、防腐材料

第一节 耐火材料

一、一般常用耐火材料的分类、特性及用途

常用耐火材料的分类、特性及用途见表10-1。

表10-1 常用耐火材料的分类、特性及用途

类别	名称	说明	特性	适用范围
硅酸铝质耐火材料	黏土质耐火砖	系由耐火黏土和熟料(煅烧和粉碎后的黏土)经成型、干燥、煅烧而成。呈黄棕色,属于中性耐火材料	抵抗温度急变性能优良,对酸、碱性渣的作用均较稳定 荷重软化温度(1250～1450℃)远较耐火度低	可用于蒸汽锅炉、煤气发生炉、高炉、各种热处理炉和加热炉等,是耐火材料中用途最广的品种
	黏土质隔热耐火砖	系由耐火黏土和熟料配制的砖料中加入木屑、焦炭或泡沫剂加工而成。呈棕黄色	组织结构均匀、耐压强度高、导热系数低、节能效果显著 缺点是在高温下,体积固定性、温度急变抵抗性、抗渣性、耐压强度都非常差	砌筑炉子设备,但不能用作直接与火焰或熔渣接触的炉材
	高铝质耐火砖(高铝砖)	由天然或人造高铝原料(硅线石、水铝石、刚玉等)制成	耐火度、荷重软化温度均较黏土砖高,抗渣性、耐压强度较大,但价格较贵	砌筑炼钢炉、盛钢桶、电阻炉等
	高铝质隔热耐火砖		同黏土质隔热耐火砖	砌筑工业炉窑
硅质耐火材料	硅质耐火砖(硅砖)	系由石英岩加入石灰或其他结合剂制成。呈黄色,并带有棕色斑点	荷重软化温度较高,在冶金方面使用很广;为典型的酸性耐火材料,对于酸性渣有良好的抗渣性 不能耐碱性渣、金属氧化物和燃料灰烬的侵蚀;温度急变抵抗性很小,高温下体积固定性很差,加热时体积膨胀	砌筑炼钢炉。多用于砌筑平炉、电炉炉顶及炼焦炉室

续表

类别	名称		说明	特性	适用范围
不定形耐火材料	耐火混凝土	水硬性耐火混凝土	系以硅酸盐水泥或矾土水泥或耐火水泥为胶结材料，以烧焦宝石或矾土为骨料制成的混凝土	水泥来源丰富，掺合料及骨料均可就地取材，施工简便，使用寿命长，维修方便 预制块常温压强低，外形尺寸不够稳定等	见表 10-2
		火硬性耐火混凝土	系以磷酸为胶结材料，以烧焦宝石或矾土为骨料制成的混凝土		见表 10-8
		气硬性耐火混凝土	系以水玻璃为胶结材料，以烧焦宝石或矾土为骨料制成的混凝土		见表 10-5
	耐火泥浆	黏土质耐火泥浆	其分类和理化指标应符合 GB/T 14982—94 标准规定		适用于砌筑黏土质耐火砖
		高铝质耐火泥浆	其分类和理化指标应符合 GB/T 2994—94 标准规定		适用于砌筑高铝质耐火砖和刚玉砖
		硅质耐火泥浆	其分类和理化指标应符合 YB 384—91 标准规定		适用砌筑各种工业炉硅砖
		镁质耐火泥	其分类和理化指标应符合 YB/T 5009—93 标准规定		适用于砌筑镁砖和贴补平炉前后墙
	捣打料		系以机械或人工气锤施工	耐蚀、耐磨	适用于高炉出铁主沟、渣沟、铁水沟、倾注沟及主沟铁线的修补
	浇注料		包括有黏土结合浇注料、耐火浇注料、低水泥浇注料、超低水泥浇注料、特种耐火浇注料、轻质浇注料	根据不同品种而分别具有耐磨、耐蚀、耐剥落及高强性能	适用于均热炉、加热炉、点火炉、石灰窑、高炉主沟罩盖、保温炉、点火炉水冷箱、均热炉转换箱等

续表

类别	名称	说明	特性	适用范围
不定形耐火材料	耐火可塑料	采用人工用气锤打击施工	气硬性，耐剥落、耐蚀	适用于加热炉、均热炉及修补脱硫喷枪、钢包
	耐火喷涂料	施工时以喷涂机喷射到耐火砌体上	耐蚀	适用于高炉出铁沟、混铁车补修
	耐火涂抹料	可以人工手投或以泥瓦刀涂抹	具有耐磨性、耐蚀性或黏结拌和性、或高强度	用于出铁沟、铸铁机沟、炉衬、烧嘴等的补修
硅藻土耐火保温材料	硅藻土耐火保温砖、板、管	系用天然硅藻土加工制成	具有气孔率高、耐高温及保温性能好、体积密度小等特点	
	泡沫硅藻土耐火保温砖	采用优良硅藻土加工制成	具有体积密度小、隔热效率很高等特点	
	硅藻土粉和硅藻土泥	系用天然硅藻土加工制成	具有耐高温、保温绝热性能等特点	
	硅藻土石棉粉(即鸡毛灰)	系用硅藻土及石棉纤维加工而成	具有导热系数低、保温效力高、耐高温等特点	适用于900℃以下各种热体表面保温之用

二、不定形耐火材料

1. 耐火混凝土

耐火混凝土是一种新型耐火材料。同耐火砖相比，具有工艺简单、使用方便、成本低廉等优点，而且具有可塑性和整体性，便于复杂制品的成型，其使用寿命有的与耐火砖相近，有的比耐火砖长。

根据所用胶结料的不同，耐火混凝土可分为水硬性耐火混凝土、气硬性耐火混凝土、火硬性耐火混凝土。根据混凝土表观密度的不同，又可分为普通耐火混凝土和轻质耐火混凝土。根据混凝土骨料性质的不同又可分为铝质耐火混凝土、硅质耐火混凝土、镁质耐火混凝土、铝铬质耐火混凝土等。

(1)水硬性耐火混凝土(硅酸盐水泥、高铝水泥、低钙铝酸盐水泥耐火混凝土)。水硬性耐火混凝土的用料配合比和性能等见表10-2～表10-4。

表 10-2　　　　水硬性耐火混凝土的用料配合比及适用范围

项目		重量配合比(%)						
		水－1	水－2	水－3	水－4	水－5	水－6	水－7
胶结材料	硅酸盐水泥					15		
	高铝水泥	12～20	12					
	低钙铝酸盐水泥			12～15				15
	铝－60 水泥				15.5		15	
掺合料	耐火粘砖粉(即 2# 粉)					15		
	高铝矾土熟料粉	0～15		5～15	8.5			
	铝铬渣粉		12					
	2 级矾土粉						15	15
骨料	高铝矾土熟料砂(粒径 0.15～5mm)	30～35		30～35	46			
	铝硌渣		76					
	烧焦宝石(粒径＜6mm)					30		
	烧焦宝石(粒径＜15mm)					40		
	2 级矾土(粒径＜15mm)						40	40
	2 级矾土(粒径＜6mm)						30	30
	高铝矾土熟料块(粒径 5～20mm)	35～40		35～40	30			
水灰比＝水/(水泥＋掺合料)		0.35～0.45	0.3	0.32～0.38	0.7			
最高使用温度(℃)		1300～1400	1600	1400～1500	1300～1500	1200	1500	1500
特点及适用范围		硅酸盐耐火混凝土：适用于加热炉的预热段、罩式退火炉底座、均热炉烟道、煤气发生炉炉顶、隧道窑预热带内衬等 矾土水泥耐火混凝土：强度高，有良好的热稳定性。适用于加热炉炉墙、炉顶，退火炉炉门、炉墙、炉顶，淬火包子，平炉出钢槽等部位 低钙铝酸盐水泥耐火混凝土：有良好的热稳定性。适用于加热炉、热处理炉、均热炉、轧辊反射炉、流渣嘴及围墙、电炉出钢槽、隧道窑烧成带内衬等						

注：铝－60 水泥即早强耐火水泥，其中 Al_2O_3 含量为 60%～65%。

表 10-3 水硬性耐火混凝土原料的技术要求

原料名称	质量规格要求	原料名称	质量规格要求
水泥	各种水泥均应符合国家标准规定或企业标准规定，其等级不得低于42.5级	矾土粉	耐火度应＞175℃。Al_2O_3的含量：一级矾土粉应＞80%，二级矾土粉应＞60%
高铝矾土熟料	可选用1、2、3等高铝矾土熟料作掺合料和骨料。各种熟料的化学成分和物理性能指标，应符合相应耐火材料原料标准规定。用高铝砖作骨料时，表面应清除熔渣及杂质	耐火砖块	耐火度不应低于1670℃。耐压强度不得低于10.0MPa。溶渣及铁质应清除干净。硫酸盐含量（按SO_3计算）大于0.3%的已使用过的酸化耐火黏土制品不得使用
铝铬渣	铝铬渣的化学成分：Al_2O_3 80%～85%；Cr_2O_3 9%～10%。耐火度1900℃。粗细骨料的级配：5～10mm者55%，1.2～5mm者18%，小于1.2mm者27%。铝铬渣掺合料的粒径＜0.088mm者，小于80%	烧焦宝石	耐火度不低于1750℃。Al_2O_3≥44%，Fe_2O_3＜3%。吸水率＜6%

表 10-4 水硬性耐火混凝土的技术性能指标

项目		技术性能指标						
		水—1	水—2	水—3	水—4	水—5	水—6	水—7
荷重软化点（℃）	开始点	1300～1320	1430	1300～1340	1330	1230	1270	1270
	−4%变形	1380～1420	1640	1400～1440	1420	1290	1380	1380
残余线变形（%）		0.2～0.5（1350℃）	−0.08（1000℃）+0.64（1400℃）	0.6～0.9（1400℃）	−1.0（1450℃）	−0.21（1100℃）	−0.36（1400℃）	−0.36（1400℃）
线膨胀系数（$\alpha\times10^{-6}$）		4.5～6（1200℃）	10.15（20～1200℃）	4.5～6（1200℃）	—	—	—	—
耐火度（℃）		1710～1750	＞1820	1750～1790	＞1770	1480	1730～1750	1730～1750

续表

项目		技术性能指标						
		水—1	水—2	水—3	水—4	水—5	水—6	水—7
导热系数[W/(m·K)]		0.930～1.628(常温)	0.779(常温)1.465(53～317℃)	0.930～1.628(常温)	—	—	—	—
耐急冷急热性(800℃水冷却次数)		>25	—	>25	8(1300℃水冷)	>50(850℃)	>50(850℃)	>50(850℃)
高温耐压强度(MPa)	900℃	20.0～25.0	—	15.0～20.0	—	—	—	—
	1300℃	10.0～12.0	—	10.0～15.0	—	—	—	—
混凝土	强度等级	C40～C50	—	C30～C40	C30～C40	>C20	>C10	>C10

注:本表表头中的水—1～7为用料配合比的编号,见表10-2。

(2)气硬性耐火混凝土(水玻璃铝质耐火混凝土)。气硬性耐火混凝土的用料配合比和技术指标等见表10-5～表10-7。

表10-5 水玻璃铝质耐火混凝土的用料配合比及适用范围

项目			重量配合比(kg或%)				
			玻—1	玻—2	玻—3	玻—4	玻—5
胶结料	水玻璃	模数	—	3.0	3.0	2.6	3.0
		相对密度	—	1.38	1.38	1.38	1.38
		外加用量①	15～20	15～20	15～20	15～20	11
	氟硅酸钠	外加用量(水玻璃的%)	10	10～12	10～12	10～12	10
掺合料	废黏土砖:矾土熟料粉=2:1		30	—	—	—	—
	石英石粉		—	20～25	—	—	—
	耐火砖粉		—	—	20～25	20～25	—
	镁砂粉		—	—	—	—	30

续表

项目		重量配合比(kg或%)				
		玻—1	玻—2	玻—3	玻—4	玻—5
细骨料	焦宝石	30	—	—	—	—
	耐火砖	—	30～35	30～35	—	—
	镁砂	—	—	—	—	40
	高铝砖	—	—	—	75～80	—
粗骨料	焦宝石	40	—	—	—	—
	耐火砖	—	40～45	40～45	—	—
	镁砂	—	—	—	—	30
最高使用温度(℃)		—	600	900	900	1200
特点及适用范围		用于硅钢片退火炉台等	用于受酸液(除氢氟酸外)或酸性气体侵蚀的结构,但不得使用于经常有水及水蒸气作用的部位	同左,且适用于受热时温度波动范围大而急剧的部位	同左,且适用于受热时同时又有严重的摩擦、冲刷作用的部位	

注:①占粗细骨料之重量。

表 10-6　水玻璃铝质耐火混凝土原料的技术要求

原料	质量规格要求	原料	质量规格要求
水玻璃	水玻璃的模数(SiO_2/Na_2O)应为 2.4～3.0,相对密度应为1.36～1.38	掺合料	各种掺合料粒度＜0.088mm者不应小于70%
氟硅酸钠	用工业氟硅酸钠作促凝剂,其纯度不得低于90%,含水率不超过1.0%,细度要求全部通过1600孔/cm² 的筛子	骨料	骨料的质量规格要求参照表 10-2

表 10-7　　水玻璃铝质耐火混凝土的技术指标

项目		技术指标				
		玻—1	玻—2	玻—3	玻—4	玻—5
荷重软化点(℃)	开始点	1250	1180	1120	950	1150
	—4%变形	—	1260	1240	1000	—
加热后耐压强度(MPa)	700℃	—	30.0	30.0	—	—
	800℃	—	—	—	40.0	—
	900℃	—	35.0	40.0	—	28.6
常温耐压强度(MPa)	800℃	—	—	—	25.0	—
	900℃	—	30.0	30.0	—	6.0
残余线变形(%)	800℃	—	+0.48	+0.23	+0.05	—0.14
	1200℃	—	—	—	—	—
线膨胀系数($\alpha\times10^{-6}$)		—	4.95 (900℃)	4.85 (900℃)	5.5 (900℃)	14.5 (1200℃)
耐火度(℃)		1690	1430	1580	>1600	>1770
导热系数[W/(m·K)]		—	—	0.465～0.930 (300℃)	0.930～1.047	—
混凝土强度等级		—	C30	C30	C35	—
耐急热急冷 15 次空冷后耐压强度(MPa)		—	29.0	33.0	29.0 (25 次后)	—

(3)火硬性耐火混凝土(磷酸铝质耐火混凝土)。火硬性耐火混凝土的用料配合比和技术指标等见表 10-8～表 10-10。

表 10-8　　磷酸铝质耐火混凝土的用料配合比及适用范围

项目		重量配合比(%)				
		磷—1	磷—2	磷—3	磷—4	磷—5
胶结剂(外加用量)	磷酸(%)	6.5～12(浓度 60%)	6.5～18(浓度 40%～60%)	—	10～12(波美度 45)	12～14(波美度 32～35)
	磷酸铝(%)	—	—	6.5～14(浓度 40%)	—	—
促凝剂	高铝水泥(%)	—	—	—	2	2～3

续表

<table>
<tr><td colspan="3" rowspan="2">项　目</td><td colspan="5">重量配合比(%)</td></tr>
<tr><td>磷—1</td><td>磷—2</td><td>磷—3</td><td>磷—4</td><td>磷—5</td></tr>
<tr><td rowspan="6">掺合料和骨料(%)</td><td rowspan="2">锆英石</td><td>＜0.3mm</td><td>50</td><td>—</td><td>—</td><td>—</td><td>—</td></tr>
<tr><td>＜0.088mm(占70%以上)</td><td>50</td><td>—</td><td>—</td><td>—</td><td>—</td></tr>
<tr><td rowspan="4">矾土熟料</td><td>10～15mm</td><td>—</td><td>—</td><td>—</td><td>45</td><td>40</td></tr>
<tr><td>5～1.2mm</td><td>—</td><td>30～40</td><td>30～40</td><td rowspan="2">共25</td><td>30</td></tr>
<tr><td>＜1.2mm</td><td>—</td><td>35～40</td><td>35～40</td><td>30</td></tr>
<tr><td>＜0.088mm(占70%以上)</td><td>—</td><td>25～30</td><td>25～30</td><td>28</td><td>—</td></tr>
<tr><td colspan="3">最高使用温度(℃)</td><td>1600～1700</td><td>1400～1500</td><td>1400～1500</td><td>1400～1500</td><td>1600</td></tr>
<tr><td colspan="3">特点及适用范围</td><td>用于温度要求较高及强度要求高的部位。具有抗渣性能</td><td>用于温度变化频繁和要求耐磨冲刷的部位，如加热炉基墙、旋风分离器、均热炉烧嘴围墙、炉墙凸出带、单侧上嘴均热炉异向砖等</td><td>同磷—2</td><td>适用于均热炉炉膛</td><td>适用于均热炉炉膛</td></tr>
</table>

表 10-9　　磷酸铝质耐火混凝土原料的技术要求

原料	质量规格要求	原料	质量规格要求
磷酸和磷酸铝溶液	磷酸应用工业磷酸(浓度为80%～85%)加水稀释至所需浓度。磷酸铝溶液应用40%浓度的工业磷酸溶液与工业氢氧化铝按重量比7∶1调制而成	矾土熟料和高铝砖	化学成分要求：Al_2O_3＞60%；SiO_2＜2%；Fe_2O_3＜3%颗粒粒径及掺合料的细度要求见表10-2
锆英石	化学成分要求 ZrO_3 含量＞64%，SiO_2 含量＜32%	一级黏土熟料粉	粒度：＜0.088mm的大于80%；表观密度：1050～1150kg/m^3；化学成分：Al_2O_3 40%～45%；Fe_2O_3 不超过2%；耐火度：＞1730℃

表 10-10 磷酸铝质耐火混凝土的技术指标

项目		技术指标				
		磷—1	磷—2	磷—3	磷—4	磷—5
荷重软化点（℃）	开始点	1440～1460	1300～1350	1300～1350	1460	1410
	—4%变形	1550～1620	1400～1530	1400～1500	1620	1510
加热后耐压强度（MPa）	1200℃	30.0～40.0	30.0～40.0	40.0～50.0	—	—
	1400℃	40.0～50.0	30.0～40.0	40.0～43.0	—	25.7
高温耐压强度（MPa）	1200℃	>20.0	6.0～13.0	—	—	—
	1350℃	—	10.0～13.0	5.0～7.0	—	—
线膨胀系数（$\alpha\times10^{-6}$）		3.9～4.1	5.0～6.8	—	—	—
耐火度（℃）		>1800	>1800	—	>1770	1730～1790
耐急冷急热性（1000℃水冷却次数）		>20	50～80	>20	—	>50（850℃）
残余线变形（%）（1400℃时）		+0.2～0.4	—0.1～+1.0	—	—	—
混凝土强度等级		C40～C50	C30～C40	C40～50	—	>C20

注：1. 本表表头中的磷—1～5 系用料配合比编号，见表 10-8。
2. 磷—1、2、3 的混凝土强度等级系加热至 500℃后再行冷却至常温时的强度。

（4）轻质耐火混凝土。轻质耐火混凝土的用料及技术指标等见表 10-11 和表 10-12。

表 10-11 轻质耐火混凝土的用料及其配合比

编号	重量配合比（%）			水灰比	材料组成		
	胶结料	掺合料	骨料		胶结料	掺合料	骨料
1	40～45	30～35	20～30	—	水玻璃（加促凝剂）	耐火黏土砖粉或耐火黏土熟料粉	膨胀蛭石
2	15～20	15～20	60～65	0.45～0.55	硅酸盐水泥	耐火黏土砖粉或耐火黏土熟料粉	陶粒
3	123.3（kg/m^3） 41.2（kg/m^3） 33.0（kg/m^3）	—	165（kg/m^3）	—	磷酸铝溶液 硫酸铝溶液 纸浆废液	—	膨胀珍珠岩

续表

编号	重量配合比(%)			水灰比	材料组成		
	胶结料	掺合料	骨料		胶结料	掺合料	骨料
4	21	21	28.7(细) 29.3(粗)	0.787	火山灰水泥	耐火砖粉	轻质黏土砖(细) 陶粒(粗)
5	27～28	8～9	37～38	0.7～0.8	高铝水泥	耐火黏土砖粉或耐火黏土熟料粉	轻质黏土砖

注:1. 原材料的技术要求:

(1)火山灰水泥应符合《通用硅酸盐水泥》(GB 175—2007),其他胶结料的要求与上述几种耐火混凝土相同;

(2)掺合料不应含其他杂质,粒径<0.088mm者,不应少于70%;

(3)膨胀蛭石的表观密度,不宜大于250kg/m³;

(4)陶粒的表观密度,宜选用≤550kg/m³者;

(5)磷酸铝溶液的配制:50%磷酸和工业氢氧化铝按7∶1配制;

(6)硫酸铝溶液的配制:用工业硫酸铝溶于水中配成50%的浓度;

(7)纸浆废液的主要化学成分为亚硫酸钠,相对密度应为1.2～1.22;

(8)膨胀珍珠岩要求粒径>0.6mm,表观密度不大于60kg/m³。

2. 混凝土配合比:应视具体性能要求选配,增大骨料颗粒可减小表观密度,增加水泥用量,混凝土表观密度虽增加,但强度可提高。用膨胀蛭石作骨料,混凝土残余变形较大。

表10-12　轻质耐火混凝土的技术指标

项　目		技术指标				
		1	2	3	4	5
荷重软化点(℃)	开始点	850～900	1000～1050	—	—	1190
	4%	900～950	1050～1090	—	—	1280
耐压强度(MPa)		8.0～8.5	12.0～15.0	—	6.9	16.0
加热冷却后的耐压强度(MPa)	700℃	5.0～6.0	4.0～5.0	—	—	—
	800℃	6.0～6.5	—	—	—	—
	900℃	—	4.0～5.0	—		7.8
	1000℃	—	—	3.2	—	—
	1300℃	—	—	—		12.3

续表

项目		技术指标				
		1	2	3	4	5
残余线变形	700℃	+0.25～+0.30	−0.10～−0.12		+0.36	—
	800℃	+0.11～+0.12	—			—
	900℃	—	−0.20～−0.25		—	−0.15
	1300℃	—	—			−0.45
导热系数[W/(m·K)]		—	—	0.042（常温）	0.182～0.346	0.6030（28～275℃）0.6104（30～357℃）
烘干表观密度(kg/m^3)		950～1000	1200～1250	212(450℃) 210(1000℃)	1227	1465

注：本表表头中的1～5为用料配合比编号。

(5)其他耐火浇注料。其他耐火浇注料的理化指标等见表10-13和表10-14。

表10-13　　黏土质和高铝质耐火浇注料的理化指标

分类			黏土耐火浇注料			水泥耐火浇注料							无机耐火浇注料			
						高铝水泥耐火浇注料						硅酸盐水泥耐火烧注料	磷酸盐耐火浇注料			水玻璃耐火浇注料
牌号			NL_2	NL_1	NN	G_3L	G_2L	G_2N	G_1N	G_1N_2	G_1N_1	GN	LL_2	LL_1	LN	BN
指标	Al_2O_3(%)不小于		65	55	45	85	60	42	60	42	30	30	75	60	45	40
	耐火度(℃)不低于		1730	1710	1690	1790	1690	1650	1690	1650	1610	—	1770	14730	1710	—
	烧后线变化，保温3h，不大于1%的试验温度(℃)		1450	1350	1100	1500	1400	1350	1400	1350	1300	1200	1450	1450	1450	1000
	105～110℃烘干后	耐压强度(MPa)不小于	3.0	3.0	3.0	20.0	20.0	20.0	10.0	10.0	10.0	20.0	15.0	15.0	15.0	20.0
		抗折强度(MPa)不小于	0.5	0.5	0.5	5.0	4.0	4.0	3.5	3.5	3.5	—	3.5	3.5	3.5	—
最高使用温度(℃)			1450	1350	1300	1650	1400	1350	1400	1350	1300	1200	1600	1500	1450	1000

注：本标准适合于轻质耐火注料。

表 10-14 其他耐火浇注料的名称、性能

名称	牌号	主要技术性能			
		最高使用温度(℃)	烧后线变化率(%)	耐压强度(MPa)	耐火度(℃)
高炉出铁沟烧注料	SJT－AClK		±1.0 (1450℃ 2h)	≥5.0(110℃ 24h) ≥15.0(1450℃ 2h)	
	SJT－AC3K		±1.0 (1450℃ 2h)	≥6.0(110℃ 24h) ≥10.0(1450℃ 2h)	
	SJT－MS1R		—	≥2(110℃ 24h) ≥3.5(1450℃ 2h)	
	SJT－MC3S		—	≥2.0(110℃ 24h) ≥5.0(1450℃ 2h)	
	SJT－KAL		±1.0 (1450℃ 2h)	—	
黏土结合浇注料	SJN－CT170	1700	+1.5～－1.0 (1500℃ 3h)	≥3.93(110℃ 24h) ≥20(1500℃ 3h)	≥1820
	SJN－CT150	1500	+1.5～－1.0 (1500℃ 3h)	≥3.93(110℃ 24h) ≥15(1500℃ 3h)	≥1770
	SJN－CT150H	1500	±1.0 (1400℃)	≥10(110℃ 24h) ≥30(1400℃ 3h)	≥1770
	SJN－CT150C	1500	±1.0 (1400℃)	≥3.92(110℃ 24h) ≥15(1400℃ 3h)	≥1770
	SJN－1AZ	1600	0～±1.5 (1500℃ 3h)	≥20(110℃ 24h) ≥40(1500℃ 3h)	≥1770
	SJN－9AZ	1650	0～+1.5 (1500℃ 3h)	≥25(110℃ 24h) ≥40(1500℃ 3h)	≥1790
	SJN－L55	1400	±1.0 (1350℃ 3h)	≥1.96(110℃ 24h)	≥1650
耐火烧注料	SJG－BPC1	1800	±0.5 (1500℃ 3h)	≥40(110℃ 24h) ≥30(1500℃ 3h)	≥1850
	SJG－H170S	1700	±1.0 (1500℃ 3h)	≥9.805(110℃ 24h) ≥20(1500℃ 3h)	≥1820
	SJG－H160TC	1600	±1.0 (1500℃ 3h)	≥25(110℃ 24h) ≥30(1500℃ 3h)	≥1770
	SJG－H160	1600	±1.0 (1500℃ 3h)	≥15(110℃ 24h) ≥30(1500℃ 3h)	≥1730
	SJG－BPC5	1500	±0.5 (1400℃ 3h)	—	≥1630
	SJG－N150S	1500	±1.0 (1400℃ 3h)	≥25(110℃ 24h) ≥20(1400℃ 3h)	≥1670
	SJG－N140F	1400	±1.0 (1300℃ 3h)	≥5.98(110℃ 24h) ≥10(1300℃ 3h)	≥1610
	SJG－NSBP	1500	±0.6 (1400℃ 3h)	≥31.4(110℃ 24h) ≥15.7(1300℃ 3h)	≥1630

续表

名　称	牌　号	主要技术性能			
		最高使用温度(℃)	烧后线变化率(%)	耐压强度(MPa)	耐火度(℃)
低水泥浇注料	SJD－170	1700	±1.0 (1500℃　3h)	≥40(110℃　24h) ≥50(1500℃　3h)	≥1790
	SJD－160	1600	±1.0 (1500℃　3h)	≥50(110℃　24h) ≥60(1500℃　3h)	≥1770
	SJD－160A	1600	±1.0 (1500℃　3h)	≥35(110℃　24h) ≥50(1500℃　3h)	≥1770
	SJD－150	1500	±1.0 (1400℃　3h)	≥35(110℃　24h) ≥50(1400℃　3h)	—
	SJD－150H	1500	±0.5 (1370℃　3h)	≥55(110℃　24h) ≥60(1100℃　3h)	—
	SJD－150A	1500	±0.5 (1370℃　3h)	≥40(110℃　24h) ≥44(1100℃　3h)	—
	SJD－140	1400	±1.0 (1300℃　3h)	≥30(110℃　24h) ≥40(1300℃　3h)	—
	SJD－140A	1400	±0.5 (1260℃　3h)	≥35(110℃　24h) ≥25(1100℃　3h)	—
	SJD－130	1300	±1.0 (1300℃　3h)	≥30(110℃　24h) ≥40(1300℃　3h)	
超低水泥浇注料	SJC－TP7	1800	±1.0 (1500℃　3h)	≥25(110℃　24h) ≥50(1500℃　3h)	≥1790
	SJC－170	1700	±1.0 (1500℃　3h)	≥25(110℃　24h) ≥50(1500℃　3h)	≥1790
	SJC－160A	1600	±1.0 (1500℃　3h)	≥25(110℃　24h) ≥50(1500℃　3h)	≥1770
	SJC－160	1600	±1.0 (1500℃　3h)	≥25(110℃　24h) ≥50(1500℃　3h)	≥1790
	SJC－150	1500	±1.0 (1400℃　3h)	≥25(110℃　24h) ≥50(1400℃　3h)	—
	SJC－140	1400	±1.0 (1400℃　3h)	≥25(110℃　24h) ≥40(1400℃　3h)	—
特种耐火浇注料	SJG－TG75	1550	±1.0 (1000℃　3h)	—	
	SLM－60	1600	0～－0.5 (110℃　24h)	≥25(110℃　24h)	
	SLM－65	1600	0～－0.5	≥25(110℃　24h)	
	SLM－70	1600	0～－0.5	≥30(110℃　24h)	

续表

名称	牌号	主要技术性能			
		最高使用温度(℃)	烧后线变化率(%)	耐压强度(MPa)	耐火度(℃)
轻质浇注料	SJQ－0.5	1000	±0.5 (110℃ 24h)	≥0.3(110℃ 24h) ≥0.18(900℃ 3h)	
	SJQ－0.8	800	±0.5(110℃ 24h) ±1.0(800℃ 3h)	≥2.5(110℃ 24h) ≥2.0(800℃ 3h)	
	SJQ－1.0	900	±0.5(110℃ 24h) ±1.0(800℃ 3h)	≥3.0(110℃ 24h) ≥2.5(900℃ 3h)	
	SJQ－1.2	1000	±0.5(110℃ 24h) ±1.0(800℃ 3h)	≥4.0(110℃ 24h) ≥3.0(800℃ 3h)	
	SJQ－1.5	1350	±0.5(110℃ 24h) ±1.0(1250℃ 3h)	≥8.0(110℃ 24h)	
	SJQ－1.8	1400	±1.0 (1300℃ 3h)	≥10.0(110℃ 24h) (1300℃ 3h)	
	SJQ－18H	1500	＋1～－1.50 (1400℃ 3h)	≥10(110℃ 24h) ≥30(1400℃ 3h)	
黏土耐火浇注料		1450 1350 1300		2.94	1730 1710 1690
水泥耐火浇注料				24.5 19.6 9.8	
无机耐火浇注料				14.7 19.6	1770 1730 1710
HQ－E 轻质耐火浇注料	E_1 E_2 E_3 E_4 E_5 E_6 E_7	900 1000 1100 1200 1300 1400 1500			1580 1580 1690 1690 1690 1790 1790
黏土结合浇注料	LZ－70 NZ－45				
一般耐火浇注料	FSR－125 GL G_1N_2 NL_1、NL_2				

续表

名称	牌号	主要技术性能			
		最高使用温度(℃)	烧后线变化率(%)	耐压强度(MPa)	耐火度(℃)
隔热耐火浇注料	YCL—120 —130 FGJ— FNL—13 YCA— F—				
黏土耐火浇注料 水泥耐火浇注料 无机耐火浇注料					

(6)镁质水泥耐火混凝土。镁质水泥耐火混凝土的组成和性能指标等见表 10-15和表 10-16。

表 10-15　　镁质水泥耐火混凝土的组成及其性能指标

项目				重量配合比(%)及性能指标			
				镁 1	镁 2	镁 3	镁 4
材料组成	方镁石水泥			25	25	25	40
	硫酸镁溶液			8.5 相对密度 1.20	9.0 相对密度 1.20	12.0 相对密度 1.20	7～8 相对密度 1.24
	骨料	制砖镁砂或一级冶金镁砂	20～10mm	26	18	—	—
			10～5mm	19	12	30	—
			<5mm	30	45	45	—
		电熔镁砂	3～2mm	—	—	—	30
			2～1mm	—	—	—	30
性能指标	加热至右列温度后的抗压强度(MPa)		800℃	26.0	16.8	17.2	—
			1000℃	9.0	5.8	3.3	—
			1200℃	8.6	5.9	3.7	—
	荷重软化温度(℃)		开始 4%变形	1445 1580	1530 1630	1430 1570	1480 1880
	最高使用温度(℃)			1800	1800	1800	1600
特点及适用范围				该混凝土硬化快，烘干强度高，使用温度高，抗碱性渣侵蚀能力强，材料易得，施工比较简便。耐急冷急热性差，在1000～1200℃温度下强度较低，使用中易产生剥落现象。适用于有碱性侵蚀、温度变化不很剧烈的工程部位			

表 10-16　　镁质水泥耐火混凝土原料的技术要求

原　料	技术要求
硫酸镁溶液或氯化镁溶液	应用工业硫酸镁或卤水加水调制而成，比重为1.20～1.24。混凝土须用调制好的硫酸镁溶液或氯化镁溶液拌和，不要再另加水
方镁石水泥	由电溶镁砂或制砖镁砂磨细而成，细度应为4900孔/cm^{3}筛的通过量不少于85%，氧化钙含量不大于5%，并且不得混入杂质
骨　料	制砖镁砂、冶金镁砂应符合GB 2273要求。如使用废镁砖或镁铝砖时，应将砖表面的溶液清理干净。根据使用工程部位的不同，骨料最大粒径可选用20mm、10mm或5mm

2. 捣打料

捣打料的产品名称、性能见表10-17。

表 10-17　　捣打料的产品名称、性能

名　称	牌　号	主要技术性能		
		化学成分（%）	烧后线变化率（%）	抗拉强度（MPa）
高炉出铁沟捣打料	SD—AN1A	Al_2O_3≥55 SiC≥20	±0.5 (1450℃　2h)	≥2.45(110℃　24h) ≥2.94(1450℃　2h)
	SD—AN1	Al_2O_3≥45 SiC≥20	±0.5 (1450℃　2h)	≥1.96(110℃　24h) ≥2.45(1450℃　2h)
	SD—AN2A	Al_2O_3≥75 SiC≥3	±0.5 (1450℃　2h)	≥3.43(110℃　24h) ≥2.94(1450℃　2h)
	SD—AN2	Al_2O_3≥70 SiC≥3	±0.5 (1450℃　2h)	≥2.94(110℃　24h) ≥2.45(1450℃　2h)
	SD—SN	Al_2O_3≥45 SiC≥10	±0.5 (1400℃　2h)	≥1.765(110℃　24h) ≥2.745(1400℃　2h)
	SD—RG10	Al_2O_3≥58 SiC≥12	±0.5 (1450℃　2h)	≥1.96(110℃　24h) ≥2.94(1450℃　2h)
含锆铝碳捣打料	SD—LGT	Al_2O_3≥55 ZrO_2≥3	±0.45 (800℃　2h)	耐压 ≥14.5(800℃　2h)

3. 耐火涂抹料、喷涂料

耐火涂抹料、喷涂料的产品名称、性能见表 10-18。

表 10-18 耐火涂抹料、喷涂料的产品牌号、性能

名称	牌号	主要技术性能			
		化学成分(%)	烧后线变化率(%)	耐压强度(MPa)	耐火度(℃)
耐火涂抹料	ST—R40	Al_2O_3≥25 SiC≥8 F. C≥5			
	ST—TPC100	Al_2O_3≥70 SiC≥10			
	ST—TC	Al_2O_3≥25 F. C≥4			
	ST—515	Al_2O_3≥78	0～—1.60 (350℃ 3h)		1850
	ST—P90	Al_2O_3≥85	±1.0 (1500℃ 3h)	≥15(110℃ 24h) ≥30(1500℃ 3h)	
	ST—P70	Al_2O_3≥65	±1.0 (1400℃ 3h)	≥15(110℃ 24h) ≥30(1400℃ 3h)	
	ST—G70	Al_2O_3≥65			
	ST—LM	Al_2O_3≥60 MgO≥10	±1.0 (1300℃ 3h)	≥5.0(110℃ 24h)	
耐火喷涂料	SP—H160G2	Al_2O_3≥50	±1.0 (1500℃ 3h)	≥9.805(110℃ 24h) ≥25(1500℃ 3h)	1730
	SP—RG20	Al_2O_3≥55 SiC≥12			
	SP—GL1	Al_2O_3≥50 SiC≥8			

4. 耐火泥

(1)黏土质耐火泥浆。黏土质耐火泥浆按 Al_2O_3 含量和黏结拌和强度分为普通黏土质耐火泥浆(NN—30、NN—38、NN—42、NN—45A)和磷酸盐结合黏土质耐火泥浆(NN—45B)两类 5 个牌号，适用于砌筑黏土质耐火砖用。其理化指标见表 10-19。

表 10-19　　黏土质耐火泥浆的理化指标

项目			指标				
			NN—30	NN—38	NN—42	NN—45A	NN—45B
耐火度(℃)		不低于	1630	1690	1710	1730	1730
Al_2O_3(%)		不小于	30	38	42	45	45
冷态抗折黏结强度(MPa)	110℃干燥后	不小于	1.0	1.0	1.0	1.0	2.0
	1200℃×3h 烧后	不小于	3.0	3.0	3.0	3.0	6.0
0.2MPa 荷重软化温度(℃，$T_{2.0}$)		不低于	—				1200
线变化率(%)	1200℃×3h	烧后	+1～−3		—		
	1300℃×3h	烧后	—		+1～−5		
黏结拌和时间(min)			1～3				
粒度(%)	−1.0mm		100				
	+0.5mm	不大于	2				
	−0.074mm	不小于	50				

注：如有特殊要求，黏结拌和时间可由供需双方协议确定。

(2)硅质耐火泥。硅质耐火泥按理化指标分为 GF—93、GF—90 和 GF—85 三种牌号，适用于砌筑各种工业炉硅砖砌体。其理化指标见表 10-20。

表 10-20　　硅质耐火泥的理化指标

项目		指标		
		GF—93	GF—90	GF—85
SiO_2 含量	(%)	＞93	90～93	85～90
耐火度	(℃)	＞1690	1650～1690	1580～1650

(3)高铝质耐火泥浆。高铝质耐火泥浆按 Al_2O_3 含量和黏结拌和强度分为普通高铝质耐火泥浆(LN—55A、LN—65A、LN—75A)和磷酸盐结合高铝质耐火泥浆(LN—55B、LN—65B、LN—75B、LN—85B、GN—85B)两类 8 个牌号，适用于砌筑高铝质耐火砖和刚玉砖。其理化指标见表 10-21。

表 10-21　　高铝质耐火泥浆的理化指标

项目		指标							
		LN—55A	LN—55B	LN—65A	LN—65B	LN—75A	LN—75B	LN—85B	GN—85B
耐火度(℃)	不低于	1770	1770	1790	1790	1790	1790	1790	1790
Al_2O_3(%)	不小于	55	55	65	65	75	75	85	85

续表

项目		指标							
		LN−55A	LN−55B	LN−65A	LN−65B	LN−75A	LN−75B	LN−85B	GN−85B
冷态抗折、黏结拌和强度(MPa)不小于	110℃干燥后	1.0	2.0	1.0	2.0	1.0	2.0	2.0	2.0
	1400℃×3h烧后	4.0	6.0	4.0	6.0	4.0	6.0	—	—
	1500℃×3h烧后							6.0	6.0
0.2MPa荷重软化温度(℃,$T_{2.0}$)　不低于		—	1300	—	1400	—	1400	—	1650
线变化率(%)	1400℃×3h烧后	+1～−5						—	
	1500℃×3h烧后	—						+1～−5	
黏结拌和时间(min)		1～3							
粒度(%)	−1.0mm	100							
	+0.5mm不大于	2							
	−0.074mm不小于	50							40

注:如有特殊要求,黏结拌和时间可由供需双方协议确定。

三、耐火纤维及高温胶粘剂

1. 高温胶粘剂及涂料

高温胶粘剂和涂料的产品性能见表10-22。

表10-22　　高温胶粘剂和涂料的产品性能

产品名称	性能及用途	涂胶工艺
GX−2型高温胶粘剂	系以氧化铝、二氧化硅、磷等无机氧化物配制而成,具有吸附力强、耐高温、抗气流冲刷、使用寿命长、价格低廉等优点,适用于1200℃左右的电炉、燃煤、油、煤气炉等各种工业窑炉粘贴耐火纤维制品之用 抗拉强度(湿态):>12N/100×100mm^2	先清除炉墙表面污物,把胶粘剂均匀地涂在纤维上,厚度为1.5mm左右。然后用木夯轻轻拍打或用木棍压紧,经自然干燥后即可使用
GX−3型高温胶粘剂	系以有机高分子化合物和胶体二氧化硅、高温氧化物等配制而成,具有吸附力大、化学结合性强、杂质含量低、在高温下对纤维无侵蚀作用,耐高温、抗热震、抗剥落和抗高温气流冲刷等特点。适用于各种耐火材料和金属材料结构的工业炉、电炉、烘箱等窑炉在节能改造时粘贴耐火纤维制品之用,使用温度为1350℃。抗拉强度(湿态):>6N/100×100mm^2	同GX−2型胶

续表

产品名称	性能及用途	涂胶工艺
高温胶粘剂	系以无机原料制成，可直接将硅酸铝纤维制品敷贴在设备上，使用方便，结合力强，不易脱落。还可根据温度高低选择不同耐温程度的胶粘剂	
高温黏结拌和剂	使用温度 1000℃ 使用温度 600℃	
高温增强涂料	使用温度 1250℃	
SNG 型高温胶	具有抗腐蚀、粘接牢、寿命长、不损坏炉体等特点。用于粘贴硅酸铝纤维毡	
无机高温黏结剂	该黏结拌和剂有 PM－A 和 PM－B 两种。具有强度高、耐高温、黏结力强、抗腐蚀、抗冲刷等特点。适用于各种耐火制品的砌筑，各种陶瓷、纤维毡及耐火、保温制品的黏结拌和以及盐浴炉炉堂表面、坩埚表面及其他炉衬的涂刷	
高温密封料	系一种新型黏结拌和密封材料，常温时靠其物理变化和化学黏结力，高温时靠陶瓷烧结产生的黏结力，使两种材料黏结拌和在一起。该料是一种糊状物，具有耐火度高，黏结力大，密封性好、高温强度大等优点。一般用来密封轧钢炉热风管接头及热风炉管道漏风处，并能把陶瓷纤维毡直接粘贴于耐火砖或钢板上长期使用而不脱落 其中： 高温密封涂料，用于常温环境 热贴高温密封涂料：用于高温环境 冷用密封涂料：用于低温（－25℃以上）环境	
高温发泡涂料	系一种散状、轻质、耐火保温材料，在施工现场加入特定的胶结剂，混炼后，即可进行施工，涂抹时，涂料自动发泡，形成一定厚度及许多微孔 该涂料具有 1700℃以上的耐火度，长期使用温度可达 1400℃。它高温机械强度好，耐腐蚀性强，抗渣性好，与被涂的硅酸铝材料黏结拌和牢固，可广泛用于冶金、化工、石油、机械、电力、轻纺等部门的各种加热炉	(1)清扫被涂体的表面 (2)在配制好的高温发泡涂料中，外加 65% 的磷酸铝溶液和 10% 的硅溶胶溶液充分搅拌，一般每次配制 25kg 左右为宜 (3)一般一次可涂 5～10mm，需要较厚者，可重复涂抹 (4)缓慢烘干即可使用

续表

产品名称	性能及用途	涂胶工艺
高温轻质涂料	系一种白色散状轻质浇注料，使用时根据施工要求，可加水涂抹，也可预制成各种形状，在现场装配 该涂料耐火度高（≥1730℃），重量轻、热容小、密封性强，高温强度好，可用来喷涂各种高温炉衬或修补轻质高温炉衬	（1）轻质涂料加90%～120%的水，为了增加黏结力可加入25%磷酸铝液，然后盖上塑料布，困料24h （2）一般可涂厚2cm左右

2. 硅酸铝耐火纤维

硅酸铝耐火纤维是一种新型的特殊轻质耐火材料，它形似棉花，呈白色纤维状，具有重量轻、耐高温、热稳定性好、热传导率低、热容小、抗机械振动好、受热膨胀小、隔热性能优良等优点，目前已广泛用于冶金、电力、石油、化工、机械、陶瓷、建筑等工业部门，以硅酸铝耐火纤维制成的棉、毡、纸、砖等多用于热工仪器等设备，见表10-23。

表10-23　　普通硅酸铝耐火纤维毡的化学成分及物理性能

化学成分			物理性能		
成分		含量(%)	项目	指标	
$Al_2O_3+SiO_2$	不小于	96	表观密度(kg/m³)	130 160 190 220	±15
Al_2O_3	不小于	45	渣球含量　(%) (>0.25mm)　不大于	5	
Fe_2O_3	不大于	1.2	加热线收缩　(%) 1150℃，保温6h　不大于	4	
K_2O+Na_2O	不大于	0.5	含水量　(%)	0.5	

注：1. 本标准适用于工作温度不大于1000℃，中性或氧化性气氛的工业炉用普通硅酸铝耐火纤维毡。

2. 普通硅酸铝耐火纤维毡的牌号定为PXZ－1000，其表示意义为：

P　X　Z-1000

- 1000——表示工作温度1000℃
- Z——表示毡
- X——表示纤维
- P——表示普通

第二节　防腐材料

一、常用防腐蚀涂料

1. 氯化橡胶系列涂料及其配套底漆外观及质量要求

氯化橡胶系列涂料及其配套底漆外观及质量要求见表 10-24。

表 10-24　外观及质量要求

项目 涂料名称	涂层颜色及外观	粘度(Pa·s)	密度(g/m^3)	含固量(%)	干燥时间(h)	
					表干	实干
氯化橡胶鳞片涂料	符合色泽	0.50±0.15	1.2±0.1	50±5	≤2	≤8
氯化橡胶厚膜涂料	符合色泽 各色半光	—	1.2±0.1	50±5	≤2	≤8
氯化橡胶涂料	符合色泽 各色半光	—	1.25±0.15	—	≤2	≤8

2. 环氧树脂涂料及其配套底层涂料技术指标

环氧树脂涂料及其配套底层涂料技术指标见表 10-25。

表 10-25　技术指标

项目 涂料名称	涂层颜色及外观	粘度(涂—4)(s)	附着力(级)	干燥时间(h)	
				表干	实干
铁红环氧底层涂料	铁红,色调不规定,涂膜平整	50～80	1	<4	≤36
环氧厚膜涂料	透明、无机械杂质	60～90	1	<4	24
环氧沥青涂料	黑色光亮	40～100	3	—	24

3. 聚氨酯涂料技术指标

聚氨酯涂料技术指标见表 10-26。

表 10-26　技术指标

项　目 涂料名称	涂层颜色及外观	粘度(涂—4)(s)	含固量(%)	干燥时间(h)	
				表干	实干
地面涂料	各色有光	—	—	≤4	≤24
各色聚氨酯耐油、防腐蚀面层涂料	各色有光,符合色标	15～40	—	≤6	≤22

续表

涂料名称＼项目	涂层颜色及外观	粘度(涂-4)(s)	含固量(%)	干燥时间(h)	
				表干	实干
聚氨酯防腐蚀涂料	平整光亮，符合色标	20～30	—	≤4	≤24
防水聚氨酯	符合色标	40～70	30	≤2	≤24

4. 高氯化聚乙烯涂料及其配套底层涂料技术指标

高氯化聚乙烯涂料及其配套底层涂料技术指标见表10-27。

表10-27　　技术指标

涂料名称＼项目	涂层颜色及外观	粘度(涂-4)(s)	细度(μm)	含固量(%)	干燥时间(h)	
					表干	实干
高氯化聚乙烯云铁防锈涂料	红褐色	100～130	≤100	≥40	≤2	≤24
高氯化聚乙烯铁红防锈涂料	铁红色	100～130	≤100	≥40	≤2	≤24
高氯化聚乙烯混凝土专用底层涂料	浅　色	90～120	—	≥40	≤2	≤24
高氯化聚乙烯中间层涂料	棕褐色	120～160	≤100	≥50	≤2	≤24
高氯化聚乙烯厚膜型面层涂料	符合色标	160～200	≤60	≥55	≤2	≤24
高氯化聚乙烯鳞片面层涂料	符合色标	160～200	≤100	≥45	≤2	≤24

5. 氟碳涂料技术性能

氟碳涂料技术性能见表10-28和表10-29。

表10-28　　氟碳涂料技术指标

涂料名称＼项目	外　观	含固量(%)	附着力(级)(划圈法)	抗冲击(cm)	耐冲刷性
氟碳树脂涂料	符合色标	≥50	1级	50	>10000次

表 10-29　　水性氟碳涂料技术指标

项目／涂料名称	光泽	颜色	对比率	耐擦洗性	耐人工老化性
型水性氟碳中层涂料	亚光	随意调配	＞0.93	＞10000 次	＞1000h(墙外)
水性氟碳耐候墙面涂料	半光	随意调配	＞0.93	＞10000 次	＞1000h(墙外)
水性氟碳硅超耐候外墙涂料	半光、高光	随意调配	＞0.93	＞10000 次	＞1000h(墙外)
水性氟硅高级内墙涂料	亚光	随意调配	＞0.93	＞10000 次	—

6. 聚氨酯聚取代乙烯互穿网络涂料技术指标

聚氨酯聚取代乙烯互穿网络涂料技术指标见表 10-30。

表 10-30　　技术指标

项目／涂料名称	涂层颜色及外观	粘度(涂－4)(s)	含固量(%)	干燥时间(h)	
				表干	实干
聚氨酯聚取代乙烯互穿网络涂料	符合色标	40～70	30	6	24

7. 丙烯酸树脂涂料及其配套底层涂料技术指标

丙烯酸树脂涂料及其配套底层涂料技术指标见表 10-31。

表 10-31　　技术指标

项目／涂料名称	外观	干燥时间	固含量(%)	粘度(涂－4)(s)	附着力(级)	柔韧性(mm)	光泽	掩盖力(g/m^2)
丙烯酸树脂底层涂料	符合色标	表干 15min 实干 2h	55±2	0.5±0.05	1	2	82	80
丙烯酸树脂面层涂料	符合色标	表干 15min 实干 2h	53±2	0.5±0.05	1	2	84	82

8. 氯乙烯-醋酸乙烯共聚涂料及其配套底层涂料技术指标

氯乙烯-醋酸乙烯共聚涂料及其配套底层涂料技术指标见表 10-32。

表 10-32 技术指标

涂料名称＼项目	涂料颜色及外观	粘度(涂－4)(s)	密度(g/m^3)	含固量(%)	干燥时间(h)	
					表干	实干
氯醋涂料底层涂料	铁红色	90±10	1.15～1.18	≥45	≤1	≤4
氯醋涂料中间层涂料	紫红色	90±10	1.20～1.22	≥40	≤1	≤4
氯醋涂料表面涂料	各　色	70±10	1.15～1.18	≥40	≤1	≤4

9. 醇酸树脂耐酸涂料及其配套底层涂料技术指标

醇酸树脂耐酸涂料及其配套底层涂料技术指标见表 10-33。

表 10-33 技术指标

涂料名称＼项目	涂层颜色及外观	粘度(涂－4)(s)	细度(μm)	含固量(%)	干燥时间(h)	
					表干	实干
醇酸底层涂料	透明、平整、光滑	40～60	—	≥45	≤6	≤15
醇酸耐候型涂料	平整光滑，符合色标	≥60	≤20	—	≤10	≤18
醇酸中间层涂料	符合色标，涂膜平整	80～150	≤6	—	—	—

10. 氯乙烯-醋酸乙烯共聚涂料及其配套底层涂料技术指标

氯乙烯-醋酸乙烯共聚涂料及其配套底层涂料技术指标见表 10-34。

表 10-34 技术指标

涂料名称＼项目	涂层颜色及外观	粘度(涂－4)(s)	附着力(级)	干燥时间(h)	
				表干	实干
铁红过氯乙烯底层涂料	铁红，色调不规定，涂膜平整，无粗粒	60～140	≤2	—	—
各色过氯乙烯防腐蚀面层涂料	符合标准样板及色差范围，涂膜平整光亮	30～75	≤3	—	—

11. 聚氯乙烯(PVC)涂料及其配套底层涂料技术指标

聚氯乙烯(PVC)涂料及其配套底层涂料技术指标见表 10-35。

表 10-35 技术指标

项目 / 涂料名称	涂层颜色	粘度 (涂—4)(s)	含固量(%)	干燥时间(h)	
				表干	实干
PVC 防腐材料	透明黏稠液体，符合色标	40～60	≥23	≤2	≤18
PVC 防腐材料	透明黏稠液体，符合色标	20～30	≥15	≤2	≤18
PVC 防腐材料	透明黏稠液体，符合色标	25～45	≥18	≤2	≤24

12. 聚苯乙烯涂料及其配套底层涂料技术指标

聚苯乙烯涂料及其配套底层涂料技术指标见表 10-36。

表 10-36 技术指标

项目 / 涂料名称	涂层颜色及外观	粘度 (涂—4) (s)	细度 (μm)	含固量 (%)	干燥时间(h)	
					表干	实干
聚苯乙烯涂料清涂料	无机械杂质溶液	60～80	—	≥24	20min	20
聚苯乙烯涂料面层涂料	符合色标平整光亮	120～140	50	≥40	40min	48
聚苯乙烯涂料底面涂料	符合色标平整光亮	70～100	50	≥35	40min	48

13. 氯磺化聚乙烯涂料技术指标

氯磺化聚乙烯涂料技术指标见表 10-37。

表 10-37 技术指标

项目 / 涂料名称	涂层颜色	粘度 (涂—4)(s)	细度(μm)	干燥时间(h)	
				表干	实干
氯磺化聚乙烯面层涂料	符合色标，平整光滑	60～100	≤65	≤1	≤24

14. 沥青涂料及其配套底层涂料技术指标

沥青涂料及其配套底层涂料技术指标见表 10-38。

表 10-38 技术指标

项目 / 涂料名称	涂层颜色及外观	粘度 (涂—4)(s)	附着力(级)	干燥时间(h)	
				表干	实干
沥青耐酸涂料	黑色，涂膜平整光滑	50～80	—	≤3	≤24

15. 玻璃鳞片涂料技术指标

玻璃鳞片涂料技术指标见表 10-39。

表 10-39 玻璃鳞片系列涂料及其配套底层涂料的技术指标

涂料名称＼项目	涂层颜色及外观	粘度(Pa·s)	密度(g/cm^3)	含固量(%)	干燥时间(h)	
					表干	实干
二甲苯型树脂鳞片涂料	符合色泽	0.50±0.15	1.2～1.3	60±5	≤4	≤24
环氧树脂鳞片涂料	符合色泽	0.55±0.15	1.3±0.1	65±5	≤8	≤24
乙烯基酯树脂鳞片涂料	符合色泽	0.55±0.15	1.2～1.3	65±5	≤4	≤24
乙烯基酯树脂鳞片涂料	符合色泽	0.55±0.15	1.2～1.3	65±5	≤8	≤24
双酚A型树脂鳞片涂料	符合色泽	0.50±0.15	1.2～1.3	65±5	≤4	≤24

注:底层涂料应根据面层涂料具体牌号选用含有同类树脂的配套产品。

16. 橡胶类鳞片涂料技术指标

橡胶类鳞片涂料技术指标见表 10-40。

表 10-40 橡胶类鳞片涂料的技术指标

涂料名称＼项目	外观	含固量(%)	抗冲击(cm)	附着力(级)(划圈法)	抗弯曲(mm)	干燥时间(h)	
						表干	实干
高氯化聚乙烯鳞片涂料面层涂料	符合色标	≥45	50	2	2	≤2	≤24
氯化橡胶鳞片涂料	符合色标	≥50	50	2	2	≤2	≤24

17. 有机硅涂料及其配套底层涂料技术指标

有机硅涂料及其配套底层涂料技术指标见表 10-41。

表 10-41 技术指标

涂料名称＼项目	涂层颜色及外观	粘度(涂一4)(s)	密度(g/cm^3)	含固量(%)	干燥时间(h)	
					表干	实干
有机硅耐高温涂料底层涂料	灰色	15～25	—	—	≤0.1	≤1
有机硅耐高温面层涂料	符合色标	50～60	—	≥65	≤1	≤24
无机硅酸锌底层涂料	浅色	40～50	50	≥60	≤1	≤24

18. 乙烯磷化底层涂料技术指标

乙烯磷化底层涂料技术指标见表10-42。

表 10-42　　技术指标

项目		指标	性能及用途
外观	磷化底层涂料	黄色半透明黏稠液体	有良好的防锈,防腐蚀和耐候性,可在金属面上生成保护膜。用于金属结构或设备上效果较好,喷涂时施工粘度一般为15s
	磷化液	无色至微黄色透明液体	
	涂膜	黄绿色半透明	
粘度(未加磷化液前,涂—4)(s)		30～70	
干燥时间(25℃)(h)　不大于		0.5	
附着力(级)		1	

19. 主要专用底层涂料技术指标

主要专用底层涂料技术指标见表10-43。

表 10-43　　技术指标

项目 / 涂料名称	涂层颜色及外观	干膜厚(μm)	密度(g/m^3)	配合比		干燥时间(h)	
				A	B	表干	实干
环氧富锌底层涂料	灰色无光	20 (80)	2.30	91∶9		≤5min	≤24
环氧铁红底层涂料	铁红色无光	36	1.15	16∶6.4		≤5min	≤24
无机硅酸锌底层涂料	灰色无光	20	1.67	1∶2		≤5min	≤1
环氧云铁底层涂料	银灰色	100	1.57	6∶1		≤4	≤24

20. 防腐蚀耐磨洁净涂料及其配套底层涂料技术指标

防腐蚀耐磨洁净涂料及其配套底层涂料技术指标见表10-44。

表 10-44　　技术指标

项目 / 涂料名称	涂层颜色及外观	干膜厚(μm)	密度(g/m^3)	含固量(%)	干燥时间(h)	
					表干	实干
防腐蚀耐磨洁净涂料	平整光亮符合色标	0.40～0.80	≤60	≥75	≤2	≤24
防腐蚀耐磨洁净底层涂料	平整、无光	—	≤80	≥55	≤2	≤24

21. 防腐蚀防水防霉涂料及其配套底层涂料技术指标

防腐蚀防水防霉涂料及其配套底层涂料技术指标见表 10-45。

表 10-45　　技术指标

项目 涂料名称	涂层颜色及外观	防霉等级	密度 (g/cm^3)	含固量 (%)	干燥时间(h)	
					表干	实干
防腐蚀防霉涂料	符合色标	0	1.30～1.40	≥45	≤2	≤2
防腐蚀防霉涂料底层涂料	符合色标	—	—	≥45	≤2	≤2

22. 防腐蚀导静电涂料及其配套底层涂料技术指标

防腐蚀导静电涂料及其配套底层涂料技术指标见表 10-46。

表 10-46　　技术指标

项目 涂料名称	涂层颜色及外观	粘度 (Pa·s)	细度 (μm)	含固量 (%)	干燥时间(h)	
					表干	实干
防腐蚀导静电涂料	浅灰色调、平光符合色标	0.1～0.4	≤45	≥60	≤2	≤24
防静电耐磨防腐整体地面涂料	符合色标	>1	<50	>70	≤2	≤24
防腐蚀导静电底层涂料	黑色	>0.3	≤50	≥50	≤2	≤24

23. 锈面涂料技术指标

锈面涂料技术指标见表 10-47。

表 10-47　　技术指标

涂料名称	涂料颜色及外观	粘度 (涂-4)(s)	含固量 (%)	干燥时间(h)	
				表干	实干
环氧稳定型锈面涂料	铁红色、半光	—	70～75	≤14	≤24
稳定型锈面涂料	红棕色	70～120	35～45	≤2	≤44
稳定型锈面涂料	红棕色、半光	50～80	40～45	≤4	≤24
转化型锈面涂料	红棕色、半光	50～80	40～50	≤4	≤24

二、树脂类防腐蚀材料

1. 环氧树脂技术指标

(1)常用环氧树脂的产品:E－44(6101)、E－42(634)和 E－51(618)等。其主要技术指标见表 10-48。

表 10-48 环氧树脂的主要技术指标

项目 涂料名称	EPO 1451－310(E－44)	EPO 1551－310(E－42)	EPO 1441－310(E－51)
外观	淡黄色至棕黄色粘厚透明液体		
分子量	350～450	430～600	350～400
环氧当量(g/E_q)	210～240	230～270	184～200
有机氯(当量/100g)	≤0.02	≤0.001	≤0.02
无机氯(当量/100g)	≤0.01	≤0.001	≤0.001
挥发分(%)	≤1	≤1	≤2
软化点(℃)	12～20	21～27	—

(2)常用的环氧树脂固化剂为胺类、酸酐类、树脂类化合物等几个品种。其中胺类化合物最为常用,它又可以分为脂肪胺、芳香胺及改性胺等几类。由于乙二胺、间苯二胺、苯二甲胺、聚酰胺、二乙烯三胺等化合物的毒性、气味较大,因此逐步被无毒、低毒的新型固化剂(如:T31、C20 等)替代。采用这类固化剂对潮湿基层也可以固化。

常用固化剂的主要技术指标见表 10-49。

表 10-49 常用固化剂的主要技术指标

名称 项目	T31	C20	乙二胺
外观(液体)	透明棕色黏稠	透明浅棕色	无色透明
胺值(KOHmg/g)	460～480	>450	纯度>90%
粘度(Pa·s或 s)	1.10～1.30Pa·s	120～400(涂－4)s	含水率<1%
相对密度	1.08～1.09	1.10	—
LD_{50}(mg/kg)	7852±1122	1150	620

(3)环氧树脂稀释剂通常用非活性稀释剂，如乙醇、丙酮、环己酮、正丁醇、二甲苯等。两种非活性稀释剂可以混合使用。有时为了降低固化成品的收缩率，减少空孔隙和龟裂，也使用活性稀释剂，如环氧丙烷丁基醚、环氧丙烷苯基醚、多缩水甘油醚等。

(4)增韧剂。单纯的环氧树脂固化后较脆，抗冲击强度、抗弯强度及耐热性能较差常用“增韧剂”、“增塑剂”来增加树脂的可塑性，提高抗弯、抗冲击强度。

“增韧剂”的主要技术指标见表10-50。

表10-50　　主要“增韧剂”的技术指标及特性

项目＼名称	邻苯二甲酸二丁酯	芳烷基醚
外观	无色透明 液　体	淡黄至棕色 粘性透明液
相对密度 沸点(℃)	1.05 355	1.06～1.10 (不挥发物≥93%)
熔点(℃) 活性氧含量	−35 —	10%～14%
分子量	278.35	400左右
粘度(Pa·s)		0.15～0.25
酸值(KOHmg/g)		≤0.15
用量(%)	10～20	10～15

2. 不饱和聚酯树脂技术指标

(1)常用树脂品种。不饱和聚酯树脂的品种包括：双酚A型、间苯型、二甲苯型和邻苯型，用于树脂类防腐蚀工程的不饱和聚酯树脂的技术指标见表10-51。

表10-51　　不饱和聚酯树脂的技术指标

项　目	允许范围	
外　观	应无异状	
粘度(25℃)	指定值	±30%
固体含量(%)		±3.0
凝胶时间(25℃)		±30%
酸　值		±4.0
储存期	阴凉避光处　20℃以下不少于180d，30℃以下不少于90d	

注：一种牌号树脂的相关技术指标只允许有一个指定值。

(2)常用的引发剂和促进剂。引发剂习惯称之为固化剂或催化剂,一般为过氧化物(有机物)、氢过氧化物,由于纯粹有机过氧化物贮存的不稳定性,通常与惰性稀释剂,如:邻苯二甲酸二丁酯等混合配制,以利于贮存和运输。引发剂和促进剂的质量指标见表10-52。

表10-52　引发剂和促进剂的质量

名称		指标
引发剂	过氧化甲乙酮二甲酯溶液	(1)活性氧含量为8.9%～9.1% (2)常温下为无色透明液体 (3)过氧化甲乙酮与邻苯二甲酯之比为1∶1
	过氧化环已酮二丁酯糊	(1)活性氧含量为5.5% (2)过氧化环已酮与邻苯二甲酸二丁酯之比为1∶1 (3)常温下为白色糊状物
	过氧化二苯甲酰二丁酯糊	(1)过氧化二苯甲酰与邻苯二甲酸二甲酸二丁酯之比为1∶1 (2)活性氧含量为3.2%～3.3% (3)常温下为白色糊状物
促进剂	钴盐的苯乙烯液	(1)钴含量为≥0.6% (2)常温下为紫色液体
	N,N－二甲基苯胺苯乙烯液	(1)N,N－二甲基苯胺与苯乙烯之比为1∶9 (2)常温下为棕色透明液体

3. 乙烯基酯树脂技术指标

(1)乙烯基酯树脂的品种包括:环氧甲基丙烯酸型、异氰酸酯改性环氧丙烯酸型、酚醛环氧甲基丙烯酸型。乙烯基酯树脂的技术指标见表10-53。

表10-53　乙烯基酯树脂的技术指标

项目	允许范围	
外观	应无异状	
粘度(25℃)	指定值	±30%
固体含量(%)		±3.0
凝胶时间(25℃)		±30%
酸值		±4.0
储存期	阴凉避光处25℃以下不少于90d	

注:一种牌号树脂的相关技术指标只允许有一个指定值。

(2)乙烯基酯树脂常用的引发剂和促进剂等,均同不饱不聚酯树脂。

4. 呋喃树脂技术指标

(1)呋喃树脂通常包括糠醇糠醛型、糠酮糠醛型。其外观为棕黑色。其技术指标见表 10-54。

表 10-54 常用呋喃树脂的技术指标

项 目	指 标	
	糠醇糠醛型	糠酮糠醛型
固体含量(%)		≥42
粘度(涂—4 黏度计 25℃,s)	20～30	50～80
储存期	常温下一年	

(2)呋喃树脂采用的是酸性固化剂,固化反应非常激烈,选用固化剂及在用量方面需严加注意。

1)糠醇糠醛型呋喃树脂采用已混入粉料内的氨基磺酸类固化剂。

2)糠酮糠醛型呋喃树脂使用苯磺酸类固化剂。

(3)呋喃树脂"增韧剂",可以采用环氧或酚醛树脂的增韧剂,即芳烷基醚、邻苯二甲酸二丁酯、酮油钙松香等,加入量约树脂重量的 10%左右。

(4)呋喃树脂"稀释剂",通常用非活性稀释剂。如乙醇、丙酮、苯、甲苯、二甲苯等,以及两种非活性稀释剂的混合物。

5. 酚醛树脂技术指标

(1)常用酚醛树脂的外观宜为浅黄色或棕红色黏稠液体。其技术指标见表 10-55。

表 10-55 酚醛树脂的技术指标

项 目	指 标	项 目	指 标
游离酚含量(%)	<10	储存期	常温下不超过 1 个月;当采用冷藏法或加入 10%的苯甲醇时,不宜超过 3 个月
游离醛含量(%)	<2		
含水率(%)	<12		
粘度(落球黏度计 25℃,s)	45～65		

(2)酚醛树脂常用的固化剂,应优先选用低毒的萘磺酸类固化剂;也可选用苯磺酰氯等固化剂。

(3)常用的稀释剂主要是无水乙醇,当树脂粘度大而欲加快溶解时可用丙酮,也可两者混合。

三、块材防腐蚀材料

1. 耐酸砖的性能要求

(1)耐酸砖的物理化学性能见表 10-56。

表 10-56　　耐酸砖的物理化学性能

项　目	要　求			
	Z—1	Z—2	Z—3	Z—4
吸水率 A(%)	0.2≤A<0.5	0.5≤A<2.0	2.0≤A<4.0	4.0≤A<5.0
弯曲强度(MPa)	≥58.8	≥39.2	≥29.4	≥19.6
耐酸度(%)	≥99.8	≥99.8	≥99.8	≥99.7
耐急冷急热性(℃)	温差 100	温差 100	温差 130	温差 150
	试验一次后,试样不得有裂纹、剥落等破损现象			

(2)耐酸砖的规格见表 10-57。

表 10-57　　耐酸砖的规格

砖的形状及名称	规　格(mm)			
	长(a)	宽(b)	厚(h)	厚(h_1)
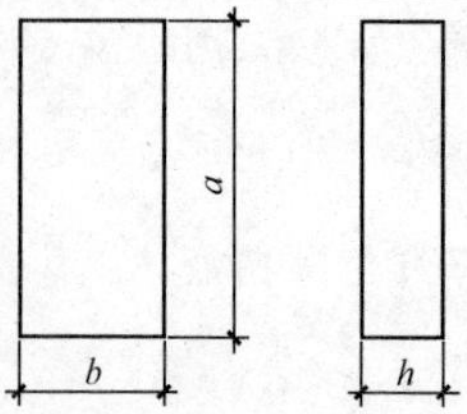 标形砖	230	113	65	—
			40	—
			30	—
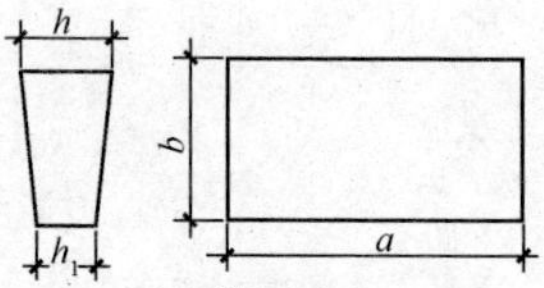 侧面楔形砖	230	113	65	55
			65	45
			55	45
			65	35
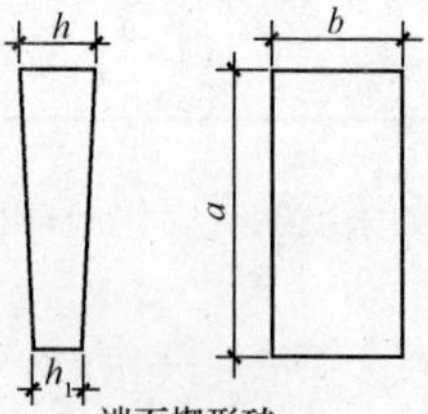 端面楔形砖	230	113	65	55
			65	45
			55	45
			65	35

续表

砖的形状及名称	规格(mm)			
	长(a)	宽(b)	厚(h)	厚(h_1)
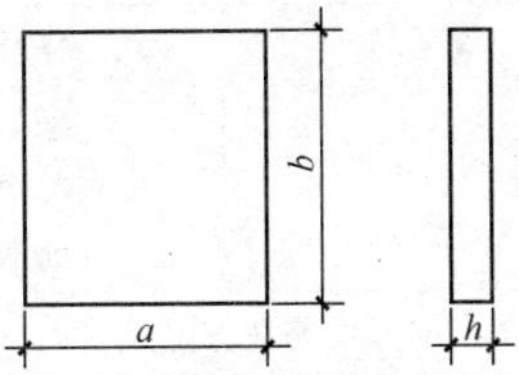 平板形砖	150	150	15～30	—
	150	75	15～30	—
	100	100	10～20	—
	100	50	10～20	—
	125	125	15	—

(3)耐酸砖的外观要求见表10-58。

表10-58 **耐酸砖的外观质量** (mm)

缺陷类别	质量要求	
	优等品	合格品
裂纹	工作面:不允许 非工作面:宽不大于0.25,长5～15,允许2条	工作面:宽不大于0.25,长5～15,允许1条 非工作面:宽不大于0.5,长5～20,允许2条
磕碰	工作面:伸入工作面1～2;砖厚小于20时,深不大于3;砖厚20～30时,深不大于5;砖厚大于30时,深不大于10的磕碰允许2处,总长不大于35 非工作面:深2～4,长不大于35,允许3处	工作面:伸入工作面1～4,砖厚小于20时,深不大于5;砖厚20～30时,深不大于8;砖厚大于30时,深不大于10的磕碰允许2处,总长不大于40 非工作面:深2～5,长不大于40,允许4处
缺点	工作面:最大1～2,允许3个 非工作面:最大1～3,每面允许3个	工作面:最大2～4,允许3个 非工作面:最大3～6,每面允许4个
开裂	不允许	不允许
缺釉	总面积不大于100mm^2,每处不大于30mm^2	总面积不大于200mm^2,每处不大于50mm^2
釉裂	不允许	不允许
结釉	不允许	不超过釉面面积的1/4
干釉	不允许	不严重

(4)耐酸砖的尺寸偏差及变形见表 10-59。

表 10-59　　耐酸砖的尺寸偏差及变形　　(mm)

项目		允许偏差	
		优等品	合格品
尺寸偏差	尺寸≤30	±1	±2
	30<尺寸≤150	±2	±3
	150<尺寸≤230	±3	±4
	尺寸>230	供需双方协商	
变形:翘曲　大小头	尺寸≤150	≤2	≤2.5
	150<尺寸≤230	≤2.5	≤3
	尺寸>230	供需双方协商	

2. 耐酸耐温砖的技术性能要求

(1)耐酸耐温砖的物理化学性能见表 10-60。

表 10-60　　耐酸耐温砖的物理化学性能

项目	性能要求	
	NSW1 类	NSW2 类
吸水率(%)≤	5.0	8.0
耐酸度(%)≥	99.7	99.7
压缩强度(MPa)≥	80	60
耐急冷急热性	试验温差 200℃	试验温差 250℃
	试验 1 次后,试样不得有新生裂纹和破损剥落	

(2)耐酸耐温砖的规格见表 10-61。

表 10-61　　耐酸耐温砖的规格

砖的形状及名称	规　格(mm)			
	长(*a*)	宽(*b*)	厚(*h*)	厚(h_1)
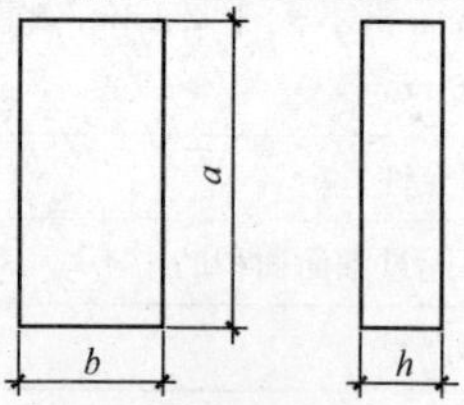 标形砖	230	113	65 40 30	— — —

续表

砖的形状及名称	规 格(mm)			
	长(a)	宽(b)	厚(h)	厚(h_1)
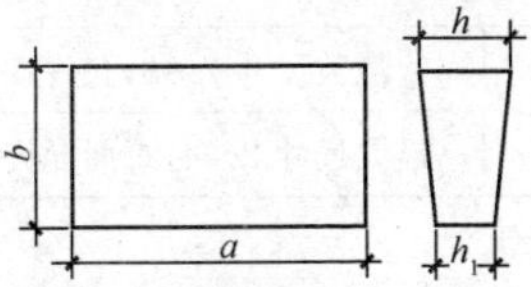 侧面楔形砖	230	113	65 65 55 65	55 45 45 35
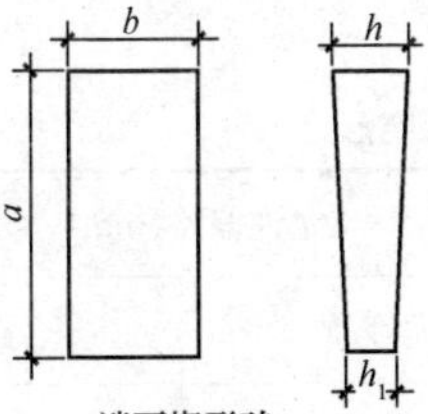 端面楔形砖	230	113	65 65 55 65	55 45 45 35
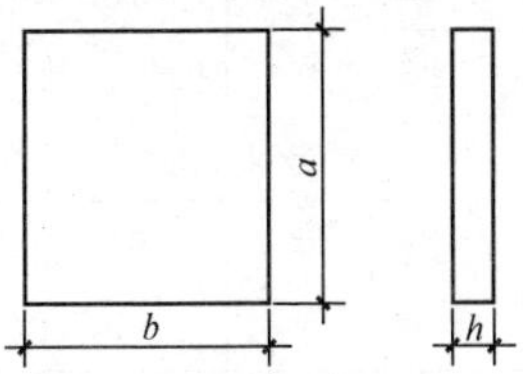 平板形砖	150 150 100 100 125	150 75 100 50 125	15～30 15～30 10～20 10～20 15	— — — — —

(3)耐酸耐温砖的外观要求见表 10-62。

表 10-62　　耐酸耐温砖的外观质量

缺陷类别		要 求(mm)	
		优等品	合格品
裂纹	工作面	长 3～5,允许 3 条	长 5～10,允许 3 条
	非工作面	长 5～10,允许 3 条	长 5～15,允许 3 条
磕碰	工作面	伸入工作面 1～3,深不大于 5,总长不大于 30	伸入工作面 1～4,深不大于 8,总长不大于 40
	非工作面	长 5～20,允许 5 处	长 10～20,允许 5 处

续表

缺陷类别		要　　求(mm)	
		优等品	合格品
开　　裂		不　　允　　许	
疵点	工作面	最大尺寸 1～3,允许 3 个	最大尺寸 2～3,允许 3 个
	非工作面	最大尺寸 2～3,每面允许 3 个	最大尺寸 2～4,每面允许 4 个

注:1. 缺陷不允许集中,10cm² 正方形内不得多于五处。
2. 标形砖应有一个大面(230mm×113mm)达到本表对于工作面的要求。如订货时需方指定工作面,则该面应符合本表的要求。

(4)耐酸耐温砖的尺寸偏差及变形见表 10-63。

表 10-63　　耐酸耐温砖的尺寸偏差及变形

项　　目		允许偏差(mm)	
		优等品	合格品
尺寸偏差	尺寸≤30	±1	±2
	30<尺寸≤150	±2	±3
	150<尺寸≤230	±3	±4
	尺寸>230	供需双方协商	
变形:翘曲大小头	尺寸≤150 150<尺寸≤230	≤2 ≤2.5	≤2.5 ≤3
	尺寸>230	供需双方协商	

3. 耐酸碱石材的技术性能要求

(1)各种耐酸碱石材的组成及性能见表 10-64。

表 10-64　　各种耐酸碱石材的组成及性能

性　能	花岗岩	石英岩	石炭岩	安山岩	文　岩
组　成	长石、石英及少量云母等组成的火成岩	石英颗粒被二氧化硅胶结而成的变质岩	次生沉积岩(水成岩)	长石(斜长石)及少量石英、云母组成的火成岩	由二氧化硅等主要矿物组成

续表

性　能		花岗岩	石英岩	石炭岩	安山岩	文　岩
颜　色		呈灰、蓝、或浅红色	呈白、淡黄或浅红色	呈灰、白、黄褐或黑褐色	呈灰、深灰色	呈灰白或肉红色
特　性		强度高、抗冻性好，热稳定性差	强高度，耐火性好，硬度大，难于加工	热稳定性好，硬度较小	热稳定性好，硬度较小，加工比较容易	构造层理呈薄片状，质软易加工
主要成分		SiO_2：70%～75%	SiO_2：90%以上	CaO：50%～60%	SiO_2：61%～65%	SiO_2：60%以上
密度(g/cm^3)		2.5～2.7	2.5～2.8	—	2.7	2.8～2.9
抗压强度(MPa)		110～250	200～400	22～140	200	50～100
耐酸（常温）	硫酸(%)	耐	耐	不耐	耐	耐
	盐酸(%)	耐	耐	不耐	耐	耐
	硝酸(%)	耐	耐	不耐	耐	耐
耐碱		耐	耐	耐	较耐	不耐

(2)各种耐酸碱石材的外观要求见表 10-65。

表 10-65　　　　各种耐酸碱石材表面的外观质量要求

名　称		质量要求	用　途
豆光面	中豆光	要求边、角、面基本上平整，以便砌缝坐浆；表面凿间距在 12～15mm 左右，凹凸高低相差不超过 8mm	用于地面板的底面
	细豆光	要求凿点细密、均匀、整齐、平直，凿点间距在 6mm 左右，表面平坦度在 300mm 直尺下，低凹处不超过 3mm，从正面直观不见有凹窟，其面、边、角平直方整，不能有掉棱、缺角和扭曲	用于楼、地面板的正面和侧面
剁斧面		细剁斧加工，表面粗糙，具有规则的条状斧纹，平整度允许公差 3.0mm	用于楼、地面板的正面
机刨面		经机械加工，表面平整，有相互平行的机械刨纹，平整度允许 3.0mm	用于楼地面板的正面

(3)规格及加工尺寸允许偏差。耐酸石材采用手工加工或机械刨光时，正面和侧面的表面，其允许偏差为不超过3mm，背面其允许偏差为不超过8mm。规格一般为(mm)：600×400×(80～100)和400×300×(50～60)；采用机械切割时，其表面允许偏差为不超过2mm，规格一般为(mm)：300×200×(20～30)

4. 铸石制品的技术性能要求

(1)铸石制品的物理化学性能见表10-66。

表10-66　　铸石制品物理、化学性能

项目				指标	
				平面板	弧面板
磨耗量(g/cm^2)			≤	0.09	0.12
耐急冷急热性	水浴法：20～70℃反复一次 气浴法：室温～室温以上175℃反复一次	合格试样块数/试样块数	≥	36/50	31/50
冲击韧性(kJ/m^2)			≥	1.57	1.37
弯曲强度(MPa)			≥	63.7	58.8
压缩强度(MPa)			≥	588	
耐酸(碱)度(%)	硫酸(密度1.84g/cm^3)		≥	99.0	
	硫酸溶液[20%(m/m)]		≥	96.0	
	氢氧化钠溶液[20%(m/m)]		≥	98.0	

(2)铸石制品的尺寸允许偏差见表10-67。

表10-67　　铸石板的尺寸允许偏差　　(mm)

项目		允许偏差
长(包括宽、对边距、直径、弦等)A	≤250	±3　−4
	>250	±4
厚度δ	<25	±4
	≥25	±5

四、水玻璃类防腐蚀材料

1. 水玻璃技术指标

水玻璃的技术指标见表10-68。

表 10-68　水玻璃技术指标

项目	技术指标	
	钠水玻璃	钾水玻璃
模数	2.6～2.9	2.6～2.9
密度(g/cm^3)	1.44～1.47	1.40～1.46

注:1. 液体内不得混入油类或杂物,必要时使用前应过滤。
　2. 水玻璃模数或密度如不符合本表要求时,应按规定的方法进行调整。

2. 氟硅酸钠技术指标

氟硅酸钠技术指标见表10-69。

表 10-69　氟硅酸钠的技术指标

项　目		指　标
纯度(%)	≥	98
含水率(%)	≤	1
细度(0.15mm 筛孔)		全部通过

注:受潮结块时,应在不高于100℃的温度下烘干并研细过筛后使用。

3. 钠水玻璃材料的粉料、粗细骨料技术指标

(1)粉料。常用的为铸石粉、石英粉、安山岩粉等,其技术指标见表10-70。

表 10-70　粉料技术指标

项　目			技术指标
耐酸度(%)		≥	95
含水率(%)		≤	0.5
细度	0.15mm 筛孔筛余量(%)	≤	5
	0.19mm 筛孔筛余量(%)		10～30

注:1. 石英粉因粒度过细,收缩率大,易产生裂纹,故不宜单独使用,可与等重量的铸石粉混合使用。
　2. 现有商品供应的用于钾水玻璃的 KPI 粉料和用于钠水玻璃的 IGI 耐酸灰,耐酸性能均较好。

(2)细骨料。常用的为石英砂,其技术指标见表10-71。

表10-71 细骨料技术指标

项目		技术指标
耐酸度(%)	≥	95
含水率(%)	≤	1
含泥量(%)(用天然砂时)	≤	1

(3)粗骨料。常用的为石英石、花岗石,其技术指标见表10-72。

表10-72 粗骨料技术指标

项目		技术指标
耐酸度(%)	≥	95
含水率(%)	≤	0.5
吸水率(%)	≤	1.5
含泥量		不允许
浸酸安定性		合格

(4)细、粗骨料的颗粒级配要求。当用钠水玻璃砂浆铺砌块材时,采用细骨料的粒径不大于1.25mm。钠水玻璃混凝土用细骨料和粗骨料颗粒级配要求见表10-73和表10-74。

表10-73 钠水玻璃混凝土用细骨料级配要求

筛孔(mm)	5	1.25	0.315	0.16
累计筛余量(%)	0~10	20~55	70~95	95~100

表10-74 钠水玻璃混凝土用粗骨料级配要求

筛孔(mm)	最大粒径	1/2最大粒径	5
累计筛余量(%)	0~5	30~60	90~100

注:粗骨料的最大粒径,应不大于结构最小尺寸的1/4。

4. 钾水玻璃胶泥、砂浆混凝土混合料技术要求

(1)钾水玻璃胶泥混合料的含水率不大于0.5%,细度要求0.45mm筛孔筛余量不大于5%,0.16mm筛孔筛余量宜为30%~50%。

(2)钾水玻璃砂浆混合料的含水率不大于0.5%,细度要求见表10-75。

表10-75 钾水玻璃砂浆混合料的细度

最大粒径(mm)	筛余量(%)	
	最大粒径的筛	0.16mm的筛
1.25	0～5	60～65
2.5	0～5	63～68
5.0	0～5	67～72

(3)钾水玻璃混凝土混合料的含水率不大于0.5%,粗骨料的最大粒径,不大于结构截面最小尺寸的1/4,用作整体地面面层时,不大于面层厚度的1/3。

5. 钠水玻璃制成品技术指标

钠水玻璃制成品技术指标见表10-76和表10-77。

表10-76 钠水玻璃胶泥技术指标

项目			技术指标
凝结时间	初凝(min)	≥	45
	终凝(h)	≤	12
抗拉强度(MPa)		≥	2.5
浸酸定定性			合格
吸水率(%)		≤	15
与耐酸砖黏结拌和强度(MPa)		≥	1.0

表10-77 钠水玻璃砂浆、钠水玻璃混凝土、密实型钠水玻璃混凝土技术指标

项 目		指 标		
		钠水玻璃砂浆	钠水玻璃混凝土	密实型钠水玻璃混凝土
抗压强度(MPa)	≥	15	20	25
浸酸安定性		合格	合格	合格
抗渗强度(MPa)	≥	—	—	1.2

6. 钾水玻璃制成品技术指标

钾水玻璃制成品技术指标见表10-78。

表 10-78　　**钾水玻璃制成品的质量**

项　目		密实型			普通型		
		胶泥	砂浆	混凝土	胶泥	砂浆	混凝土
初凝时间(min)	≥	45	—	—	45	—	
终凝时间(h)	≤	15	—	—	15	—	
抗压强度(MPa)	≥	—	25	25	—	20	20
抗拉强度(MPa)	≥	3	3	—	2.5	2.5	
与耐酸砖黏结强度(MPa)	≥	1.2	1.2	—	1.2	1.2	
抗渗等级(MPa)		1.2	1.2	1.2	—	—	
吸水率(%)		10					
浸酸安定性		合格			合格		
耐热极限温度(℃)	100～300	—			合格		
	300～900	—			合格		

注：1. 表中砂浆抗拉强度和黏结拌和强度，仅用于最大粒径 1.25mm 的钾水玻璃砂浆。
　　2. 表中耐热极限温度，仅用于有耐热要求的防腐蚀工程。

五、聚合物水泥砂浆防腐蚀材料

1. 水泥

(1)氯丁胶乳水泥砂浆应采用强度等级为 42.5 级的硅酸盐水泥或普通硅酸盐水泥。

(2)聚丙烯酸酯乳液水泥砂浆宜采用强度等级为 42.5 级的硅酸盐水泥或普通硅酸盐水泥。

(3)硅酸盐水泥和普通硅酸盐水泥的质量应符合现行国家标准《通用硅酸盐水泥》(GB 175—2007)的规定。

2. 细骨料

拌制聚合物水泥砂浆的细骨料应采用石英砂或河砂。细骨料的质量与颗料级配见表 10-79 和表 10-80。

表 10-79　　**细骨料的质量**

项目	含泥量(%)	云母含量(%)	硫化物含量(%)	有机物质量
指标	≤3	≤1	≤1	浅于标准色(如深于标准色，应配成砂浆进行强度对比试验，抗压强度比不应低于 0.95)

表 10-80　细骨粒的颗粒级配

筛孔(mm)	5.0	2.5	1.25	0.63	0.315	0.16
筛余量(%)	0	0～25	10～50	41～70	70～92	90～100

注：细骨料的最大粒径不宜超过涂层厚度或灰缝宽度的 1/3。

3. 阳离子氯丁胶乳和聚丙烯酸酯乳液

(1)胶乳和乳液的质量要求见表 10-81。

(2)阳离子氯丁胶乳和硅酸盐水泥拌和时，应加入稳定剂、消泡剂及 pH 值调节剂等助剂。稳定剂宜采用月桂醇与环氧乙醇与环氧乙烷缩合物、烷基酚与环氧乙烷缩合物或十六烷基三甲基氯化铵等乳化剂；消泡剂宜采用有机硅类消泡剂；pH 值调节剂宜采用氨水、氢氧化钠或氢氧化镁等。

表 10-81　胶乳和乳液的质量

项　目	阳离子氯丁胶乳	聚丙烯酸酯乳液
外　观	乳白色无沉淀的均匀乳液	
粘　度	10～55(25℃，Pa・s)	11.5～12.5(涂 4 杯)(s)
总固物含量(%)	≥47	39～41
密度(g/cm³)≥	1.080	1.056
贮存稳定性	5～40℃，三个月无明显沉淀	

(3)阳离子氯丁胶乳助剂的质量：

1)拌制好的水泥砂浆应具有良好的和易性，并不应有大量气泡。

2)助剂应使胶乳由酸性变为碱性，在拌制砂浆中不应出现胶乳破乳现象。

(4)聚丙烯酸酯乳液配制丙乳砂浆不需另加助剂。

六、聚氯乙烯塑料板防腐材料

1. 硬聚氯乙烯板材质量要求

(1)硬聚氯乙烯板材的外观质量要求见表 10-82。

表 10-82　硬聚氯乙烯板材外观要求

项　目	要　求		
	优等品	一等品	合格品
色　差	无	不明显	轻微
斑　点	不允许	不明显	轻微
凹　凸	无	明显	轻微

续表

项　目	要　求		
	优等品	一等品	合格品
板　边	四边应成直线，四角应成直角，板边偏离真正直角边的距离在距角顶 1m 处不得超过 8mm	四边应成直线，四角应成直角，板边偏离真正直角边的距离在距角顶 1m 处不得超过 10mm	
边　陷	板材边缘不得有深度大于 3mm 的缺口	板材边缘不得有深度大于 5mm 的缺口	
不平整	不允许		
裂　纹	不允许		
气　泡	不允许		
杂质和黑点	无明显杂质及分散不良的辅料		

(2)硬聚氯乙烯板材质量见表 10-83。

表 10-83　　硬聚氯乙烯板材的质量指标

项　目	指　标	
	A 类	*B* 类
相对密度(g/cm^3)	1.38～1.60	
拉伸强度(纵、横向)(MPa)	≥49.0	≥45.0
冲击强度(缺口、平面、侧面)(kJ/m^2)	≥3.2	≥3.0
热变形温度(℃)	≥73.0	≥65.0
加热尺寸变化率(纵、横向)(%)	±3.0	
整体性	无裂缝	
燃烧性能	1	
腐蚀度[(60±2)℃,5h](g/cm^2)	—	—
40%NaOH 溶液	±1.0	
40%HNO_3 溶液	±1.0	
30%H_2SO_4 溶液	±1.0	
35%HCl 溶液	±2.0	
10%NaCl 溶液	±1.5	
水	±1.5	

(3)硬聚氯乙烯板材尺寸的极限偏差见表 10-84。

表 10-84 硬聚氯乙烯板材尺寸的极限偏差

项 目	公称尺寸(mm)	极限偏差(%)	极限偏差(mm)
厚度(d)	$2\leqslant d\leqslant 700$	±10	—
	$20\leqslant d\leqslant 50$	±7	—
宽度(b)	$b\leqslant 20$	—	+15 0
长度(l)	$l\leqslant 1600$	—	+15 0

2. 软聚氯乙烯板质量要求

(1)外观。

1)表面光滑平整,无裂缝、无气泡、无明显杂质和未分散的辅料。直径 2~3mm 的凹陷,每平方米不超过 5 个。

2)色泽基本均匀一致,允许有手感不明显的波纹、挂料线和斑点。边缘整齐。

(2)软聚氯乙烯板的规格及尺寸公差表 10-85。

表 10-85 软聚氯乙烯板的规格及尺寸公差 (mm)

厚度	厚度公差	宽度公差	厚度	厚度公差	宽度公差
1	±0.2	±15	6	±0.5	±15
2	±0.2	±15	7	±0.5	±15
3	±0.3	±15	8	±0.5	±15
4	±0.4	±15	9	±0.5	±15
5	±0.5	±15	10	±0.5	±15

注:软聚氯乙烯板每段长度,应等于或大于 2m。

(3)软聚氯乙烯板质量指标见表 10-86。

表 10-86 软聚氯乙烯板质量指标

项 目	指 标
相对密度(g/cm^3)	1.38~1.60
拉伸强度(纵、横向)(MPa)	≥14
断裂伸长率(纵、横向)(%)	≥200
邵氏硬度	75~85

续表

项　目	指　标
加热损失率(%)	≤10
腐蚀度(g/m²)	—
(40±1)%氢氧化钠	±1.0之间
(35±1)%盐酸	±6.0之间
(40±1)%硝酸	±6.0之间
(30±1)%硫酸	±1.0之间

七、沥青类防腐蚀材料

1. 沥青类材料质量要求

(1)常用沥青为道路石油沥青和建筑石油沥青。常用石油沥青的牌号和技术指标见表10-87。

表10-87　常用石油沥青的牌号和技术指标

指标名称 \ 牌号	沥青种类				
	道路石油沥青		建筑石油沥青		
	60号甲	60号乙	30号	40号	10号
针入度(25℃,100g,1/10mm)5s	51～80	41～80	26～35	36～50	10～25
延度(25℃,cm)(min)	≥70	≥40	≥2.5	≥3.5	≥1.5
软化点(环球法,℃)	45～55	45～55	≥75	≥60	≥95

注:针入度中的5s,延度中的5cm/min是指建筑石油沥青。

(2)纤维状填料宜采用6级角闪石棉或温石棉;温石棉应符合现行国家标准《温石棉》(GB/T 8071—2007)的规定。

(3)耐酸粉料常用的为石英粉、铸石粉等。其技术指标见表10-88。

表10-88　耐酸粉料技术指标

项　目			指　标
耐酸度(%)		≥	95
细　度	0.15mm筛孔筛余(%)	≤	5
	0.088mm筛孔筛余(%)		10～30
亲水系数		≤	1.1

(4)耐酸细骨料常用石英砂。其技术指标见表 10-89，颗粒级配见表 10-90。

表 10-89　　耐酸细骨料技术指标

项　目		指　标
耐酸度(%)	≥	95
含泥量(%)	≤	1

注：宜使用平均粒径为 0.25～2.5mm 的中粗砂。

表 10-90　　耐酸细骨料颗粒级配

筛孔(mm)	5	1.25	0.315	0.16
累计筛余量	0～10	35～65	80～95	90～1000

(5)耐酸粗骨料采用石英石、花岗石等制成的碎石。其技术指标见表 10-91。

表 10-91　　耐酸粗骨料技术指标

项　目		指　标
耐酸度(%)	≥	95
浸酸安定性		合格
空隙率(%)	≤	45
含泥量(%)	≤	1

注：沥青混凝土骨料粒径以不大于 25mm 为宜，碎石灌沥青的石料粒径为 30～60mm。

(6)沥青防水卷材的主要技术指标见表 10-92、表 10-93。

表 10-92　　沥青防水卷材技术指标

项　目		指　标		
		15 号	25 号	35 号
		合格品	合格品	合格品
可溶物含量(g/m^2) ≥		700	1200	2100
不透水性	压力(MPa)	0.1	0.15	0.2
	时间	30min 不透水		
耐热度(℃)		85±2 受热 2h 涂盖层应无滑动		
拉力(N) ≥	纵向	200	250	270
	横向	130	180	200
柔度	温度(℃)不高于	10	10	10
	弯曲半径	绕 r=15mm 弯板无裂纹	绕 r=25mm 弯板无裂纹	

表 10-93　　高聚物改性沥青防水卷材技术指标

项目		指标			
		Ⅰ类	Ⅱ类	Ⅲ类	Ⅳ类
拉伸性能	拉力(N)	≥400	≥400	≥50	≥200
	延伸率(%)	≥30	≥5	≥200	≥3
耐热度[(85±2)℃,2h]		不流淌,无集中性气泡			
柔性(−5～−25℃)		绕规定直径圆棒无裂纹			
不透水性	压力	≥0.2MPa			
	保持时间	≥30min			

2. 沥青胶泥技术指标

沥青胶泥技术指标见表 10-94。

表 10-94　　沥青胶泥技术指标

项目	使用部位最高温度(℃)			
	≤30	31～40	41～50	51～60
耐热稳定性(℃)	≥40	≥50	≥60	≥70
浸酸后重量变化率(%)	≤1			

3. 沥青砂浆和混凝土技术指标

沥青砂浆和混凝土技术指标见表 10-95。

表 10-95　　沥青砂浆和沥青混凝土技术指标

项目			指标
抗压强度(MPa)	20℃时	≥	3
	50℃时	≥	1
饱和吸水率(%)以体积计		≤	1.5
浸酸安定性			合格

第十一章 工程标准计量

第一节 工程建设标准

我国的标准从无到有,从工业生产领域拓展到涉及工业、农业、服务业、安全、卫生、环境保护和管理等各个领域。目前,我国的技术标准体系、工程建设标准体系、标准化管理体系和运行机制,在社会主义现代化建设中占有非常重要的地位。

按照标准的内容可分为基础标准、试验标准、产品标准、工程建设标准、过程标准、服务标准、接口标准。其中,工程建设标准自 1990 年以来,已初步形成了城乡规划、城镇建设、房屋建筑、铁路工程、水利工程、矿山工程等体系。

一、标准的概念及其相关内容

标准是为了在一定的范围内获得最佳秩序,经协商一致制定并由公认机构批准,共同使用的和重复使用的一种规范性文件。标准是以科学、技术和经验的综合成果为基础,以促进最佳的共同效益为目的的特殊文件。

我国标准的分级、编号、特性及采用见表 11-1。

表 11-1　标准分级、编号、特性及采用

项目		内容
分级	国家标准	国家标准是指由国务院标准化行政主管部门编制计划,组织草拟,统一审批、编号、发布的在全国范围内统一和适用的标准
	行业标准	行业标准是指为没有国家标准而又需要在全国某个行业范围内统一的技术要求而制定的标准。行业标准由国务院有关行政主管部门编制计划,组织草拟,统一审批、编号、发布,并报国务院标准化行政主管部门备案。行业标准是对国家标准的补充,行业标准在相应国家标准实施后,自行废止
	地方标准	地方标准是指为没有国家标准和行业标准而又需要在省、自治区、直辖市范围内统一的工业产品的安全和卫生要求而制定的标准。地方标准由省、自治区、直辖市人民政府标准化行政主管部门编制计划,组织草拟,统一审批、编号、发布,并报国务院标准化行政主管部门和国务院有关行政主管部门备案。地方标准不得与国家标准、行业标准相抵触,在相应的国家标准或行业标准实施后,地方标准自行废止
	企业标准	企业标准是指企业所制定的产品标准和在企业内需要协调、统一的技术要求和管理、工作要求所制定的标准

续表

项目		内容
编号	国家标准代号	我国国家标准的代号,用“国标”两个字汉语拼音的第一个字母“G”和“B”表示。强制性国家标准的代号为“GB”,推荐性国家标准的代号为“GB/T”。国家标准的编号由国家标准的代号、国家标准发布的顺序号和国家标准发布的年号三部分构成
	行业标准代号	行业标准代号由国务院标准化行政主管部门规定。目前,国务院标准化行政主管部门已批准发布了58个行业标准代号。例如建材行业标准的代号为“JC”。行业标准的编号由行业标准代号、标准顺序号及年号组成。工程建设行业标准的代号为“××J”,例如建设工程行业标准的代号为“JGJ”
	地方标准代号	地方标准的代号,由汉语拼音字母“DB”加上省、自治区、直辖市行政区划代码前两位数、再加斜线、顺序号和年号共四部分组成。
特性		(1)是经过公认机构批准的文件。 (2)是根据科学、技术和经验成果制定的文件。 (3)是在兼顾各有关方面利益的基础上,经过协商一致而制定的文件。 (4)是可以重复和普遍应用的文件。 (5)是公众可以得到的文件
国际标准的采用	等同采用	等同采用:是指与国际标准在技术内容和文本结构上相同,或者与国际标准在技术内容上相同,只存在少量编辑性修改。 在我国国家标准封面上和首页上的表示方法为:GB××××—××××(idt ISO ××××:××××)
	修改采用	修改采用:是指与国际标准之间存在技术性差异,并清楚地标明这些差异以及解释其产生的原因,允许包含编辑性修改。修改采用不包括只保留国际标准中少量或者不重要的条款的情况。修改采用时,我国标准与国际标准在文本结构上应当对应,只有在不影响与国际标准的内容和文本结构进行比较的情况下才允许改变文本结构。 在我国国家标准封面上和首页上的表示方法为:GB××××—××××(mod ISO ××××:××××)

二、标准化及企业标准化

标准化概念及其作用、企业标准化概念及其特征见表11-2。

表 11-2 标准化概念及特征

项目	内容
标准化	标准化是指为在一定的范围内获得最佳秩序,对实际的或潜在的问题制定共同和重复使用的规则的活动。标准化是一个活动过程,主要是指制定标准、宣传贯彻标准、对标准的实施进行监督管理、根据标准实施情况修订标准的过程。这个过程不是一次性的,而是一个不断循环、不断提高、不断发展的运动过程。每一个循环完成后,标准化的水平和效益就提高一步。标准是标准化活动的产物。标准化的目的和作用,都是通过制定和贯彻具体的标准来体现的
标准化作用	(1)生产社会化和管理现代化的重要技术基础。 (2)提高质量,保护人体健康,保障人身、财产安全,维护消费者合法权益的重要手段。 (3)发展市场经济,促进贸易交流的技术纽带
企业标准化	所谓企业标准化是指以提高经济效益为目标,以搞好生产、管理、技术和营销等各项工作为主要内容,制定、贯彻实施和管理维护标准的一种有组织的活动
企业标准化特征	(1)企业标准化必须以提高经济效益为中心。企业标准化也必须以提高经济效益为中心,把能否取得良好的效益,作为衡量企业标准化工作好坏的重要标志。 (2)企业标准化贯穿于企业生产、技术、经营管理活动的全过程。现代企业的生产经营活动,必须进行全过程的管理,即产品(服务)开发研究、设计、采购、试制、生产、销售、售后服务都要进行管理。 (3)企业标准化是制定标准和贯彻标准的一种有组织的活动。企业标准化是一种活动,而这种活动是有组织的、有目标的、有明确内容的。其实属内容就是制定企业所需的各种标准,组织贯彻实施有关标准,对标准的执行进行监督,并根据发展适时修订标准

三、实施企业标准的监督

(1)国家标准、行业标准和地方标准中的强制性标准、强制性条文企业必须严格执行;不符合强制性标准的产品,禁止出厂和销售。

(2)企业生产的产品,必须按标准组织生产,按标准进行检验。经检验符合标准的产品,由企业质量检验部门签发合格证书。

(3)企业研制新产品、改进产品、进行技术改造和技术引进,都必须进行标准化审查。

(4)企业应当接受标准化行政主管部门和有关行政主管部门,依据有关法律、法规,对企业实施标准情况进行的监督检查。

第二节　工 程 计 量

一、计量的概念

计量是实现单位统一、保障量值准确可靠的活动。计量学是关于测量的科学,它涵盖测量理论和实践的各个方面。在相当长的历史时期内,计量的对象主要是物理量。在历史上,计量被称为度量衡,即指长度、容积、质量的测量,所用的器具主要是尺、斗、秤。早在公元前221年,秦始皇统一六国后,就决定把战国时混乱的度量衡制度统一起来。随着科技、经济和社会的发展,计量的对象逐渐扩展到工程量、化学量、生理量,甚至心理上。

二、计量的内容

(1)计量单位与单位制。

(2)计量器具(或测量仪器),包括实现或复现计量单位的计量基准、计量标准与工作计量器具。

(3)量值传递与溯源,包括检定、校准、测试、检验与检测。

(4)物理常量、材料与物质特性的测定。

(5)测量不确定度、数据处理与测量理论及其方法。

(6)计量管理,包括计量保证与计量监督等。

三、计量的特点

计量的特点可以归纳为准确性、一致性、溯源性及法制性四个方面。

(1)准确性是指测量结果与被测量真值的一致程度。

(2)一致性是指在统一计量单位的基础上,测量结果应是可重复、可再现(复现)、可比较的。

(3)溯源性是指任何一个测量结果或测量标准的值,都能通过一条具有规定不确定度的不间断的比较链,与测量基准联系起来的特性。

(4)法制性是指计量必需的法制保障方面的特性。

四、计量认证和实验室认可

(1)计量认证。计量认证是指依据《计量法》的规定对产品质量检验机构的计量检定、测试能力和可靠性、公正性进行考核,证明其是否具有为社会提供公证数据的资格。经计量认证的产品质量检验机构所提供的数据,用于贸易出证、产品质量评价、成果鉴定作为公正数据,具有法律效力。

(2)实验室认可。实验室认可是指对从事相关检测检验机构(实验室)资质条件与合格评定活动,由国家认监委按照国际通行做法对校准、检测、检验机构及实验室实施统一的资格认定。是我国加入WTO和参与经济全球化、适应社会生产力发展和满足人民群众日益增长的物质文化需求的需要,也是规范市场秩序的重要手段,提高我国产品质量、增强出口竞争力保护国内产业的重要举措。

五、计量单位

(1)法定计量单位的构成。国际单位制是在米制的基础上发展起来的一种一贯单位制,其国际通用符号为“SI”。SI 单位是我国法定计量单位的主体,所有 SI 单位都是我国的法定计量单位。此外,我国还选用了一些非 SI 的单位,作为国家法定计量单位。

1)我国法定计量单位的构成见表 11-3。

表 11-3　　中华人民共和国法定计量单位构成

<table>
<tr><td rowspan="6">中华人民共和国法定计量单位</td><td rowspan="4">国际单位制(SI)单位</td><td rowspan="3">SI 单位</td><td colspan="2">SI 基本单位</td></tr>
<tr><td rowspan="2">SI 导出单位</td><td>包括 SI 辅助单位在内的具有专门名称的 SI 导出单位</td></tr>
<tr><td>组合形式的 SI 导出单位</td></tr>
<tr><td colspan="3">SI 单位的倍数单位(包括 SI 单位的十进倍数单位和十进分数单位)</td></tr>
<tr><td colspan="4">国家选定的作为法定计量单位的非 SI 单位</td></tr>
<tr><td colspan="4">由以上单位构成的组合形式的单位</td></tr>
</table>

①SI 基本单位共 7 个,见表 11-4。

②包括 SI 辅助单位在内的具有专门名称的 SI 导出单位共 21 个,见表 11-5。

③由 SI 基本单位和具有专门名称的 SI 导出单位构成的组合形式的 SI 导出单位。

④SI 单位的倍数单位包括 SI 单位的十进倍数单位和十进分数单位,构成倍数单位的 SI 词头共 20 个,见表 11-6。

⑤国家选定的作为法定计量单位的非 SI 单位共 16 个,见表 11-7。

⑥由以上单位构成的组合形式的单位。

2)SI 基本单位。表 11-4 列出了 7 个 SI 基本量的基本单位,它们是构成 SI 的基础。

表 11-4　　SI(国际单位制)基本单位

量 的 名 称	单 位 名 称	单 位 符 号
长 度	米	m
质 量	千克(公斤)	kg
时 间	秒	s
电 流	安[培]	A
热力学温度	开[尔文]	K
物质的量	摩[尔]	mol
发光强度	坎[德拉]	cd

注:1. 圆括号中的名称,是它前面的名称的同义词。

2. 无方括号的量的名称与单位名称均为全称。方括号中的字,在不致引起混淆、误解的情况下,可以省略。去掉方括号中的字即为其名称的简称。

3. 本表所称的符号,除特殊指明外,均指我国法定计量单位中所规定的符号和国际符号。

4. 人民生活和贸易中,质量习惯称为重量。

表 11-5　包括 SI 辅助单位在内的具有专门名称的 SI 导出单位

量的名称	SI 导出单位		
	名　称	符　号	用 SI 基本单位和 SI 导出单位表示
[平面]角	弧度	rad	1rad=1m/m=1
立体角	球面度	sr	$1sr=1m^2/m^2=1$
频　率	赫[兹]	Hz	$1Hz=1s^{-1}$
力	牛[顿]	N	$1N=1kg\cdot m/s^2$
压力,压强,应力	帕[斯卡]	Pa	$1Pa=1N/m^2$
能[量],功,热量	焦[耳]	J	1J=1N·m
功率,辐[射能]通量	瓦[特]	W	1W=1J/s
电荷[量]	库[仑]	C	1C=1A·s
电压,电动势,电位,(电势)	伏[特]	V	1V=1W/A
电　容	法[拉]	F	1F=1C/V
电　阻	欧[姆]	Ω	1Ω=1V/A
电　导	西[门子]	S	$1S=1\Omega^{-1}$
磁通[量]	韦[伯]	Wb	1Wb=1V·s
磁通[量]密度,磁感应强度	特[斯拉]	T	$1T=1Wb/m^2$
电　感	亨[利]	H	1H=1Wb/A
摄氏温度	摄氏度	℃	1℃=1K
光通量	流[明]	lm	1lm=1cd·sr
[光]照度	勒[克斯]	lx	$1lx=1lm/m^2$
[放射性]活度	贝可[勒尔]	Bq	$1Bq=1s^{-1}$
吸收剂量	戈[瑞]	Gy	1Gy=1J/kg
剂量当量	希[沃特]	Sv	1Sv=1J/kg

表 11-6　　用于构成的十进倍数和分数单位的词头

因数	词头名称		符号
	英文	中文	
10^{24}	yotta	尧[它]	Y
10^{21}	zetta	泽[它]	Z
10^{18}	exa	艾[可萨]	E
10^{15}	peta	拍[它]	P
10^{12}	tera	太[拉]	T
10^{9}	giga	吉[咖]	G
10^{6}	mega	兆	M
10^{3}	kilo	千	k
10^{2}	hecto	百	h
10^{1}	deca	十	da
10^{-1}	deci	分	d
10^{-2}	centi	厘	c
10^{-3}	milli	毫	m
10^{-6}	micro	微	μ
10^{-9}	nano	纳[诺]	n
10^{-12}	pico	皮[可]	P
10^{-15}	femto	飞[母托]	f
10^{-18}	atto	阿[托]	a
10^{-21}	zepto	仄[普托]	z
10^{-24}	yocto	幺[科托]	y

3)SI 导出单位。SI 导出单位是用 SI 基本单位以代数形式表示的单位。这种单位符号中的乘和除采用数学符号。它由两部分构成:一部分是包括 SI 辅助单位在内的具有专门名称的引导出单位;另一部分是组合形式的 SI 导出单位,即用 SI 基本单位和具有专门名称的 SI 导出单位(含辅助单位)以代数形式表示的单位。

某些 SI 单位,例如力的 SI 单位,在用 SI 基本单位表示时,应写成 $kg \cdot m/s^2$。这种表示方法比较繁琐,不便使用。为了简化单位的表示式,经国际计量大会讨论通过,给它以专门的名称——牛[顿],符号为 N。类似地,热和能的单位通常用焦[耳](J)代替牛顿米($N \cdot m$)和 $kg \cdot m^2/s^2$。这些导出单位,称为具有专门名称的 SI 导出单位。

SI 单位弧度(rad)和球面度(sr),称为 SI 辅助单位,它们是具有专门名称和符号的量纲为 1 的量的导出单位。例如:角速度的 SI 单位可写成弧度每秒(rad/s)。

电阻率的单位通常用欧姆米(Ω·m)代替伏特米每安培(V·m/A),它是组合形式的 SI 导出单位之一。

表 11-5 列出的是包括 SI 辅助单位在内的具有专门名称的 SI 导出单位。

4)SI 单位的倍数单位。在 SI 中,用以表示倍数单位的词头,称为 SI 词头。它们是构词成分,用于附加在 SI 单位之前构成倍数单位(十进倍数单位和分数单位),而不能单独使用。

表 11-6 共列出 20 个 SI 词头,所代表的因数的覆盖范围为 $10^{-24} \sim 10^{24}$。

词头符号与所紧接着的单个单位符号(这里仅指 SI 基本单位和引导出单位)应视作一个整体对待,共同组成一个新单位,并具有相同的幂次,而且还可以和其他单位构成组合单位。例如:$1cm^3=(10^{-2}m)^3=10^{-6}m^3$,$1\mu s^{-1}=(10^{-6}s)^{-1}=10^6s^{-1}$,$1mm^2/s=(10^{-3}m)^2/s=10^{-6}m^2/s$。

由于历史原因,质(重)量的 SI 基本单位名称“千克”中已包含 SI 词头,所以,“千克”的十进倍数单位由词头加在“克”之前构成。例如:应使用毫克(mg),而不得用微千克(μkg)。

5)可与 SI 单位并用的我国法定计量单位。由于实用上的广泛性和重要性,在我国法定计量单位中,为 11 个物理量选定了 16 个与 SI 单位并用的非 SI 单位,见表 11-7 所示。其中 10 个是国际计量大会同意并用的非 SI 单位,它们是:时间单位——分、[小]时、日(天);[平面]角单位——度、[角]分、[角]秒;体积单位——升;质量单位——吨和原子质量单位;能量单位——电子伏。另外 6 个,即海里、节、公顷、转每分、分贝、特[克斯],则是根据国内外的实际情况选用的。

表 11-7 可与 SI 单位并用的我国法定计量单位

量的名称	单位名称	单位符号	与 SI 单位的关系
时间	分	min	$1min=60s$
	[小]时	h	$1h=60min=3600s$
	日,(天)	d	$1d=24h=86400s$
[平面]角	度	°	$1°=(\pi/180)rad$
	[角]分	′	$1'=(1/60)°=(\pi/10800)rad$
	[角]秒	″	$1''=(1/60)'=(\pi/648000)rad$
体积	升	L,(l)	$1L=1dm^3=10^{-3}m^3$
质量	吨	t	$1\ t=10^3kg$
	原子质量单位	u	$1\ u\approx1.660540\times10^{-27}kg$

续表

量的名称	单位名称	单位符号	与SI单位的关系
旋转速度	转每分	r/min	1r/min=(1/60)s^{-1}
长　度	海里	n mile	1n mile=1852m(只用于航行)
速　度	节	kn	1kn=1 n mile/h=(1852/3600)m/s(只用于航行)
能	电子伏	eV	1eV≈1.602177×10^{-19}J
级　差	分贝	dB	
线密度	特[克斯]	tex	1tex=10^{-6}kg/m
面　积	公顷	hm^2	1hm^2=10^4m^2

注:1. 平面角单位度、分、秒的符号,在组合单位中应采用(°)、(′)、(″)的形式。例如:不用°/s而用(°)/s。
2. 升的符号中,小写字母l为备用符号。
3. 公顷的国际通用符号为ha。

6)法定计量单位与习用非法定计量单位的换算,见表11-8所示。

表11-8　　法定计量单位与习用非法定计量单位换算表

量的名称	习用非法定计量单位		法定计量单位		单位换算关系
	名称	符号	名称	符号	
力	千克力	kgf	牛[顿]	N	1kgf=9.80665N≈10N
	吨力	tf	千牛[顿]	kN	1tf=9.80665kN≈10kN
线分布力	千克力每米	kgf/m	牛[顿]每米	N/m	1kgf/m=9.80665N/m≈10kN/m
	吨力每米	tf/m	千牛[顿]每米	kN/m	1tf/m=9.80665kN/m≈10kN/m
面分布力、压强	千克力每平方米	kgf/m^2	牛[顿]每平方米(帕斯卡)	N/m^2(Pa)	1kgf/m^2≈10N/m^2(Pa)
	吨力每平方米	tf/m^2	千牛[顿]每平方米(千帕斯卡)	kN/m^2(kPa)	1tf/m^2≈10kN/m^2(Pa)
	标准大气压	atm	兆帕[斯卡]	MPa	1atm=0.101325MPa≈0.1MPa
	工程大气压	at	兆帕[斯卡]	MPa	1at=0.0980665MPa≈0.1MPa
	毫米水柱	mmH_2O	帕[斯卡]	Pa	1mmH_2O=9.80665Pa≈10Pa(按水的密度为1g/cm^2计)
	毫米汞柱	mmHg	帕[斯卡]	Pa	1mmHg=133.322Pa
	巴	bar	帕[斯卡]	Pa	1bar=10^5Pa
体分布力	千克力每立方米	kgf/m^3	牛[顿]每立方米	N/m^3	1kgf/m^3=9.80665N/m^3≈10N/m^3
	吨力每立方米	tf/m^3	千牛[顿]每立方米	kN/m^3	1tf/m^3=9.80965kN/m^3≈10kN/m^3

续表

量的名称	习用非法定计量单位		法定计量单位		单位换算关系
	名称	符号	名称	符号	
力矩、弯矩、扭矩、力偶矩、转矩	千克力米	kgf·m	牛[顿]米	N·m	1kgf·m=9.80665N·m≈10N·m
	吨力米	tf·m	千牛[顿]米	kN·m	1tf/m=9.80665kN·m≈10kN·m
双弯矩	千克力平方米	kgf·m^2	牛[顿]平方米	N·m^2	1kgf·m^2=9.80665N·m^2≈10N·m
	吨力平方米	tf·m^2	千牛[顿]平方米	kN·m^2	1tf·m^2=9.80665kN·m^2≈10kN·m^2
应力、材料强度	千克力每平方毫米	kgf(mm^2)	兆帕[斯卡]	MPa	1kgf(mm^2)=9.80665MPa≈0.1MPa
	千克力每平方厘米	kgf/cm^2	兆帕[斯卡]	MPa	1kgf/cm^2=0.0980665MPa≈0.1MPa
	吨力每平方米	tf/m^2	千帕[斯卡]	kPa	1tf/m^2=9.80665kPa≈10kPa
弹性模量、剪变模量、压缩模量	千克力每平方厘米	kgf/cm^2	兆帕[斯卡]	MPa	1kgf/cm^2=0.0980665MPa≈0.1MPa
压缩系数	平方厘米每千克力	cm^2/kgf	每兆帕[斯卡]	MPa^{-1}	1cm^2/kgf=(1/0.0980665)MPa^{-1}
地基抗力刚度系数	吨力每立方米	tf/m^3	千牛[顿]每立方米	kN/m^3	1tf/m^3=9.80665kN/m^3≈10kN/m^3
地基抗力比例系数	吨力每四次方米	tf/m^4	千牛[顿]每四次方米	kN/m^4	1tf/m^4=9.80665kN/m^4≈10kN/m^4
功、能、热量	千克力米	kgf·m	焦[耳]	J	1kgf·m=9.80665J≈10J
	吨力米	tf·m	千焦[耳]	kJ	1tf·m=9.80665kJ≈10kJ
	立方厘米标准大气压	cm^3·atm	焦[耳]	J	1cm^3·atm=0.101325J≈0.1J
	升标准大气压	L·atm	焦[耳]	J	1L·atm=101.325J≈100J
	升工程大气压	L·at	焦[耳]	J	1L·at=98.0665J≈100J
	国际蒸汽表卡	cal	焦[耳]	J	1cal=4.1868J
	热化学卡	cal_{th}	焦[耳]	J	1cal_{th}=4.184J
	15℃卡	cal_{15}	焦[耳]	J	1cal_{15}=4.1855J
功率	千克力米每秒	kgf·m/s	瓦[特]	W	1kgf·m/s=9.80665W≈10W
	国际蒸汽表卡每秒	cal/s	瓦[特]	W	1cal/s=4.1868W
	千卡每小时	kcal/h	瓦[特]	W	1kcal/h=1.163W
	热化学卡每秒	cal_{th}/s	瓦[特]	W	1cak_{th}/s=4.184W
	升标准大气压每秒	L·atm/s	瓦[特]	W	1L·atm/s=101.325W≈100W
	升工程大气压每秒	L·at/s	瓦[特]	W	1L·at/s=98.0665W≈100W
	米制马力		瓦[特]	W	1米制马力=735.499W
	电工马力		瓦[特]	W	1电工马力=746W
	锅炉马力		瓦[特]	W	1锅炉马力=9809.5W

续表

量的名称	习用非法定计量单位		法定计量单位		单位换算关系
	名称	符号	名称	符号	
动力粘度	千克力秒每平方米	kgf·s/m²	帕[斯卡]秒	Pa·s	1kgf·s/m²=9.80665Pa·s≈10Pa·s
	泊	P	帕[斯卡]秒	Pa·s	1P=0.1Pa·s
运动粘度	斯托克斯	St	平方米每秒	m²/s	1St=10⁻⁴m²/s
发热量	千卡每立方米	kcal/m³	千焦[耳]每立方米	kJ/m³	1kcal/m³=4.1868kJ/m³
	热化学千卡每立方米	kcalth/m³	千焦[耳]每立方米	kJ/m³	1kcalth/m³=4.184kJ/m³
汽化热	千卡每千克	kcal/kg	千焦[耳]每千克	kJ/kg	1kcal/kg=4.1868kJ/kg
热负荷	千卡每小时	kcal/h	瓦[特]	W	1kcal/h=1.163W
热强度、容积热负荷	千卡每立方米小时	kcal (m³·h)	瓦[特]每立方米	W/m³	1kcal/(m³·h)=1.163W/m³
热流密度	卡每平方厘米秒	cal (cm²·s)	瓦[特]每平方米	W/m²	1cal/(cm²·s)=41868W/m²
	千卡每平方米小时	kcal (m²·h)	瓦[特]每平方米	W/m²	1kcal/(m²·h)=1.163W/m²
比热容	千卡每千克摄氏度	kcal (kg·℃)	千焦[耳]每千克开尔文	kJ/(kg·K)	1kcal/(kg·℃)=4.1868kJ/(kg·K)
	热化学千卡每千克摄氏度	kcalth (kg·℃)	千焦[耳]每千克开尔文	kJ/(kg·K)	1kcalth/(kg·℃)=4.184kJ/(kg·K)
体积热容	千卡每立方米摄氏度	kcal (m³·℃)	千焦[耳]每立方米开尔文	kJ/(m³·K)	1kcal/(m³·℃)=4.1868kJ/(m³·K)
	热化学千卡每立方米摄氏度	kcalth (m³·℃)	千焦[耳]每立方米开[尔文]	kJ/(m³·K)	1kcalth/(m³·℃)=4.184kJ/(m³·K)
传热系数	卡每平方厘米秒摄氏度	cal/(cm²·s·℃)	瓦[特]每平方米开[尔文]	W/(m²·K)	1cal/(cm²·s·℃)=41868W/(m²·K)
	千卡每平方米小时摄氏度	kcal/(m²·h·℃)	瓦[特]每平方米开[尔文]	W/(m²·K)	1kcal/(m²·h·℃)=1.163W/(m²·K)
导热系数	卡每厘米秒摄氏度	cal/(cm·s·℃)	瓦[特]每米开[尔文]	W/(m·K)	1cal/(cm·s·℃)=418.68W/(m·K)
	千卡每米小时摄氏度	kcal/(m·h·℃)	瓦[特]每米开[尔文]	W/(m·K)	1kcal/(m·h·℃)=1.163W/(m·K)
热阻率	厘米秒摄氏度每卡	cm·s·℃ (cal)	米开[尔文]每瓦[特]	m·K/W	1cm·s·℃/cal=(1/418.68)m·K/W
	米小时摄氏度每千米	m·h·℃ (kcal)	米开[尔文]每瓦[特]	m·K/W	1m·h·℃/kcal=(1/1.163)m·K/W
光照度	辐透	ph	勒[克斯]	lx	1ph=10⁴lx
光亮度	熙提	sb	坎[德拉]每平方米	cd/m²	1sd=10⁴cd/m²
	亚熙提	asb	坎[德拉]每平方米	cd/m²	1asd=(1/π)cd/m²
	朗伯	la	坎[德拉]每平方米	cd/m²	1la=(10⁴/π)cd/m²

六、计量单位换算、常用公式

(1)常用计量单位换算。

1)长度单位。常用长度单位的换算见表 11-9～表 11-11。

表 11-9　　常用长度单位换算表

米(m)	厘米(cm)	毫米(mm)	市尺	英尺(ft)	英寸(in)
1	100	1000	3	3.28084	39.3701
0.01	1	10	0.03	0.032808	0.393701
0.001	0.1	1	0.003	0.003281	0.03937
0.333333	33.3333	333.333	1	1.09361	13.1234
0.3048	30.48	304.8	0.9144	1	12
0.0254	2.54	25.4	0.0762	0.083333	1

表 11-10　　常用英制长度单位表

1 英里(哩,mile)＝1760 码	1 码(yd)＝3 英尺(ft)	1 英尺(ft)＝12 英寸(in)
1 英寸(in)＝1000 密耳(英毫,mil)		1 英寸＝8 英分

表 11-11　　常用市制长度单位表

1 市里＝150 市丈	1 市丈＝10 市尺	1 市尺＝10 市寸
1 市寸＝10 市分	1 市分＝10 市厘	1 市厘＝10 市毫

2)面积单位。常用面积单位的换算见表 11-12～表 11-14。

表 11-12　　常用面积单位换算表

平方米(m^2)	平方厘米(cm^2)	平方毫米(mm^2)	平方市尺	平方英尺(ft^2)	平方英寸(in^2)
1	10000	1000000	9	10.7639	1550
0.0001	1	100	0.0009	0.001076	0.1550
0.000001	0.01	1	0.000009	0.000011	0.0155
0.111111	111.11	111111	1	1.19599	172.223
0.92903	929.03	92903	0.836127	1	144
0.000645	6.4516	645016	0.005806	0.006944	1

公顷(hm^2)	公亩(a)	市亩	英亩(acre)
1	100	15	2.47105
0.01	1	0.15	0.024711
0.066667	6.66667	1	0.164737
0.404686	40.4686	6.07029	1

表 11-13　常用英制面积单位表

1 平方码(yd^2)=9 平方英尺(ft^2)	平方英尺(ft^2)=144 平方英寸(in^2)
1 英亩(A)=4840 平方码=43560 平方英尺	

表 11-14　常用市制面积单位表

1 平方市丈=100 平方市尺	1 平方市尺=100 平方市寸
1[市]亩=10 市分=60 平方市丈=6000 平方市尺	
1[市]分=10 市厘=600 平方市尺	1[市]厘=60 平方市尺

3)体积单位。常用体积单位的换算见表 11-15～表 11-17。

表 11-15　常用体积单位换算表

立方米(m^3)	升(L)	立方英寸(in^3)	英加仑(UKgal)	美加仑(液量)(USgal)
1	1000	61023.7	220.0846	264.172
0.001	1	61.0237	0.2200846	0.264172
0.000016	0.016387	1	0.003605	0.004329
0.004546	4.54609	277.420	1	1.20095
0.003785	3.78541	231	0.832674	1

表 11-16　常用英、美制体积单位表

类别	单位名称	代号	进位	折合升	
				英制	美制
干量	品脱	pt		0.568261	0.550610
	夸脱	qt	=2 品脱	1.13652	1.10122
	加仑	gal	=4 夸脱	4.54609	4.40488
	配克	pk	=2 加仑	9.09218	8.80976
	蒲式耳	bu	=4 配克	36.3687	35.2391
液量	及耳	gi		0.142065	0.118294
	品脱	pt	=4 及耳	0.568261	0.473176
	夸脱	qt	=2 品脱	1.13652	0.946353
	加仑	gal	=4 夸脱	4.54609	3.78541

表 11-17　常用市制体积单位表

1 市石=10 市斗	1 市斗=10 市升	1 市升=10 市合
1 市合=10 市勺	1 市勺=10 市撮	1 市升=1 升(法定计量单位)

4)质(重)量单位。常用质(重)量单位的换算见表 11-18～表 11-20。

表 11-18　常用质(重)量单位换算表

吨(t)	千克(kg)	市担	市斤	英吨(ton)	美吨(shton)	磅(lb)
1	1000	20	2000	0.984207	1.10231	2204.62
0.001	1	0.02	2	0.000984	0.001102	2.20462
0.05	50	1	100	0.049210	0.055116	110.231
0.0005	0.5	0.01	1	0.000492	0.000551	1.10231
1.01605	1016.05	20.3209	2032.09	1	1.12	2240
0.907185	907.185	18.1437	1814037	0.892857	1	2000
0.000454	0.453592	0.009072	0.907185	0.000446	0.0005	1

表 11-19　常用英、美制质量单位表

1 英吨(长吨,ton)=2240 磅　　1 美吨(短吨,shton)=2000 磅
1 磅(lb)=16 盎司(oz)=7000 格令(gr)

表 11-20　常用市制质量单位表

1 市担=10 市斤　1 市斤=10 市两　1 市两=10 市钱　1 市钱=10 市分　1 市分=10 市厘

5)力、力矩、强度、压力单位。常用力、力矩、强度、压力单位的换算见表 11-21～表 11-23。

表 11-21　常用力单位换算表

牛(N)	千克力(kgf)	克力(gf)	磅力(lbf)	英吨力(tonf)
1	0.101972	101.972	0.224809	0.0001
9.80665	1	1000	2.20462	0.000984
0.009807	0.001	1	0.002205	0.000001
4.4822	0.453592	453.592	1	0.000446
9964.02	1016.05	1016046	2240	1

表 11-22　常用力矩单位换算表

牛・米 (N・m)	千克力・米 (kgf・m)	克力・厘米 (gf・cm)	磅力・英尺 (lbf・ft)	磅力・英寸 (lbf・in)
1	0.101972	101972	0.737562	8.85075
9.80665	1	100000	7.23301	86.7962
0.000098	0.00001	1	0.000072	0.000868
1.35582	0.138255	13825.5	1	12
0.112985	0.011521	1152.12	0.083333	1

表 11-23 常用强度(应力)和压力、压强单位换算表

牛/毫米²(N/mm²)或兆帕(MPa)	千克力/毫米²(kgf/mm²)	千克力/厘米²(kgf/cm²)	千磅力/英寸²(1000lbf/in²)	英吨力/英寸²(tonf/in²)
1	0.101972	10.1972	0.145038	0.064749
9.80665	1	100	1.42233	0.634971
0.098067	0.01	1	0.014223	0.006350
6.89476	0.703070	70.3070	1	0.446429
15.4443	1.57488	157.488	2.24	1
帕(Pa)或牛/米²(N/m²)	千克力/厘米²(kgf/cm²)	磅力/英寸²(lbf/in²)	毫米水柱(mmH_2O)	毫巴(mbar)
1	0.00001	0.000145	0.101972	0.01
98066.5	1	14.2233	10000	980.665
6894.76	0.070307	1	703.070	68.9476
9.80665	0.000102	0.001422	1	0.098067
100	0.001020	0.014504	10.1972	1

6)功、能、热量及功率单位。常用功、能、热量及功率单位的换算见表 11-24 和表 11-25。

表 11-24 常用功、能、热量单位换算表

焦(J)	瓦·时(W·h)	千克力·米(kgf·m)	磅力·英尺(lbf·ft)	卡(cal)	英热单位(Btu)
1	0.000278	0.101972	0.737562	0.238846	0.000948
3600	1	367.098	2655.22	859.845	3.41214
9.80665	0.00274	1	7.23301	2.34228	0.009295
1.35582	0.000377	0.138255	1	0.323832	0.001285
4.1868	0.001163	0.426936	3.08803	1	0.003967
1055.06	0.293071	107.587	778.169	252.074	1

表 11-25 常用功率单位换算表

千瓦(kW)	米制马力(PS)	英制马力(HP)
1	1.35962	1.34102
0.735499	1	0.986320
0.74570	1.01387	1

7)温度单位。摄氏温度与华氏温度转换公式：

摄氏温度=(华氏温度−32°)×5/9　　华氏温度=摄氏温度×9/5+32°

(2)常用计算公式。在工程建设施工中经常会碰到一些简单的计算，经常碰到的有面积、体积、型钢的截面和重量，为了方便材料员的运算，现提出以下常用的计算公式，供材料员参考。

1)常用面积计算公式，见表11-26。

表11-26　　常用面积计算公式

图形		尺寸符号	面积 A	重心 G 位置
正方形	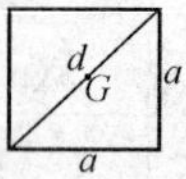	a——边长 d——对角线	$A=a^2$ $a=\sqrt{A}=0.707d$ $d=1.414a=1.414\sqrt{A}$	在对角线交点上
长方形	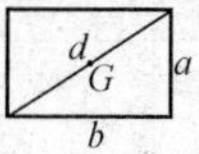	a——短边 b——长边 d——对角线	$A=ab$ $d=\sqrt{a^2+b^2}$	在对角线交点上
三角形	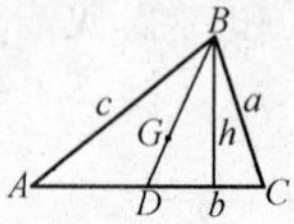	h——高 L——1/2周长 a、b、c——对应角A、B、C的边长	$A=\frac{bh}{2}=\frac{1}{2}ab\sin C$ $L=\frac{a+b+c}{2}$	$\overline{GD}=\frac{1}{3}\overline{BD}$ $\overline{CD}=\overline{DA}$
平行四边形	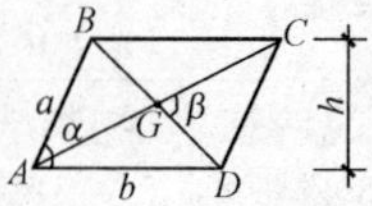	a,b——邻边 h——对边间的距离	$A=bh=ab\sin\alpha$ $=\frac{\overline{AC}\ \overline{BD}}{2}\sin\beta$	在对角线交点上
梯形	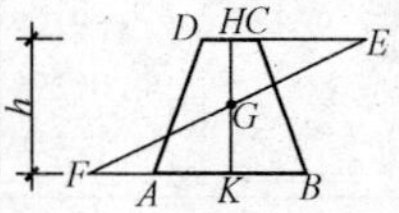	$\overline{CE}=\overline{AB}$ $\overline{AF}=\overline{CD}$ $\overline{CD}=a$(上底边) $\overline{AB}=b$(下底边) h——高	$A=\frac{(a+b)h}{2}$	$\overline{HG}=\frac{h}{3}\frac{(a+2b)}{(a+b)}$ $\overline{KG}=\frac{h}{3}\frac{(2a+b)}{(a+b)}$
圆形	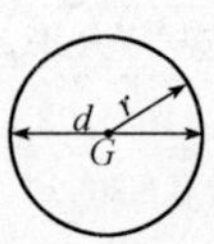	r——半径 d——直径 L——圆周长	$A=\pi r^2=\frac{1}{4}\pi d^2$ $=0.785d^2$ $=0.07958L^2$ $L=\pi d$	在圆心上

续表

图形		尺寸符号	面积 A	重心 G 位置
椭圆形	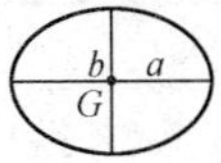	a、b——主轴	$A=\frac{\pi}{4}ab$	在主轴交点上
扇形	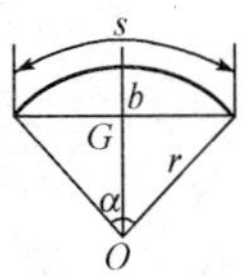	r——半径 S——弧长 α——弧 S 的对应中心角	$A=\frac{1}{2}rS=\frac{\alpha}{360}\pi r^2$ $S=\frac{\alpha\pi}{180}r$	重心位于与扇形弦长垂直的半径上，其与圆心的距离为 $\overline{GO}=\frac{2rb}{3S}$ 当 $\alpha=90°$ 时 $\overline{GO}=\frac{4\sqrt{2}}{3\pi}r$ $\approx 0.6r$
弓形	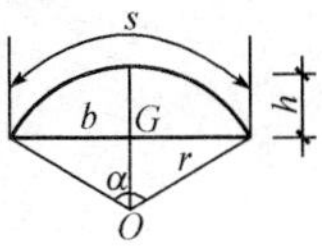	r——半径 S——弧长 α——中心角 b——弦长 h——高	$A=\frac{1}{2}r^2\left(\frac{\alpha\pi}{180}-\sin\alpha\right)$ $=\frac{1}{2}[r(S-b)+bh]$ $S=r\alpha\frac{\pi}{180}$ $=0.0175r\alpha$ $h=r-\sqrt{r^2-\frac{1}{4}\alpha^2}$	重心位于与弓形弦长垂直的半径上，其与圆心的距离为 $GO=\frac{b^2}{12A}$ 当 $\alpha=180°$ 时 $GO=\frac{4r}{3\pi}=0.4244r$
圆环	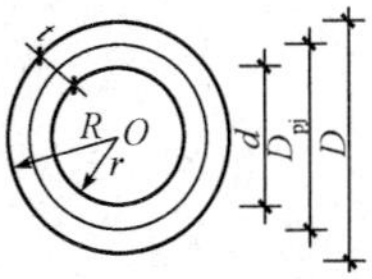	R——外半径 r——内半径 D——外直径 d——内直径 t——环宽 D_{pj}——平均直径	$A=\pi(R^2-r^2)$ $=\frac{\pi}{4}(D^2-d^2)$ $=\pi D_{pj}t$	在圆心 O 上
部分圆环	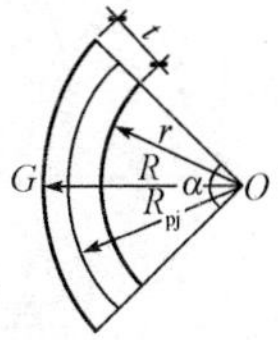	R——外半径 r——内半径 R_{pj}——圆环平均直径 t——环宽 α——中心角	$A=\frac{\alpha\pi}{360}(R^2-r^2)$ $=\frac{\alpha\pi}{180}R_{pj}t$	重心位于圆环 1/2 中心角的半径上，其与圆心 O 的距离为 $GO=38.2\frac{R^3-r^3}{R^2-r^2}$ $\times\frac{\sin\frac{\alpha}{2}}{\frac{\alpha}{2}}$

2)常用体积和表面积计算公式,见表 11-27。

表 11-27　　常用体积和表面积计算公式

序号	名　称	简　图	计算公式	
			表面积 S、侧表面积 M	体积 V
1	正立方体	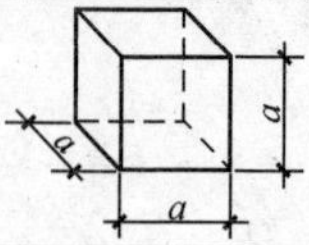	$S=6a^2$	$V=a^3$
2	长立方体	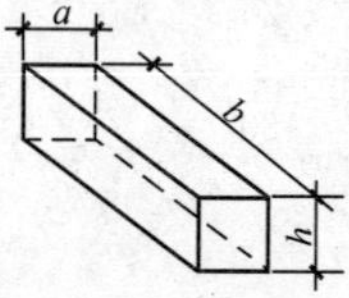	$S=2(ah+bh+ab)$	$V=abh$
3	圆　柱	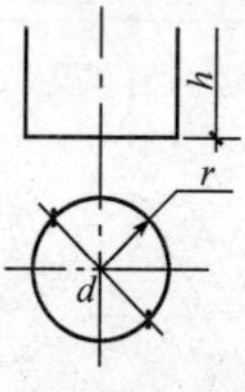	$M=2\pi rh=\pi dh$	$V=\pi r^2h=\frac{\pi d^2h}{4}$
4	空心圆柱（管）	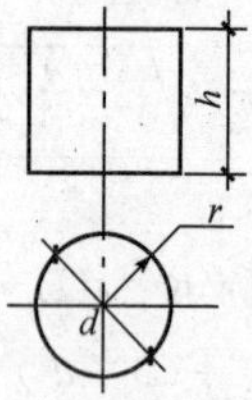	M=内侧表面积+外侧表面积$=2\pi h(r+r_1)$	$V=\pi h(r^2-r_1^2)$
5	斜体截圆柱	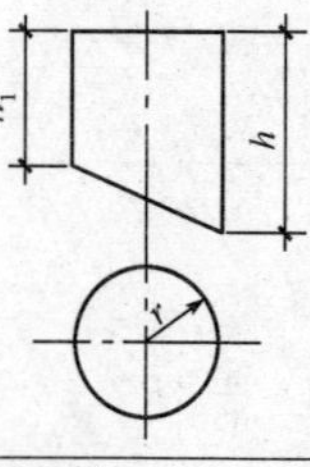	$M=\pi r(h+h_1)$	$V=\frac{\pi r^2(h+h_1)}{2}$
6	正六角柱	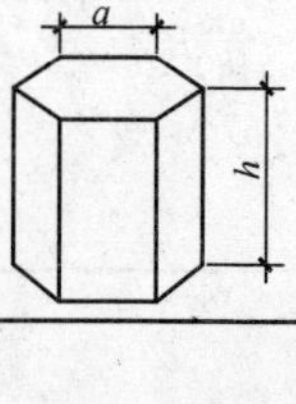	$S=5.1962a^2+6ah$	$V=25981a^2h$

续表

序号	名　称	简　图	计算公式	
			表面积 S、侧表面积 M	体积 V
7	正方角锥台	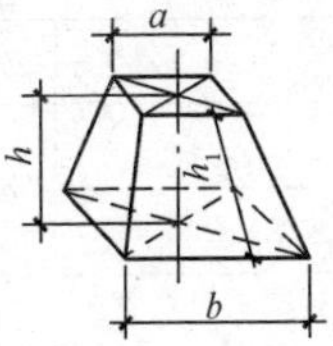	$S=a^2+b^2+2(a+b)h_1$	$V=\frac{(a^2+b^2+ab)h}{3}$
8	球	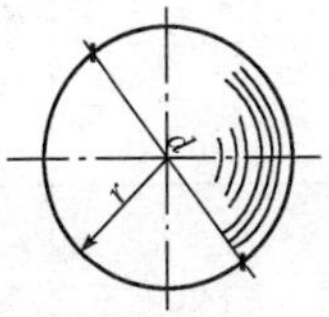	$S=4\pi r^2=\pi d^2$	$V=\frac{4\pi r^3}{3}=\frac{\pi d^3}{6}$
9	圆　锥	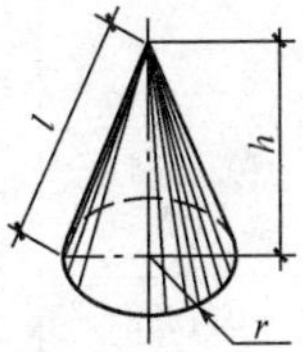	$M=\pi rl=\pi r\sqrt{r^2+h^2}$	$V=\frac{\pi r^2 h}{3}$
10	接头圆锥	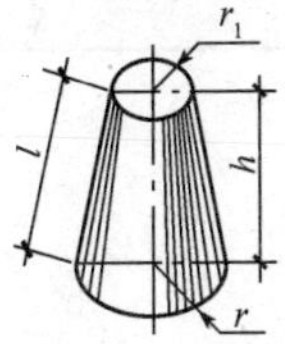	$M=\pi l(r+r_1)$	$V=\frac{\pi h(r^2+r_1^2+r_1 r)}{3}$

3)常用型材理论质量计算公式。

①基本公式。m(质量,kg)$=F$(截面积,mm^2)$\times L$(长度,m)$\times \rho$(密度,g/cm^3)$\times 1/1000$ 型材制造中有允许偏差值,上式仅作估算之用。

②常用钢材截面积的计算公式,见表 11-28。

表 11-28　　钢材截面积的计算公式

序号	钢材类型	计算公式	代号说明
1	方　钢	$F=a^2$	a—边宽
2	圆角方钢	$F=a^2-0.8584r^2$	a—边宽;r—圆角半径
3	钢板、扁钢、带钢	$F=a\times\delta$	a—宽度;δ—厚度

续表

序号	钢材类型	计算公式	代号说明
4	圆角扁钢	$F=a\delta-0.8584r^2$	a—宽度；δ—厚度；r—圆角半径
5	圆钢、圆盘条、钢丝	$F=0.7854d^2$	d—外径
6	六角钢	$F=0.866a^2=2.598s^2$	a—对边距离；s—边宽
7	八角钢	$F=0.8284a^2=4.8284s^2$	
8	钢　管	$F=3.1416\delta(D-\delta)$	D—外径；δ—壁厚
9	等边角钢	$F=d(2b-d)+0.2146(r^2-2r_1^2)$	d—边厚；b—边宽；r—内面圆角半径；r_1—端边圆角半径；
10	不等边角钢	$F=d(B+b-d)+0.2146(r^2-2r_1^2)$	d—边厚；B—长边宽；b—短边宽；r—内面圆角半径；r_1—端边圆角半径
11	工字钢	$F=hd+2t(b-d)+0.8584(r^2-2r_1^2)$	h—高度；b—腿宽；d—腰高；t—平均腿厚；r—内面圆角半径；r_1—端边圆角半径
12	槽　钢	$F=hd+2t(b-d)+0.4292(r^2-2r_1^2)$	

附　　录

附录1　土样和试样制备

一、细粒土扰动土样的制备程序

(1)对扰动土样进行土样描述，如颜色、土类、气味及夹杂物等，如有需要，将扰动土样充分拌匀，取代表性土样进行含水率测定。

(2)将块状扰动土放在橡皮板上用木碾或粉碎机碾散，但切勿压碎颗粒，如含水量较大不能碾散时，应风干至可碾散时为止。

(3)根据试验所需土样数量，将碾散后的土样过筛。物理性试验如液限、塑限、缩限等试验，需过0.5mm筛；常规水理及力学试验土样，需过2mm筛；击实试验土样，需过5mm筛。按规定过筛后，取出足够数量的代表性试样，然后分别装入容器内，标以标签。标签上应注明工程名称、土样编号、过筛孔径、用途、制备日期和人员等，以备各项试验之用。若含有多量粗砂及少量细粒(泥砂或黏土)的松散土样，应加水润湿松散后，用四分法取出代表性试样。若系净砂，则可用匀土器取代表性试样。

(4)为配制一定含水量的试样，取过2mm筛的足够试验用的风干土1～5kg，按下述“二、(2)”步骤计算所需的加水量，然后将所取土样平铺于不吸水的盘内，用喷雾设备喷洒预计的加水量，并充分拌和，然后装入容器内盖紧，润湿一昼夜备用(砂类土浸润时间可酌量缩短)。

(5)测定湿润土样不同位置的含水率(至少2个以上)，要求差值满足含水率测定的允许平行差值。

(6)对不同土层的土样制备混合试样时，应根据各土层厚度，按比例计算相应质量配合，然后按上述(1)～(4)步骤进行扰动土的制备工序。

二、扰动土样制备的计算

(1)按下式计算干土质量：

$$m_s=\frac{m}{1+0.01w_h}$$

式中　m_s——干土质量(g)；

m——风干土质量(或天然土质量)(g)；

w_h——风干含水率(或天然含水率)(%)。

(2)按下式计算制备土样所需加水量：

$$m_w=\frac{m}{1+0.01w_h}\times 0.01(w-w_h)$$

式中　m_w——土样所需加水量(g)；

m——风干含水量时的土样质量(g)；

w_h——风干含水率(%)；

w——土样所要求的含水率(%)。

(3)按下式计算制备扰动土样所需总土质量：

$$m=(1+0.01w_h)\rho_d V$$

式中　m——制备土样所需总土质量(g)；

ρ_d——制备土样所要求的干密度(g/cm^3)；

V——计算出击实土样或压模土样体积(cm^3)；

w_h——风干含水率(%)。

(4)按下式计算制备扰动土样应增加的水量：

$$\Delta m_w=0.01(w-w_h)\rho_d V$$

式中　Δm_w——制备扰动土样应增加的水量(cm^3)；

其余符号含义同前。

三、粗粒土扰动土样的制备程序

(1)无凝聚性的松散砂土、砂砾及砾石等按上述“一、(3)”所述制备土样，然后取具有代表性足够试验用的土样做颗粒分析使用，其余过5mm筛，筛上筛下土样分别贮存，供做比重及最大、最小孔隙比等试验用，取一部分过2mm筛的土样备做力学性质试验之用。

(2)如砂砾土有部分黏土黏附在砾石上，可用毛刷仔细刷尽捏碎过筛，或先用水浸泡，然后用2mm筛将浸泡过的土样在筛上冲洗，取筛上及筛下具有代表性试样做颗粒分析用。

(3)将过筛土样或冲洗下来的土浆风干至碾散为止，再按上述“一、(1)～(4)”步骤操作。

四、扰动土样试件的制备程序

根据工程要求，将扰动土制备成所需的试件进行水理、物理力学等试验之用。

根据试件高度要求分别选用击实法和压样法，高度小的采用单层击实法，高度大的采用压样法。

1. 击实法

(1)根据工程要求，选用相应的夯击功进行击实。

(2)按试件所要求的干质量、含水量，按上述细粒土扰动土样的制备程序和粗粒土扰动土样的制备程序制备湿土样，并称制备好的湿土样质量，精确至0.1g。

(3)将试验用的切土环刀内壁涂一薄层凡士林，刀口向下，放在试件上，用切土刀将试件削成略大于环刀直径的土柱。然后将环刀垂直向下压，边压边削，至土样伸出环刀为止，削平环刀两端，擦净环刀外壁，称环刀和土总质量，精确至0.1g，并测定环刀两端所削下土样的含水量。

(4)试件制备应尽量迅速,以免水分蒸发。

(5)试件制备的数量视试验需要而定,一般应多制备1～2组备用,同一组试件或平行试件的密度、含水率与制备标准之差值,应分别在±0.1g/cm³或2%范围之内。

2. 压样法

(1)按上述击实法(2)中规定,将湿土倒入压模内,拂平土样表面,以静压力将土压至一定高度,用推土器将土样推出。

(2)按击实法所述步骤进行操作。

五、原状土试件制备程序

按土样上下层次小心开启原状土包装皮,将土样取出放正,整平两端。在环刀内壁涂一薄层凡士林,刀口向下,放在土样上,无特殊要求时,切土方向应与天然土层层面垂直。

按上述"四、1.(3)"的操作步骤切取试件,试件与环刀要密合,否则应重取。

切削过程中,应细心观察并记录试件的层次、气味、颜色,有无杂质,土质是否均匀,有无裂缝等。

如连续切取数个试件,应使含水率不发生变化。

视试件本身及工程要求,决定试件是否进行饱和;如不立即进行试验或饱和时,则将试件暂存于保湿器内。

切取试件后,剩余的原状土样用蜡纸包好置于保湿器内,以备补做试验之用。切削的余土做物理性质试验。平行试验或同一组试件密度差值不大于±0.1g/cm³,含水率差值不大于2%。

冻土制备原状土样时,应保持原土样温度,保持土样的结构和含水率不变。

六、试件饱和

土的孔隙逐渐被水填充的过程称为饱和。孔隙被水充满时的土,称为饱和土。

根据土的性质,决定饱和方法。

砂类土:可直接在仪器内浸水饱和。

较易透水的黏性土:即渗透系数大于10^{-4}cm/s时,采用毛细管饱和法较为方便,或采用浸水饱和法。

不易透水的黏性土:即渗透系数小于10^{-4}cm/s时,采用真空饱和法。如土的结构性较弱,抽气可能发生扰动,不宜采用。

七、毛细管饱和法

1. 仪器设备

(1)饱和器。如附图1所示。

(2)水箱。带盖。

(3)天平。感量0.1g。

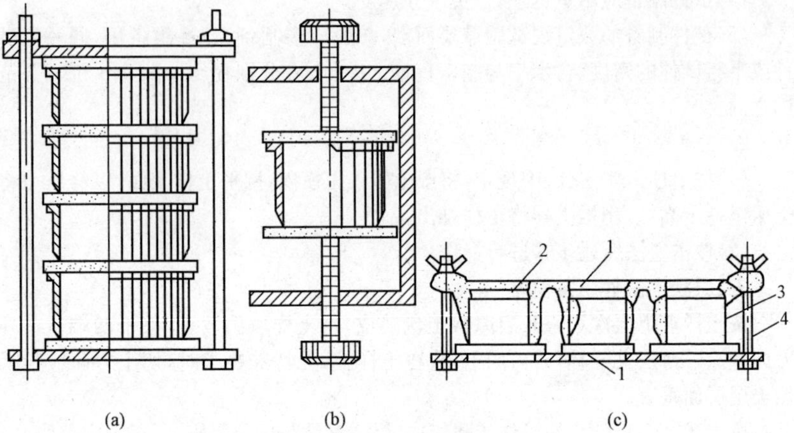

附图 1 饱和器种类

(a)重叠式饱和器;(b)框架式饱和器;(c)平列式饱和器

1—夹板;2—透水石;3—环刀;4—拉杆

(4)水箱。带盖。

(5)天平。感量 0.1g。

2. 操作步骤

(1)在重叠式饱和器下正中放置稍大于环刀直径的透水石和滤纸,将装有试件的环刀放在滤纸上,试件上面再放一张滤纸和一块透水石。按这样顺序重复,由下向上重叠至适当高度,将饱和器上板放在最上部透水石上,旋紧拉杆上端的螺丝,将各个环刀在上下板间夹紧。

(2)如用平列式饱和器时,则将透水石放置于下板各圆孔上,并顺序放置滤纸、装试件的环刀、滤纸、上部透水石及上板,旋紧拉杆上端的螺丝,将各个环刀在上下板间夹紧。

(3)将装好试件的饱和器,放入水箱中(重叠式和框架式饱和器放倒,平列式则平放)注清水入箱,水面不宜将试件淹没(重叠式和框架式饱和器)或超过试件顶面(平列式饱和器),以便土中气体得以排出。

(4)关上箱盖,防止水分蒸发,静置数日,借土的毛细管作用,使试件饱和,一般约需 3d。

(5)取出饱和器,松开螺丝,取出环刀,擦干外壁,吸去表面积水,取下试件上下滤纸,称环刀和土总质量,精确至 0.1g,并计算饱和度。

(6)如饱和度<95%时,将环刀装入饱和器,浸入水内,重新延长饱和时间。

八、真空饱和法

1. 仪器设备

真空饱和法装置如附图2所示，需要仪器设备有：

(1)饱和器。尺寸形式同前。

(2)真空缸。金属或玻璃制。

(3)抽气机。

(4)真空测压表。

(5)其他。天平、硬橡皮管、橡皮塞、管夹、二路活塞、水缸、凡士林等。

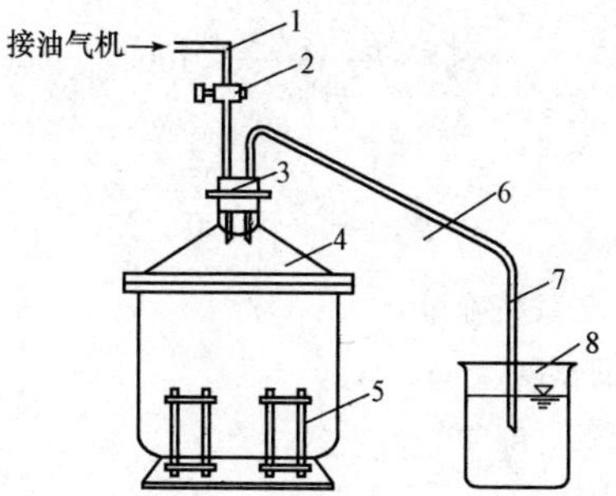

附图2 真空饱和法装置

1—排气管；2—二通阀；3—橡皮塞；4—真空缸；
5—饱和器；6—管夹；7—引水管；8—水缸

2. 操作步骤

(1)按毛细管饱和法操作步骤(1)～(2)将试件装入饱和器。

(2)将装好试件的饱和器放入真空缸内，盖口涂一薄层凡士林，以防漏气。

(3)关管夹，开阀门(附图2)，开动抽气机，抽除缸内及土中气体，当真空压力表达到一个负大气压力值(－101.325kPa)后，稍微开启管夹，使清水同引水管徐徐注入真空缸内；在注水过程中，应调节管夹，使真空压力表上的数值基本上保持不变。

(4)待饱和器完全淹没水中后，即停止抽气，将引水管自水缸中提出，让空气进入真空缸内，静待一段时间，借大气压力使试件饱和。

(5)取出试件，称质量，精确至0.1g，计算饱和度。

九、化学试验的土样制备

把土样平铺在搪瓷盘、木板或厚纸上，摊成薄层，放于室内阴凉通风处风干，不时翻拌，并将大块土捏散，促使均匀风干。风干场所力求干燥清洁，并要防止酸碱蒸汽的侵蚀和尘埃落入。

风干土样用木棍压碎，仔细检查砂砾，过2mm孔径的筛，筛出土块重新压碎，使全部通过为止。过筛后的土样经四分法缩减至200g左右，放在瓷研钵中研细，使其全部通过 1mm 的筛子，取其中 3/4(用二次四分法，每次取 1/2)供一般化学试验之用。其余 1/4 重新研细，使全部通过 0.5mm 筛子，用四分法分出 1/2，置于 105～110℃烘箱中烘至恒量，贮于干燥器中，供碳酸盐等分析之用。

剩余 1/2 压成扁平薄层，划成许多小方格，用角匙按分格规律均匀挑取样品 10g 左右，放入玛瑙研钵中仔细研碎，使其全部通过 0.1mm 筛子，最后也在105～110℃烘箱中烘 8h，放在干燥器内，供矿质成分全量分析之用。

十、结果整理

(1)按下式计算饱和度

$$S_r=\frac{(\rho-\rho_d)G_s}{e\rho_d}\times 100$$

或

$$S_r=\frac{wG_s}{e}\times 100$$

式中 S_r——饱和度(%)，精确至 0.01；

ρ——饱和后的密度(g/cm³)；

ρ_d——土的干密度(g/cm³)；

e——土的孔隙比；

G_s——土粒比重；

w——饱和后的含水量(%)。

(2)本试验记录格式见附表 1。

附表 1　扰动土试件制备记录

工程名称＿＿＿＿＿＿　　计算者＿＿＿＿＿＿

制 备 者＿＿＿＿＿＿　　校核者＿＿＿＿＿＿

土样编号	制备日期	制备标准			所需土质量及增加水量的计算					试件制备							备注
		干密度 ρ_d (g/cm³)	含水量 w (%)	计算的试筒或压模容积 V (cm³)	干土质量 m_s (g)	含水量 w_h (%)	湿土质量 m (g)	增加的水量 Δm_w (mL)	所需土质量 (g)	制备方法	环刀质量 (g)	环刀＋湿土质量 (g)	湿土质量 (g)	密度 (g/cm³)	含水量 w (g)	干密度 ρ_d (g/cm³)	
×××		1.70	16	81	137.8	5	144.6	15.2	159.8	击样	40	198.7	158.7	1.96	15.4	1.70	应变剪切试验用
										击样		199.5	159.5	1.97	15.0	1.71	应变剪切试验用
										击样		199.0	159.0	1.96	15.9	1.69	应变剪切试验用
×××		1.70	16	100	170	5	178.4	18.7	197.1	击样	50	248.0	198.0	1.98	16.5	1.70	压缩试验用
×××		天然 1.65	天然 15	100	—	—	—	—	189.7	击样	50	239.3	188.3	1.89	14.8	1.65	压缩试验用 用天然含水量土样

附录 2　土的含水率试验

一、烘干法

1. 定义和适用范围

(1)土的含水率是在 105～110℃下烘至恒量时所失去的水分质量和达恒量后干土质量的比值,以百分数表示,本法是测定含水率的标准方法。

(2)本试验方法适用于黏质土、粉质土、砂类土、有机质土和冻土土类的含水率。

2. 仪器设备

(1)烘箱。可采用电热烘箱或温度能保持 105～110℃的其他能源烘箱,也可用红外线烘箱。

(2)天平。称量 200g,感量 0.01g;称量 1000g,感量 0.1g。

(3)其他。干燥器、称量盒[为简化计算手续,可将盒质量定期(3～6 个月)调整为恒质量值]等。

3. 试验步骤

(1)取具有代表性试样,细粒土 15～30g,砂类土、有机土为 50g,放入称量盒内,立即盖好盒盖,称质量。称量时,可在天平一端放上与该称量盒等质量的砝码,移动天平游码,平衡后称量结果即为湿土质量。

(2)揭开盒盖,将试样和盒放入烘箱内,在温度 105～110℃恒温下烘干。烘干时间对细粒土不得少于 8h,对砂类土不得少于 6h。对含有机质超过 5%的土,应将温度控制在 65～70℃的恒温下烘干。

(3)将烘干后的试样和盒取出,放入干燥器内冷却(一般只需 0.5～1h 即可)。冷却后盖好盒盖,称质量,精确至 0.01g。

4. 结果整理

(1)按下式计算含水率:

$$w=\frac{m-m_s}{m_s}\times 100$$

式中　w——含水率(%),精确至 0.1;

m——湿土质量(g);

m_s——干土质量(g)。

(2)本试验记录格式见附表 2。

附表 2　　含水率试验记录(烘干法)

工程编号＿＿＿＿＿＿　　试验者＿＿＿＿＿＿

土样说明＿＿＿＿＿＿　　计算者＿＿＿＿＿＿

试验日期＿＿＿＿＿＿　　校核者＿＿＿＿＿＿

盒号		1	2	3	4
盒质量(g)	(1)	20	20	20	20
盒＋湿土质量(g)	(2)	38.87	40.54	40.65	40.45
盒＋干土质量(g)	(3)	35.45	36.76	36.16	35.94
水分质量(g)	(4)＝(2)－(3)	3.42	3.78	4.49	4.51
干土质量(g)	(5)＝(3)－(1)	15.45	16.76	16.16	15.94
含水量(%)	$(6)=\frac{(4)}{(5)}$	22.1	22.6	27.8	28.3
平均含水量(%)	(7)	22.4		28.1	

(3)精密度和允许差。

本试验须进行二次平行测定，取其算术平均值，允许平行差值应符合附表 3 的规定。

附表 3　　含水率测定的允许平行差值

含水量(%)	允许平行差值(%)
≤5	0.3
<40	≤1
≥40	≤2
对层状和网状构造的冻土	<3

5. 报告

(1)土的鉴别分类和代号。

(2)土的含水率 w 值。

二、酒精燃烧法

1. 目的和适用范围

本试验适用于快速简易测定细粒土(含有机质的除外)的含水率。

2. 仪器设备

(1)酒精。纯度为 95%。

(2)天平。感量0.01g。

(3)称量盒(定期调整为恒质量)。

(4)火柴、滴管、调土刀等。

3. 试验步骤

(1)取代表性试样(黏质土5～10g,砂类土20～30g),放入称量盒内,称湿土质量m,精确至0.01g。

(2)用滴管将酒精注入放有试样的称量盒中,直至盒中出现自由液面为止。为使酒精在试样中充分混合均匀,可将盒底在桌面上轻轻敲击。

(3)点燃盒中酒精,燃至火焰熄灭。

(4)将试样冷却数分钟,并重新燃烧两次。

(5)待第三次火焰熄灭后,盖好盒盖,立即称干土质量,精确至0.01g。

4. 结果整理

(1)按下式计算含水率:

$$w=\frac{m-m_s}{m_s}\times 100$$

式中 w——含水率(%),精确至0.1;

m——湿土质量(g);

m_s——干土质量(g)。

(2)本试验记录格式见附表4。

附表4 **含水率试验记录**

(酒精燃烧法)

工程编号＿＿＿＿＿＿ 试验者＿＿＿＿＿＿

土样说明＿＿＿＿＿＿ 计算者＿＿＿＿＿＿

试验日期＿＿＿＿＿＿ 校核者＿＿＿＿＿＿

盒 号	—	1	2	3	4
盒质量(g)	(1)	20	20	20	20
盒＋湿土质量(g)	(2)	38.87	40.54	40.65	40.45
盒＋干土质量(g)	(3)	35.45	36.76	36.16	35.94
水分质量(g)	(4)＝(2)－(3)	3.42	3.78	4.49	4.51
干土质量(g)	(5)＝(3)－(1)	15.45	16.76	16.16	15.94
含水率(%)	$(6)=\frac{(4)}{(5)}$	22.1	22.6	27.8	28.3
平均含水率(%)	(7)	22.4		28.1	

(3)精密度和允许差。

本试验须进行二次平行测定，取其算术平均值，允许平行差值应符合附表 5 规定。

附表 5　含水率测定的允许平行差值

含水率(%)	允许平行差值(%)	含水率(%)	允许平行差值(%)
5 以下	0.3	40 以上	≤2
40 以下	≤1	对层状和网状构造的冻土	<3

5. 报告

(1)土的鉴别分类和代号。

(2)土的含水率 w 值。

三、比重法

1. 目的和适用范围

本试验方法仅适用于砂类土。

2. 仪器设备

(1)玻璃瓶。容积 500mL 以上。

(2)天平。称量 1000g，感量 0.5g。

(3)其他。漏斗、小勺、吸水球、玻璃片、土样盘及玻璃棒等。

3. 试验步骤

(1)取代表性砂类土试样 200～300g，放入土样盘内。

(2)向玻璃瓶中注入清水至 1/3 左右，然后用漏斗将土样盘中的试样倒入瓶中，并用玻璃棒搅拌 1～2min，直到所含气体完全排出为止。

(3)向瓶中加清水至全部充满，静置 1min 后用吸水球吸去泡沫，再加清水使其充满，盖上玻璃片，擦干瓶外壁，称质量。

(4)倒去瓶中混合液，洗净，再向瓶中加清水至全部充满，盖上玻璃片，擦干瓶外壁，称质量，精确至 0.5g。

4. 结果整理

(1)按下式计算含水率：

$$w=\left[\frac{m(G_s-1)}{G_s(m_1-m_2)}-1\right]\times 100$$

式中　w——砂类土的含水率(%)，精确至 0.1；

m——湿土质量(g)；

m_1——瓶、水、土、玻璃片总质量(g)；

m_2——瓶、水、玻璃片总质量(g)；

G_s——砂类土的比重。

(2)本试验记录格式见附表6。

附表6　　含水率试验记录(比重法)

土样编号	瓶号	湿土质量(g)	瓶、水、土、玻璃片总质量(g)	瓶、水、玻璃片总质量(g)	土样密度	含水率(%)	平均值(%)	备注

(3)精密度和允许差。

本试验须进行二次平行测定,取其算术平均值,允许平行差值应符合附表7规定。

附表7　　含水率测定的允许平行差值

含水率	允许平行差值(%)	含水率	允许平行差值(%)
5%以下	0.3	40%以上	≤2
40%以下	≤1	对层状和网状构造的冻土	<3

5. 报告

(1)土的鉴别分类和代号。

(2)土的含水率 w 值。

附录3　土的密度试验

一、环刀法

1. 目的和适用范围

本试验适用于细粒土。

2. 仪器设备

(1)环刀。内径6~8cm,高2~5.4cm,壁厚1.5~2.2mm。

(2)天平。感量0.1g。

(3)其他。修土刀、钢丝锯、凡士林等。

3. 试验步骤

(1)按工程需要取原状土或制备所需状态的扰动土样，整平两端，环刀内壁涂一薄层凡士林，刀口向下放在土样上。

(2)用修土刀或钢丝锯将土样上部削成略大于环刀直径的土柱，然后将环刀垂直下压，边压边削，至土样伸出环刀上部为止。削去两端余土，使与环刀口面齐平，并用剩余土样测定含水率。

(3)擦净环刀外壁，称环刀与土总质量 m_1，精确至 0.1g。

4. 结果整理

(1)按下列公式计算湿密度及干密度：

$$\rho=\frac{m_1-m_2}{V}$$

$$\rho_d=\frac{\rho}{1+0.01w}$$

式中 ρ——湿密度(g/cm^3)，精确至 0.01；

m_1——环刀与土总质量(g)；

m_2——环刀质量(g)；

V——环刀体积(cm^3)；

ρ_d——干密度(g/cm^3)，精确至 0.01；

w——含水率(%)。

(2)本试验记录格式见附表 8。

附表 8　　密度试验记录(环刀法)

土样编号			1		2		3	
环刀号			1	2	3	4	5	6
环刀容积(cm^3)	①		100	100	100	100	100	100
环刀质量(g)	②							
土+环刀质量(g)	③							
土样质量(g)	④	③－②	178.6	181.4	193.6	194.8	205.8	207.2
湿密度(g/cm^3)	⑤	$\frac{④}{①}$	1.79	1.81	1.94	1.95	2.06	2.07
含水量(%)	⑥		13.5	14.2	18.2	19.4	20.5	21.2
干密度(g/cm^3)	⑦	$\frac{⑤}{1+0.01⑥}$	1.58	1.58	1.64	1.63	1.71	1.71
平均干密度(g/cm^3)	⑧		1.58		1.64		1.71	

(3)精密度和允许差。

本试验须进行二次平行测定，取其算术平均值，其平行差值不得大于 0.03g/cm³。

5. 报告

(1)土的鉴别分类和状态描述。

(2)土的含水量 w(%)。

(3)土的湿密度 ρ(g/cm³)。

(4)土的干密度 ρ_d(g/cm³)。

二、电动取土器法

1. 目的和适用范围

本试验适用于硬塑土密度的快速测定。

2. 仪器设备

(1)电动取土器由底座、行走轮、立柱、齿轮箱、升降机构、取芯头等组成，如附图 3 所示。

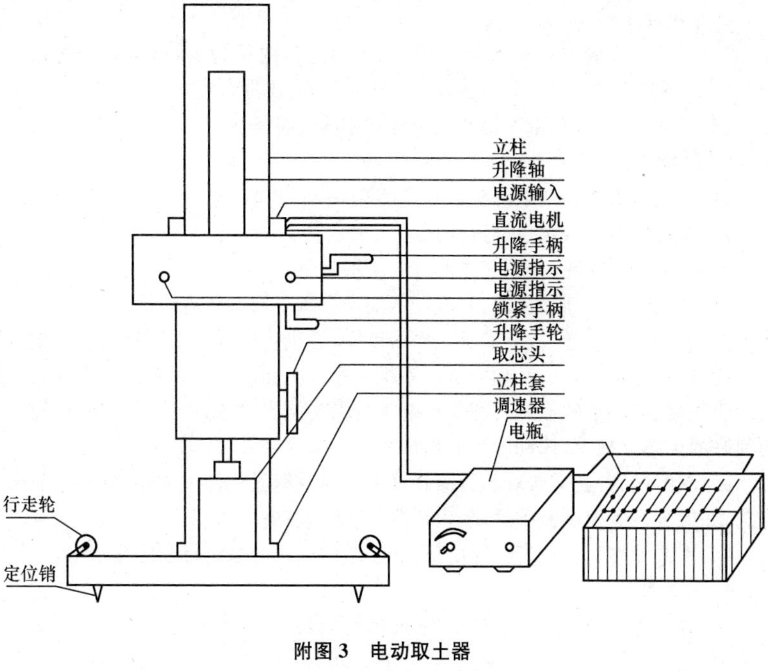

附图 3 电动取土器

1)底座。由底座平台、定位销、行走轮组成。平台是整个仪器支撑基础；定位销供操作时仪器定位用；行走轮供换点取芯时仪器近距离移动用，当定位时四只轮子可扳起离开地表。

2)立柱。由立柱与立柱套组成,装在底座平台上,作为升降机构、取芯机构、动力和传动机构的支架。

3)升降机构。由升降手轮、锁紧手柄组成,供调整取芯机构高低用。松开锁紧手柄,转动升降手轮,取芯机构即可升降,到所需位置时拧紧手柄定位。

4)取芯机构。由取芯头、升降轴组成,取芯头为金属圆筒,下口对称焊接两个合金钢切削刀头,上端面焊有平盖,其上焊螺母,靠螺旋接于升降轴上。取芯头有三种规格,即 ϕ50×50、ϕ70×70、ϕ100×100,取芯头为可换式。另配有相应的取芯套筒、扳手、铝盒等。

5)动力和传动机构。主要由直流电机、调速器、齿轮箱组成。另配电瓶和充电器。当电机工作时,通过齿轮箱的齿轮将动力传给取芯机构,升降轴旋转,取芯头进入旋切工作状态。

6)电动取土器主要技术参数为。

①工作电压 DC24V(36A·h)。

②转速 50~70r/min,无级调速。

③整机质量约 35kg。

(2)天平。称量 1000g,感量 1.0g(用于取芯头内径为 10cm 样品的称量);称量 1000g,感量 0.1g(用于取芯头内径小于 7cm 样品的称量)。

(3)其他。修土刀、钢丝锯及测定含水率的设备等。

3. 试验步骤

(1)装上所需规格的取芯头。在施工现场,取芯前,选择一块平整的路段,将四只行走轮打起,四根定位销钉采用人工加压的方法,压入路基土层中。松开锁紧手柄,旋动升降手轮,使取芯头刚好与土层接触,锁紧手柄。

(2)将电瓶与调速器接通,调速器的输出端接入取芯机电源插口。指示灯亮,显示电路已通;启动开关,电动机工作,带动取芯机构转动。根据土层含水量调节转速,操作升降手柄,上提取芯机构,停机。移开机器。由于取芯头圆筒外表有几条螺旋状突起,切下的土屑排在筒外顺螺纹上旋抛出地表,因此,将取芯套筒套在切削好的土芯立柱上,摇动即可取出样品。

(3)取出样品,立即按取芯套筒长度用手刀或钢丝锯修平两端,制成所需规格土芯,如拟进行其他试验项目,装入铅盒,送试验室备用。

(4)用天平称量土芯带套筒质量,从土芯中心部分取试样测定含水率。

4. 结果整理

(1)对于所需规格的土芯按下列公式计算湿密度及干密度:

$$\rho=\frac{m_1-m_2}{V}$$

$$\rho_d=\frac{\rho}{1+0.01w}$$

式中 ρ——湿密度(g/cm^3),精确至0.01;

m_1——取芯套筒与土质量(g);

m_2——取芯套筒质量(g);

V——取芯套筒容积(cm^3);

ρ_d——干密度(g/cm^3);

w——含水量(%)。

(2)本试验记录格式同附表8记录内容。

(3)精密度和允许差。

本试验须进行二次平行测定,取其算术平均值,其平行差值不得大于$0.03g/cm^3$。

5. 报告

(1)土的鉴别分类和状态描述。

(2)土的含水率w(%)。

(3)土的湿密度ρ(g/cm^3)。

(4)土的干密度ρ_d(g/cm^3)。

三、灌水法

1. 目的和适用范围

本试验适用于现场测定粗粒土和巨粒土的密度。

2. 仪器设备

(1)座板。座板为中部开有圆孔,外沿呈方形或圆形的铁板,圆孔处设有环套,套孔的直径为土中所含最大石块粒径的3倍,环套的高度为其粒径的5%。

(2)薄膜。聚乙烯塑料薄膜。

(3)储水筒。直径应均匀,并附有刻度。

(4)台称。称量50kg,感量5g。

(5)其他。铁镐、铁铲、水准仪等。

3. 试验步骤

(1)根据试样最大粒径宜按附表9确定试坑尺寸。

附表9 试 坑 尺 寸 (mm)

试样最大粒径	试坑尺寸	
	直 径	深 度
5～20	150	200
40	200	250
60	250	300
200	800	1000

(2)按确定的试坑直径画出坑口轮廓线。将测点处的地表整平，地表的浮土、石块、杂物等应予清除，坑洼不平处用砂铺整。用水准仪检查地表是否水平。

(3)将座板固定于整平后的地表，将座板固定。将聚乙烯塑料膜沿环套内壁及地表紧贴铺好。记录储水筒初始水位高度，拧开储水筒的注水开关，从环套上方将水缓缓注入，至刚满不外溢为止。记录储水筒水位高度，计算座板部分的体积。在保持座板原固定状态下，将薄膜盛装的水排至对该试验不产生影响的场所，然后将薄膜揭离底板。

(4)在轮廓线内下挖至要求深度，将落于坑内的试样装入盛土容器内，并测定含水率。

(5)用挖掘工具沿座板上的孔挖试坑，为了使坑壁与塑料薄膜易于紧贴，对坑壁需加以整修。

将塑料薄膜沿坑底、坑壁紧密相贴地铺好。

在往薄膜形成的袋内注水时，牵住薄膜的某一部位，一边拉松，一边注水，以使薄膜与坑壁间的空气得以排出，从而提高薄膜与坑壁的密贴程度。

(6)记录储水筒内初始水位高度，拧开储水筒的注水开关，将水缓缓注入塑料薄膜中。当水面接近环套的上边缘时，将水流调小，直至水面与环套上边缘齐平时关闭注水管，持续 3～5min，记录储水筒内水位高度。

4. 结果整理

(1)细粒与石料应分开测定含水率，按下式求出整体的含水率：

$$w=w_f p_f+w_c(1-p_f)$$

式中 w——整体含水率(%)，精确至 0.01；

w_f——细粒土部分的含水量(%)；

w_c——石料部分的含水率(%)；

p_f——细粒料的干质量与全部材料干质量之比。

细粒料与石块的划分以粒径 60mm 为界。

(2)按下式计算座板部分的容积：

$$V_1=(h_1-h_2)A_w$$

式中 V_1——座板部分的容积(cm^3)，计算至 0.01；

A_w——储水筒断面积(cm^2)；

h_1——储水筒内初始水位高度(cm)；

h_2——储水筒内注水终了时水位高度(cm)。

(3)按下式计算试坑容积：

$$V_p=(H_1-H_2)A_w-V_1$$

式中 V_p——试坑容积(cm^3)，计算至 0.01；

H_1——储水筒内初始水位高度(cm)；

H_2——储水筒内注水终了时水位高度(cm)。

A_w——储水筒断面积(cm^2)；

V_1——座板部分的容积(cm^3)

(4)按下式计算试样湿密度：

$$\rho=\frac{m_p}{V_p}$$

式中 ρ——试样湿密度(g/cm^3)，精确至0.01；

m_p——取自试坑内的试样质量(g)。

(5)灌水法密度试验记录格式见附表10。

附表10　　　　灌水法密度试验记录

工程名称＿＿＿＿＿＿　　　　试 验 者＿＿＿＿＿＿

土样编号＿＿＿＿＿＿　　　　计 算 者＿＿＿＿＿＿

试坑深度＿＿＿＿＿＿m　　　　校 核 者＿＿＿＿＿＿

试样最大粒径＿＿＿＿＿＿mm　　　　试验日期＿＿＿＿＿＿

测	点		1	2
座板部分注水前储水筒水位高度 h_1(cm)	(1)			
座板部分注水后储水筒水位高度 h_2(cm)	(2)			
储水筒断面积 A_w(cm^2)	(3)			
座板部分的容积 $V_1=(h_1-h_2)A_w$(cm^3)	(4)	[(1)－(2)]×(3)		
试坑注水前储水筒水位高度 H_1(cm)	(5)			
试坑注水后储水筒水位高度 H_2(cm)	(6)			
试坑容积 $V=(H_1-H_2)A_w-V_1$(cm^3)	(7)	[(5)－(6)]×(3)－(4)		
取自试坑内的试样质量 m_p(g)	(8)			
试样湿密度 $\rho=\frac{m_p}{V}$(g/cm^3)	(9)	$\frac{(8)}{(7)}$		
细粒土部分含水量 w_f(%)	(10)			
石料部分含水量 w_c(%)	(11)			
细粒料干质量与全部材料干质量之比 p_f	(12)			
整体含水量 $w=wp_f+w_c(1-p_f)$(%)	(13)	(10)×(12)＋(11)×[1－(12)]		
试样干密度 $\rho_d=\frac{\rho}{1+w}$(g/cm^3)	(14)	$\frac{(9)}{1+w}$		

(6)精密度和允许差。

灌水法密度试验应进行两次平行测定，两次测定的差值不得大于0.03g/cm^3，取两次测值的平均值。

5. 报告

(1)试料来源,外观描述。

(2)试样最大粒径(mm)。

(3)试坑尺寸(m)。

(4)试样干密度 ρ_d(g/cm^3)。

四、灌砂法

1. 目的和适用范围

本试验法适用于现场测定细粒土、砂类土和砾类土的密度。试样的最大粒径一般不得超过 15mm,测定密度层的厚度为 150～200mm。

注:1. 在测定细粒土的密度时,可以采用 ϕ100 的小型灌砂筒。

2. 如最大粒径超过 15mm,则应相应的增大灌砂筒和标定罐的尺寸,例如,粒径达 40～60mm 的粗粒土,灌砂筒和现场试洞的直径应为 150～200mm。

2. 仪器与材料

(1)灌砂筒。金属圆筒(可用白铁皮制作)的内径为 100mm,总高 360mm,灌砂筒主要分两部分:上部为储砂筒,筒深 270mm(容积约 2120cm^3),筒底中心有一个直径 10mm 的圆孔;下部装一倒置的圆锥形漏斗,漏斗上端开口直径为 10mm,并焊接在一块直径 100mm 的铁板上,铁板中心有一直径 10mm 的圆孔与漏斗上开口相接。在储砂筒筒底与漏斗顶端铁板之间设有开关。开关为一薄铁板,一端与筒底及漏斗铁板铰接在一起,另一端伸出筒身外,开关铁板上也有一个直径 100m 的圆孔。将开关向左移动时,开关铁板上的圆孔恰好与筒底圆孔及漏斗上开口相对,即三个圆孔在平面上重叠在一起,砂就可通过圆孔自由落下。将开关向右移动时,开关将筒底圆孔堵塞,砂即停止下落。

灌砂筒的形式和主要尺寸如附图 4 所示。

(2)金属标定罐。内径 100mm,高 150mm 和 200mm 的金属罐各一个,上端周围有一罐缘。

注:如由于某种原因,试坑不是 150mm 或 200mm 时,标定罐的深度应该与拟挖试坑深度相同。

(3)基板。一个边长 350mm,深 40mm 的金属方盘,盘中心有一直径 100mm 的圆孔。

(4)打洞及从洞中取料的合适工具,如凿子、铁锤、长把勺、长把小簸箕、毛刷等。

(5)玻璃板。边长约 500mm 的方形板。

(6)饭盒(存放挖出的试样)若干。

(7)台秤。称量 10～15kg,感量 5g。

(8)其他。铝盒、天平、烘箱等。

(9)量砂。粒径 0.25～0.5mm、清洁干燥的均匀砂,约 20～40kg。应先烘干,并放置足够长时间,使其与空气的湿度达到平衡。

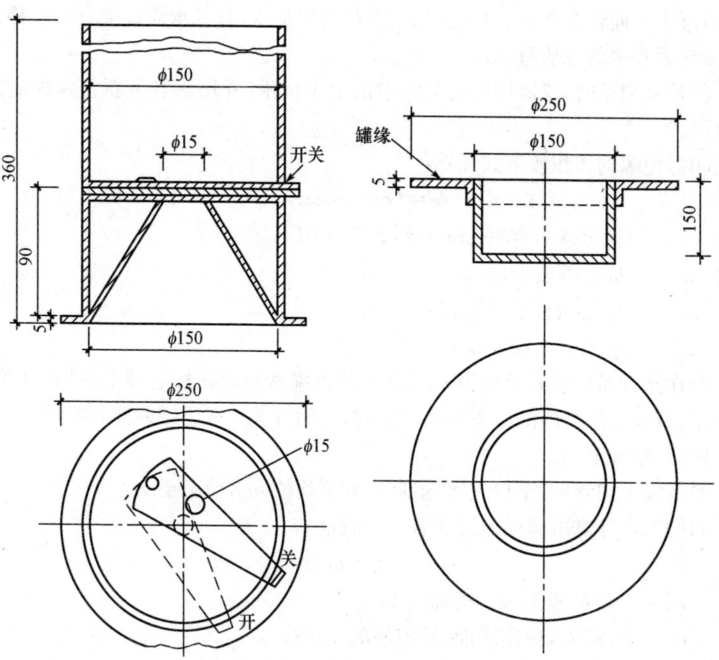

附图 4 灌砂筒和标定罐(单位:mm)

3. 仪器标定

(1)确定灌砂筒下部圆锥体内砂的质量。

1)在储砂筒内装满砂。筒内砂的高度与筒顶的距离不超过 15mm。称量筒内砂的质量 m_1,精确至 1g。每次标定及而后的试验都维持这个质量不变。

2)将开关打开,让砂流出,并使流出砂的体积与工地所挖试洞的体积相当(或等于标定罐的容积)。然后关上开关,并称量筒内砂的质量 m_5,精确至 1g。

3)将灌砂筒放在玻璃板上。打开开关,让砂流出,直到筒内砂不再下流时,关上开关,并小心地取走罐砂筒。

4)收集并称量留在玻璃板上的砂或称量筒内的砂,精确至 1g。玻璃板上的砂就是填满灌砂筒下部圆锥体的砂。

5)重复上述测量,至少三次。最后取其平均值 m_2,精确至 1g。

(2)量砂密度的确定。

1)用水确定标定罐的容积 V。

①将空罐放在台秤上,使罐的上口处于水平位置,读记罐质量 m_7,精确至 1g。

②向标定罐中灌水,注意不要将水弄到台秤上或罐的外壁。将一直尺放在罐

顶，当罐中水面快要接近直尺时，用滴管往罐中加水，直到水面接触直尺。移去直尺，读记罐和水的总质量 m_8。

③重复测量时，仅需用吸管从罐中取出少量水，并用滴管重新将水加满到接触直尺。

④标定罐的体积按下式计算：

$$V=(m_8-m_7)/\rho_w$$

式中 V——标定罐的容积(cm^3)，精确至 0.01；

m_7——标定罐质量(g)；

m_8——标定罐和水的总质量(g)；

ρ_w——水的密度(g/cm^3)。

2)在储砂筒中装入质量为 m_1 的砂，并将罐砂筒放在标定罐上，打开开关，让砂流出，直到储砂筒内的砂不再往下流时，关闭开关。取下罐砂筒，称量筒内剩余的砂质量，精确至 1g。

3)重复上述测量，至少三次，最后取其平均值 m_3，精确至 1g。

4)按下式计算填满标定罐所需砂的质量 m_a：

$$m_a=m_1-m_2-m_3$$

式中 m_a——砂的质量(g)，精确至 1；

m_1——灌砂入标定罐前，筒内砂的质量(g)；

m_2——灌砂筒下部圆锥体内砂的平均质量(g)；

m_3——灌砂入标定罐后，筒内剩余砂的质量(g)。

5)按下式计算量砂的密度 ρ_s：

$$\rho_s=\frac{m_a}{V}$$

式中 ρ_s——砂的密度(g/cm^3)，精确至 0.01；

V——标定罐的体积(cm^3)；

m_a——砂的质量(g)。

4. 试验步骤

(1)在试验地点，选一块约 40cm×40cm 的平坦表面，并将其清扫干净。将基板放在此平坦表面上。如果此表面的粗糙度较大，则将盛有量砂 m_5(g)的灌砂筒放在基板中间的圆孔上。打开灌砂筒开关，让砂流入基板的中孔内，直到储砂筒内的砂不再下流时关闭开关。取下罐砂筒，并称量筒内砂的质量 m_6，精确至 1g。

(2)取走基板，将留在试验地点的量砂收回，重新将表面清扫干净。将基板放在清扫干净的表面上，沿基板中孔凿洞，洞的直径 100mm。在凿洞过程中，应注意不使凿出的试样丢失，并随时将凿松的材料取出，放在已知质量的塑料袋内，密封。试洞的深度应等于碾压层厚度。凿洞毕，称此塑料袋中全部试样质量，精确至 1g。减去已知塑料袋质量后，即为试样的总质量 m_1。

(3)从挖出的全部试样中取有代表性的样品,放入铝盒中,测定其含水量 w。样品数量:对于细粒土,不少于 100g;对于粗粒土,不少于 500g。

(4)将基板安放在试洞上,将灌砂筒安放在基板中间(储砂筒内放满砂至恒量 m_1),使灌砂筒的下口对准基板的中孔及试洞。打开灌砂筒开关,让砂流入试洞内。关闭开关。仔细取走灌砂筒,称量筒内剩余砂的质量 m_4,精确至 1g。

(5)如清扫干净的平坦的表面上,粗糙度不大,则不需放基板,将罐砂筒直接放在已挖好的试洞上。打开筒的开关,让砂流入试洞内。在此期间,应注意勿碰动灌砂筒。直到储砂筒内的砂不再下流时,关闭开关。仔细取走灌砂筒,称量筒内剩余砂的质量 m_4,精确至 1g。

(6)取出试洞内的量砂,以备下次试验时再用。若量砂的湿度已发生变化或量砂中混有杂质,则应重新烘干,过筛,并放置一段时间,使其与空气的湿度达到平衡后再用。

(7)如试洞中有较大孔隙,量砂可能进入孔隙时,则应按试洞外形,松弛地放入一层柔软的纱布。然后再进行灌砂工作。

5. 结果整理

(1)按下式计算填满试洞所需砂的质量:

灌砂时试洞上放有基板的情况

$$m_b = m_1 - m_4 - (m_5 - m_6)$$

灌砂时试洞上不放基板的情况

$$m_b = m_1 - m_4' - m_2$$

式中 m_b——砂的质量(g);

m_1——灌砂入试洞前筒内砂的质量(g);

m_2——灌砂筒下部圆锥体内砂的平均质量(g);

m_4、m_4'——灌砂入试洞后,筒内剩余砂的质量(g);

$m_5 - m_6$——灌砂筒下部圆锥体内及基板和粗糙表面间砂的总质量(g)。

(2)按下式计算试验地点土的湿密度:

$$\rho = \frac{m_t}{m_b} \times \rho_s$$

式中 ρ——土的湿密度(g/cm^3),精确至 0.01;

m_t——试洞中取出的全部土样的质量(g);

m_b——填满试洞所需砂的质量(g);

ρ_s——量砂的密度(g/cm^3)。

(3)按下式计算土的干密度 ρ_d(g/cm^3):

$$\rho_d = \frac{\rho}{1 + 0.01w}$$

(4)本试验的记录格式见附表 11。

附表 11　密度试验记录(灌砂法)

工程名称＿＿＿＿＿＿　土样说明　砾类土

试验日期＿＿＿＿＿＿　试 验 者＿＿＿＿＿＿

计 算 者＿＿＿＿＿＿　校 核 者＿＿＿＿＿＿

砂的密度　1.28g/cm³

取样桩号	取样位置	试土洞样中质量 m_t (g)	灌满试砂洞后剩余质量 m_4 (m_4') (g)	试洞内砂质量 m_b (g)	湿密度 ρ (g/cm³)	含水量测定							干密度 ρ_d (g/cm³)
						盒号	盒+湿土质量 (g)	盒+干土质量 (g)	盒质量 (g)	干土质量 (g)	水质量 (g)	含水量 (%)	
		4031		2233.6	2.31	B_5	1211	1108.4	195.4	913	102.6	11.2	2.08
		2900		1613.9	2.30	3#	1125	1040	195.9	844.1	85	10.1	2.09

附录 4　土中化学成分试验

一、酸碱度试验

1. 目的和适用范围

本方法适用于各类土。

2. 仪器设备

(1)酸度计。应附玻璃电极、甘汞电极或复合电极，以及电磁搅拌器等。

(2)电动振荡器。

(3)天平。称量 100g，感量 0.01g。

3. 试剂

(1)pH4.01 标准缓冲溶液。称 10.21g 经 105～110℃烘干的苯二甲酸氢钾($KHC_8H_4O_4$ 分析纯)溶于水后定容至 1L。

(2)pH6.87 标准缓冲溶液。称 3.53g 经 105～110℃烘干的 Na_2HPO_4(分析纯)和 3.39gKH_2PO_4(分析纯)溶于水中，定容至 1L。

(3)pH9.18 标准缓冲溶液。称 3.8g 硼砂($Na_2B_4O_7 \cdot 10H_2O$ 分析纯)溶于无 CO_2 的冷水中，定容至 1L。此溶液的 pH 值易于变化，所以应贮存于密闭的塑料瓶中(宜保存使用两个月)。

(4)饱和氯化钾(KCl)溶液。向少量纯水中加入 KCl，边加入边搅拌，直至不继续溶解为止。

4. 试验步骤

(1)酸度计的校正。在测定土样前应按照所用仪器的使用说明书校正酸度计。

(2)土悬液的制备。称取通过 1mm 筛的风干土样 10g,放入具塞的广口瓶中,加水 50mL(土水比为 1∶5)。在振荡器上振荡 3min。静置 30min。

(3)土悬液 pH 值的测定:将 25～30mL 的土悬液盛于 50mL 烧杯中,将该烧杯移至电磁搅拌器上。再向该烧杯中加一只搅拌子。然后将已校正完毕的玻璃电极、甘汞电极(或复合电极)插入杯中,开动电磁搅拌器搅拌 2min,从酸度计的表盘(或数字显示器)上直接测定出 pH 值,精确至 0.01pH。测记土悬液温度。进行温度补偿操作。

(4)测定完毕,应关闭酸度计和电磁搅拌器的电源,用水冲洗电极,并用滤纸吸干电极上沾附的水。若一批试验测完后第二天仍继续测定的话,可将玻璃电极部分浸泡在纯水中。

5. 精密度和允许差

酸碱度试验 pH 值的测定结果要求两次称样平行测定结果允许偏差为 0.1。

6. 试验报告

(1)土的鉴别分类和代号。

(2)土的 pH 值。

二、烧失量试验

1. 目的和适用范围

本方法适用于各类土。

2. 仪器设备

(1)高温炉。自动控制温度达 1300℃。

(2)分析天平。称量 100g。

(3)瓷坩埚、干燥器、坩埚钳等。

3. 试验步骤

(1)先将空坩埚放入已升温至 950℃的高温炉中灼烧 0.5h,取出稍冷(0.5～1min),放入干燥器中冷却 0.5h,称量。

(2)称取通过 1mm 筛孔的烘干土(在 100～105℃烘干 8h)1～2g(精确到 0.0001g),放入已灼烧至恒量的坩埚中,把坩埚放入未升温的高温炉内,斜盖上坩埚盖。徐徐升温至 950℃,并保持 0.5h,取出稍冷,盖上坩埚盖。放入干燥器内,冷却 0.5h 后称量。重复灼烧称量,至前后两次质量相差小于 0.5mg,即为恒量。至少做一次平行试验。

4. 结果整理

(1)烧失量按下式计算:

$$烧失量(\%)=\frac{m-(m_2-m_1)}{m}\times 100$$

式中 m——烘干土样质量(g);

m_1——空坩埚质量(g)；

m_2——灼烧后土样+坩埚质量(g)。

(2)烧失量试验记录格式见附表 12。

附表 12　　烧失量试验记录

工程编号________　　试验计算者________

土样编号________　　校　核　者________

土样说明________　　试 验 日 期________

灼烧温度(℃)	950	
试验次数	1	2
土样质量 m(g)	1.790	2.103
灼烧残渣+坩埚质量 m_2(g)	21.602	20.395
空坩埚质量 m_1(g)	19.876	18.366
烧失量(%)	3.536	3.537
平均烧失量(%)	3.5365	

(3)精密度和允许差。

烧失量试验结果精度应符合附表 13 的规定。

附表 13　　矿质全量分析及烧失量测定结果允许偏差

测定值(%)	绝对偏差(%)	相对偏差(%)
>50	<0.9	1.0~1.5
50~30	<0.7	1.5~2.0
30~10	<0.5	2.0~3.0
10~5	<0.3	3.0~4.0
5~1	<0.2	4.0~5.0
1~0.1	<0.05	5.0~6.0
0.1~0.05	<0.006	6.0~8.0
0.05~0.01	<0.004	8.0~10.0
0.01~0.005	<0.001	10.0~12.0
0.005~0.001	<0.0006	12~15.0
0.001	<0.00015	15.0~20.0

5. 试验报告

(1)土的鉴别分类和代号。

(2)土的烧失量(%)。

三、有机质含量试验

1. 目的和适用范围

本试验的目的在于了解土中有机质的含量。本测定方法适用于有机质含量不超过15%的土。测定方法采用重铬酸钾容量——油浴加热法。

2. 仪器与试剂

(1)分析天平。称重200g。

(2)电炉。附自动控温调节器。

(3)油浴锅。应带铁丝笼。

(4)温度计。0～250℃,精度1℃。

3. 试剂

(1)0.0750mol/L $\frac{1}{6}K_2Cr_2O_7$-H_2SO_4 溶液。用分析天平称取经105～110℃烘干并研细的重铬酸钾44.1231g,溶于800mL蒸馏水中(必要时可加热),缓缓加入浓硫酸1000mL,边加入边搅拌,冷却至室温后用水定容至2L。

(2)0.2mol/L硫酸亚铁(或硫酸亚铁铵)溶液。称取硫酸亚铁($FeSO_4 \cdot 7H_2O$分析纯)56g或硫酸亚铁铵$[(NH_4)_2SO_4FeSO_4 \cdot 6H_2O]$80g,溶于蒸馏水中,加15mL浓硫酸(密度1.84g/mL化学纯)。然后加蒸馏水稀释至1L,密封贮于棕色瓶中。

(3)邻菲咯啉指示剂。称取邻菲咯啉($C_{12}N_8N_2 \cdot H_2O$)1.485g,硫酸亚铁($FeSO_4 \cdot 7H_2O$)0.695g,溶于100mL蒸馏水中,此时试剂与Fe^{2+}形成红棕色络合物,即$[Fe(C_{12}H_8N_2)_3]^{2+}$。贮于棕色滴瓶中。

(4)石蜡(固体)或植物油2kg。

(5)浓硫酸(H_2SO_4)(密度1.84g/mL化学纯)。

(6)灼烧过的浮石粉或土样。取浮石或矿质土约200g,磨细并通过0.25mm筛,分散装入数个瓷蒸发皿中,在700～800℃的高温炉内灼烧1～2h,把有机质完全烧尽后备用。

(7)硫酸亚铁(或硫酸亚铁铵)溶液的标定。准确吸取$K_2Cr_2O_7$标准溶液3份,每份20mL分别注入150mL锥形瓶中,用蒸馏水稀释至60mL左右,滴入邻菲咯啉指示剂3～5滴,用硫酸亚铁(或硫酸亚铁铵)溶液进行滴定,使锥形瓶中的溶液由橙黄经蓝绿色突变至橙红色为止。按用量计算硫酸亚铁(或硫酸亚铁铵)溶液的浓度。精确至0.0001mol/L,取3份计算结果的算术平均值即为硫酸亚铁(或硫酸亚铁铵)溶液的标准浓度。

4. 试验步骤

(1)用分析天平准确称取通过100目筛的风干土样0.1000～0.5000g,放入一干燥的硬质试管中,用滴定管准确加入0.0750mol/L $\frac{1}{6}K_2Cr_2Q_7$-H_2SO_4 标准溶液 10mL(在加入 3mL 时摇动试管使土样分散),并在试管口插入一小玻璃漏斗,以冷凝蒸出水汽。

(2)将 8～10 个已装入土样和标准溶液的试管插入铁丝笼中(每笼中均有1～2 个空白试管),然后将铁丝笼放入温度为 185～190℃的石蜡油浴锅中,试管内的液面应低于油面。要求放入后油浴锅内油温下降至 170～180℃,以后应注意控制电炉,使油温维持在 170～180℃,待试管内试液沸腾时开始计时,煮沸 5min。取出试管稍冷,并擦净试管外部油液。

(3)将试管内试样倾入 250mL 锥形瓶中,用水洗净试管内部及小玻璃漏斗,使锥形瓶中的溶液总体积达 60～70mL,然后加入邻菲咯啉指示剂 3～5 滴,摇匀,用硫酸亚铁(或硫酸亚铁铵)标准溶液滴定,溶液由橙黄色经蓝绿色突变为橙红色时即为终点,记下硫酸亚铁(或硫酸亚铁铵)标准溶液的用量,精确至 0.01mL。

(4)空白标定。即用灼烧土代替土样,其他操作均与土样试验相同,记录硫酸亚铁用量。

5. 结果整理

(1)有机质含量按下式计算:

$$有机质(\%)=\frac{C_{FeSO_4}(V'_{FeSO_4}-V_{FeSO_4})\times 0.003\times 1.724\times 1.1}{m_s}\times 100$$

式中 C_{FeSO_4}——硫酸亚铁标准溶液的浓度(mol/L);

V'_{FeSO_4}——空白标定时用去的硫酸亚铁标准溶液的量(mL);

V_{FeSO_4}——测定土样时所用去的硫酸亚铁标准溶液的量(mL);

m_s——土样质量(将风干土换算为烘干土)(g);

0.003——1/4 碳原子的摩尔质量(g/mmol);

1.724——有机碳换算成有机质的系数;

1.1——氧化校正系数。

(2)本试验记录格式见附表 14。

附表 14　　有机质含量试验记录

工程编号＿＿＿＿＿＿　　试验计算者＿＿＿＿＿＿

土样编号＿＿＿＿＿＿　　校　核　者＿＿＿＿＿＿

土样说明＿＿＿＿＿＿　　试 验 日 期＿＿＿＿＿＿

硫酸亚铁标准液浓度:0.1434			
试验次数		1	2
土样质量 m_s(g)		0.3992	0.4016
空白标定消耗硫酸亚铁标准液的量 V'_{FeSO_4}(mL)	滴定前读数	0.00	0.00
	滴定后读数	24.87	24.87
	滴定消耗	24.87	24.87

续表

滴定土样消耗标准液的量 V_{FeSO_4} (mL)	滴定前读数	0.00	0.00
	滴定后读数	19.20	19.20
	滴定消耗	19.20	19.20
有机质(%)		1.16	1.15
平均有机质(%)		1.15	

注:1. 如滴定消耗硫酸亚铁标准液小于10mL,应适当减少土样量,重做。

2. 如用邻苯氨基苯甲酸为指示剂滴定时,瓶内溶液不宜超过60～70mL,滴定前溶液呈棕红色,终点为暗绿色(或灰蓝绿色)。

3. 本法氧化有机质程度平均约90%,故应乘以1.1才为土的有机质含量。

(3)精密度和允许差。

有机质含量试验结果精度应符合附表15的规定。

附表15　有机质测定的允许偏差

测定值(%)	绝对偏差(%)	相对偏差(%)
10～5	<0.3	3～4
5～1	<0.2	4～5
1～0.1	<0.05	5～6
0.1～0.05	<0.004	6～7
0.05～0.01	<0.006	7～9
<0.01	<0.008	9～15

6. 试验报告

(1)有机质土代号。

(2)土的有机质含量(%)。

附录5　土中矿物成分试验

一、硅的测定

1. 目的和适用范围

本试验适用各类土。如遇盐渍土时,在进行矿物成分测定前,应先用酒精将盐分淋洗除去后,再烘干测定。

2. 仪器设备

(1)高温电炉(或称马福炉)。

(2)铂坩埚、瓷坩埚(100mL)。

(3)附有铂头的长柄坩埚钳。

(4)分析天平。感量 0.0001g。

(5)烧杯、表皿、容量瓶等玻璃仪器。

(6)水浴锅。

(7)滤纸(快速、无灰)。

3. 试剂

(1)无水碳酸钠。分析纯试剂须在 120℃烘干并磨细。

(2)1%动物胶溶液。0.5g 动物胶溶于 50mL 沸水,加热并搅动至全部溶解。

(3)1∶5 盐酸溶液。1 份浓盐酸用 5 份水稀释。

(4)浓盐酸。分析纯比重 1.19。

(5)1%的硝酸银溶液。1g 硝酸银溶于 100mL 蒸馏水,贮于棕色瓶中。

4. 试验步骤

(1)在铂坩埚内预先加大约 2.5g 的无水碳酸钠,用分析天平精确称入通过 0.1mm 筛孔的烘干土样 0.5000g。用细的圆头玻璃棒仔细搅拌均匀,在试验台面上轻轻敲击,使坩埚中物质紧实后,再往坩埚内铺上一层碳酸钠(约 0.5g)。加上铂坩埚盖。

(2)置此铂坩埚于底部已铺有石棉丝(已灼烧过)的大瓷坩埚内。然后用长柄坩埚钳夹住坩埚,送入已升温至 950℃的高温炉门口,合上炉门,先热 2min;打开炉门,将坩埚移入炉中央,继续灼烧 6~8min 取出坩埚,立即用附铂头钳子夹起铂坩埚,将其下部浸入冷水,上下移动几次,使熔融物急速凝固而脱离坩埚壁。

(3)待完全冷却后,用少量沸水浸取熔块,倾入 200mL 烧杯内,继续以热水洗净坩埚,最后用 1∶5 HCl 洗涤 3 次,每次用量不宜太多。溅到盖上的熔融物也须以热水及 1∶5 HCl 洗入杯内。最好总的洗液体积不要超过 25mL。

(4)将杯子加盖表皿,从杯口逐滴滴入 1∶1 HCl,并连续摇动杯子,使其充分作用。待不再发生气泡后,停止加酸,并用蒸馏水吹洗杯壁及表面。移烧杯于电炉上,煮沸片刻(注意:勿使溅出),然后加入 1 倍其体积的浓盐酸(过量一点)搅拌均匀。

(5)将杯移入 70℃的热水浴内,温热几分钟。使杯内外温度一致后,用移液管缓缓滴入热的新配制的动物胶溶液 10mL,边滴边搅拌。加完动物胶须继续搅拌 4min,并继续保温 15min。

(6)取出烧杯,稍冷,过滤于快速无灰滤纸上。先以 1∶5 热盐酸洗涤 3 次,再以热水洗涤至无 Cl^- 反应为止(用硝酸银溶液检验),但洗涤次数不宜过多(一般 6~8次)。接滤液及洗涤液于 250mL 容量瓶中,冷却后加水至刻度,此为 A 溶液,供下列各试验之用。

(7)沉淀放入已经烧至恒量的瓷坩埚中,经烘干、灰化、灼烧(900~950℃,

0.5h)称量,并重复灼烧至恒量为止(前后两次称量之差不超过 0.3mg 即可)。同时必须按上述(1)～(7)步骤做空白试验,以减去空白质量,得二氧化硅实量。

5. 结果整理

(1)二氧化硅含量按下式计算:

$$SiO_2(\%)=\frac{m_2-m_1-m_0}{m}\times 100$$

式中 m_2——灼烧后坩埚加二氧化硅质量(g);

m_1——空坩埚质量(g);

m_0——空白质量(g);

m——烘干土样质量(g)。

(2)本试验记录格式见附表 16。

附表 16 **二氧化硅含量试验记录**

工程名称________ 试验计算者________

土样编号________ 校 核 者________

土样说明________ 试 验 日 期________

试验次数		1	2	3
烘干土样质量 m(g)				
坩埚+沉淀质量 m_2(g)	第一次称量			
	第二次称量			
空坩埚质量 m_1(g)				
沉淀质量 m_2-m_1(g)				
空白试验 SiO_2 质量 m_0(g)				
$SiO_2(\%)=\frac{m_2-m_1-m_0}{m}\times 100$				
SiO_2 平均值(%)				

6. 试验报告

(1)土的鉴别分类和代号。

(2)土中二氧化硅含量(%)。

二、铁和铝的测定

1. 目的和适用范围

铁与铝的测定采用 EDTA 连续滴定法。它适用于各类土。

2. 仪器设备

(1)酸式滴定管。50mL,精确至 0.1mL。

(2)移液管(大肚型)50mL。

(3)烧杯,200mL。

(4)调温电炉。

3. 试剂制备

(1)10%磺基水杨酸钠溶液。称取 10g 固体磺基水杨酸钠先溶于 90mL 蒸馏水中,再加入 3mL20%氢氧化钠溶液。

(2)二甲酚橙干燥指示剂。0.5g 固体二甲酚橙与 50g 干燥氯化钠研磨均匀,贮于试制瓶中。

(3)醋酸铵-醋酸缓冲溶液。60g 结晶醋酸铵与 5mL 冰醋酸混合,以蒸馏水稀释至 100mL。

(4)0.01mol/L 醋酸锌标准溶液。称取 2.2g 醋酸锌溶于 1L 蒸馏水中,如溶液水解变成胶状,可滴入几滴醋酸(30%)充分摇匀,直至清亮为止。

(5)0.01mol/L EDTA 二钠盐标准溶液。

1)0.01mol/L EDTA 标准溶液。先将乙二胺四乙酸二钠(Na_2EDTA, $Na_2H_2C_{10}H_{12}O_8N_2 \cdot 2H_2O$,相对分子质量 372.1,分析纯)在 80℃干燥约 2h,保存于干燥器中。将 3.72g Na_2 EDTA,溶于 1L 水中,充分摇动,贮于塑料试制瓶中。EDTA 二钠盐在水中溶解缓慢,在配制溶液时须常摇动促溶,最好放置过夜后备用。

2)EDTA 溶液的标定。

①用分析天平称取经 110℃干燥的 $CaCO_3$(优级纯或一级)约 0.40g,精确至 0.0001g,放在 400mL 烧杯内,用少量蒸馏水润湿,慢慢加入 1∶1 的盐酸约 10mL,盖上表皿,小心地加热促溶,并驱尽 CO_2,冷却后定量地转移入 500mL 容量瓶中用蒸馏水定容。

②用移液管吸取溶液 25.00mL 于 250mL 三角瓶中,加 20mL pH10 的氨缓冲溶液和少许 K-B 指示剂(或铬黑 T 指示剂),用配好 EDTA 溶液滴定至溶液由酒红色变为蓝绿色为终点。同时做空白试验。按下式计算 EDTA 溶液的浓度(mol/L)取三次标定结果的平均值。

$$C_{EDTA}=\frac{m}{0.1001\times(V-V_0)}$$

式中　0.1001——$CaCO_3$ 的摩尔质量(g/mmol);

m——每份滴定所用 $CaCO_3$ 的质量(g);

V——标定时所用 EDTA 溶液的体积(mL);

V_0——空白标定所用 EDTA 溶液的体积(mL)。

4. 试验步骤

(1)用 50mL 移液管吸取 A 液 50.0mL,放入 200mL 烧杯中,加入浓硝酸 0.5mL 后加热并煮沸 5min,放冷后,加入磺基水杨酸钠溶液 2.0mL。慢慢滴入 20%氢氧化钠溶液,边加边搅拌,至溶液呈现葡萄酒红色(如含铁量多,即成暗红色)。此时溶液的 pH 即为 2.5 左右,加热至 45～55℃,即用 EDTA 二钠盐标准溶液滴定至亮黄色。当滴定近终点时,一定要放慢滴定速度,每滴一滴后都要充分搅动,待溶液颜色稳定后,再滴加第二滴。

(2)在滴定完毕的溶液中再继续放入 EDTA 二钠盐标准溶液 25.00mL,投入刚果红试纸一片,若变为蓝色或紫色,则须滴入 1∶1 氨水至试纸略显红色。然后加入醋酸铵-醋酸缓冲溶液 8mL,并煮沸 3min,放冷至 60℃。再加入二甲酚橙粉末指示剂少许,使溶液显橙黄色,即以醋酸锌标准溶液滴定至红色为终点。

(3)同时必须做空白标定试验。即从滴定管放出 25.00mL EDTA 二钠盐标准溶液于烧杯中,加入 25.00mL 蒸馏水,用 1∶1 氨水调 pH 为 4～5 之间,仍以刚果红试纸检验,再加入缓冲液、煮沸,冷却至 60℃滴定。

5. 结果整理

(1)铁和铝氧化物含量按下式计算:

$$Fe_2O_3(\%) = \frac{c \times V \times 0.07985}{m \times \frac{50}{250}} \times 100$$

$$Al_2O_3(\%) = \frac{c(V_2 - V_1)\frac{25}{V_2} \times 0.05098}{m \times \frac{50}{250}} \times 100$$

式中 c——EDTA 二钠盐标准溶液的浓度(mol/L);

V——第一次滴定消耗 EDTA 二钠盐标准液的体积(mL);

V_2——空白标定试验时滴定消耗醋酸锌标准液的体积(mL);

V_1——第二次滴定消耗醋酸锌标准液的体积(mL);

$\frac{25}{V_2}$——EDTA 二钠盐标准液对醋酸锌标准液的换算率;

m——烘干土样的质量(g);

$\frac{50}{250}$——试验时分取 A 液的体积/A 液总体积;

0.07985——Fe_2O_3 的摩尔质量(g/mmol);

0.05098——Al_2O_3 的摩尔质量(g/mmol)。

(2)本试验记录格式见附表 17。

附表 17　铁、铝试验记录

工程名称＿＿＿＿＿＿　试验计算者＿＿＿＿＿＿

土样编号＿＿＿＿＿＿　校　核　者＿＿＿＿＿＿

土样说明＿＿＿＿＿＿　试 验 日 期＿＿＿＿＿＿

EDTA 二钠盐标准溶液浓度(mol/L)			
试验次数	1	2	3
土样质量 m(g)			
滴定铁消耗 EDTA 二钠盐标准溶液的体积 V(mL)			
滴定铝消耗 $ZnAc_2$ 标准液的体积 V_1(mL)			
滴定 EDTA 二钠盐消耗 $ZnAc_2$ 标准液的体积 V_2(mL)			
$Fe_2O_3(\%)=\dfrac{c\times V\times 0.07985}{\frac{1}{5}m}\times 100$			
Fe_2O_3 平均值(%)			
$Al_2O_3(\%)=\dfrac{c(V_2-V_1)\frac{25}{V_2}\times 0.05098}{\frac{1}{5}m}\times 100$			
Al_2O_3 平均值(%)			

6. 试验报告

(1)土的鉴别分类和代号。

(2)土中铁氧化物含量(%)。

(3)土中铝氧化物含量(%)。

参 考 文 献

[1] 中国建筑工业出版社. 现行建筑材料规范大全[S]. 修订缩印本. 北京:中国建筑工业出版社,1995.

[2] 中国建筑工业出版社. 现行建筑材料规范大全[S]. 增补本. 北京:中国建筑工业出版社,2003.

[3] 国家标准. GB 175—2007 通用硅酸盐水泥[S]. 北京:中国标准出版社,2007.

[4] 国家标准. GB/T 4817—2009 阔叶树锯木[S]. 北京:中国标准出版社,2009.

[5] 国家标准. GB/T 153—2009 针叶树锯材[S]. 北京:中国标准出版社,2009.

[6] 行业标准. JGJ 52—2006 普通混凝土用砂、石质量及检验方法标准[S]. 北京:中国建筑工业出版社,2006.

[7] 行业标准. JGJ 63—2006 混凝土用水标准[S]. 北京:中国建筑工业出版社,2006.

[8] 国家标准. GB/T 702—2008 热轧钢棒尺寸、外形、重量及允许偏差[S]. 北京:中国标准出版社,2008.

[9] 国家标准. GB/T 706—2008 热轧型钢. 北京:中国标准出版社,2008.

[10] 国家标准. GB/T 700—2006 碳素结构钢[S]. 北京:中国标准出版社,2007.

[11] 刘祥顺,等. 土木工程材料[M]. 北京:中国建筑工业出版社,2001.

[12] 纪午生,陈伟. 常用建筑材料试验手册[M]. 北京:中国建筑工业出版社,1986.

[13] 张云理,卞葆芝. 混凝土外加剂及应用手册[M]. 2 版. 北京:中国铁道出版社,1994.

[14] 周宜红,等. 水利水电工程建设监理概论[M]. 武汉:武汉大学出版社,2003.